全国网络安全与执法专业系列教材

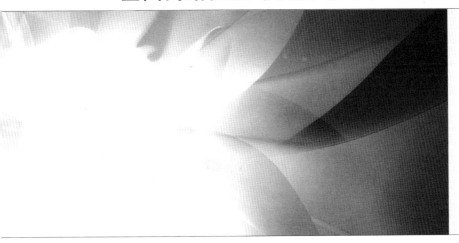

网言网语

徐云峰　郭晓敏　编著

WUHAN UNIVERSITY PRESS
武汉大学出版社

图书在版编目(CIP)数据

网言网语/徐云峰,郭晓敏编著. —武汉:武汉大学出版社,2013.8
全国网络安全与执法专业系列教材
ISBN 978-7-307-10872-1

Ⅰ.网… Ⅱ.①徐… ②郭… Ⅲ.互联网络—应用语言学—教材
Ⅳ.TP393.4

中国版本图书馆 CIP 数据核字(2013)第 111855 号

责任编辑:刘 阳   责任校对:刘 欣   版式设计:马 佳

出版发行:**武汉大学出版社** (430072 武昌 珞珈山)
   (电子邮件:cbs22@whu.edu.cn 网址:www.wdp.whu.edu.cn)
印刷:湖北省荆州市今印印务有限公司
开本:787×1092 1/16 印张:20.75 字数:502 千字 插页:1
版次:2013 年 8 月第 1 版   2013 年 8 月第 1 次印刷
ISBN 978-7-307-10872-1   定价:45.00 元

本书编写、出版得到了以下项目的资助：

公安部应用创新计划项目（编号：2005yycxhbst117，公成验登2009074）

湖北省科技攻关计划项目（编号：2007AA301C33）

信息网络安全公安部重点实验室开放课题（编号：C09602）

湖北省公安应用创新计划项目（编号：hbst2009sjkycx014）

公安部理论及软科学研究计划项目（编号：2011LLYJHBST092）

中国人民公安大学教学研究项目（编号：2012GDJG045）

在此一并致谢！

前　言

　　网络语言，是随着网络的兴起和普及出现的一种基于现代汉语语体的新兴的语言变体，是适应网络媒体的言语交际方式而不断发展和完善的应用语言变体，它不是也不可能是一种单独的语言系统。

　　网络语言运用的动态过程，就是网络言语交际的动态过程。本书揭示了网络言语交际的一些性质和特征，意在对人们了解、使用和研究网络语言有所帮助。网络语言的出现、存在和持续发展，必然会扩展语言的运用领域，网络言语交际是一个非常值得人们研究的当代课题。互联网络的广泛应用，使人们有了充分观察网络言语交际的机会。网络言语交际是网络语言运用的动态过程，广泛深入地观察分析这个动态过程，人们就会真正明白理解这个动态过程，从而更多地了解网络语言的一般规律。对网络言语交际的仔细观察和深入分析，就会重新检讨一些传统的语言学理论，包括一些所谓定论，从而印证语言学理论的一些传统理念和新生概念。

　　索绪尔认为，语言是一个抽象的符号系统，语言系统的具体表现就是人们的言语。言语是个人的东西，具有许多个人的成分。语言是一个心理的东西，它必须表现为或者体现为具体的物质形态，只有这样，语言才能被感知，成为一种交际手段。

　　网络言语交际的发展，带来了信息时代的一种新型复合式交际方式。人们在网络交流时，虽然大多使用自然语言，但由于追求时效性、实用性，往往会采用其他的符号形式，尤其是非语言符号系统（也叫副语言符号系统）。

　　这就表明，"网络语言"是一个多解的概念，它是网络特有的交际手段，即在网络交际中使用的自然语言与非自然语言的所有符号或交际形式，如自然语言、特殊符号等；也是网络中使用的新型类自然语言，这里是指出现在网络交际中的人的自然语言；甚至是网络中使用的各种符号系统，即在网络中使用的非自然语言的符号。就是这些，决定了我们对网络语言探讨研究的意义。

　　在当今社会，社会日益信息化的同时，信息也日益社会化，网络语言从产生到发展，渐渐趋于理性、健康、规范化。人们的网络言语交际生活，已渐渐成为大众交际生活必然的一部分。网络言语交际具有其基本特征，这些特征表明其与日常言语交际的一些差异。

　　网络言语交际作为一个特别的动态过程，必须利用网络语言这种特殊的语言变体，包括一些网络语言的流行变体，才能得以实现。网络言语交际的主体及其目的与日常言语交际相比，也是有所区别的。网络言语交际的主体身份是虚拟的，其交际角色是可以定位和转换的，其交际目的也是较为复杂的。

　　网络言语交际，离不开网络非语言符号。本书基于近几年来出现的网络言语交际实例，试图对相关网络语言现象作一些初步探究，分析了网络非语言符号的类型、特征、作用以及其发展趋势。同时网络言语交际中的语境问题对于网络语言来说，是一个极为重要的问题。本书还探讨了网络言语交际中的情景语境、背景语境、上下文语境的特点及其作用。

　　网络语言的出现，对日常言语交际不可能不带来影响。网络语言日常化及其带来的问题，本书也实事求是地进行了探索。网络语言在飞速发展，网络语言的走向值得我们关注。本书是人们了解、使用和研究网络语言的实用读本，可作为各级党、政府领导干部、国家工作人员的业务学习用书，包括政府应急、宣传文化、通信管理、公安司法等职能部门，也可供 ISP、ICP、网络社区、媒体等行业从业人员参考，还可供有关企事业单位、互联网应用研究部门、民间社团及广大网民、志愿者借鉴，亦可作为大学管理、新闻、计算机、安全、汉语言文学等专业课程的教辅资料。

　　本书编写参考了若干有关的著作及论文，以及互联网上的一些讨论话题及相关案例，并结合作者在网络安全实践中的体会整理。感谢亲朋好友在作者从事研究和本书的撰写过程中所给予的理解与支持，感谢公安部、中国人民公安大学、湖北省公安厅在作者多年工作与实践中所给予的支持与帮助。

　　本书是在武汉大学出版社直接关注和大量辛勤劳动下诞生的，他们敏锐的市场意识和严谨的工作态度无形地鞭策和鼓励了我们，尤为感谢本书的策划编辑、武汉大学出版社林莉老师，正是他们的尽心尽职使得本书得以迅速出版，再次向大家致以诚挚的感谢。

　　本书编著过程中参考了诸多文献和资料，谨在此对原作者表示真诚的谢意。

　　最后一并感谢为本书出版提供帮助的所有朋友。

　　网络语言博大精深，本书所介绍的内容难免挂一漏万。由于作者水平有限，书中可能会有不少谬误之处，敬请读者批评指正。

作　者

2013 年 4 月

http：//www. nirg. org

xu. lotus8340@ gmail. com

目　　录

第 1 章　网络与虚拟社会

1.1　社会信息化与网络语言

　　社会信息化（Society Informatization），一般说来，是以计算机信息处理技术和传输手段的广泛应用为基础和标志的新技术革命，是影响和改造人们社会生活方式与管理方式的过程。也就是以信息技术及设备、信息应用系统等来装备社会各个领域（如经济、科技、教育、军事、政务、日常生活等），使信息资源得以充分开发并畅行无阻，从而使全社会过渡到信息化社会的过程。人们为了面对"信息爆炸"、"信息危机"，有意识地运用信息技术、数码技术、信息化工程，开发信息资源、信息管理系统，对社会各行业全面实施信息化管理，有效控制多方面的信息，充分利用各种不同信息，全方位服务于社会信息化发展。

　　进入 21 世纪，广泛应用、高度渗透的信息技术产生了新的重大突破。"信息资源日益成为重要生产要素、无形资产和社会财富。信息网络更加普及并日趋融合。信息化与经济全球化相互交织，推动着全球产业分工深化和经济结构调整，重塑着全球经济竞争格局。互联网加剧了各种思想文化的相互激荡，成为信息传播和知识扩散的新载体。电子政务在提高行政效率、改善政府效能、扩大民主参与等方面的作用日益显著。信息安全的重要性与日俱增，成为各国面临的共同挑战。信息化使现代战争形态发生重大变化，是世界新军事变革的核心内容。全球数字鸿沟呈现扩大趋势，发展失衡现象日趋严重。发达国家信息化发展目标更加清晰，正在向信息化社会转型；越来越多的发展中国家主动迎接信息化发展带来的新机遇，力争跟上时代潮流。全球信息化正在引发当今世界的深刻变革，重塑世界政治、经济、社会、文化和军事发展的新格局。加快信息化发展，已经成为世界各国的共同选择。"[①]

　　信息技术及产业在社会各个领域的作用促使社会信息生产力化，同时使人们的生产、生活方式和思维、行为方式以及人们的价值观念，产生了摇摆、倾斜、变化，直到根本性变革，最终必然导致社会信息化。

　　社会信息化，使人类以更快更便捷的方式获得并传递所创造的一切文明成果；它提供给人们便利、高效的交往手段，促进世界各国人们之间的密切交往和对话，从而增进不同国家、不同民族的人们相互理解，彼此友好，它有利于人类的共同繁荣。社会信息化已成为世界发展的基本趋势，它从整体上引导着世界潮流。社会信息化程度，已成为 21 世纪衡量一个国家（或地区）经济发展水平竞争实力的重要标志。

───────────────

　　① 引自《2006—2020 年国家信息化发展战略》

我国高度重视社会信息化工作。我国社会信息化的进程正在步入世界先进行列。我国信息网络实现了跨越式发展：电话用户、手机用户、网络规模已经位居世界第一，互联网用户和宽带接入用户均位居世界第二，广播电视网络基本覆盖了全国的行政村。信息技术在国民经济和社会各领域得到广泛应用：农业、能源、交通运输、冶金、机械和化工等行业的信息化局面十分可观。信息服务，金融信息化，电子商务，科技、教育、文化、医疗卫生、社会保障、环境保护等领域信息化都有了较快发展。电子政务，提高了行政效率，改善了公共服务。信息资源开发利用，取得了重要进展，互联网上中文信息比重，多年以来，稳步上升。我国的社会信息化基础有了很大的改善。

1997 年召开的首届中国信息化工作会议，对信息化和国家信息化定义为："信息化是指培育、发展以智能化工具为代表的新的生产力并使之造福于社会的历史过程。国家信息化就是在国家统一规划和组织下，在农业、工业、科学技术、国防及社会生活各个方面应用信息技术，深入开发、广泛利用信息资源，加速实现国家现代化的进程。"实现社会信息化就要构筑和完善如下六个要素：开发利用信息资源，建设国家信息网络，推进信息技术应用，发展信息技术和产业，培育信息化人才，制定和完善信息化政策等。我国的信息高速公路建设，十多年来日新月异，我国的信息传输手段有了质的改变，带动了信息产业化，极大地提高了社会信息化的程度。我国的社会信息化的发展速度，超出了人们的预期：信息系统功能日益强化和扩大化，信息系统本身逐步完善并网络化，信息系统的利用更为高速化和高效化。如是，社会信息化成为强大的生产力。这种生产力是迄今人类最先进的生产力，它要求先进的生产关系和上层建筑与之相适应，一切不适应该生产力的生产关系和上层建筑将随之改变：社会信息网络体系（含各种信息资源、公用通信网络等）必须完善，信息产业基础（含信息科学技术的研发、信息装备的制造、信息咨询的服务等）必须配套，尤其是社会运行环境（含现代工农业，管理体制，政策法律、规章制度，甚至文化教育、道德观念等生产关系与上层建筑）必须与之发展相适应，效用积累过程（含劳动者素质、国家现代化水平、人民生活质量、精神文明和物质文明建设等）必须登上一个又一个新台阶。我国社会信息化"12 金"工程，已经完成或即将完成。如：经济信息通信网络的"金桥工程"、外贸海关系统的电子信息联网的"金关工程"、电子货币联网的"金卡工程"、税务管理信息网络的"金税工程"、农业综合管理及服务信息系统的"金农工程"、工业生产与流通信息系统的"金企工程"、教育科研计算机网络的"金智工程"、国民经济宏观调控信息系统的"金宏工程"、国家预算编制和预算执行的信息系统的"金财工程"、社会稳定和安全的电子信息网络的"金盾工程"、防伪打假的电子信息系统的"金质工程"、监测治理水旱灾情的电子信息系统的"金水工程"，等等。这些工程的建成，使我国社会信息化大为改善，为我国信息高速公路的建设打下坚实基础。

现在，我国社会信息化水平有了较大幅度的提高，据国家信息中心（SIC）2010 年 8 月 2 日发布的《走近信息社会：中国信息社会发展报告 2010》数据：2010 年中国信息社会指数为 0.3929，整体上处于由工业社会向信息社会过渡。上海、北京两地信息社会指数自 2008 年起超过 0.6，作为第一梯队率先进入信息社会初级阶段。天津、浙江、广东、江苏等地区有望在"十二五"期间全面完成信息社会的准备。中国信息社会指数由起步期转入加速转型期。

社会信息化的蓬勃发展，给人们的工作、生活带来了前所未有的快捷和便利。网上交易、网上分配、网上消费、网上求医、网上教育、网上聊天，成了大众的消费方式、生活方式、行为方式，这就是社会信息化的必然结果。

我国"十二五"规划纲要提出，要"加快建设宽带、融合、安全、泛在的下一代国家信息基础设施，推动信息化和工业化深度融合，推进经济社会各领域信息化"。要实现电信网、广电网、互联网三网融合，促进网络互联互通和业务融合。"从信息化自身发展看，信息技术融合创新和产业服务化趋势对经济社会发展提出了新要求。无处不在的宽带网络加速形成，物联网、云计算等新技术新理念步入应用，信息化迈向泛在、可视、智能的高端发展阶段。信息通信技术和信息网络成为城市运行、产业发展、社会生活不可或缺的组成部分，硬件与软件界限日益模糊，虚拟与现实空间互相交织，大大增加了治理难度，要求从发展理念、体制机制、管理方式到工作方法的全面转变①。"我国很多城市十分重视数字园区信息化建设，正在打造一批高建设标准、高管理水平、高服务能力的"三高"数字园区。我国"十二五"时期，经济社会信息化发展，将迈上新的台阶，社会信息化将在促进经济社会又好又快的发展中发挥更大作用。

社会以人为本，人的素质往往又从各个不同的方面影响着社会信息化进程。电脑、手机接收人脑指挥。上网了，你就是"国王"，充分自主，纵横驰骋，无边际、无主次、无中心，你的短信、你的博客、你的文章、你的网页，可以尽情地展示你的个性。网友、网恋、网民、网缘，人们的交往方式，发生了史无前例的改变。社会信息化对经济发展产生越来越大影响的同时，更直接影响着普通百姓的生活、交往方式，影响人们的文化和价值观的变化。而这一切，都离不开互联网络。

全球社会信息化的飞速发展，迫使人们越来越关注、熟悉、利用、依赖互联网络。人们在互联网上相互交流、相互沟通、经商、消费。在中国，在世界，"准网民"呈几何级数增长。你是网民了，你就不得不关注网络语言，你就不得不对网络语言有所了解并学会运用。

"网络语言"是网民网络生活的独特言语时尚。语言是人类社会最基本的交流工具，是社会生活最重要的产物。"网络语言"脱离不了网民的真实社会生活。就计算机技术生成和支持其运行的科学原理而言，互联网络是"数字化网络"，计算机技术的应用语言是"数字化语言"。然而，研究计算机技术和操控互联网运行的人们，他们的思维语言、日常交流信息的语言，却只能是人类的自然语言。在现实社会生活中，各种社会群体和社会层面的网民，往往具有基于各自生存空间和行为特点的言语习惯和言语时尚。"网络语言"，只是一种用以表现、表达人类自然语言信息的特定工具，它是"网民"网络生活中特定的言语时尚。"网络语言"作为网络时代的言语时尚，突出的一点，它是由网络群体或网民约定俗成的，而后，它便迅速流行开来，像网络缩略语、网络流行语，以及网络非语言符号等。简而言之，网络语言是经"网民"约定俗成的并适应网络信息交流活动需要的语言工具。时至今日，有些网络缩略语、流行语，已经在网络外部社会流行，甚至进入某些网民群体言语时尚的"酷语"系列。若是一位"非网民"，对其视为"隐语行话"，往往难以理解；而远离"菜鸟"的资深网民，却可尽情地乐在其中。

由此可见，中国的社会信息化，使大多数人们"晋升"为网民；而网民生活，又自

---

① 引自《上海市国民经济和社会信息化"十二五"规划》

觉或不自觉地让网民熟悉、运用并研究网络语言。因而网页、短信、微博上有越来越多的新兴的网络语言。

1.2 信息社会化与网络语言

人类社会进入了信息时代，社会信息化了，信息就会全面支配社会发展。人们像离不开空气一样离不开信息，各行各业的人们，时时刻刻都在与各种各样的信息发生关系，信息支配了人们的一切社会活动：获取信息（学习、研究）、处理信息（搜集、分类）、交流信息（电信、会议）、利用信息（网购、网恋）。现在，各类企业、政府机构、学校纷纷建立网上平台，网上通信、网上冲浪、网络商务、网上政务等已成为社会生活的主流。现实世界里的人们，就是生活在现实信息或虚拟信息的海洋里。

信息社会化，使社会政治、经济、文化、科技、教育、医药卫生、生产的发展，样样都受其无法挣脱的支配。正像美国南加州大学传播学院曼纽尔·卡斯特教授说的那样："作为一种历史趋势，信息时代支配性功能与过程日益以网络组织起来。网络建构了我们社会的新社会形态，而网络化的扩散实质上改变了生产、经验、权力与文化过程中的操作和结果。虽然社会组织的网络形式已经存在于其他时空中，新信息技术范式却为其渗透扩张遍及整个社会结构提供了物质基础①。" 如今，现实生活里的人们，越来越离不开各种不同的信息，人们对各种信息的依赖，出现了前所未有的局面。如：政治信息（方针政策、法律法规）、经济信息（金融政策、市场行情、商贸销售）、文化信息（书刊文献、文学艺术、电影电视、小说诗歌、戏剧音乐）；科技信息（自然科学、社会科学、智力科学、工程技术）、教育信息（学校现状、师资情况、教材内容）、医药卫生信息（医院医生、药物药品、卫生保健）、生产信息（生产技术、计量标准、原材料信息）。"信息爆炸"、"信息危机"日益严重！一方面，为满足大家的需求，信息技术、信息产业必须加快发展；另一方面，为使信息的利用更为高效，事关信息管理、信息系统的升级问题迫在眉睫。

无论是美国科学家克劳德·香农的《信息论》，还是美国数学家诺伯特·维纳的《控制论》，"SCI 老三论"（系统论、控制论和信息论）也好，"DSC 新三论"（耗散结构论、协同论、突变论）也罢，这些只能看做信息技术、信息产业、信息管理、信息系统的理论发展，对于生产自动化、管理信息化来说，这些只是奠定了相关理论基础。步入信息时代，信息更为社会化了：信息资源得以开发、利用、管理，信息化工程新建、升级、替换，信息化科学技术如雨后春笋般研发、推广、应用，MIS、DSS、DYX、ERP、FMS、CIMS、SIS、IM、IS、CAD 出台了，解决"信息爆炸"、"信息危机"的"信息化管理系统"更新了。

各行各业分期分批实现信息化，于是有了"四改"（充分运用现代信息技术，改造生产工艺，实现生产过程自动化；改善企业经营管理，实现管理方式系统化；改进信息系统，实现知识管理网络化；改变营销手段，实现商务运营电子化），于是，实现着"四化"（自动化、系统化、网络化、电子化）。

---

① 曼纽尔·卡斯特：《网络社会的崛起》，夏铸九译，北京：社会科学文献出版社.

　　社会信息化，呼唤"信息化管理"。由于信息化结构太复杂、功能又多变，必须对其实行"信息化管理"才行（如前面说到的"12 金"工程，还有电子政务、商务，以及生产、办公，城镇、企业、教育、医药等信息化）。目的只有一个，那就是：提高效率、效益和自动化水平，增强国家实力和竞争力。"信息化管理"，使信息更具社会价值、科技价值、经济价值和情报价值。

　　随着信息社会化，人们的价值观念，发生着深刻变化："信息就是财富"，"一条信息救活一个企业"；"信息就是老师"，如信息化教学、远程教育，等等；"信息就是效率"：科研、管理、生产的效率都离不开信息。

　　"信息社会化"，指信息的普遍性，信息无处不存在，信息无处不发挥着它的作用，各种信息通过不同的媒体，不顾一切地向着既定的目标渗透到我们社会的每一个角落，信息社会化全面地影响着我们社会的发展。

　　福建省公安厅开展流动人口信息社会化采集应用试点，晋江市民通过上网、打电话、发短信等形式，足不出户就能申报租房信息，流动人口和出租屋的信息。实现了"实名、实情、实时、实数"采集，破解了多年以来困扰公安机关的流动人口管理难题。试点经验，推而广之，我国很多城市流动人口信息社会化采集应用成效，逐步显现，刑事发案率明显下降，社会治安得以好转。

　　信息社会化实现了信息共享（Information Sharing），不同终端（客户端）通过网络（包括局域网、Internet）共同管理、分享服务器（数据库）的数据信息。不同层次、不同部门信息系统间，将信息和信息产品交流与共用，这样就把信息（这种在互联网时代重要性越趋明显的资源）与之共同分享，以便更加合理地达到资源配置，节约了社会成本，创造了更多的财富。信息共享，要以信息标准化和规范化为基础，要用法律或法令形式予以保证，要在信息安全和保密的条件下去实现。

　　社会信息化与信息社会化进程与一个国家国民的整体素质有很大的关系。要提高国民整体素质，除依赖于我国各级各类教育，尤其是高等教育的普及与提高外，更要依靠我国网民自觉地学习、修养，自我效仿、提升。

　　曾几何时，对于中国人来说那么陌生的互联网络、电子邮件、网页、域名等，如今成了中文的"高频词"。一台电脑加一根电话线，甚至一部智能手机，就可以访问世界上最著名的图书馆、博物馆；网上购物交易、网上寻医问药已成了大妈、大嫂的"家务事"。还有虚拟图书馆、虚拟博物馆、虚拟银行、虚拟商场，以及网上电影院、网上音乐会、网上大学等，退休的爷爷、奶奶们，对它们也不陌生了。

　　信息社会化，一般指信息技术及其手段渗透到了社会生产、生活的各个环节和始终。如今，离开了信息技术及其手段，社会生产、生活的各个方面都将受到影响，甚至陷入停顿。

　　信息社会化进程极大地影响着人们的思维方式和生活方式，我们应该为我国的信息社会化进程而自豪。有了自主知识产权的中文信息处理系统的使用，互联网上中文信息得以快捷传输，于是，中文已经成为仅次于英语的第二大互联网语种。对于中国的广大网民而言，必须快速高效地在互联网上使用我们自己的网络语言，我们要借鉴他国网络语言的经验，加速变通、改造、使用并完善我们中国人特有的基于现代汉语的网络语言。你是一个每天离不开互联网络的中国网民，你就不会不密切关注、积极参与着中文网络语言"那些事儿"。网络语言，你的手机短信需要它，你的 QQ 需要它，你与同事交流需要它，你与朋友聊天需要它，你上班或下班都需要它，甚至你做生意也需要它。

可以这样说，社会信息化事关网络语言，信息社会化更是事关网络语言。所以，对于网络语言，我们要了解、熟悉、使用、研究。

第 2 章　网络语言与网络言语交际

2.1　网络上的言语交际生活

2.1.1　互联网络，改变了人们的言语交际生活

互联网络，改变了人们的言语交际生活。21 世纪，对我们生活改变最大的就是网络，人们的交际更是从现实的世界跨越时空延伸到了虚拟的网络世界。其中，网络上的言语交际更是进入了大众的日常生活：从学生到老师，从职员到老板，从群众到领导……人们渐渐远离了传统的交际方式，纷纷进入网络上的新的言语交际生活圈子，改变了传统的言语交际生活。

所谓交际，就是人与人之间交流信息、感情、思想、态度、观点等的一种行为。即指两个或两个以上的人之间信息的交换。人们用来交换信息的方式方法，具有多样性，但最主要、最基本的方式还是言语交际（使用语言进行交际）。瑞士费尔迪南·德·索绪尔等著名语言学家主张，应把语言（Language）和言语（Parole）区别开，前者是语言集团言语的总模式，后者是在某种具体情况下个人的说话活动。除了言语交际，人类的交际活动还包括非语言交际，如：点头表示同意，摇头表示反对等。众所周知，人类通过语言进行交际有两种方式，即口头方式和书面方式。口头语体交际是人类最原始和典型的交际方式，即"通过交谈来传递信息和获得信息"，对于一个正常人来说，都善于口头语体交际。在信息社会化的今天，书面语体交际，更是多样化了。过去，大多是写信、电报、传真等，现在更多的是手机短信、电子邮件等。近些年来，网上聊天、远程教学等也成了大众的交际方式和生活方式。

2.1.2　网络言语交际生活不同于日常言语交际生活

网络上的言语交际生活，其中的交际主体、主体间的关系以及交际方式都和传统的言语交际有着很大的不同。

一般说来，言语交际，就是指说话者和听话者用语言进行交际的一种言语活动。人们的言语交际，在日常生产、生活中，不可或缺。生活在现实社会的人们，总要依靠言语这个媒介，经常性地与人交往。人们通过言语，互相交流思想，彼此取得了解，以达到工作的默契配合。一个人言语交际的能力，往往可以显示一个人的亮点。如果你参加过录用面试，一定对此深有体会。如果一个人要建立祥和、真诚的人际关系，一个人要快乐、自在地工作，一个人要幸福、美满地生活，那么，善于言语交际，是基础，是桥梁，是保证！社会信息化和信息社会化，把人们推入了网络言语交际时代。网络言语交际有什么不同

呢？最主要的不同是交际的场合变了，网络言语的场合，变成了虚拟的网络，网络言语交际是网络语境的言语交际，其中的"交际"是真实的，但"交际角色"是虚拟的。

参与网络言语交际的主体，主要是那些与网络一起成长的年轻人，他们最善于在网络上生活，他们将网络与自身紧密结合。在网络上，他们自觉、自愿地学习，自由自在地交际，随心所欲地娱乐……他们的交际生活，往往离不开网络。或QQ，或博客，或论坛，或e-mail，可谓五花八门，各取所好。在网络上，他们的语言越来越鲜活，他们的思维越来越灵动，他们的网络交际语言最能展示各自的个性。

在网络中，网民或网虫作为言语交际的主体，是客观存在于网络生活之中的，可是，作为网络交际的角色，他们往往是虚拟地存在于网络生活之中的。现实生活中的多种关系，他们往往毫不顾忌，网上的言语交际角色，真正地"我做主了"。这话是谁说的？他就是不告诉你！就是与自己认识的朋友联系，也往往不同于日常生活中的现实交际。交谈对象，不知长幼；交谈内容，话题多变；交谈中途，随意退出……既然不是当面，就可"搁置"礼貌；为求语言简洁，只能直奔主题。

网络言语交际的语境是虚拟的网络语境，不同于日常言语交际面对面的现实语境。网络语言也不同于日常语言，网络语言被认为是一种可以体现现代人生存和思维状态的新语言变体。网络语言的形成，就是为了适应网络言语交际的特殊语境。聊天缩略语是最具代表性的网络语言，下面以之为例，分析一下网络语言形成的具体原因。

聊天缩略语作为网络语言中极富特色的语言，其形成因素主要有下列几点：

首先，汉字输入的局限性是聊天缩略语形成的客观原因。

汉字输入，发展到现在，还存在许多局限性。不管是键盘输入、手写输入还是语音输入，都需要编程和编码。键盘输入最基本，它以英语为基础和模式，由英文字母、数字、符号和功能键所组成。因而，它更适合拼音文字的输入。汉语的同音异字、同音异义的特点，导致汉语拼音输入十分缓慢。聊天缩略语相当于口头语，在聊天室里，编码人兼解码人。网络聊天时，要想收到现实谈话的效果，对输入速度要求很高。汉语普通话的正常语速为每分钟240个音节，这就要求人们每分钟输入两百多个汉字。对大多数人来说，几乎是不可能的事！于是，聊天缩略语便应运而生。

其次，语境的独特性是网络聊天缩略语产生的条件。

网民这个特定群体进行网络言语交际，其语境独特。网聊时的上下文语境（语言语境）也好，网聊时的情境语境（非语言语境）也好，它们对聊天者理解对方的语言起着决定性作用。这里没有人们说话时的人物、背景、时间、处所、社会环境等因素，也看不到常规的辅助性的非语言交际因素（包括表情、姿势、手势等非语言因素）。虚拟的网络时空，取代了人们在交际中必须依附的特定时空，情境的限制淡化了，语境的约束性减少了。在这自由的空间里，网民就只好各显其能了。对于缺失的语境，或增添之，或填补之，用以忠实地表达自己当时的情绪。据统计，我国网民年龄在24岁以下的用户约占60%，其中很多是青年学生。他们具有强烈的个性张扬意识及反叛精神，求新、求异、求洋，崇尚新潮、简便快捷的各种生活方式。而混杂式网络缩略语的涌现，与年青一代的种种特性，显然有着密切的关系。

再次，语言的多样性是网络聊天缩略语的编码基础。

我们的网络聊天缩略语，在以汉语为主体的前提下，总是有着各色语码的混用。其中，常常交织着英语（日语、韩语等）、方言、拼音、数字和多种形符。计算机语言程序和术语大多源自英语，于是，非英语国家的我们，不得不进入"双语时代"。再者，网络是个虚拟社区，不同国家、地区、民族的网民在探索自由交谈，自然会接触多种语言或方言，慢慢就形成了双语或多语并存、融合的局面。于是，网络聊天缩略语就在这种特殊环境中产生了。

我国网民的网络言语交际生活，与其他国家的网民相比较，具有独特的风格特征。

美国著名人类学家霍尔（E. T. Hall）对文化和语境的关系做过研究。他认为人类的交往从广义的角度来讲，可分为高语境和低语境两种交际系统或文化。低语境文化通过外在的语言方式进行信息传达，属于直接表达信息，而高语境的交流或信息是通过语境及非言语渠道表达出来。在高语境文化中（如中国）意义也可以通过地位（年龄、头衔和关系等因素）和个人的好朋友或同事传达。高语境还强调在乎交际双方的面子，强调集体价值。如果按照霍尔的这一理论来分析我国网民的网络言语交际风格，那么"90后"大学生的网络言语交际风格最具代表性。

在网民的网络语言中，直接言语交际风格占绝对优势。

高低语境文化最突出的差异，表现在语言表达的直接与间接方面。低语境国家语言（如美国），其特征是坦率、清晰和随意。高语境国家文化（如中国），其特征是说话时顾及别人面子、感情，倾向于委婉，含蓄。但是现在的中国网民，在网络上表达思想、宣泄情感已经不太顾忌对方的面子、地位了，变得越来越"直截了当"了。请看下面这段关于买卖手机的聊天记录：

　　ノ仅冇旳坚强21：55：35
　　"有手机号？"
　　唱情ヽ21：59：26
　　"有"
　　ノ仅冇旳坚强21：59：39
　　"有移动四连么？"
　　唱情ヽ21：59：37
　　"要什么号"
　　唱情ヽ21：59：43
　　"有只有一个"
　　ノ仅冇旳坚强21：59：52
　　"几？"
　　唱情ヽ21：59：55
　　"2222"
　　ノ仅冇旳坚强22：00：02
　　"多钱"
　　唱情ヽ22：00：14
　　"1500带300话费"
　　ノ仅冇旳坚强22：00：28

"全号多少"

唱情丶22：00：51

"15154572222"

这段聊天记录，非常简洁、直白。在实际的网上聊天（谈生意类）中，较有代表性。

再看一段关于游戏的聊天记录：

（43：26）绝世大虎 B_对同盟说："hai mei 赢啊"

（43：27）绝世大虎 B_对同盟说："草"

（43：30）绝世大虎 B_对同盟说："先坡路啊"

（43：32）葵花季节对同盟说："稳点打"

（43：35）葵花季节对同盟说："别被翻了"

（45：49）绝世大虎 B_对同盟说："塔先打了再虐泉啊"

（46：02）葵花季节对同盟说："+"

（48：03）悲梦大爷对同盟说："如何玩"

（48：05）丶 Yetty 对同盟说："输了？"

（48：06）丶 Yetty 对同盟说："哈哈"

（48：21）DH_pieeeee 对同盟说："跪了老子也要点他"

（48：21）葵花季节对同盟说："。。"

（48：27）葵花季节对同盟说："无所谓啊"

（48：34）丶 Yetty 对同盟说："我也无所谓"

（48：34）悲梦大爷对同盟说："扣蠢"

（48：36）葵花季节对同盟说："在乎输赢干什么"

（49：09）DH_pieeeee 对同盟说："PA"

会玩此类游戏的网虫，上面这段聊天记录一看就明；不会玩游戏的朋友，理解就有些困难。

再看一段学生教师节给老师的短信。

"老师，你用心点亮了我的心，以爱培育了我的爱，有你，我才感觉到世界的温暖……"

这段短信，与我们日常的书面短信相比，二者几乎没有太大的区别，尤其是修辞的使用。只是在更简明的同时，注意了些许文采。

以上实例，都表明：网民的网络言语交际，大多具有直接言语交际风格。双方根据网络言语交际的实际需要，所用语言，更趋直接；在用语中，也有些非语言符号的影子。而从学生教师节给老师的短信这个例子来看，中国传统文化的影响在网络言语交际中依然"健在"，在特定的语境，网民们的网络言语交际，偶尔也会较含蓄、较自谦。当代青年网民的网络言语交际，主要是具有交际更直接，称呼多样化，随意使用图像和符号，较少表示谦虚等风格。这是当今处在信息时代的产物，是当代青年独特的网络语言风格，可能它也是中国"自我一代"新人的文化特征。

网络言语交际生活，网民所期望的实效与日常言语交际生活所要求的是不相同的。就拿网上聊天来说吧，尽量谈一些对方也有兴趣的内容，选准人们感兴趣的话题，期望得到多数人的认同。此外，还是要注意不跑题，不给对方被忽略的感觉。网络言语交际所用语言，有时还是要求得当一些并诙谐幽默一些的好，那可显示你的才华、常识、修养和交际风度，能够获得人家对你的好感。语言得当，诙谐幽默在网络言语交际中尤为关键。与人交际，必须了解人心，这样才能如鱼得水，左右逢源。

网络言语交际的基本功能就是传递交流相关信息。在此基础之上，网络言语交际也要适当注意话语衔接。这样，其言语交际方能与其所愿，获得成功。

2.2 网络语言的普遍存在

2.2.1 网络语言，在逆境中快速发展

网络语言，从诞生那一天起，就一直处于可怕的逆境之中，惊异、斥责、抵制、禁用，等等，以黑云压城城欲摧之势，有如枪林弹雨，向网络语言纷纷袭来。

曾记否？网络语言刚刚问世，报纸杂志，社会舆论，口诛笔伐，万炮齐轰。一个时期以来，从部分教师家长到有些政府官员，从城乡普通百姓到高校专家学者，很有一些声音，把网络语言说得一无是处。

有人说："网络语言，放任人人造词，极为不妥！""网络语言，是对中文的恶搞，好端端的汉语，弄得面目全非！""网络语言，造谣中伤、粗言谩骂，网民应该为之自省。""网民素质，良莠不齐，匿名交际，口无遮拦、无所顾忌，十分可怕！""网络语言是对汉语的一种侮辱。"

有人说："网络语言是'另类思维'之下衍生的一种'另类语言'。""网络语言，词不达意，令人费解，其中低俗、晦涩、淫秽，怪字、错字层出不穷，影响很坏。""网络语言，满口脏话，互相谩骂，叹为观止……网络语言就是一个语言公厕。""网络语言将错别字反复使用，对青少年学生的语文教育，简直是一场灾难！""网络语言对传统语言文化造成了太大的冲击和伤害。""网络语言冲击了中国语言文字的严肃性，破坏了中国语言文字美好的内涵。"

还有人说："网络词语在网上流行，并且已向日常生活蔓延……网络语言的构词造句等，都不合现代汉语规律习惯。冲击了语文教学，诱使中小学学生养成不规范运用语言文字的坏习惯。""网民热衷于制造语言垃圾，高速传播，使上网者受骗。学生以网络词汇为妙语，竞相袭用……著名学者，也予认可。""'满纸荒唐言，谁解其中味'？为人父母者，要教育孩子抵制网络语言。""网络语言文章，没人愿意读，没人能读懂，很有文化素养的人都会因为网络语言而变成新的文盲。"

有些社会舆论在呼唤：呼唤学校行动起来，"要引导学生自觉自愿抵制粗俗的网络语言"；呼唤家长行动起来，"要引导孩子，自觉抵制网络语言"；甚至，还有人大代表和政协委员建议"立法严加监管网络语言"。

也许，对于过快发展，普遍存在的网络语言，进行一些甄别、评价、引导、规范甚至抵制和禁止是必要的。

2006 年 3 月 1 日起，《上海市实施〈中华人民共和国国家通用语言文字法〉办法》正式生效。规定国家机关公文、教科书和新闻报道中，将不得使用不符合现代汉语词汇和语法规范的网络语言。从此，在上海的政府文件、教科书和新闻报道中出现诸如"美眉"、"恐龙"、"PK"、"粉丝"等网络流行语言，将被判定为违法行为。这是国内首部将规范网络语言行为写入法律的地方性法规。

接着福建审议《福建省实施〈中华人民共和国国家通用语言文字法〉办法（草案修订稿)》时，就如何规范网络用语进行了立法讨论。

上海立法限制网络语言"泛滥"，绝不止停留在文字层面。教育行政管理部门，负责对学校及其教育机构的语言文字使用进行管理和监督；广播影视、新闻出版和信息产业等行政管理部门，负责对广播、电视、报刊和网络等媒体以及中文信息技术产品中的语言文字使用进行管理和监督。上海各级语言文字工作委员会建起监测工作网络，对各类媒体、公共场所用语、用字进行监测，并将监测结果向社会公示。

2010 年上海语文高考阅卷中心组负责人、华东师大中文系教授周宏向今年高考的考生发出提醒。"给力"、"神马"、"有木有"……这些网络语言一旦进入高考作文，将会以错别字扣分。如果学生在作文中使用网络语言等不规范的词语，最多将被扣掉 5 分语言分。

网络词汇可以出现在生活中，但不允许出现在高考作文卷上，即使是"给力"、"神马"、"伤不起"、"有木有"等"耳熟能详"的网络热词，都会被当做错别字扣分；笑脸、哭脸等网络非语言符号，在阅卷老师手下也将视为错别字。

互联网络已成为人们交际生活中必不可少的生活方式，网上言语交际所用语言，日新月异，雨后春笋般一批批涌出。尤其是在青少年学生中，几乎人人都是"网络语言学家"。老师为之担心、家长因之着急。老师担心，学生用语，如何规范？家长着急，就此下去，如何得了？

社会大众普遍认为，有些期刊、图书、音像制品、电子出版物等，针对其特定读者人群使用一些网络语言，应该是可以的，而中小学生教科书及其相关读物，有对语言文字示范和规范的要求，属于特殊的出版物，不能随便使用网络语言。还有新闻报道等，尤其是对社会大众影响较大的媒体，也不宜滥用网络语言。

2.2.2 网络语言普遍存在于人们的交际生活之中

网络语言普遍存在于人们的交际生活，尤其是网络言语交际生活。现实生活中的人们，不得不正视网络语言的普遍存在。如果对网上言语交际的特定语境不够了解，且又不具备相关网络语言知识，面对某交易论坛里的这段留言，你只能是一头雾水，不知所措。"介件 YY 银家真素好稀饭，几米，虾米码，有米真人兽？（这件衣服人家真是好喜欢，多少钱，什么码，有没有真人展示?）"对此，资深网民，却一目了然。

网络语言普遍存在，它是网民与网民间不可或缺的交际工具。言语交际功能，是语言文字的基本功能。日常语言的功能，是用于日常人们的传情达意；网络语言的功能，是用于网民间的传情达意。大众传媒的服务对象，是面向世人的，包括各类人等，不单是网民，当然是使用规范的现代汉语为好。这样，才算符合我国语言文字相关法律法规。非法地把网络语言文字随意地带进日常生活，确实既不利于青少年学生的学习，也不利于师生间、家长和学生间的沟通理解，更不利于我们母语的规范。但是，面对层出不穷的普遍存在的网络语言，我们也不能一概否定。"版主"、"主页"、"链接"、"下载"、"上传"等词汇都源自网络，属于技术语言类，且符合现代汉语语法规范和造词规律，又充满当今的时代气息，不能不用；而"青蛙"、"：P（吐舌头笑）"、"7456（气死我了）"等网络语言，不管它们如何流行，还是尽量将其用于网上言语交际时为好。当然，随着时光的流逝，经过时代的洗礼，大浪淘沙，优胜劣汰，总有一些网络语言最后会进入人们日常用语的行列，那就要对其"一视同仁"了。这就如同20世纪初的新文化运动，一批新词新语成功地进入了现代汉语。如刘半农创造的"她"字，林语堂先生翻译确定的"幽默"一词……语言本身就是在发展的过程中不断变化与完善的。在语言的长期发展中总会出现一些新的词汇，有些可能成为汉语的新兴词汇。著名语言学家许嘉璐先生曾经在《文汇报》上撰文指出："我们是在不规范的情况下搞规范，语言又在规范中发展。不进行规范当然不行，过分强调规范，希望纯而又纯也不行。"一些好的网络语言是对汉语的一种改进和发展，在一定程度上增强了汉语的表现力和生命力。当然，一些垃圾网络语言，必须淘汰，也必然会淘汰。

网络语言是一种灵活变通的表达方式，比常规语言新奇、简单、幽默，对其宽容些比所谓"禁用"要好，对其用平和的心态去面对，让人们自行甄别、鉴赏比"一再否定"要好。主流语言中也有低级粗俗的所谓"脏话"，网络语言中也有健康向上并富有生命力的精华。国家语委对待网络语言的表度是比较适宜的：是否规范网络语言并不是非常重要，关键看它是否具有生命力，如果那些充满活力的网络语言能经得起时间考验，约定俗成后就可以接受。

网络语言普遍存在，主要是应用于网上网民互相聊天、交流信息等场合，它是为了完善网络交流而产生，不会完全取代我们规范的语言文字的一些传统的表达方式。网络语言的存在有其必然性的同时也有他的特殊性。当然，其中的一些网络语汇，在网上言语交际的实践中，有些由于被证明了不能达到交际目的，被逐渐自然淘汰；有些由于很快被越来越多的人所接受，在人们的日常交际中需要面比较广，已经或正在进入我们的现实生活，进入了我们的日常用语。像"CU（再见）"、"748（去死吧）"、"米虾米（没什么）"等正在慢慢消失；而"给力"、"挺"、"拜拜"等已经进入我们的日常用语。

网络语言是普遍存在的，大家都应该承认这个事实。很多网友认为，把考生使用网络热词当做错别字扣分，这种做法有些简单化，是不懂得语言演变的历史，难道《人民日报》使用的"给力"就是错别字？再者，阅卷老师不知道某个词语是不是网络词汇，他如何扣分？这样，会不会限制考生的思维，这有利于高考作文的创新吗？中学生作文能自然运用一些生动的网络语言，这正反映了他们"联系生活实际"的现状，是对他们生活的真实反映。学生作文，要求内容切题，行文新颖，展开联想，不拘一格。文中就是偶尔夹杂一些外语单词也没必要太计较，那么，文中运用点时尚的、活泼的、"地球人都知道的"网络语言又有何不可？有人举例说：《战争与和平》里俄文中夹杂着法文，《红楼梦》里也夹杂着洋文，那可是大家公认的"名著"啊！显然，把考生作文中出现的"给力"等网络词语算做错别字，一是无法可依，二是不算有理。有时为了修辞的需要，在极其特定的语境中，考生作文就是来点在一定交际范围内使用的网络词语，或表情符号、新人类语言、火星文、穿越文、莫名其妙的符号等，就能形象地表明文意，就能增强表达效果。这样，又错在哪里呢？

语言应该是有生命的，是发展的，否则这种语言就会僵化，就会消亡。历史的变迁，总会催生一些新生词语，总会演变一些新的用法……就是这些，折射出时代生活的新内容，表明社会生活的发展和进步。

使用网络语言是要考虑使用环境的。在教育环境、政府公共管理环境、法律环境、各类学术交流环境、对外交流环境、论文、公函等太正式的环境中，一般都不宜使用网络语言。在非正式的、轻松的、自由的、较个人的环境中，是可以使用网络语言的。

教育环境的严谨、规范，就决定了使用语言的严谨、规范。中小学校及师范类大学，必须对学生进行严格的汉语言规范训练。而后通过考试来考查学生对于汉语言知识的正确掌握和运用情况。通过学习，弄懂什么是规范的汉语言之后，他们就知道怎样正确使用网络语言了。

网络语汇中确实存在一些错别字，有些是快速拼写错误，急促用语错误，有些是聊天过快或敲错键盘、选字出错等错误。这类语汇，暂时被网友所宽容（网络语境，难以避免），但是它们基本上不具备语言的资格，可以肯定，它们不会具有太强的生命力。

网络语言普遍存在于网络社交工具中，常见的有人人网、微博、facebook、开心网、飞信、twitter、腾讯、myspace，等等。

2.2.3 网络语言存在的普遍性，迫使我们要正确对待网络语言

大连市 2012 年中考作文（70 分），要求学生从两题中任选一题作文。两题是"以'我的心灵憩所'为题作文"和"以'遗憾'为话题写一篇文章……"，但特别强调都"不要使用网络语言"。

"偶稀饭他，但他 8 稀饭偶啦，偶又 8 素恐龙，偶素米女啦，真没眼光。"这是某姑娘最近失恋的一段网络语言诉述。意思是："我喜欢他，但他不喜欢我啦，我又不是恐龙，我是美女啦，真没眼光。"

网络语言存在的普遍性，有时的确会带来类似的问题。然而，网络语言与日常语言，都已经客观地存在于我们的现实交际生活之中。我们大家都必须真实地直面这个问题。

我接触了一些老师、家长、学生以及关注网络语言的朋友。对网络语言的普遍存在，他们各自都有很不相同的看法。

某老师说，只要引导得法，学生了解一些网络语言，不会有坏处。她带高一的语文课，全班 49 个学生，在作文中人人都使用过网络语言。她在作文评讲中，发现有些同学善于运用网络语句，并且用得鲜活自如，极具表现力。其中大部分网络语句，是大多数人已经认可的，老师也不感到陌生的。她在作文评讲中，给予肯定，提出表扬。当然，有些同学作文中出现的网络语言，要么过于生僻，要么有些牵强……她对事不对人地指出其不足，引导这些同学把自己的作文写得更好。一个学年过去了，班上学生的作文，几乎都出现过网络语言，但整体作文水平较之以前，有明显的提高。

有个家长，一开始就不反对女儿学习网络语言。母女俩还常常一起上网搜集最新的网络词汇和网络资讯。女儿说："有些网络词语时尚而有趣，作文中用到它们，总是很有表

现力，多次受到老师的表扬。同学们也喜欢要我的作文看，我现在越来越爱写作文了。"妈妈说："孩子上高二了，好像懂事了，比以前更爱学习了。看到她与同学在网络上聊天，有时还讨论起数学题来，多么开心！她在网络语言方面，当我的小老师，教我看网上有趣的帖子，好玩的网络图书。听班主任说，这个学期，她的学习成绩进步很快。"

我们小区商场的老板说："网络语言现在这样流行，又觉得吧，总有其中的道理，我不反对我的小孩懂点网络语言。只要不太影响学习，我常常让孩子上上网，聊聊天，我要让他学做这个时代的人。"

隔壁的江教授是搞社会学的，今年才退休。江教授认为：网络用语简洁，生动形象，适合网络环境使用。网络语言也是社会发展的产物。社会变了，语言也得发展。网络语言，使我们的汉语资源变得更加丰富。网络语言最便于表达自己的真情实感，有利于人们的言语交际。

李老师是初中语文教师，他总是说：上网总离不开真正的语言（日常交际用语），包括网络文章、网络聊天，总要把意思说清楚。光顾简单、快乐，滥用网语，长久下去，不是什么好事。他班上总有学生写的字要人认不出来，写的作文不是颠三倒四，就是胡言乱语……怎能叫他不担心！

高考作文中出现网络词语，曾是一片喊打。究竟应该如何对待高考作文中的网络词语？2010年上海语文高考阅卷中心组负责人、华东师大中文系教授周宏曾给出过明确回答：不能！即使是"给力"、"神马"、"伤不起"、"有木有"等"耳熟能详"的网络热词都会被当做错别字扣分。

高考作文用词，真的必须与世隔绝吗？有些网络热词已经出现在主流报纸上，有的已被人们广泛用于日常言语交际之中，学生将其恰当地用在高考作文里，你还会作为错别字扣分吗？好多年来，每年都会出现一些大家（包括专家）公认的网络流行词语，高考作文要反映现实社会生活，不可避免地要用到这些网络流行词语，有的用得极为贴切，评卷老师欣赏之时，一般都不会再去扣分了。听说，2012年高考，就有阅卷老师说，学生用了"给力"、"穿越了"等网络热词，他们就没有扣分。

语文高考如何对待网络词语，的确是个两难问题。用了合适的网络词语，提高了作文的品质，该不该判给高分？不判给吧，就会挫伤中学生学些贴近生活作文的热情和积极性；判给吧，学生习作广泛运用网络词语，语文老师该如何进行作文教学？

北京大学汉语语言学研究中心主任陆俭明在教育部召开的"著名语言学家及有关人士与记者见面会"上，曾建议中小学生作文应禁用"网语"。

还有人提出：在中小学应该限制"网语"进作文。大量非正规语言进入学生作文，有些语文老师看不懂，怎么办？

也有人认为：对待网络语言的普遍存在，应该抱着接受和引导的态度，简单禁止，不是解决问题的良策。作为生活在信息时代、网络时代的人们，尤其是中小学生，应该接受一些网络语言，尤其是那些较为热门的网络词语，在适当的场合，要能够学以致用，避免落伍。面对网络语言的普遍存在，最需要大家做的工作，就是引导，政府相关部门，中小学校教师、关爱子女的学生家长，都要行动起来，引导网民，尤其是中小学生网民，学会使用积极、健康、向上并被多数人认可的网络词语；抵制那些胡编乱造，没啥意义的污浊的不被人们认可的网络词语。

对待网络语言，我们真的不该有更多的质疑和限制，网络语言普遍存在的现实情况，使得我们现在已经没有办法回避它们，既然这样，我们还是实际一点的好，将其纳入我国的语言文字规范和管理之中，对其进行整合、规范及权威解释，摘其影响较大的网络语言，编辑基本有代表性的网络语言词典之类。这样，是不是更合适？

教育部《2012年高等学校招生全国统一考试考务工作规定》，首次将"高考时，除外语科外，笔试一律用汉文字答卷"改为"一律用现行规范汉语言文字答卷"。

浙江宁波市语文教研员马国海老师，参加过多次高考阅卷，经常遇到有考生使用网络语言和其他不规范文字，如"神马"、"有木有"等词。以前国家没有统一规定，考生使用的网络文字符合语境，语意通顺，阅卷老师也就睁一只眼闭一只眼，一般都没有扣分。

按照教育部的新规定，2012年高考，全国统一政策，对不规范的汉语言文字实行"零容忍"，只要考生使用不规范的汉字，都会扣分。

鉴于这个实际情况，各地高三老师，向学生反复传达相关精神，许多学生表示：既然上面强制性地要求"一律用现行规范汉语言文字答卷"，我们就只好在2012年的高考中，尽量使用现行规范汉语言文字答卷了。

2012年上半年，上海有媒体报道称："上海高考作文禁用'有木有?'"、"上海高考作文出现网络语言将以错别字处理"、"高考作文中出现网络热词'格杀勿论'"。高考作文"禁用网语"，网上网下引起热议。网友对此各抒己见，针锋相对。

上海语文高考阅卷中心组负责人、华东师大中文系教授周宏教授的正式答复是：无论是从语言发展规律，还是从时代发展的角度谈，高考作文中出现网络词语都不应该"格杀勿论"。尤其是一些已经广为流传并经过主流媒体使用的词汇，如"给力"等，不应该判为错别字。但一些仅在网民中流传使用的词汇，传播范围有限，许多人包括阅卷老师都不明含义，用在作文中就有可能被认为是错别字。作为考生，谨慎使用网络用语，较为稳妥；而语文老师一定会尊重语言发展规律，区别对待网络用语。

主题为"网络语言能不能出现在高考作文里"的网友投票中，在24小时内，已有3300多人参加投票，网上留言有近10万条。约50%的网友认为："可以，网络语言是汉语言生机勃勃的表现"。34%的网友认为："不可以，网络语言对母语是一种恶搞和污染"。还有16%网友表示"无所谓"。

支持"可以使用网语"者认为：汉语言文字，也应该与时俱进，高考对网络用语不应排斥，包容待之才是良策。

有网友说：网络词语作为一种语文现象，要是一味被语文教学封杀，只能说语文教学跟不上时代，高考也该顺应时代。

有网友认为：作文要求与时俱进，高考不应死守陈规，不应让学生把眼光只放在课本上。

反对"可以使用网语"者认为：高考试卷与互联网论坛博客不同，是规范用语的一个样板，高考作文对网语说"不"理由很充分，将一些网络词汇判为错别字并扣分，也完全可以理解。

有网友觉得：使用"伤不起"、"神马"等，将给高考阅卷造成一定麻烦。

"maomao"网友说："随意使用网络语言，不常上网的老师可能看不懂。"

"方与圆life"网友说："网络语言进入作文，也许对评卷老师是个挑战，不同老师不同标准,最终伤害的或许是部分同学。"

武汉网友"政委",主张"从严查办"高考作文滥用网语现象:出现各种"火星文"的应该一词一分都扣了,零分为止,这种恶俗的风气不能长。

国内较为权威的《咬文嚼字》杂志社,曾连续多年公布年度十大流行语。"给力"、"神马都是浮云"等就曾出现在"十大"排行榜上。该杂志主编、语言文字专家郝铭鉴认为,近年来我国的网络用语蓬勃发展,若要在高考作文中使用,应当视词汇和语境不同,有所选择,区别对待,不能一概而论。

"事实上,网络用语的'家'还是在网上。"郝铭鉴认为,网络用语不仅包括使用谐音字、改变词性,还有标点符号和外文字母的"游戏式"用法等。在网上的私人交谈讨论中,这些词汇具有及时传播、增加娱乐气氛的正面效果。但这些词汇要"集体"进入全民的、全社会的话语系统,还需经历一个规范的过程,要经得起语言发展规律的考验。任何一个语言文字系统都是开放式的,部分网络用语其实已经被吸收进语言体系中。例如,"囧"字的挖掘,是对汉语活学活用的结果,目前不少媒体都在使用;"给力"一词,甚至登上了《人民日报》头条,这都体现了语言创造的全民性。但也有些谐音词,如"杯具"、"神马"等词汇离开网络语境后,在严肃的语言环境下,会造成混乱,今后将随着时间的推移被淘汰。他建议,高考考生要慎重对待作文词汇,有选择性地运用网络用语。

网络语言是与时俱进的。有个网友说得好,刻意地强调网络语言在现实世界中应处的位置,其实是对网络语言的不公。"对年轻人而言,网络语言与文言文,你说说他会选哪一个?我想,多数的人会选网络语言。如果有这样的考试,网络语言对阵文言文,你想哪个更能吸引人,我想还是网络语言。事实上,当我们指责网络语言的时候,更应该反省人们为何会选择网络语言。如果追求时尚的话,我看文言文的空间更大。假如在网络上使用文言文,一定要比网络语言更具有吸引力。不能只将责备的目光对准网络语言。"

2012 年高考,广东有 69 万考生,广东首次禁止考生在答卷过程中使用网络语言、繁体字、古文字等非规范汉语言文字。

继上海之后,广东、湖南、河南等省的高考阅卷专家也通过媒体提醒,为保险起见,不建议考生在高考作文中使用网络热词。

2010 年广东高考语文阅卷组组长、华南师范大学中文系教授张玉金老师说:广东从没有做过把网络热词当成错别字扣分这样类似的规定,不过考生在高考作文中写网络热词仍有可能被扣分,会被归入"用词不规范"。

湖南省地质中学特级教师黄尚喜特别提醒考生,"给力"、"神马"、"有木有"、"伤不起"等网络语言切忌随意用在高考作文卷中,如果贸然使用,可能直接影响"语言表达"得分的等级。

此外,武汉、成都等地媒体近日也发出提醒,高考作文要慎用网络语言。

北京教育考试院相关负责人表示,高考语文阅卷"要求中从未提及不让使用网络词语。"只要不是网络低俗用语,如果其他流行语使用得当,会增加印象分。

北京四中特级语文教师连中国说,运用当今的流行词语在自己的文章中是驾驭语言的一种表现,如果考生能准确、生动地运用到作文中去,并且能形象地表达自己的想法和描述的事物,那就是成功的。把握《考试说明》中的原则,在高考作文中,适度地加上有时代气息的新潮词语，对于阅卷者来说是非常乐意看到的。

曾参与了多年阅卷工作的北京 171 中学语文老师孙爱尧认为，考生能用新潮的词汇、新颖的表达方法，将自己的想法呈现出来是一个很好的方式，现在一些新潮用语，比如"巨好"、"给力"、"萌"等，它们已经被公众认可并且表达方便，是符合这个时代要求的。孙老师说："如果考生能在作文中准确恰当地将它们（网络新潮用语）运用，既阐述了自己的思想，又创新了手段，何乐而不为？"

北京语言大学教授董树人认为，高考作文禁用网络词语的做法有点儿太绝对，语言使用不宜"一刀切"。语言这个东西本身就存在更换和替代的过程。网络用语的兴起以及普及，已经开始慢慢沿用到现实生活中，现在很多年轻人都是用网络用语沟通的。不能因为你听不懂，就说那些词是错误的。因为有很多的词汇本身就是大家约定俗成流传下来的。"相对生活用语，有些网络用语更具有生命力。比如'给力'一词。"董教授说，"给力"包含了很多内容，使用起来会觉得更加贴切、活泼，同时也更加具有表现力和生命力。"人民日报的头版标题也用了这个词，这说明网络词汇已经走出网络，逐渐走进生活。"

网络语言作为一种灵活变通的表达方式，与常规语言相比具有新奇、简单、有幽默感的特点。在网络这种特殊媒介，网络语言起有效交流工具的作用，属于在一定范围内约定俗成的语言现象，应当报以一种宽容的态度。当然，毕竟传统的语言有其深厚的文化底蕴和历史内涵，对于网络语言的迅猛发展，我们也应加强网络语言的研究，分清楚哪些是健康的，哪些是不健康的，并对年轻人加以正面引导，促使其使用规范性的语言文字。

"作业写到晚上 10 点，真是杯具！"一名小学老师日前在某论坛发帖称：最近看学生作文，看了半天才看懂，原来"杯具"是"悲剧"的谐音，是时下很流行的网络语。

"孩子的作文中出现越来越多的网络词汇怎么办？"近段时间以来，不少网民对此热议，百度搜索"中小学生 网络语言"显示相关网页达 171 万个，中小学作文中大量涉及网络语言的现象已经十分普遍。

有人在海南一些中小学调查发现，学生热衷网络语言并应用到作文中的现象普遍存在。网络语言给中小学生带来的影响已然显现。海南省华侨中学学生吴湘雨是初三年级的优秀学生，她说，过多使用网络词汇让自己变得"词穷"了，语言表达很单一。海口市第九小学副校长吴少兰担忧地说："如果不对中小学生热衷网络语言的现象加以引导，长期下去，汉语的规范用法有可能渐渐地被遗忘，这是很可怕的事。"

网络普及催生了网络语言，有人认为网络语言风趣活泼、简单明了，表示支持；有人认为网络语言庸俗、低级，存在不负责任的胡扯甚至谩骂，坚决反对；还有人认为网络语言的存在就有其合理性，并不是哪一个人可以左右的，应顺其自然，持骑墙态度。有份调查得出结论：对此，有 75% 的市民持"骑墙"态度。网络语言的诙谐幽默是其备受网民喜爱的一个重要原因。一位 62 岁的韩爷爷说，上小学三年级的孙子对他说："爷爷，我有一个好东东给你，你一定稀饭"，后来知道其意思后，他不禁大笑，"尽管我反对这种乱七八糟的东西，不过听起来还是很有趣"。

网络语言进入学生作文，很多人认为应加以规范。上海市语言文字工作委员会秘书长栾印华表示，语言是社会现象，适用领域范围有基本要求，网络语言是新现象，其存在有土壤、有环境，但不宜进入教科书和正式媒体。

对网络语言的普遍存在，必须以引导为主，引导广大网民，尤其是青少年学生网民，学习规范语言，正确对待网络语言。老师要引导学生认识到：网络语言不规范的表达形式，会影响自己现阶段对语言的感悟能力和运用能力，切不可盲目模仿、滥用。引导学生积极借鉴网络语言研究的成果，掌握和运用相对规范的网络语言。

网络的语言正在获得社会的认可，说明其对社会有一定的积极影响，我们就不能视之为洪水猛兽，横加阻拦。生命力强的网络语言，就能够经得起时间的考验，在约定俗成之后，就可能被人们所接受。一些网络语言，违反了语言的发展规律，必定随着时间的流逝而被淘汰。正确对待网络语言，是现阶段亟待解决的问题。

2.3　中文网络语言的怪模怪样

2.3.1　斑驳陆离的网络语言

网络语言，是一种应运而生的新兴产物。斑驳陆离是其特色之一。它侵蚀消融着传统的价值观念，重铸再造着当下的语言体系，颠覆着传统语言，变革着现代汉语。

中文网络语言，最开始出现的时候，也有人称之为"网络怪字"。"很囧很雷人"出现在报纸上了，每天看报的老报迷，向左邻右舍，不耻下问，也搞不懂那个"囧"字。只得投书报社。网上搜索得知，在网络语言中，"囧"属于网络象形文字，已成为一种新兴次文化的代表。此字看做是一个人的脸，上面的两眼下垂，表示无奈郁闷，下面口张得老大，表示吃惊。可解释为"郁闷、悲伤、无奈、尴尬"等含义。啊，说是中文，却奇形怪状。就是某些德高望重的老中文本科生，也对之莫名其妙。有的资深汉语专家或国学人士，连声反对……却一再"反对无效"，怪模怪样的网络语汇，冒着"枪林弹雨"，"前赴后继"，一批又一批地在网上滋生。

网络语言为何产生？一开始，有人分析，这是青少年的心理"故意"，其中含有叛逆成分。对自己网上表达的信息，进行一些"加密"、"编码"，就不害怕被老师、父母看懂了。后来发现，"制造事端"的远远不只是中小学生们，在校大学生和已毕业的大学生，甚至几乎所有的网虫，都加入了这个越来越庞大的"生产队"。有人发现，这与中文输入法滞后有关。很多网民因之"生产"了一些错字和怪字，且被其所在群体接受了。五笔输入法由于种种原因逐渐淡出之后，拼音输入法成了大众的首选，因为人类是用声音思维的。然而，重码过多，难以解决，拼音"首选"，就"生产"出很多网络怪字和怪词。大多源自谐音，言语交际的双方，根据谐音，彼此也大致知晓其意。对此，人们渐渐不太在乎了。"版主"成了"斑竹"，久而久之，似乎这错误反倒变成正确的了。

中文网络语言中，出现大量英文字母简写现象。这又是一怪。比如，世界之窗浏览器＝TW，Maxthon 浏览器＝MT（又＝"马桶"），"越狱"（"Prison Break"）＝PB，火狐＝FF……只要彼此能懂，这是不是简洁多了？输入时，真方便又快捷。

味道怪怪的"网络语言"，被越来越多的人认可、接受，甚至学以致用了。网络虽然是"虚拟世界"，但是我们国家一再号召各级各类部门"办公网络化"，于是，这"虚拟世界"越来越现实化了。现代人工作、生活离不开互联网络，也就离不开网络语言了。一个"顶"字，在论坛里的使用频率越来越高，几乎取代了"支持"一词。"顶"＝UP（＝啊噗），回帖，将其提到最顶上。发"帖子"取代了发表"文章"。于是又有了"楼主"（发主题帖子者）、"跟帖"（对帖子发表意见）、"一楼"（第一个跟帖者）、"一百楼"（第100个跟帖者），"楼上"（上一位）、"楼下"（下一位）。如果你经常上网，总会碰到"马甲"（同一个网名的化名或笔名），"潜水"、"隐身"（只看别人调侃，自己并不发言），"灌水"、"拍砖"（一般指调侃、辩论、争执），"见光死"（网上的东西，逢场作戏，一旦见面，全然没了感觉）。

网络言语交际，讲究的就是速度和效率，网络语言为了提高交际速度，往往省时间，省篇幅。于是，大量使用英文缩写和数字组合，又成了网络语言的一怪。用"MM"称呼女性，用"PK"表示对抗，"88"或"886"即"再见"、"再见了"，有时干脆用一个挥挥手的图像表示。

网上交谈社会时事，谈论现实生活，往往高度概括。这又是网络语言的一怪。看看下列网语吧，其实说怪也不怪。"正龙拍虎"，是新造"成语"，概括了陕西周正龙拍假"华南虎"照片事件，意为"伪造虚设事实"；"谁死鹿手"，又是新造"成语"，由三鹿奶粉事件而生造。"裸官"，家人、资产，转移国外，本人持外国护照，在中国当官。"外在美"＝男人在美国，"内在美"＝女人在美国，"心灵美"＝心里想去美国。

网络语言中的网名，更是有点怪。或诗词名句，或名山名水，或成语典故，甚至各地方言，都能成为各自"宝贝"的网名。"平湖月下"、"大浪淘沙"，"峨眉山"、"湘江水"，"垂死挣扎"、"韬光养晦"，"知音"、"鹊桥"、"啥子"、"雄起"……在网络这个自由世界里，你取网名几乎可以随心所欲。甚至可以用俗话、粗话、不通九窍的话，新鲜些的网名，更吸引网虫们的眼球。

网络语言中的"人肉搜索"，怪就怪在它几乎是全能的。"人肉搜索"似乎比公安机关的"通缉"更来事儿。一旦"人肉搜索"，你将插翅难逃。某人为非作歹，一个网站启动"人肉搜索"，那人姓名、年龄、职业、文化程度、家庭住址、家庭成员的资料全部晒出，他逃得了吗？社会信息化了，必然导致信息社会化。虚拟化的网络，总是折射着现实化的生活。网络语言生活化，也许是其发展的必然。在这个意义上来说，无知地去排斥、抵制和抨击网络语言，是不科学的，不太理智的。

80后新人类或新新人类网上聊天、写微博，更是凸显了网络语言的怪模怪样。"打倒×××"＝"称赞某人"（加"再踏上一只脚"，是表达强烈的祝贺）；"打PP"＝"打屁股"（比打PG温柔），即对做错事、说错话者的小惩罚；"亮骚"＝"将心爱的东西展示给外人看或向他人炫耀得意之事"，一般是褒义；"工分"＝"总发帖数"；"油墨"＝"幽默"；"色友"＝"摄友"；"驴友"＝"旅友"；"哈9"＝"喝酒"（多指到98里哈）；"统一"＝"刷墙"，扫楼（整个版面都是你的回复，贬义）；"果酱"＝"过奖"；"粉"＝"很，非常"；"爱老虎油"＝"I love U"，我爱你。"表"＝"不要"。"FB"＝"腐败"，就是要出去聚餐，引申为吃饭聚聚的意思。诸如此类，不胜枚举。

2.3.2 对网络语言不必大惊小怪

网络语言，外行人觉得太怪，内行人却对其心知肚明。

在QQ网络对话中，网络语言更是有些怪模怪样。"厚厚神童，你勿系菜鸟，但你机车，大虾偶也咣当，偶以为东东寒。CCF，偶好寒，ATOS，你YOYOW，语言又包子而且抓狂，你玩幽香是满清，酱紫只有咔嚓。偶来乐，偶KOO1，你能f2f吗？nice to meet you！

5366。KMP 哦!"是说"嘻嘻,神经病儿童,你不是网上初级水平的新人,但你还是不上道,自以为是,高手我快晕倒了,好孩子,我对你寒心,会吐死,你说话要负责呵,你说话好笨而且行为失常。你玩电子邮件是老一套,这样子只有放倒你逐出去。我来了,我比你还酷,你敢面对面么?能见到你很高兴,我想聊聊,一起吃肯德基哦!"

中小学生 3G 手机上网,用 QQ 等软件上网言语交际越来越普及,网络语言在学生中广为流行。网络语言进校园,大家都不必大惊小怪,只要因势利导,就有利于孩子们的健康成长。

电脑上网,手机通信,作为地球人,如今已经是"不能少"的交流方式了。要与中小学生更好地沟通,教师、家长必须学会一些常用网络语言。客观地说,网络语言节省了时间,满足了人们的创新心理。网络语言的产生、发展,应该是符合汉语发展规律的。

第3章 网络言语交际的特征及其过程

3.1 网络言语交际与日常言语交际的差异

网民们网络言语交际的需要，促使网络语言快速兴起，网络语言的快速发展，已经具有急于加入全民语言的趋势。这种趋势，客观上已经在影响着，并将继续影响着现代汉语语汇的发展。网上言语交际所运用的聊天缩略语，就是一种新兴的网络用语，即一种特殊的网络语言变体。网络语言，有着独特的交际语境，特定的应用群体以及全新的网络言语交际过程。网络语言作为新兴的网络用语，具有多种特点及类型……于是，网络言语交际与日常言语交际的差异就由此而产生。

总体说来，网络言语交际与日常言语交际的目的是一致的。都是为了通过言语信息的交换来交流思想，而交流思想的最终结果往往转化为人们的特定收获。为了交流彼此感情、排遣各自的孤寂，消散人们那些由紧张的工作和快节奏的生活带来的种种压力，人们非常需要言语交际。无论是网络言语交际还是日常言语交际，成功的交际，都可以增加大家的幸福感和满足感，并给人们带来快乐的情绪和饱满的精神状态。两种言语交际最明显的差异是，网络言语交际具有简洁、快速、高效等特点，日常言语交际具有直接、慎重、相对规范等特点。

网络语言是现代汉语为适应网络言语交际的特殊语境，由网民们通过创造、借用、转化等方式而成的新的语言变体。网络语言兼具现代汉语口语语体和书面语体的特点，同时又与之有较大的不同。网络语言具有外语词较多，专门术语较多，新创非语言符号较多等特点。网络语言中多种类型的词语交叉使用，其交际语句具有零散化、直观化等特征。网络语言既强化了语言的表达功能，又强化了语言的应酬功能，在语义上经常表现出非理性的倾向。

网络言语交际与一般日常言语交际相比较，二者的区别是明显的，二者的联系又是密切的。

网络言语交际与一般日常言语交际相比较，两者的确有着明显的区别。这主要是因为二者所用语言有所不同。

网络语言的现实虚拟性及其特殊的载体，使之从其产生就呈现出一般语言少有的特殊性和多元性。网络语言中的缩略语之类，最能体现网络语言的特色和风格。这类网络语言，把必要信息浓缩到在接触的一瞬间就让对方立刻了解的程度，甚至把必要的信息转化为图符之类的非语言符号。这类语言是为适应网络语境的速度以及其他现代社会条件的需要而产生的语言变体。网络言语交际，较之日常言语交际存在一个后者没有的环节——字符输入。网络语言要求字符输入，必须快捷、简便。

第一，网络言语交际与日常言语交际所用语体有差异。

网络言语交际与日常言语交际所用的语体存在明显的差异。语体，是语言的功能变体。人们言语交际时的情景，包括说话的内容、对象、场合以及说话的目的和动机等因素都可以影响语体的使用。日常言语交际所用语体，一般是正式或非正式变体的口语语体；网络语言交际（除音频视频外）所用语体，除要求正式一些的语境（网络新闻、网上政府公告等）外，一般是非正式变体的类书面语体。言语主体的情绪等因素，对日常言语交际语体有着近乎决定性的影响；对网络言语交际的影响，却不是很大，甚至可以不用顾忌它。言语交际主体是高兴还是悲伤，是兴奋还是冷淡，是紧张还是镇定，是激动还是平静，日常言语交际时，彼此不得不特别关注，并直接影响所用语言；网络言语交际时，大可不必过于关注这些，大不了离线走人了事，用不着改变所用的语言。

第二，网络言语交际与日常言语交际所用信息传输通道有很大差异。

网络言语交际与日常言语交际所用信息通道，甚至可以说是完全不同的。言语交际者要将信息彼此交流，就得依靠一种传播方式。日常言语交际中，口语语体交际是当面交谈，书面语体是书信来往，此外还有传统的电报、旗语、信号弹、鸣钟击鼓等。网络言语交际中，一般都是用网络语言这种特殊的语言变体，依靠互联网络这种特殊的通道。互联网挑战着所有传统的信息传输方式，是一种全新的信息传输媒介。网络媒介使得各种信息以超越传统的方式，以前所未有的速度在全世界范围内自由传播。

第三，网络言语交际与日常言语交际所依靠的信息载体也有较大差异。

网络言语交际与日常言语交际所依靠的信息载体，也有着较大差异。日常言语交际，一般就是口语语体交际，就是彼此口耳相传，面对面地直接交流，依靠的信息载体就是空气；书面语体交际，是通过文字进行信息交流，文字的载体主要是纸张，还有布帛、竹木简、石碑、贝壳等。网络言语交际，少不了键盘和屏幕，屏幕是文本的新兴载体，包括电脑屏幕和手机屏幕等，屏幕功能有些类似于显示信息的纸张。

第四，网络言语交际与日常言语交际传递信息的质量也有较大差异。

网络言语交际与日常言语交际，彼此传递信息的质量也有较大差异。日常言语交际中，尤其是比较正式的书面语体交际，一般是事先有构思。拟写时认真思考、仔细推敲、字斟句酌、讲究修辞和文采，较有感染力或说服力；正式的口语语体交际，难以事先构思，但可即时推敲，一般都能够尽力地表达出自己的意思来（非正式的要随便一些）。网络言语交际，主要是受即时在线速度所限，不可能让你认真思考、推敲、斟酌，甚至也不让你犹豫不决，信息一旦发出，就没法改变主意，于是，错字病句、符号示意、半截语句，随处可见，而这正是网络语言的特点。

网络语言与一般日常语言相比较，两者的确有着密切的联系。

网络言语交际时，交际主体双方在空间上存有一定距离，彼此是在网络条件下以书面的形式交谈。网络言语交际，大多是即时性的，采用双方主体都在线的交谈方式。这种网络语言，实际上就是以书面语体形式表达的口语语体。对于不同于日常语言的那部分网络语言，我们既不能用书面语体表达方式的特点去要求它，也不能用口语语体表达方式的特点来要求它。因为它二者兼而有之，且又很不同于二者之一。这些特殊的网络语言，主要应用于回帖中，在 QQ 等即时聊天中并不多见。回帖的网络语言，要比日常书面语体随便得多，但又不是口语语体，它不像口语语体那样事先没有构思。实际上，它更像是书面语体中的书信，既有事先构思，又可临时改动（只要没有发送出去）。在网络语境中，由于言语交际主体身份的隐匿性及其他因素，网民往往更倾向于随便。网络中的黑客在网上胡作非为，盗取别人的隐私和资料，只要不涉及网络犯罪（网络经济犯罪等），人们往往给予很大的宽容。

网络语言，事实上并不是一种单独的语言，从所用语汇、语句和基本语法，都是基于日常语言衍化出来的，就是那些缩略语、非语言符号，在现代汉语应用语言中也存在过。如：口译人员做翻译时的特殊标记，过去要求记者必会的"速记符号"等。说到底，缩略语、特殊符号等，并不是有了电脑，有了网络言语交际才产生的，只是过去只用于极少数人的圈子内，没有像现在这样，数以亿计的网友都知道它们。

日常语言是网络语言的母体，网络语言是日常语言的一种变体。是互联网络这种信息传输通道的特殊性以及网络言语交际主体身份的隐匿性，才使得人们产生对网络语言评判标准和使用的双重性。网络语言，是产生并用于网络虚拟世界的信息符号，在风格上、形式上，它都与日常语言有一定的差异，但二者并没有什么本质上的不同。

网络语言的生存基础就是互联网，互联网具有开放性、交互性、自由性和平等性的特点，网络语言要在互联网上生存，就必须适应互联网的这些特点。日常言语交际中，我们在口语语体交际的同时，还可以察言观色，借助手势语等体态语辅助表达相关的内容。网络言语交际，我们主要依靠网络语言及其非语言符号来表达相关内容，这就把语言的功能发挥到了极致。人们说"网络就是语言世界"，网络语言是支撑网络世界的基础。

网络语言孕育于日常语言的母体，就必定与民族语言有着血脉的联系，形式上可以有所突破，内容上总是难以脱离现实语言的基本规律。在人们的现实生活中，网络语言与日常语言，又必须是两种货色齐备，各有各的用处。在不同的言语交际互动过程中，网络语言要受日常语言的制约，日常语言要受到网络语言的影响。

人们都说，创新性是网络语言最大的特点之一。虚拟的网络世界的确是一个推崇个性、追求个性的理想平台，网民们在此可以充分发挥想象力，自由大胆地过着创造的网络生活。缺少了传统社会生活中无所不在的"监督"，网民觉得更加自由、上网机会似乎倍加珍贵。与传统的书面语体语言相比较，由于减少了外来的束缚，可以充分发挥网民的聪明才智，更为巧妙地自由构思，网络语言也往往语出惊人、令人瞠目，最大限度地反映出每个人在语言上的创造力。但是，不管网络语言如何蜕变，你总是能够找出作为其根基的日常语言的印记。

网络语言的类口语语体特点，也是基于日常语言的基本特点。

网络言语交际，主要还是以文字符号书面语体为主要交际方式。但是，网络言语交际中，仍然保留了日常言语交际口语化的一些特点。如，表意随便，忽略语法，不讲逻辑等。或倒装、或省略，特殊句式按需用之，意义表达清楚了，不用管其规范规则。日常言语交际中，口语语体常用象声词、方言等，网络言语交际也是这样。如："后后（模拟笑声）"、"偶灰常灰常生气乐（模拟福建话发音）"、"就酱紫（就这样子，台湾话发音）"，等等。网络语言营造了一种轻松、随意的交流氛围，这也有着日常语言的影子。

网络语言的个性特点，也是原于青少年日常语言的特点。

网络言语交际，没有了声音、语调、笔迹的特点，在隐匿交际主体身份的同时，也隐匿了交际主体的诸多个性特点。网络言语交际主体，千方百计地挖掘自身的语言风格等因素来张扬自己的个性，来引起网友的重视，争取圈内的身份认同。在现实生活里，人们的日常言语交际中，充分表现个性，似乎是交际主体的共性，尤其是年轻的交际主体。网络语言交际更是这样，即使交际主体在现实中相貌平庸，寡言少语，也毫不影响他在网络言语交际中指点江山，激扬文字。青少年网民的网络言语交际，更是充满日常言语交际中的"愤青"味道。

网络语言的标新立异，也是青少年日常语言的网络再现。

网络言语交际环境是个自由平等的交际环境，推崇个性、追求时尚，这是网民们发挥想象力，彰显创造性的自由空间。很多网民以创新为目的，以幽默为前提，苦心构思出许多生动有趣又充满活力的网络语言，营造轻松幽默的语境。其中的主力军，往往是青少年网民。生活在现实社会的青少年，追星、新潮、时髦等特点，始终伴随着他们。留心一下他们日常言语交际所用语言，就会发现其出言吐字，总是充满青春的气息，总想来个语不惊人死不休。有了互联网络这个自由平台，乐于标新立异的他们，开始了更为忘我地为网络语言的发展辛勤耕耘了。

网络语言的形象传神、幽默诙谐，也是网民们日常语言的风格的追求。

网络言语交际中，网民们充分利用键盘条件，创造了许多生动形象十分传神的表情、动作类图形符号，用以表达自己的情绪和肢体语言，这是在模拟现实日常言语交际的状况。这些非语言符号使其交际表达手段更加丰富，透过屏幕，加以想象，描述对方仪表、感知事物的形貌，设想对方的情状，十分惬意。屏幕上的笑脸、动作，拉近了彼此的距离，虚拟的网络，实在的感觉……达到了形象传神的交际效果。

日常言语交际中，人们也总是在追求幽默诙谐的交际效果。网络语言交际中，隐匿的网络语境，使得网友有可能将其做到极致。网络语言的新词，更为形象地表述，极为幽默诙谐。"大虾"，久候电脑前，双手盲打于键盘，好似活虾触须不停地游动；夜以继日，蜷曲电脑机房，又像熟虾般弯曲的情状，用以表示电脑高手，幽默至极。"驴友"，身背行囊，跋山涉水，坚韧执著，多像吃苦耐劳的毛驴，用以指徒步旅游的"游友"，谐音又诙谐。还有"色友"、"劈腿"，等等。青年网民更使网络语言充满活力，他们苦心构思出许多既诙谐有趣又有些叛逆的网络语言，营造出轻松幽默的阅读氛围。他们有意在约定俗成的说法上加以改头换面，形成诙谐耐人寻味的网络语言。有"长江后浪推前浪，前浪死在沙滩上"，有"一个臭皮匠，弄死三个诸葛亮"，还有"卖女孩的小火柴"，等等。

网络语言与日常语言的种种差异，决定了网络言语交际与日常言语交际的种种差异。理解了网络语言根基于日常语言的道理，就不会再认为网络语言是洪水猛兽了。了解网络语言，熟悉网络语言，在网络言语交际中试着活用网络语言，坚持以时日，不久以后，你就会告别菜鸟生涯，成为烂熟于网络言语交际的大虾了。

3.2　网络语言及其语体的特殊性

3.2.1　网络语言的语体

要分析网络语言的语体，我们首先要弄明白什么是"语体"。

人们的言语交际活动，一般取决于其交际主体在特定交际场合的行为，因此，了解语言的言语交际功能，必然要重视该语言相关语体的区分。不同的言语交际需求，会导致不同的语体选择。要你回答"相声中人物的对话是口头语体还是书面语体"这个问题，实际上并不容易。回答是"口头语体"，似乎是对的，因为，相声里有太多口语的语汇形式以及口语的某些短语形式。如果有人回答是"书面语体"，你能说他回答错了吗？注意一下"相声"的特点，你就会明白：相声是一种"有准备的"语言形式，每一句话说出之前都已经有现成的脚本存在于书本上、说话人脑子里。可见，相声并不是真正意义上的"对话"，不具有心理交互意义上的言语互动行为，自然也就不是什么"口语语体"。那么，相声只能算做是"书面语体"了。

网络言语交际语体，从交互性来看，跟面对面的自然口语语体很是近似。但是限于键盘录入的特殊性，又不同于自然口语语体。自然口语语体的语言，不会出现"是是是是是是是是"这样的重复形式。为了缩短言语录入时间来保证网络言语交际的连续性，网络言语交际语体很是有些特别。例如：常用单音词代替日常的双音或多音词。如，说"何"不说"什么"，说"两成熟"不说"两方面成熟"。相对于日常口语语体来说，第二人称代词大多省略了（用［］表示）。如，"该［］说了""［］同意么?"。此外，日常口语语体中常用的"我感到……""你明白……"等意义十分空灵的话语形式，在网络言语交际语体中基本不见使用。从博客、跟帖等形势来看，网络言语交际语体更像是日常的书面语体。但是，网络言语交际语体没有日常书面语体规范的书写形式，也没有日常书面语体遣词造句等严格的语法规范。有人说网络言语交际语体是介乎二者之间的一种语体。不是吧？网络言语交际语体的确具有日常口语语体和书面语体的一些属性。但看看网络言语交际语体的实例，你就会发现，网络言语交际语体与二者有太多的不同。应该说，网络言语交际语体，是一种首先存在于特定的网络语境进而对日常语言的语体渐渐产生影响的特别语体。

要探究网络语言及其语体的特殊性，我们首先需要弄明白何为"网络语言"，然后再去讨论"网络语体"的特殊性。

何为网络语言？存在广义和狭义两种解读。所谓广义网络语言，一般指电脑上使用的语言，包括自然语言（即与日常语言相同的那些语言）、人工语言（即 Basic 语言，C++语言之类的专用语言）以及数字图符表情等副语言符号。所谓狭义网络语言，往往用来特指网民们网络言语交际（不同于人们日常语言）的跟帖、网聊等所用语言，即人们在互联网络言语交际所使用的语言。也就是互联网上，网民创作发布、接收的，在语音、语义、语用乃至语篇上，不同于日常使用的那部分语言。主要是指用于 E-mail、BBS、手机短信、博客、QQ 即时聊天等的特定语言。

网络语言具有怎样的语体？这个问题还真是难以说清楚。

所谓语体（a register of language），就是人们在各种社会活动领域，针对不同对象、不同环境，使用语言进行交际时所形成的常用语汇、句式结构、修辞手段等一系列运用语言的特点。

实际生活中，在不同的语言环境里，要想有效地进行语言交流，不仅关乎交流的个别内容，还关乎语言本身，关乎语言材料及其表达手段、组合方式等的准确选择。一般说来，语体分为口头语体和书面语体两大类。口语语体，指谈话语体和演讲语体之类；书面语体，指法律语体、事务语体、科技语体、政论语体、文艺语体、新闻语体及网络语体等种类。

交际领域和交际目的的不同，就使得人们在交际活动中运用语言材料和表现手段上，具有许多不同特点。这就形成了叫做"语体"的语言表达体系。各种语体的不同特点和不同语体色彩，通过语音、语汇、语法、修辞方式、篇章结构等语言因素，以及一些伴随语言的副语言因素具体表现出来。实际上，语体是研究语言运用中语言的手段方法的概念。语体与语言相生相伴，只要你运用语言进行交流交际，其言语方式就得遵循某一表达规律。而交际领域、交际对象、交际目的和交际人物的差别就决定了各种表达规律的不同。久而久之，同类的交际场合、交际对象、交际领域、交际目的，就会形成某种可以称之为"群"的而固定下来。可见，语体就是运用某种共同语的功能变体，是适应不同交际领域的需要而形成的语言运用特点的体系。

"网络语体"用来特指在网络聊天、网络论坛、各类 BBS 及网络文学中表现出来的风格、格调、气氛。人们通常所说的"网络新语体"，变体。实际上是指网络语体在发展变化中产生的大量网络语体新变体。

网络语体一般可以界定为：适应网络这一特殊的言语交际领域，网民之间为着各种人际交流，为着知识、思想共享或游戏自娱以及展示自我等目的，依托电脑网络或其他通信网络所形成的，一种兼具传统口语语体和书面语体特点的，由大量文本类型呈现的新的交融性语言变体。交际语言在网络应用上的变体，的确与日常交际语言的语体有很大的不同。很多人认为网络语体是介于书面语体和口语语体之间的一种特殊语体。网络语言的变体是与网络传播方式的特殊性相关的。现代网络进入了人们的日常生活，人们的交往、信息传递模式发生了很大的变化。人们慢慢都认同了"网络语体"这一新概念，正因为"网络语言"既具有书面语体的特征，又具有口语语体的特征，它是用书面形式表达口语的一种特殊的语体，所以人们将"网络语言"与"口头语言"以及"书面语言"三者等列起来，就有了"网络语体"之说。人们言语交际时，所用语言总表现出不同的语体。语体是语言的功能变体。人们言语时的情景，言语的内容、对象、场合以及言语的目的和动机等，都可以成为影响语体使用的因素。现在网络上流行的所谓网络语体，其实是网络语体的种种变体。现代汉语中，把用于言语交际的语言一般概括为"口语语体"和"书面语体"两种。至于所谓的"外交体"、"演说体"、"随意体"、"亲昵体"，等等，都是这两种语体的变体。属于两种变体的下一个层次。实际的言语交际中，受言其"环境和情境（共享、群内、私密等）"、"话题或内容（大的、小的、个别等）"、"言语者（生人、熟人、朋友等）"、"言语者情绪"（欣喜、愤怒、悲哀等）等因素的影响，会产生许许多多的网络语言。

现代汉语的书面语体，一般在交流前就构思好了。有时要精心组织语言，花一定时间去思考脉络、推敲字词、斟酌语句、讲究修辞，因而更具文采、感染力和表现力。有时，可以再三修饰、润色，甚至部分改写或全部重写。

现代汉语的口语语体，一般是在交流过程中生成的。往往没有既定的构思，也很难顾得上推敲，用语有时犹豫不决，或用"嗯"、"啊"代之，词语或句子，多省略、重复，甚至没想好就脱口而出。

介于现代汉语书面语体和口语语体之间的所谓"网络语体"，就很有其特殊性了。网络言语交际，交际双方总有空间距离感，在此条件下，交际双方以书面的形式来表述口语一样的言语。如网络聊天，多半是即时性的（离线除外），这样，大家仿佛是在现场"交谈"。网络言语交际，实质上是以书面形式来表达口语语体。我们不能用书面语体的特点，也不能用口语语体的特点来要求网络语言的使用，网络语体有着其语体的特殊性。

网络语言常常在回帖中应用，有时也见于 QQ 即时聊天中。回帖语言，比日常的口语还要随便得多，但究其实，它并不同于日常口语。日常口语语体的突出特点是"事先没有构思"，回帖语言更像是书面语体的书信类：事先有其构思、拟稿认真思考，屏幕只是文字的一种载体。网络言语交际，双方身份的隐匿性，可以使之随便之至，网友却对其特别宽容。

从话言修辞学角度来看，的确存在网络语体的多种功能变体。实际上，每一功能语体都能体现为一系列言语体裁。这些言语体裁，一方面保持网络语体某一变体的共性特征，另一方面又各自具有自己的语言使用特点（包括言语组织），即语篇结构特点。无数格式类型上相同的具体语言作品，总是隶属于一定的文体。一些交际功能相同的文体又形成"文体集合"。这种"文体集合"所具有的语言特点（或风格）的综合体系就是语体。

3.2.2 网络语体的话语类型

网络语体，又有哪些话语类型呢？

从话语活动样式看，有 BBS 语类、即时聊天语类、博客（Blog）语类、电子邮件类等几种典型话语类型；手机短信之类，可以视为次典型话语类型；至于网络新闻之类则可以看做是传统语言与网络语言毗邻带的边缘话语类型。

从是否同时在线并互动来看，只有"延时交际"（离线时）和"实时交际"（在线时）两大话语类型。"延时（非实时）交际"是同一时段内的单向的交际。

（1）BBS 语类，最充满活力和魅力。它的活力和魅力就在于它的开放、自由，高容纳性，高互动性。网络的匿名性和去层次性，使得 BBS 可以同版互动（"咨询—回答"、"话题—评论"），也可以版际互动，坛际互动，热帖共享。BBS 的主要功能在于跨时空讨论，遍及所有网站的社区论坛。讨论的论题，大到国际政治，小到身边琐事……应有尽有。网民们畅所欲言，实时言语交际十分方便、延时互动也方便可行。人人都是信息的给予者，人人又是信息的受惠者。只要没触犯国法，没违反网规。你尽可能"胡作非为"。可"狂顶"，可"灌水"；可"ft（faint 晕）"，可"吐（不喜欢）"；可"874（抽。来源于这个图的标号，是第874号）"，可"YY（幻想）"……

（2）QQ 和 MSN 等都是常用的即时聊天工具，二者有何不同？QQ，长处在于方便查找聊天对象，具有很好的实时互动性；MSN，靠邮箱认证，长处在于熟人圈子的联欢。QQ 聊天，常常纯粹是一种闲聊，话题多变，结构松散。借助聊天工具，网民们可以随时和熟悉的人聊天，网虫们更喜欢和陌生的异性聊天。这种网上人际交往，具有自主性、平等性、虚拟性、隐私性等特点。常用即时聊天工具主要有 ICQ、QQ、MSN、雅虎通、网易泡泡、新浪 UC、搜 Q、贸易通，等等。比较起来，对于中国网民来说，使用范围最广、使用人数最多的还是 QQ。QQ 聊天，有私聊和群聊两种形式。"私聊"，可一对一，也可一对多，其话语质量有较大差别。"群聊"，随机性较大，各个"群"的兴趣定位很不相同，其网络语言变体也有很大区别。即时聊天，相对于别的话语类型来说，话语中的"键误"和"空格"总是要多许多。这好像与"盲打"以及"打字速度"有较大关系。

靠邮箱认证长于熟人联欢的 MSN，从即时聊天的特点来看，与 QQ 即时聊天，好像大同小异。

（3）博客语类，应用于博客空间，具有很强的个性化色彩，更长于展示个人的才情素养。与 BBS 的文章相比较，博客语类显得更直观、更有条理。所谓博客，主要是用来表达个人思想、内容的交流方式。博客以时间为序，不断更新大家所表达的内容。博客语类，反映了博主和读者的行为、思想，互动的角度，其中超链接的发言，都具有多样性和多元化的特点。博客的发展速度，越来越快，有各具特色的个人博客，有兴趣相近的群体博客，还有各具千秋的社区博客。有知识博客和综合博客，有草根博客和精英博客。现在已经出现不同阶层、不同"群"的专门博客。如"文化博客"、"战争博客"、"名人博客"、"科技博客"、"美食博客"及"娱乐博客"，等等。博客语类，一般运用第一人称来展示个人的经历、回忆、情感甚至内心深处的秘密。博客带有个人日志的性质，由于其网络匿名性，就使得博主在写博客的时候，表现出"随意性"的特点。可以随意地讲述别人或自己的种种故事，可以是写给某人看的书信体小说，可以是纯粹的个人内心独白……博客中，尤其是个人博客，一般情况下，博友在博文后的跟帖评论都是指向该博文的。因此，博客与各个跟帖之间往往形成一种以原博文为中心的"辐射式"衔接。这样，回帖往往与原博文属同一语类。

（4）手机短信，是为了满足即时交际的实用需要而形成的一种话语类型。这种话语类型，短而精辟，雅俗共存，简洁隽永，比较讲究语言艺术。用作手机网络言语交际，较多的是用于祝愿、问候、示爱等传情达意的功能。如（2012 年教师节祝福短信）：

> "我虔诚得不敢寻觅词汇，因为老师这两个字本身就是世界上最崇高的敬辞。向您致敬，敬爱的老师！"

> "您的学识让我们钦佩，您的为人让我们折服，您的节日让我们共同庆祝！老师，节日快乐！"

> "不计辛勤一砚寒，桃熟流丹，李熟枝残，种花容易树人难。幽谷飞香不一般，诗满人间，画满人间，英才济济笑开颜。"

又如（发给友人的短信）：

> "朋友是身边的那份充实，是时刻想拨的电话号码，是远隔千山万水却如潮的思念，是深夜长坐的那杯清茶，是闲暇时最想见的身影，是最忙碌时也不忘的牵挂！"

> "啊，你是否无恙？在这个思念的季节里，改变的是我的容颜，不变的是永远牵挂你的心！真心愿你中秋快乐！！"

再如（较为特别的短信）：

> "＝着新年的来临 x 着春天的翅膀，/掉去年的烦恼，－掉全身的压力，＋上满满的活力，〉昨天的自己……天天快乐！新年快乐！"（"＝"即"等"，"x"即"插"，"/"即"除"，"－"即"减"，"＋"即"加"，"〉"即"大于"。）

"女口果人尔能看日月白这段言舌，京尤言兑日月人尔白勺目良目青有严重白勺斗又鸟眼口合口合"（如果你能看明白这段话，就说明你的眼睛有严重的斗鸡眼，哈哈）

"椰丝儿！买大母！"（Yes，Madam〈是，太太〉！）

最后这两段，是不是有些陌生？

手机短信语类，已经发展到很多新的字符类型。如文字、符号、图片、铃声、消息，等等。互动游戏增加了手机短信的娱乐功能。"彩信"更是把手机短信发展到极致。如2012年"发祝福网"提供的"三八妇女节精彩手机彩信图片"（详见"发祝福网"http：//www.8zhufu.cn/duanxin/caixinbiaoqing/8571.html）。

（5）电子邮件（E-mail）语类。电子邮件的交流形式，只要是网民，应该都会使用，哪怕是位菜鸟，也会使用利用电子邮件来接收与发送相关信息。随着信息的社会化，电子邮件正以其传送超越国界，私密安全，方便简易，投递迅捷，反馈及时加上收费低廉等特点，逐步取代了传统的书信、传真、电报等通信媒体，成为人们很重要的交流方式，在我们日常生活和工作中处于十分重要的地位。电子邮件，比传统的书信更近乎口语语体，更具有随意性，更追求文本简洁。这是网络通信要求快速、高效的必然结果。电子邮件的组成，一般有以下诸项："发件人地址"、"发件时间"、"收件人地址"、"主题"、"正文"、"附件"，等等。前两项由系统自动产生，邮件附件可以发送各种文件，如文档、图片、音乐甚至应用程序，有的网站（如QQ等）还支持发送"超大附件"，可以发送电影等超大视频附件。电子邮件的强大功能，与网络语言的性质并不存在太大的关系。电子邮件这一话语类型的语言特点，一般可以通过电子邮件主题和电子邮件正文所使用的语言体现出来。由此，可以发现，在其"主题"和"正文"中，有明显的网络语言特色和电子邮件的语体特征。

电子邮件的语体，因电子邮件拟写者本人的情况不同而有较大差别。语言使用的熟练程度，拟写者文化程度、面对的交际对象、本人的个性、交际双方的年龄等，都可能影响到其电子邮件的语体。商务、公务电子邮件与私人电子邮件存在较大差异，二者的语体也有较大差别。年轻的、文化程度较高的电子邮件拟写者，在拟写私人电子邮件时，尤其是双方是亲密朋友或恋人时，往往能更为大胆地创新，他们把电子邮件看做口头信息交流的媒介，而不是书面信息交流工具，其电子邮件的语体，基本上是以口语语体为主，只不过这与日常的口语语体有所不同，其中有较多的网络语言元素。而另外一些年长者、教育程度较高者，相比之下，则可能坚持较正式的书面语体规则。对于其他人来说，尤其是在商务或公务电子邮件中，大家更多地把电子邮件视为与传统书信功能相近的书面信息交流工具。其电子邮件的语体，基本上是以书面语体为主，只不过这与日常的书面语体有所不同，其中也有一些网络语言元素。用电子邮件交际的双方，各自地位的高低，彼此关系的亲疏，相互个性的差异，也对其拟写的电子邮件所用语言的语体，有着不同的影响。

（6）网络新闻类。网络新闻报道的话语类型，基本与传统新闻的话语类型相似，也有一些因为网络语言因素导致的变异。网络新闻总是比传统新闻即时快捷，很多社会新闻往往首先来源于网络个人门户，传统新闻的纸媒报道往往相对滞后。网络新闻在标题方面，与传统新闻也有所不同。最明显的有两点：

其一，多用简洁的主谓短语（一般带宾语）作为标题。

打开一般网站的首页，只见其篇名密布。浏览网络新闻，已是网民生活的重要部分。新闻网站吸引了各个不同阶层不同职业的大量网民，据说，约有三成的网民，上网首先就是看新闻。在我国网民的网络应用中，浏览网络新闻的人数，仅次于欣赏网络音乐以及网上聊天的人数。各大门户网站，都在网络新闻上舍得花大力气。个人门户（博客）网站，已成为网上新闻的重要来源。

其二，用多媒体超链接，来拓展新闻语篇。

各大新闻网页的排版布局，都颇有其独到的特点。它们大多将几个相关主题的新闻，附于某一新闻文本之下，任由读者依据自己的兴趣以及自己能支配的阅读时间，来决定阅读的深度和广度。网络新闻，可以说是新闻篇章本体与超链接的融合。内容相关的网络新闻篇章，由于读者的阅读选择不同，分别构成一般的、很大的或极小的新闻篇章。最开始的新闻篇章本体，后来成为大篇章新闻中的文本块，供网民们自由选择阅读内容。新闻文本中的重要人名、地名、时间，以及关键词语，重要句子，特别事例都可以联结到另一个文本、声音、图画、动画或影视文件之上，所以说网络新闻是很特别的网状新闻"集合"。在这个"集合"里，大篇章与其他篇章间呈现出相关性强弱的不同"梯度"。张丽杰在《论网络新闻的语言特点》里说得好：网络新闻是以"集装箱"的方式，对社会政治、军事、经济、文化等方面的某一主题或某一事件进行快速、立体扫描与透视的一种新的新闻表现样式。网络新闻的话语类型，介于网络话语类型和传统话语类型之间，其语体交叉渗透，算不上"准"网络语言话语类型。

阅读网络新闻，是可以跟帖评论的。某网络新闻后的跟帖评论，一般都是指向该网络新闻的。读者自选路径构成的超文本，往往具有跳跃性、随机性、发散性以及多重联想的特点。读者的联想与构建，使得网络新闻从严格的主题连贯到松散的主题，具有连接的梯度特征。常常出现这样的情况：一个人气较旺的博客，偶尔会出现一些与原博文毫无关系的赠阅式文章，或征文广告等，这就有借助该博客的人气为自己做广告之嫌了。

3.2.3 网络语体与传统语体的比较

将网络语体与传统语体（口头语体和书面语体）进行比较，就看得出网络语体对传统语体的继承和发展。传统语体影响了网络语体，如传统修辞的辞格、辞趣，继续在网络语体中扮演重要角色；网络语体继承了传统语体，网络语体比传统语体更追求修辞效果。如，在网络语言中"仿拟"较为普遍，不仅有仿词、仿句，更有仿篇。网民们往往对著名诗词、著名歌曲、经典名著等进行异化改编，对身边的各种现象进行戏谑性仿拟。可见，二者有较为明显的相同之处。同时，网络语体又突破了传统语体的局限，一般语言材料在网络语体与传统语体中的运用是有所不同的。网络语体在实际应用中，用多种不同的话语形式，从不同的言语交际角度，多方面地发展了传统语体。这就是网络语体与传统语体很不相同的地方。

语体，是人们在特定交际领域用语言实现不同目标的产物。由于目的不同，不同语体在语汇、语义、句法乃至章法等层面做出的选择也不会相同。

从语汇、语义方面来看，传统的书面语体和口语语体区别十分明显。语汇上，传统语体都一直强调正字、正音，而网络语体，错字别字，几乎无处不在；语义上，传统语体更是讲究语义的轻重、褒贬、是否得体，而网络语言，似乎对此要疏淡得多，特别是网聊，语义轻重不讲究，褒贬之意较混杂，谦语、敬语可忽略，得体与否无所谓。网络语言，有时还将语汇、语义作为一种特别的修辞方法，按照表达的需要，故意错误处置。看看这段网文：

GG："你嚎！"

MM："你嚎！你在哪里？"

GG："我在王八里。你呢？"

MM："我也在王八里。"

GG："你是哪里人？"

MM："我是鬼州人。你呢？"

GG："我是山洞人。"

MM："你似男似女？"

GG："我当然是难生了。你肯定是女生吧？"

MM："是啊。"

GG："你霉不霉？"

MM："还行吧，人家都说我是大霉女。你衰不衰？"

GG："还好啊，很多人都说我是大衰哥。"

MM："真的呀？咱们多怜惜好不好？"

GG："好鸭，你的瘦鸡号码多少？"

MM："咱别用瘦鸡，瘦鸡多贵呀，你有球球（QQ）吗？"

GG："有啊。"

MM："你瘦鸡号多少呀？"

GG："＊＊＊＊＊＊＊＊＊＊＊，你真可爱，我很想同你奸面。"

MM："慢慢来啊，虽然隔得远，蛋也有鸡会。"

【GG："你好！"

MM："你好！你在哪里？"

GG："我在网吧里。你呢？"

MM："我也在网吧里。"GG："你是哪里人？"

MM："我是贵州人。你呢？" GG："我是山东人。"

MM："你是男是女？"GG："我当然是男生了。你肯定是女的吧？"

MM："是啊。"

GG："你美不美？"

MM："还行吧，人家都说我是大美女。你帅不帅？"

GG："还好啊，很多人说我是大帅哥。"

MM："真的呀？咱们多联系好不好？"

GG："好呀，你的手机多少号？"

MM："咱别用手机，手机多贵呀，你有QQ吗？"

GG："有啊。"MM："你手机号多少呀？"

> GG："……，你真可爱，我很想同你见面。"
> MM："慢慢来啊，虽然隔得远，但也会有机会啦。"】

网上传抄的这篇妙文，尽管漏洞较多，却无人追究其正误，因为网文转摘本是为了博人一笑，这正是网络资源大家为娱乐而共享这一特点的体现。

用做网名的名词，用传统名词来要求，简直不是名词，更不是名字。以下网名一点儿也不像名字："来谈谈吧"、"狗子才是骗你的人"、"嘿嘿哈哈"、"本人已死"、"死也不告诉你"、"不想逗你"、"真金假银"……

网络词语相对于传统词语来说，其同形异义现象十分突出。或大词小用（如"三〈2〉班的最高领袖，身居庙堂，却不管寝室卫生"），或小词大用（如"钓岛国有化，掀起的涟漪，撼动了世界"），或褒贬互换（如"妖精"和"淑女"），或同词别解（如"贤惠"〈闲人一个，啥都不会〉）……

从句法和章法方面来看，网络语体和传统语体大不相同。

从句法方面来看，传统的书面语体和口语语体，造句讲究现代汉语语法，而网络语体，汉语的、外语的以及土语的各种语法，都可以用来造句。网聊或私人电子邮件中，有的根本不讲语法，造出五花八门的新鲜语句。也有一些网友，把古代汉语的语法用于网络语言，如主谓倒装、宾语前置、定语后置以及状语后置等，有的还真是造出了一些新颖的好句子。尤其是网聊和跟帖里，反常规语法的网络语体句子，只要打开网页，随处都可以看到。

从章法方面来看，网络语体的篇章，与传统语体的篇章相比，由于超文本、超链接的出现，二者的差别就太大了。传统语体作文，讲究构思的种种章法，网络语体的篇章，可以由超文本网页，以直觉的、联想的方法将相关信息部分或全部链接起来。这就完全打破了语言篇章逐行、分页地一本本阅读的传统方式。网络语言的篇章，具有空前的开放性和真正的互动性，它似乎没有起点，也没有终点；没有中心，也没有边缘，作者、读者，相互混淆，它是实际的存在，又是虚拟的结果。网络多媒体交际的时代，不能忽视话语的视觉形象，网民的思维方式也随之改变。他们以一种非线性的、自由联想的超媒体样式，将静态的知识信息世界，改造成了一个丰富多彩的感官表象世界。一些网络语体的篇章，"纸面"沉淀的文学性不见了，面对读者的是网络作品的"界面"流动感。人们离不开电脑、手机了，往日的艺术写作，变成了今天的打字技术操作。图文匹配的观赏性浏览和趣味性选择，使多媒体"立体叙事"等网络语体方式，为越来越多的网民所接受。对人的感官全方位刺激的网络篇章阅读，冲淡了文字风格韵味奇妙的体验，习惯对文本"再读"并深思的读者群，于今已越来越少了，对网络语体的多媒体浅尝辄止的欣赏者，似乎在一天比一天地增多。

网络语体的发展，反过来又影响着传统语体。网上的网络流行语，其来源大多来自网下。报纸杂志、影视娱乐、广播音乐，等等，都是网民们，尤其是年轻网虫，取之不竭的信息来源。模仿或恶搞所获信息，已成为青年人的时尚。冯小刚《手机》中的"做人要厚道！"赵本山、宋丹丹2007年春节小品的"你太有才了！"，等等，都很快成为网上的高频用语。反过来，大量网络语词、网语句式也成了日常时尚流行语。甚至报纸、杂志也深受网络语言的影响，有了创新，加快了变革。网语语汇丰富了报刊语言，网络语言的互动语体直接影响了报刊语言的交互性，甚至网络语言的某些新颖的文本结构，也带来了传统媒体语言信息传播的高效率。就连许多网民熟知的计算机术语，也被用于日常谈话的口语语体中，如"早餐奶2.0"、"数学卷3.0"等。这里的"2.0"、"3.0"就模仿了软件升级用语。又如"那段别Del（删除）"、"你的做法可以End（结束）了"等，就借用了键盘词语。形成某种语体变体含有其他语体变体的一些成分。报纸、杂志吸收的网络语汇，现在越来越多了，时尚、前卫甚至搞怪的网络语汇，出现在报纸、杂志之中，有些使得报纸杂志语言更加生动、鲜活且富于色彩。如"互联网"、"病毒"、"格式化"等，娱乐杂志上，"GG"、"MM"、"886"、"灌水"等词语，已屡见不鲜了。报刊上还出现诸于"鲜果@"、"E呀喂"、"主人不在"等网名。在传统报纸杂志中，使用网络术语或用语构成的语体交叉渗透，常常给人新鲜、美妙的感觉。如"宅男宅女"（指痴迷于某事物，足不出户，依赖电脑，不想上班者）一词，已被滥用了。所表达的义项已多达三十多项，如"突发性地痴迷于某事物者"、"依赖电脑、依赖网络者"、"极少出门者"、"独身者"，等等。"宅女"，又指那些"白天精明能干，回家懒得像猫"的女强人，等等。

网络语体的发展，离不开现实生活中的那些人和这些事，一旦广大网民将其确认为网络流行语体，它又会反过来影响着人们日常的传统语体。

3.3 网络语言的流行变体

网络语体在发展过程中产生了许许多多相关变体，尤其是近几年，逐年增多，叫人目不暇接。

3.3.1 网络语言的36种流行变体

网络语言的流行变体，就是网民们在网络聊天、网络论坛、各类BBS及网络文学中表现出来的风格、格调、气氛。这些变体很多都成了流行的网络新语体。下面简单介绍一下近年来网络语言的36种流行变体。

1. 咆哮体

"咆哮体"，大多出现在论坛回帖以及QQ、MSN等网络聊天对话中。激动了，多少个感叹号似乎都不能表达自己的感情！甚至将其用来凑字数。咆哮体最早起源于豆瓣网，豆瓣网的景涛同好组最为出名。"所有的发言！！！以及回复！！！请在句末加！！！！！！！！！"，是其组规，谓之"咆哮腔！！！！"。他们把经常表情夸张，以咆哮姿态出现于影视作品中的马景涛奉为教主。如：

"累死了，尼玛这是大学么！！！！！！！！！！"
"从今天起，不用咆哮腔的一律删！！！！！！"

后来，人人网上有人发起一篇题为《学法语的人你伤不起！！！》的文章，自称为"校内咆哮体"。在豆瓣等社区引起争论。于是各种专业版本的咆哮体文章先后出现，英文版、西语版、日语版等的"咆哮体"，被疯狂转载于网络。各路粉丝也纷纷开始撰写关于他们的偶像的咆哮体文章。

"咆哮体"多用于自嘲，诉说自己的遭遇和感受。有人认为自嘲是一种乐观的表现。咆哮体可用于任何主题的讨论。咆哮体能充分表达自己的惊讶、愤怒的心情。"咆哮体"好像真的可以成为一部分人减压发泄的手段。

咆哮体没有固定的格式或内容，就是在字、词或者句子后，尽兴地加上感叹号。这种看上去带有很强烈感情色彩的咆哮体，引来了不少粉丝。很多咆哮体的粉丝，注意感叹号的排序，认为适当的排序可以使咆哮体显得美观，更能充分地表达自己的情感。"咆哮体"几乎每句话以"有木有"或叹词收尾，而且大量感叹号具有强烈的视觉效果。所以使人身临其境地感受到喷发而出的情绪。如：

"收集一组新闻评论！！！！ 至少五篇哦亲！！！！ 有关某个热点新闻事件或现象的，有木有！！！！ 列出标题和主要观点哦亲！！！！ 下周一上课时交！！！！"

"每个教新闻评论的老师都是折翼的天使！！！！"

"严格而脆弱的×老师你们伤不起！！！！ 伤不起！！！！"

"我是文科！ 读得文学院啊有没有！ 上来讲摄影师就开始讲蛋清显影法！ 硝酸银氯化银有没有！ 我要懂了我去读化学了有没有！ 乳胶颗粒和制版技巧跟我有什么关系啊！ 冲胶片要拿着秒表啊有木有！（《学摄影的你们伤不起》)"

由于咆哮体的火爆，网上已经出现了音频版咆哮体、视频版咆哮体。以音频或者视频的方式在网络上激动地表达自己的感情。通常配合凌乱的字幕，大声呼喊"有木有"。有些网站已开发出各种各样的咆哮体生成器。

2. 蜜糖体

网络从来不缺少新鲜的网络语体变体，2009 年雷人的新锐网络语体又层出不穷。有的被网友一再推崇、反复调侃；有的风行一时，雷倒网民；有的流行一年，现已少见……一种以"甜、腻、嗲"为特色的"蜜糖语体"，几天时间就风靡各大网站。年轻的网虫在网上的言语交际，一时纷纷打上"不嗲不休"的标记。

2009 年 2 月 15 日，"爱步小蜜糖"在天涯论坛发了几个回帖，回帖中她那甜得发腻，嗲到让人发抖的说话方式，仅仅三天就迅速走红天涯论坛，使之登上了"蜜糖体"无可争议的教主宝座。"蜜糖体"成为 2009 年网络最新流行的语体，一时跟风者无数。

如：

"亲耐滴，偶灰常稀饭你（亲爱的，我非常喜欢你）"

"555…糖糖也好想要一个 LV 滴包包啊…糖糖滴 mammy 用滴就素 LV…而且有好多…好多个哦…糖糖滴 daddy 说…等糖糖考上大学了…一定会买个 LV 滴包包送给糖糖哦…好期待呀…嘻嘻…O（n_ n）O~"

这是"爱步小蜜糖"在天涯论坛的第一个回复帖子。

帖子一出，立刻雷倒无数久经风浪的网友。三天之后，共有 7 次登录记录、几个回帖，"爱步小蜜糖"便成为网络论坛红人。

此前，网上也出现过"粉（很）可爱"、"好稀饭（喜欢）"、"好汗（羡）慕"之类的话语。"爱步小蜜糖"将之连起来整段运用,将"甜、腻、哆"发挥到极致,从此,这一类表达方式,就被称为"蜜糖体"。

网友们很快总结出"蜜糖体"的特点:"叠字"称呼,无论称呼别人还是自己,一定用叠字昵称。妈妈叫 mammy,爸爸叫 daddy,"5555(呜呜呜)"挂嘴边,"O(n_ n)O~"表情不能少,运用"滴(的)"、"素(是)"、"可素(可是)"、"灰常(非常)"、"酱紫(这样子)"等网络词语,句末用"哦",后来还用"捏"或"鸟"的语气词,这都是"蜜糖体"的典型特征。

3. 知音体

"标题华丽,情绪哀怨"的"知音语体",当时也十分红火。湖北武汉的知名杂志《知音》,多刊登感情和爱情故事,其煽情路线相当成功。"知音体"由此得名。如:

《卖火柴的小女孩》→《狠心母亲虐待火柴幻想症少女,祖母不忍勾其魂入天国》

《嫦娥奔月》→《铸成大错的逃亡爱妻啊,射击冠军的丈夫等你悔悟归来》

《唐伯虎点秋香》→《我那爱人打工妹哟,博士后为你隐姓埋名化身农民工》

2007年8月,天涯社区有人发帖:请大家用无敌、优雅、冷艳的"知音体标题"来给熟悉的童话、寓言、故事等重新命名。

发帖者先给《白雪公主》重新命名为《苦命的妹子啊,七个义薄云天的哥哥为你撑起小小的一片天》,激起了无数网友的创作欲望,网友们踊跃跟帖,《卖火柴的小女孩》、《嫦娥奔月》等名著标题,相继被恶搞。一场大赛之后,留下无数经典笑料。

"知音体",就是指用这种用煽情的标题来吸引读者的文章风格,《知音》的创始人之一的胡勋壁先生,曾率先在中国期刊界提出了具有哲学理念的"人情美、人性美"的办刊理念,杂志《知音》以刊登情感故事,宣扬人性美为宗旨。这种煽情的文章风格被称为知音体,这种风格的标题就叫知音体标题。

网友改写了很多类型的"知音体标题"。如:

(1)童话篇

《白雪公主》→《苦命的妹子啊,七个义薄云天的哥哥为你撑起小小的一片天~》

《小红帽》→《善良的女孩呀,你怎知好心指路采花的哥哥竟是黑心狼~》

《海的女儿》→《痴心的少女,你甘为泡沫为何番???》

《睡美人》→《百年不变的守候,只为你那淡定的一吻!》

《灰姑娘》→《恶毒后母狠心虐待难挡痴情王子撑起一片情天》

《皇帝的新衣》→《永不低头,弱冠少年不畏强权勇揭国王裸奔恶行》

《皇帝的新衣》→《国家元首,真空上阵挑战性感底线为哪般》

(2)动画篇

《小蝌蚪找妈妈》→《无声的呼唤啊,千里寻母之路血泪斑斑》

《变形金刚》→《威震天坠落地球冰冻数百年，柱子哥千里缉凶终把仇人灭》

《蜡笔小新》→《早熟正太一只大象闯天下，美女姐姐见之绝倒为哪般》

《圣斗士》→《重回古希腊斗兽岁月，花季少年集体大逃杀》

《铁臂阿童木》→《身残志坚，靠植入钢板的手臂飞出一片天》

《蓝精灵》→《蓝天给了他们蓝色的皮肤，白云给了他们洁白的心灵——一个与世隔绝的蓝色皮肤村探秘》

(3) 文学篇

《西游记》→《我那狠心的人啊，不要红颜美眷，偏要伴三丑男上西天》

《三国演义》→《从贫贱到自强，三兄弟的旷世畸恋》

《红楼梦》→《豪门浪荡子啊，却为真爱遁入空门》

《聊斋》→《那美轮美奂的梦中仙子呦，怎不叫人牵肠挂肚》

《封神演义》→《为前妻登上神仙宝座，八旬教授不畏牛鬼蛇神》

《呼啸山庄》→《生生世世的纠缠爱恋——我和我表兄那不得不说的故事》

(4) 电影篇

《哈利波特》→《毁容少年自强自立：我爱上这一道疤痕！》

《加勒比海盗》→《孤胆船长呦，茫茫大海不该是你的归宿，收起帆抛下锚随我走天涯》

《怪物史莱客》→《我要与你在一起，美少女变身青蛙痴守爱人》

《泰坦尼克号》→《冰冷的大西洋！带走我的爱人！一个富婆与穷画家的旷世畸恋》

《泰坦尼克号》→《深埋海底的蓝色巨钻：奶奶的深埋心底不得不说之旷世奇恋》

《功夫熊猫》→《发愤图强的黑白少年呦，江湖上总会有你的一席之地！》

(5) 传说篇

《嫦娥奔月》→《铸成大错的逃亡爱妻啊，射击冠军的丈夫等你悔悟归来》

《牛郎织女》→《《苦命村娃高干女——一段被狠心岳母拆散的惊世恋情》

《唐明皇与杨贵妃》→《悔不当初，儿媳自杀公公含泪为哪般》

《白蛇传》→《妙龄美妇泣血控诉：大师，夺我丈夫，你情何以堪？》

《武松打虎》→《国家一级保护动物缘何命丧公安局长之手？？》

《金瓶梅》→《那英俊健壮的小叔哦，为何至死不肯放过我这薄命女子！》

(6) 武侠篇

《诛仙》→《张姓男子不爱红颜，爱棍棍为哪般！》

《天龙八部》→《仨兄弟义薄云天守护祖国大业，仨女子死去活来一心只为爷们》

《倚天屠龙记》→《不屈不挠无忌沉冤竟昭雪,机关算尽赵敏终画眉》

《神雕侠侣》→《断欲的养蜂女和断臂的驯兽师倾情演绎惊世乱伦,纯情 LOLI 含恨遁入空门》

《杨过的童年生活》→《饥寒交迫啊!土窑里失学儿童的无助生活大纪实!》

《郭襄童年的噩梦》→《惨绝人寰啊!婴儿盗窃集团背后的故事》

(7) 言情篇

《不能说的秘密》→《跨越时空爱上你,琴艺不精终成恨》

《上海绝恋》→《用什么挽回你的真情,我那暗恋十年的爱人》

《水云间》→《深情画家咆哮为哪般,与三位女子不得不说的爱恨纠缠》

(8) 娱乐篇

《加油好男儿》→《当红主播陈辰和她背后众多男人不为人知的故事》

《快乐男生》→《十三少男被囚城堡受虐,接连消失被遗惨遭毒手》

《红楼梦中人》→《整容失败,谁能还她一个完整的下巴!》

(9) 时事篇

《我那狠心的美国爸爸哟,无视23人魂断塔利班》

《国泰民安,7月18泉城百万人民浴日光庆和谐》

《23义士以命祭天祈半岛一统,塔利班助手忍痛落泪送行》

《为08奥运献礼——记塔利班友人一次大义灭亲的反恐行动》

(10) 传统文化篇

《诗经》→《苦命的痴情女啊,用千百篇诗歌也唤不回薄情郎》

《论语》→《恩重如山的孔爷爷,渴望上学的孩子们不能没有你》

《中庸》→《告诉你一个真理:人生就是一场游戏一场梦而已》

《搜神记》→《搜!搜!搜!你所不知道的社会百态录》

《庄子》→《想要翱翔的你,别忘记逍遥背后的泪》

(11) 其他篇

《雪山飞狐》→《阴差阳错呀,未来岳父竟是杀父凶手》

《白马啸西风》→《一个少女的自白:他们都很好,我就是不喜欢》

《笑傲江湖》→《正义干警含冤走千里,黑手党千金痴情苦相随》

《亮剑》→《忠贞的妻哟,这隆隆炮火见证了我们刑场上的婚礼!》

《女娲造人》→《玩泥巴玩出大事业——全球最手工泥塑女皇的发迹之路》
《上海滩》→《宝贝女儿情迷古惑仔，黑帮老爹无奈起杀心》

知音体中各种类型不断增加，每一类型的标题不计其数。

"知音体"的标题特色，可以概括为四点：标题具有"点睛"的效果，修辞力求多变的特色，语言风格鲜明的诗化，标题创意似有强烈的视觉冲击。知音体标题最长达三十余字，标题中往往出现一到两个标点符号，偶尔还会出现感叹词。这种标题制作技巧和标题语言特色，能有效激发网友的阅读兴趣。

4. 纺纱体

"莎士比亚般优美"的"纺纱语体"，最早是从百度佳木斯贴吧传出的。以"女王夜叉"作为网名的女吧主，经常用居高临下、盛气凌人的文体"训示"吧友。网友们开始对此不屑一顾，后来开始跟风模仿，以至有人成立"纺纱教"，专门学习此类语体。

纺纱体，要求仿照莎士比亚语体，要有其中文译文的阅读效果，说话要像莎士比亚戏剧中的句子一样优美。如：

"因为人用大脑思考你是苹果你用果核所以你不懂"

"我亲爱的朋友们也许是时候听听一些忠告了　虽然难免会有些刺耳　但不可否认的是这将非常的诚恳"

"就像您在饥肠辘辘时　我会给您捧上一大片发满绿霉的面包一样请不要向我抱怨我的朋友　也许我也还正饿着呢　我可是把见上帝的机会让给了您啊　我尊敬的朋友　难道您会背弃了信仰而诅咒我这个富有爱心并且空着肚子也要先用行动证实友情的可怜人么"

"纺纱体"的确有其语体特点。不能将倒装句改成常式句，追求词不达意，不用粗俗字词，不能含有网络流行语，称呼使用敬语决不能使用标点符号。

5. 梨花体

"一句话拆成几段"，就变成了所谓"梨花语体"。"梨花"是"丽华"的谐音，"丽华"就是女诗人赵丽华，中国作家协会会员，国家一级作家，兼任《诗选刊》社编辑部主任，曾担任第二届鲁迅文学奖诗歌奖评委。赵丽华的诗歌作品，形式相对另类，引发了不小的争议。如"毫无疑问/我做的馅饼/是全天下/最好吃的。（赵丽华《一个人来到田纳西》）"。（赵丽华认为，这首诗既是对华莱士·史蒂文森《田纳西的坛子》表示敬意之后的一个调侃和解构，也是对自身厨艺诗艺的自信展示。）又如："赵又霖和刘又源/一个是我侄子/七岁半/一个是我外甥/五岁/现在他们两个出去玩了。（赵丽华《我爱你的寂寞如同你爱我的孤独》）"。一些网友戏称之为"口水诗"。网友们以嘲笑的心态仿写了大量的口语诗歌。如：

"还有四分钟/六点了/老板还在催我/把文件整理完/呜呼。"（网友"展袂舞翩翩"的《下班》）

"一只蚂蚁/另一只蚂蚁/一群蚂蚁/可能还有更多的蚂蚁"

"恶搞赵丽华的诗歌"事件，越来越多，出现了万名网友齐作"梨花诗"的盛况，有人成立"梨花教"，拜赵丽华为"教主"。由此竟然引发了文坛的"反赵派"和"挺赵派"之争斗。

梨花体语言直白、简单，似乎一览无余，又似乎蕴涵深意。梨花体最突出的特点，真的是"把一句话拆成几节"来表达吗？对。梨花体，一定要大白话，而且是大白的废话，就是会讲话的人在自己的话里随意分行或者随意加标点符号！如：

"我
今天
吃得很饱，天气这般好呀！（梨花体示例）"

其次，一定要善于使用回车键。

6. 红楼体

"红楼体"，出自选秀节目。选秀节目《红楼梦中人》选手闵春晓的博文，其风格特点很是受网民关注。网民认为，这是"对《红楼梦》文风的拙劣模仿"。大家将其称为"红楼体"。如：

"怎地妹妹倒与我生分起来了，看看就是了，非要回个劳什子帖。真正是把姐妹情分看生分了罢。"

"直到有一天，当我回到寝室，发现录音机里，我最爱的《红楼梦》磁带被人洗去了几段……伤心惶惑间，一个要好些的女孩儿悄悄告诉我：'人家这会子都听李玟、张惠妹，独你这样不入流，总听这些悲悲切切的音乐……扰了大家的兴致……往后还是改了吧，到底还是合群些的好……'"

"姐妹们好兴致，我不过去了一会子，这楼就盖这么高了，还开坛做起诗来了！我也不懂什么湿咧干的，勉强胡诌了一首。到底是不好，只是我原也没什么诗才，在诗社里，给姐妹们磨个墨点个香倒还使得。因此胡乱对付了几句，不过大家一起乐和乐和，笑一会子罢了。"

很明显，"红楼体"大量出现"这会子"、"那些人儿"等语句，读起来总使人感到有些别扭。

7. 脑残体

会用"火星文"的网络游戏玩家，玩出了独特的"脑残语体"。脑残体，主要出现在QQ空间、论坛以及"X舞团"等网络游戏中。有不少玩家大量使用非正规汉字符号作为个性签名。

这类文字的来源五花八门：或出自繁体汉字、或来自日文汉字和生僻字，或在简体汉字的不常见字中选出，甚至还夹杂着一些日文假名、汉语拼音字母、特殊符号。网友们只能通过文字的偏旁猜测其大致的读音，有的网友戏称之为"火星文"，有的网友斥之为"脑残体"，有的网友把使用脑残体的人称为"脑残儿"。

脑残语体，独特、另类，由此被许多追求个性的网友视为一种时尚、一种风格，大家竞相模仿。如：

> "莓天想唸祢已宬儰 1．种滔惯（每天想念你已成为一种习惯）。"
> "1．鈖鱻鯖。1．种颜艳。Me 的丗塀択囿壹神彦页色（一份感情，一种颜色，我的世界只有一种颜色）。"

不动脑筋，看不明白脑残体；就是绞尽脑汁，也不一定读得懂脑残体。你说是不是？

8. 私奔体

"私奔体" 2011 年 5 月 16 日深夜，鼎晖创业投资合伙人王功权在新浪突发微博上宣布私奔，为爱放弃一切。网友们纷纷效仿，私奔体得以流行。

王功权微博："各位亲友，各位同事，我放弃一切，和王琴私奔了。感谢大家多年的关怀和帮助，祝大家幸福！没法面对大家的期盼和信任，也没法和大家解释，也不好意思，故不告而别。叩请宽恕！功权鞠躬"。

网友的效仿，产生了许多类别。如：

> 和睡眠私奔 "各位亲友，各位同事，我放弃一切，和睡眠私奔了。感谢大家多年的关怀和帮助，祝大家幸福！没法面对大家的期盼和信任，也没法和大家解释，也不好意思，故不告而别。叩请宽恕！"
> 和假日私奔："各位亲友，各位同事，各位博友，我放弃一切，和假日私奔了。感谢大家多年的关怀和帮助，祝大家幸福！没法面对大家的期盼和信任，也没法和大家解释，也不好意思，故不告而别。叩请宽恕！"
> 和人民币私奔："各位亲友，各位同事，我放弃一切，和人民币私奔了。感谢大家多年的关怀和帮助，祝大家幸福！没法面对大家的期盼和信任，也没法和大家解释，也不好意思，故不告而别。叩请宽恕！"

"私奔体" 被模仿的主要之处，就是其 "句式模板"："各位××，各位××，我放弃一切，和××私奔了。感谢大家多年的关怀和帮助，祝大家幸福！没法面对大家的期盼和信任，也没法和大家解释，也不好意思，故不告而别。叩请宽恕！××鞠躬。"用的人太多了，总给人一种做 "仿句练习" 的感觉。

9. 淘宝体

"淘宝体"，是说话的一种方式，最初见于淘宝网卖家对商品的描述。淘宝体因其亲切、可爱的方式，逐渐走红网络。

2011 年各地公安机关纷纷发出了 "'淘宝体'通缉令"。如：

> "亲，被通缉的逃犯们，徐汇公安'清网行动'大优惠开始啦！亲，现在拨打 110，就可预订'包运输、包食宿、包就医'优惠套餐，在徐汇自首还可获赠夏季冰饮、编号制服……"（上海徐汇）
> "亲，现在起至 12 月 31 日止，您拨打 24 小时免费客服热线 110，包全身体检、

包吃住，还有许多聚划算优惠套餐……"（福建福州）

"各位在逃的兄弟姐妹，亲！立冬了，天冷了，回家吧，今年过年早，主动投案有政策，私信过来吧。"（山东烟台）

2011 年 7 月南京理工大学"淘宝体"录取短信：

"亲，祝贺你哦！你被我们学校录取了哦！亲，9 月 2 号报到哦！录取通知书明天'发货'哦！亲，全 5 分哦！给好评哦！"

这样的高校录取"短信报喜"，实为首创，是个大胆尝试，理工科院校的古板，因之"面目全非"。

2011 年 8 月 1 日上午，一则外交部微博招人的消息在网上流传。该微博由外交部官方微博平台"外交小灵通"发布，采用"淘宝体"，语调轻松、幽默。被网友疯狂转载，引发热议。

"亲，你大学本科毕业不？办公软件使用熟练不？英语交流顺溜不？驾照有木有？快来看，中日韩三国合作秘书处招人啦！这是个国际组织，马上要在裴勇俊李英爱宋慧乔李俊基金贤重 RAIN 的故乡韩国建立喔～此次招聘研究与规划、公关与外宣人员 6 名，有意咨询 65962175～不包邮。"

交警宣传"淘宝体"。8 月 10 日，郑州市交巡警打破以往传统的宣传模式，首次将"淘宝体"提示牌用于交通安全宣传，引发社会各方热议。如：

"亲，快车道很危险哦！"
"亲，红灯伤不起哦！"
"亲，注意避让行人哦！"
"亲，慢车道安全哦！"
"亲，注意谦让哦！"
……

驾车卡也用"淘宝体"。如：

"亲，请按规定车道行驶哦！"
"亲，开车不要打手机哦！"

交警考虑到驾驶员大都年轻，特意用网络语言制作了温馨提示卡，目的就是更加贴近生活，不用生硬的语言向驾驶员灌输文明交通常识。

"淘宝体"，有人觉得新鲜、温馨，有人却不以为然……

"淘宝体"默默而持久地存在着，是因为人们发现了它那种"亲切又腻歪"的语言魅力和情感深度。"亲"这个字眼在购物网站上，已经成为和"喂"、"你好"相似的问候语。

10. 丹丹体

"丹丹体"，源于宋丹丹在新浪微博上炮轰潘石屹的博文，2011 年 1 月 18 日凌晨 2 点著名演员宋丹丹在新浪微博上发表一个博文："我老公不让我说了，他说别太得罪人，可我真忍不住。潘总，我就是个演员没多少钱，我请你喝拉菲，别再盖楼了，真的，求你了！"。

丹丹体的固定格式："××，我就是个××，没多少钱，我请你××，别再××了，真的，求你了！"就是这个格式，使之意外走红。网友纷纷跟风造句，势头不减。这种看似有些无厘头的造句，却已经在微博上红透了半边天。如：

"我同事不让我说，他们说别太得罪人，可我真忍不住。潘总，我就是一个做通信网站没有多少钱，我请你看飞象网，别再盖楼了，真的，求你了！"（@飞象网项立刚）

"潘总，我就是个搞电影的没有多少钱，我请你喝咖灰，别再盖楼了，来投电影吧，真的，我求你了！"（@苏毅娱乐商业观察）
……

11. 羊羔体

"羊羔体"，"羊羔"是"延高"的谐音。含有讽刺意味。羊羔体源于第五届鲁迅文学奖诗歌奖得主、武汉市纪委书记车延高的诗歌作品《徐帆》。这种直白的几近不像诗歌的诗体被网友称做"羊羔体"，被一些网友认为是"口水诗"的代表之一。

2010 年 10 月 19 日晚，有网友在微博发出一首名为《徐帆》的诗歌，"徐帆的漂亮是纯女人的漂亮/我一直想见她，至今未了心愿……后来她红了，夫唱妇随/拍了很多叫好又叫座的片子……"快被证实，这首诗的确是第五届鲁迅文学奖诗歌奖得主、武汉市纪委书记车延高描写著名演员徐帆的诗。官员兼诗人的身份、直白的诗作、权威的奖项，这些立即引起了网民的关注，"羊羔体"迅速在微博上热传。许多网友不断地在微博、QQ 群，结合社会热点，写出很多"羊羔体"的模仿诗作。如："李一帆的帅气是纯爷们的帅气/我一直想见他，至今未了心愿，后来他撞人了，红了/还喊了句'我爸爸是李刚'。"这是一位网友为"河北大学撞人事件"中的李一帆写的一首"羊羔体"诗。

车延高自评《徐帆》时说：这首诗采用的是一种零度抒情的白话手法，"是我写作的一种风格，是我写作的一种尝试"。羔羊体为何走红？也许这里面有答案。让我们看看这种"尝试"吧。

徐　帆

徐帆的漂亮是纯女人的漂亮
我一直想见她，至今未了心愿
其实小时候我和她住得特近
一墙之隔
她家住在西商跑马场那边，我家

住在西商跑马场这边

后来她红了，夫唱妇随

拍了很多好又叫座的片子

我喜欢她演的青衣

剧中的她迷上了戏，剧外的我迷上戏里的筱燕秋

听她用棉花糖的声音一遍遍喊面瓜

就想，男人有时是可以被女人塑造的

最近，去看唐山大地震

朋友揉着红桃般的眼睛问：你哭了吗

我说：不想哭。就是两只眼睛不守纪律

情感还没酝酿

它就潸然泪下

搞得我两手无措，捂都捂不住

指缝里尽是河流

朋友开导：你可以去找徐帆，让她替你擦泪

我说：你贫吧，她可是大明星

朋友说：明星怎么了

明星更该知道中国那句名言——解铃还须系铃人

我觉得有理，真去找徐帆

徐帆拎一条花手帕站在那里，眼光直直的

我迎过去，近了

她忽然像电影上那么一跪，跪的惊心动魄

毫无准备的我，心兀地睁开两只眼睛

泪像找到了河床，无所顾忌地淌

又是棉花糖的声音

自己的眼睛，自己的泪

省着点

你已经遇到一个情感丰富的社会

需要泪水打点的事挺多，别透支

要学会细水长流

说完就转身，我在自己的胳臂上一拧。好疼

这才知道：梦，有时和真的一样

12. 凡客体

"凡客体"，是指凡客诚品（VANCL）广告文案宣传的文体。2010年7月，凡客诚品（VANCL）邀请了青年作家韩寒和青年偶像王珞丹出任形象代言人，一系列的广告也铺天盖地地出现在公众的眼帘。该广告意在戏谑主流文化，彰显该品牌的自我路线和个性形象。其另类手法引起网友关注，于是，大批恶搞凡客体的帖子迅速在网络上出现，代言人也被掉包成芙蓉姐姐、凤姐、小沈阳、犀利哥、李宇春、曾轶可、付笛生、赵忠祥、成

龙、郑大世、C 罗、卡卡、贝克汉姆、余秋雨、多啦 A 梦、郭德纲、陈冠希等名人。其广告词更是极尽调侃，令人捧腹，被网友恶搞成了"烦客体"。凡客诚品的广告引起了互联网 PS 狂潮，这种语体模式朗朗上口，后网民封为"凡客体"。

原广告的"爱网络，爱自由，爱晚起，爱夜间大排档……"这些个性标签经过网友的想象和加工，已变成众多明星甚至个人的标签。如传播得最广的郭德纲"凡客体"，大大的图片旁边的文字被改为："爱相声、爱演戏，爱豪宅、爱得瑟、爱谁谁，尤其爱 15 块一件的老头汗衫，我不喜欢周立波，也没指望他会喜欢上我，我是郭德纲，能成为鸡烦洗的代言，我很欣慰。"极富调侃，令人捧腹。

"爱碎碎念，爱什么都敢告诉你，爱大声喊'爱爱爱'，要么就喊'不爱不爱不爱'，请相信真诚的广告创意永远有口碑，我不是'某白金'或'某生肖生肖生肖'，我是凡客体。"凡客体往往以此作为开头。许许多多"凡客体"图片在微博、开心网、QQ 群以及各大论坛上疯狂转载。各路名人和企业相继成为"被凡客"的主角，从乔布斯到灰太狼，每个从现实到虚拟的名人几乎都成了"被凡客"的恶搞对象，网民也陶醉于这种 PS 中之中……黄晓明、唐骏和曾子墨等千余位明星或被恶搞或被追捧。也有不少是网友个人和企业出于乐趣制作的"凡客体"。网友调侃道，"在'凡客体'世界，只有想不到，没有看不到"。

"凡客体"经过网民的改造后，或冷嘲热讽、或幽默风趣，但也不乏温馨感人。分清"爱"与"不爱"，出手大胆，极具想象力。一般六行文字，读来朗朗上口，较有诗词韵味。

凡客体的写作模式就是网购品牌"凡客诚品"的广告文案的写作模式，即由一系列"爱……也爱……不爱……是……不是……我是……"的短句组成。如：

> "爱爱情，爱亲情，也爱友情。我不是情圣，不是花心大萝卜，我是 EX 一家亲。"（2010 年 8 月 10 日《中国青年报》）
>
> "爱电影，爱大冒险，爱自己下厨，也爱踢足球当后卫。我不偷菜，也不是宅男。我是×××，我是双子座，我是奋斗中的辅导员。"（某高校新生在报到时收到的辅导员名片）

13. 少将体

"少将体"是近来新兴的一种民间文体形式。少将体是一种深受广大文学青年的热爱和追捧的文学创作风格，它讲求韵律、自由、含蓄、反复，兼具诗歌和散文的性质，是一种有声韵、有歌咏的文学。（也有人把它叫"新字体"，注意，不是"新字体"，也不是"新语体"。）

少将体讲求即兴发挥，韵律丰富，其典型的格式特征即"三个逗号"等。

"我，，，我，，，我，，，"

"这个，，，那个，，，那个，，，怎么说呢，，，"

"我想这个，，，这，，，这，，，这，，，"

"我啊，，，我啊，，，就是说，，，"

如：《地震篇》是少将体的典型代表作。

"日本地震,,,我想啊,,,刚才我那个,,,后来那个,,,引申一下,,,这个日本地震,,,我想这个,,,这,,,这,,,这,,,这个事也不是想绕开这个,,,我想讲侧重,,,讲这么一个,,,就是说呀,,,现在这个日本地震现在我们国家的这个,,,谈到救援这个救灾队伍,,,我觉得,,有一个很重要一个部分就是日本地震,,,这个怎么说那,,,我考虑到观察了很久这个日本地震,,,日本地震那怎么说那,,,他还,,,我认为啊,,,咱们从严格意义上他不算是咱们国家承认的地震,,,他是,,,就是说他,,,他的这个,,,当然他的这个地震质量,,,他的这个强度他肯定不如这个汶川地震的这些东西当然这个日本地震包括你说的这个救援队伍这个问题确实成为一个地震部门的一个大问题,,,就是说,,,首先就是说这个,,,将来我,,,?? 我啊地震问题,,,我是从内心里希望,,,很多的这个我希望大量的这个,,,能够通过努力提高自己的水平,刻苦地震,唉,,,能够提高自己的地震水平希望很多的日本地震能够成为超级的正式地震,,,喷,这个除了日本地震,,,这个制约我们这个发展以外,,,我觉得,,,现在大家普遍反映的就是说,,,不要不要说,,,中国地震啦,,,就是日本这个正式地震出来的核辐射的这个文化素质和这个救灾水平也是有待提高的。"(来自互联网)

少将体经过民间发展,已形成了多种流派,其中以"凤凰派"最具代表性。

14. 银镯体

"银镯体"是一种以辞藻空洞华丽,使用生僻词语,频繁地利用句号,表现出使人感到浅薄多余的情感(矫情)为特征的文体。乐于使用者原本是00后、90后,以及部分80后。

"银镯体"源于大陆女作家安妮宝贝的作品。其作品喜欢表现所谓"小资情调"("无病呻吟"或故作"淡然")、反复的主题与词句("诵经、参禅。""又静又好",模仿佛经的语言称呼男性、女性为"男子"、"女子")、刻意滥用词语(如"凛冽"的人等)、不恰当地引用术语及经典、对法国女作家杜拉斯,不求其神韵却刻意模仿,算不上是成熟的作品等,多为网民诟病。

安妮宝贝在其作品《清醒纪》里写道"银镯",并表达了自己对银镯的喜爱与敬重之情,语气神秘空灵。其中经典句式有:"……的人,本来就是……的人""……的男子/女子"等等,这种句式,被网友频繁谐仿。银镯体的谐仿中还混合了郭敬明的文风,其作辞藻华丽空洞而不切主题,多用句号,频繁换行,有不少字句恶搞。这种文风多出现在QQ空间、人人网、开心网的90后作品中。起初只在豆瓣、百度贴吧、天涯的回帖中偶尔出现银镯体的谐仿之作。很多网友(尤80后,90后)常常嘲讽使用银镯体者语言常识缺乏,情感空虚浅薄。后来为了娱乐等原因,有些网友在豆瓣的"文艺青年装逼会"上编写教程,教授银镯体写作,受到讽刺性的欢迎。著名杂志《格言》刊登了相关信息。随后,豆瓣上几个小组专门发布恶搞银镯体的帖子,如"银镯男子"、"金链汉子"、"银镯女子",等等。

15. 琼瑶体

"琼瑶体",又名奶奶体,起源于著名言情小说家琼瑶的文章以及琼瑶剧的"琼瑶式"对白。

2007 年电视剧《又见一帘幽梦》热播以来，其极具琼瑶风格的台词饱受非议。有个网站发起征集琼瑶剧中"最令人想撞墙台词"。一直保持沉默的琼瑶，终于在博客上宣称，她剧本中最得意的便是"琼瑶式"对白，并坚信"我晕"等台词将成为引领潮流的时尚词语。而网友则反驳说："我晕"早在几年前便在网上流行，还建议琼瑶奶奶要多关心新事物。网友表示，"琼瑶式"对白中那些肉麻台词，叫人听后有"想撞墙的冲动"。如：

"我知道他爱你爱得好痛苦好痛苦，我也知道你爱他爱得好痛苦好痛苦"

"我真的好喜欢你，不管是那个刁蛮任性的你，活泼可爱的你，还是现在这个楚楚可怜的你"

又如：《情深深雨蒙蒙》中的"琼瑶式"对白：

男：对，你无情你残酷你无理取闹！
女：那你就不无情!? 不残酷!? 不无理取闹!?
男：我哪里无情!? 哪里残酷!? 哪里无理取闹!?
女：你哪里不无情!? 哪里不残酷!? 哪里不无理取闹!?
男：我就算再怎么无情再怎么残酷再怎么无理取闹，也不会比你更无情更残酷更无理取闹！
女：我会比你无情!? 比你残酷!? 比你无理取闹!? 你才是我见过最无情最残酷最无理取闹的人！
男：哼，我绝对没你无情没你残酷没你无理取闹！
女：好，既然你说我无情我残酷我无理取闹，我就无情给你看，残酷给你看，无理取闹给你看！
男：看吧，还说你不无情不残酷不无理取闹，现在完全展现你无情残酷无理取闹的一面了吧！

如，《新月格格》中的"琼瑶式"对白：

"你明知道你在我心里的地位，是那么崇高，那么尊贵！全世界没有一个人在我心中有你这样的地位！我尊敬你，怜惜你，爱你，仰慕你，想你，弄得自己已经快要四分五裂，快要崩溃了，这种感情里怎会有一丝一毫的不敬？我怎会欺负你？侮辱你？我的所行所为，只是情不自禁！五年以来，我苦苦压抑自己对你的感情，这种折磨，已经让我千疮百孔，遍体鳞伤！我要逃，你不许我逃！我要走，你不许我走！在码头上，你说我听不见你心底的声音，我为了这句话，不顾所有的委屈痛苦，毅然回来，而你，却像躲避一条毒蛇一样的躲开我！你知道我有多痛苦吗？你知道我等你的一个眼神，等你的一句话或一个暗示，等得多么心焦吗？你弄得我神魂颠倒，生不如死，现在，你还倒打一耙，说我在欺负你！你太残忍了，你太狠了！你太绝情了。"

琼瑶体的主要特点，非常明显。语言绝对删简就繁，宁滥毋缺，能绕三道弯的决不只绕两道半，能用复句结构的决不用单句结构，能用反问句的决不用陈述句，能用排比句的决不用单一句，能哭着说喊着说的决不好好说。

16. 排比体

排比体，2009 年以来网络上流行的一种突出使用排比句式的语体。排比体往往用以表示写文章者的决心以及信心，信奉重复就是一种力量。"排比体"起源于百度哈韩吧（哈：近乎疯狂地想要得到）。2009 年 3 月 3 日，百度哈韩吧发出了一篇题为《请你道歉》的华丽帖子。该帖子长达 1600 字，分了近 200 行，内容是韩国偶像团体 SJ 的粉丝 ELF，觉得自己心中的偶像受到了某电视台不公正的待遇，故而愤怒声讨。帖中一再重复"你知道吗？""我们知道……""他们是……"由于 sj 的成员多达 13 人，他们如数家珍，叫人看得眼花缭乱。如：

> "我们好害怕 SJ13 也会听到这样的消息，
> 我们好害怕他们因为你的话而伤心，
> 我们好害怕他们因为你的话而同样觉得无力，
> 我们好害怕他们觉得亏欠了 ELF 而对自己更加苛刻，
> 我们不要这样的结果，我们只要他们好，一切都好才是我们最大的心愿！"

用排比体写文章，一定要先想好几个关键词，行文中反复使用，反复强调！排比体从来不使用标点符号，用断行代替。反复排比起来，打字就费时了。所以排比体被网友称为"最费键盘的语体"。

排比体与修辞格中的排比句有所不同。排比句具有"四'相'一'串'"（结构大致相同，词性大致相对，语气基本相似，意义基本相关，有相同的字眼来串联）的特点，即把三个或三个以上"四'相'一'串'"的词组或句子连排在一起，以获得条理分明、感情洋溢、形象生动的效果。而"排比体"，感情洋溢有余，条例分明却不足。写排比体帖子，最简单的方法是：先确定关键词，在围绕中心造几组排比句。

附：美文欣赏：《请您道歉》

> 我们是 ELF
> 是 SJ 的 FAN
> 而我们喜欢 SJ
> 并不只是因为他们拥有漂亮的面容
> 更是为他们的努力，他们的坚强……
> 您知道他们有多爱 ELF
> 在 07 年歌谣大典上
> 别的歌手都是一结束表演就下台
> 而 SJ
> 在表演过后
> 集体跪下

朝歌迷行跪拜大礼

您知道这场面让在场的所有 ELF 痛哭着说要永远支持 SJ 吗？

您知道这场面让所有屏幕前的 ELF 感动吗？

在 SUPER SHOW 上

这是 SJ 的首场亚洲巡演

每一场表演过后

他们都会手拉着手一起朝台下 ELF 鞠躬，跪下

也许您会说这只是他们为了取悦 ELF 而做的假象

也许您会说他们只是在舞台上而表演

那么车祸现场呢？是舞台吗？

07 年 4 月 19 日 0 点 20 分

SJ 四人，队长利特，成员神童，银赫，以及老幺圭贤

在赶通告的途中发生了车祸

神童，银赫轻伤

利特，圭贤重伤

在记者拍下的镜头中

我们看到

利特被抬上担架的那一刻

他的口中，微弱的发出声音

但是

他喊的不是疼，不是痛

而是受伤更重的弟弟圭贤的名字

后来

我们知道

利特全身上下缝了 170 针

而圭贤

在送进医院后

更是发生了心脏休克状态

还好

他挺了过来

为了所有爱他的人

您要是稍微了解一下韩国的演艺圈

就会知道

韩国的偶像明星哪个不是经过很多年的训练而得以出道

何况我们的 SJ 是全韩国最好的也是最严厉的 SM 公司的偶像组合

每天跳十几个小时的舞蹈

您能忍受吗？

恐怕一天都不行吧

何况 SJ 是经过了 4 年，5 年，6 年的辛苦训练

这些痛苦，你可以体会吗？

当然不会，对吧

像您这么舒服的过日子怎么可能体会他们的辛酸呢？

还有些事，不得不提

06年8月8日凌晨3点

成员东海的父亲去世

成员希澈瞒着公司，成员

偷偷参加葬礼

只为安慰那个心疼的弟弟

却在回程途中

发生车祸

因为是偶像

因为不能给记者拍到不好的照片

他一直咬住舌头防止自己昏过去

却在被送医院后

得知舌头被咬的一个星期都不可以说话

后来身体内植入钢锭

并在35天就立刻出院

两年之后

取出钢锭

却让我们为之惊讶

那钢锭

因为希澈刻苦的跳舞

早因弯曲了

长达30CM的钢锭

弯曲了

可他却还一直笑谈这件事

他的笑中

隐含了多少泪与痛

但他不想让我们为他难过

才会微笑

因为他是骄傲的

是

天上天下

金希澈

队长利特

别人都说他不适合当队长

因为他太温柔

但我们知道

他是 SJ 中最适合当队长的人

成员们闯祸，他去道歉

成员们有心事，他去倾听

他有着严重的腰伤

一旦发作

无法忍受

而他，在一次光州的演出中

他的腰伤复发

他却一直忍耐

一直保持微笑在台上跳舞

他的原名叫朴正洙

他说过

"只要摄像机的灯光一亮，我就从朴正洙变成利特，这个利特是万能的，是不可以失误的"

就是这样的信念

他在舞台上一直很完美

却是灯光一灭

扶着疼痛的腰寂寞地离去

一次在机场

他的腰伤复发

痛得他丢下行李

不顾形象地蹲在地上

他还对成员们说过

"谢谢你们跟着我这个并不出众的哥哥"

他就是这样伟大的队长

神童

这个胖胖的却很可爱的宝贝

跳舞超好

出道后

面对了太多的流言蜚语

说他的形象不符合偶像

他也哭诉过

说

"如果我的形象毁了 SJ，我愿意退出"

还有那位不透姓名的先生

你是什么音乐总监吗？还是舞蹈高手？

凭什么对哥哥们的唱工和舞蹈给予否定

"艺术的声音""天籁之音"

艺声，丽旭，圭贤的这些外号这些不是白叫的

还有，他们的舞蹈

更不用说

银赫，东海，神童，韩庚都是公认的好

SJ 不只是音乐组合

除了音乐

他们在演戏，MC，DJ 都发展得很好

始源在刚出道就被邀演〈墨攻〉

起范更是受到多方电视台的邀请

利特，希澈，强仁，神童的口才都是韩国公认的

而晟敏，总是被人们说没什么特长

却不惜牺牲多少个夜晚不睡觉而苦练

现在

是 SJ 的全能存在

SJ

每天的日程接近 24 小时

而他们还要以微笑面对我们

至于那个 KISS

那只是为了让那首歌的现场效果更好

因为那首歌的 MV 里就有 KISS 的镜头

而且

他们之间的 KISS

只是友谊的见证

很小就进入残酷的 SM 公司

靠着努力，信念，他们一同走过无数年

SJ 就是这样的友谊

坚固到永远不会锻炼

用一位 ELF 说过的话

他们首先是亲人，再是兄弟，然后是朋友，最后是成员

知道他们为什么在舞台上那么 HIGH 吗？

那是因为他们不想让期待已久的 ELF 失望

最后，我们真诚的希望您道歉

向 13 个为梦想而一起努力的美丽少年道歉

向真心爱着 SJ 并愿永远追随 SJ 的我们?? ELF 道歉

不然

江苏卫视

妖精们永远不看！

（漫天雪旧论坛《社会广角》网络哈韩族之排比体）

17. 走近科学体

"走近科学体"，由模仿中央电视台科教频道同名节目解说词而产生。这个节目的特点十分明了：一开始，故弄玄虚，吊足读者胃口，最后端出一个极为平常的结果。如：

> "深夜里的恐怖怪音"→"打呼噜"。
> "灵魂出窍"或"僵尸附体"→"神经病"。

全文需大量使用"然而，意想不到的事发生了"、"事情远非这样简单……"之类的句式。如：

> 某个村子每天半夜三更都有怪叫声，把全村人吵醒，大家都不敢出去看，战战兢兢地失眠到天亮。采访了一大堆上了岁数的村民，传说这里出没野兽，每天夜里到村子作怪，闹得人心惶惶……音乐配得特别恐怖！节目分上下两集！到最后竟然说那是村里一个胖子睡觉打呼噜！

又如：

> 某小区一户人家一日收到一个神秘的包裹，包装精美华丽，但是却很轻，不像是什么很贵重的东西。可事情远非这么简单……。当这户家人打开外包装的时候，意想不到的事发生了，包裹的最上面竟然是一个血红的手印，这下可吓坏了一家人，是恶作剧还是恐吓？里面到底会是什么东西呢？敬请关注《走近科学》……结论：包装里的是这家女主人的一个朋友给快递来的一本礼仪之邦礼品册，血红的手印是快递员不小心打翻了红墨水瓶造成的！

走近科学体的特点，网友总结得好：开端一定要诡异，剧情一定要曲折，当事人一定要权威，结局一定要"坑爹"。

网友纷纷撰写"走近科学体"奇文，或恶搞，或戏仿，并非坏事。有人认为，这是对国内科普栏目的一种致敬，也是一种成功的民间营销。

18. 校内体

"校内体"，就是原来的校内网、现在的人人网常用的几种标题形式。"校内网"更名为"人人网"已经很久了，但是"校内体"却不断壮大而且有愈演愈烈之势。虽然只是标题，却有各种可以让人说道的地方。

校内体总给人"想撞墙"感，不是疼痛就是伤感还有流泪……。校内体的文风非常"郭敬明"，同时逆流成河。

常用的标题形式有：

《每个××上辈子都是折翼的天使》
《遇到××的人，就嫁了吧》
《女孩，还记得××的那个男孩吗?》

校内体受到网友们疯狂追捧，很快发展出许多系列。

（1）残疾天使系列

多年前有本爱情畅销书折腾出一种说法：每个女孩上辈子都是折翼的天使。于是，各种特征的人都会被冠以"折翼的天使"的名号。残疾天使系列就这样诞生了。如：

> 《听说手凉的女孩上辈子是断翼的天使》
> 《爱动漫的孩子都是天使》

衍生出：

> "听说，每个考试前不复习的人上辈子都是折翼的天使。"
> "听说，每个上厕所后不洗手的人上辈子都是折翼的天使。"

（2）天桥摆摊系列

曾几何时，天桥上摆起的算命摊，总给人留下深深的印象。而今，算命活动在网上仍有人气，只是其算法与之不同罢了：疼痛伤感的网友，常常在网上的天桥摆摊算起命来。……哪哪儿长痣、特别坚强或者特别脆弱的人容易嫁出去（或者不容易嫁出去，说法不一）、一块儿去牵牵手看看电影就不会分手、摔瓶子的容易分手……如：

> 《他们说，这样的女孩比较真》
> 《要珍惜胸前有痣的女孩》
> 《要珍惜脖子后有痣的女孩》
> 《喜欢绿色的人都很坚强》
> 《恋人绝对不可以做的×件事》

衍生出：

> "他们说，脸上长颗痣的人容易被开除。"

（3）狗血星座系列

这是天桥摆摊系列的分支，往往要加上"准到哭"。如：

> 《其实你看到的都是假象……十二星座之请别相信她（……准到哭了）》
> 《十二星座的不敢爱》
> 《是什么爱情誓言感动了十二星座》

衍生出：

> "十二星座门将，各有各的脱手。"

（4）脆弱又坚强精分系列

小姑娘都喜欢说自己很脆弱，过一会儿又说自己很坚强，达到了脆弱和坚强的辩证统一。"冷暖自知"成了其高频词。如：

《这样的女孩你伤不起》
《内心强大的女子，冷暖自知》
《坚强的女子，会在阳光下，站成一棵树》
《请不要伤害那些外表开心的人（表面上微笑的人……）》

衍生出：

"请不要伤害那些考试挂科的人。"
"做一个大庭广众之下敢挖鼻屎的人，冷暖自知。"

（5）抱一抱系列

"抱一抱那个抱一抱，抱着我的妹妹上花轿……"本是火风的《大花轿》里的歌词。如今被校内体整复杂了，常用来抒发伤感，经常出现熬夜、酗酒、自闭情节……如：

《我有的时候，真的想停下来，抱一抱我自己》
《可不可以有一个人，可以看出我的故作坚强（软弱……）》
《可不可以有一个人，可以看出我的逞强，可以保护我的脆弱》

衍生出：

"可不可以有一个人，可以看出专家的故作坚强？"

（6）反恐系列

缺乏安全感现在已经用来炫耀了，校内体一旦列出缺乏安全感的事儿，冷暖自知的诸多女子，纷纷表示："我们都是这样的啊！"。如：

《有以下行为的是缺乏安全感的孩子》

衍生出：

"听说，像我这样天天翘课的孩子缺乏安全感。"

（7）青光眼心脏病系列

哭是此类标题最常用的噱头，心一疼泪一流，疑似青光眼心脏病同时发作。如：

《读起来，微微心疼的句子（看到哪一句，你哭了)》
《总有××让你无法阻挡（泪流满面、黯然神伤……)》
《看第一条心已下沉，看了第三条泪已夺眶》

衍生出：

"总有一个凤姐，让你眼瞎心痛。"

（8）变相要零食系列
此类标题乍看起来似乎很"文艺"，其实都是在要零食吃。如：

《记得要买冰激凌给我吃》
《有人告诉我，难过时，吃块糖就好了》

衍生出：

"遇到极品，吃块糖就好了。"

（9）看破红尘系列
读读这些标题吧，是不是句句都像看破红尘？
如：

《想开，看开，放开，会好起来》
《爱是温暖的袈裟》
《不能在一起就不能在一起吧，一辈子也没那么长》

衍生出：

"至此，笔者已经无法模仿。"

19. 装 13 体
"装 13 体"，流行于网络上的一种网络语言体，具体的源头已无从考证。这种文体的特点是：作者多少有些无病呻吟，总想彰显自己的品位、格调以及突出某种意境，但看多了却适得其反，令人反胃。
能用英文绝不用汉语。说东西的时候一定要把一样东西的牌子和产地都一起说出来，不论有多么别扭。另外就是大量使用没有实际意义的书面语、形容词，等等。如：

"昨天，我再次路过那店，买了心仪已久的围巾。围巾是开什米尔的，那白色摸起来竟然如此温柔。再一次，沦陷在自己对生活淡淡的期望里，心情柔软的，仿佛这开什米尔。

回家的路上，路边有人在卖士多啤梨。那果子新鲜而充实，水珠在其上滚动。昏黄的灯光下，那果农的脸犹豫而沧桑。他的生活是否与我那样不同？还是，我们都是一样的在摇摆？

买了大约三磅士多啤梨，我向家走去，家里有我的沙发，我的快乐，我的温暖，我要休息一下我疲惫的双脚。"

（正常版："昨天小丽在百货商店买了一条白色羊绒的围巾，好多钱啊，心疼坏了~~~不过一摸软软的就开心多了~~~回家的路上看见草莓便宜，卖草莓的老头看着也好可怜啊~就买了一袋子拿回家看电视抠脚丫子的时候吃。"）

"清晨的朦胧寂寥中慵懒的起了床，总想人为什么别人总为了生活赶忙奔波，我却在窗口拿着细长优美的玻璃杯子静静的小口喝着水，满心满眼都是不屑，何苦呢？人生苦短，这样劳累自己是何苦！我觉得我的心开始苍老了‵我很累了‵我不想让这无谓的人生就这么缓缓流逝过去……

头很痛，路上脚步匆忙凌乱，似我那疲倦的心。

同桌的女人一直对我絮絮，抱怨今天为什么不又是一个艳阳天……"

（正常版："早上赖床发现上课晚了就喝了口水，看到匆忙的同学也连忙奔去教室，说了两节课的话。"）

"秋日午后

空间里弥漫着无所事事的气息，自由而空虚

手指在 DELL 的黑色键盘上轻轻游走，盲目无序

Lunch Time 奉献给了 7-ELEVEN，

让我感到味觉里残余着某种刺激

桌上 Nescafé2006 年限量版的红色马克杯里没有我要的 Black Coffee

Facial Tissues 也已经用完，

Mind ActUpon Mind，我至爱它的名字

Orion 最新款玫瑰香的 Xylitol 还剩一颗

就是它吧，但愿这玫瑰芬芳唤醒我口腔的知觉与麻木的大脑。

（正常版：中午在 711 买的饭菜里有大蒜，吃粒木糖醇遮遮味儿。上班超无聊，咖啡和面纸都用光了。）

"指尖洁白的 Toilet paper，犹如天使不染尘世的羽翼。冰冷的、麻木的、牵动起令人烦闷的悸动。我欠自己一个抱歉，并开始为昨日那不经意的放肆而痛。"

（正常版："昨个吃多了，拿着手纸在马桶使劲。"）

20. 亲密体

"亲密体"，源于淘宝购物的收货卡片。2010 年终岁尾，某淘宝姐打开淘宝购物收货包裹，居然意外地收到一张淘宝店主的新奇卡片。"亲：当你收到这张卡片的时候，哥仍在坚强地活着。记得确认收货，施舍一个好评，让我们和谐地结束这 2010。爱你，疼你。新年快乐！"某淘宝姐立马登录淘宝，对之赞不绝口。网友们认为，亲密体绵软却有力，可爱得胜似粉嘟嘟的小脸，能增进人与人之间的情感，并誉之为亲密之举、亲密之最。网友们疯起仿效，各种版本的亲密体，纷至沓来。李刚版、谷歌版、百度版、Selina 版、韩寒版、唐僧版都相继出炉。

李刚版："亲，当你收到这张卡片的时候，爸爸还在坚强地活着，记得不要随便告诉人家你爸是李刚，让我们和谐地结束这 2010，爱你，疼你，新年快乐。"

周鸿祎版："腾讯亲，当你收到这张卡片的时候，哥仍在坚强地活着，吵了一年了，明年不要吵了好么。让我们和谐地结束这 2010，爱你，疼你。新年快乐。"

前女友版："亲，当你收到这张卡片的时候，老娘还在坚强地活着。记得过马路时看两边，别让车碾死。让我们和谐地走过这 2010，不爱你，不疼你。新年快乐。"

曹操版："玄德亲，当收到这张卡片之时，孟德已经坚强地复活了。你很快就能穿越了，他们明年会刨你的坟，我在 2011 年 2 月 14 日等你，疼你，爱你，新年快乐。"

Google 版："度娘亲，当你收到这张卡片的时候，我仍在香港坚强地活着，在内地要好好工作，不要得罪××，让我们和谐地结束这 2010，爱你，疼你，新年快乐。"

百度版："谷歌亲，当你收到这张卡片的时候，我正在北京开心地活着，在香港要小心谨慎，那也是中国，让我们和谐地结束这 2010，爱你，疼你，新年快乐。"

Selina 版："亲们，当你收到这张卡片的时候，我仍在医院坚强地做着复健，谢谢大家为我加油，不要太伤心，让我们和谐地结束这 2010，爱你，疼你，新年快乐。"

唐僧版："女王亲，当你收到这张卡片的时候，贫僧仍在升级打怪的路上坚强地活着。记得回我短信，施舍贫僧一个鼓励。爱你，疼你，新年快乐，阿弥陀佛。"

天涯版："MOP 亲，当你收到这张卡片的时候，涯哥仍在坚强地活着。小月月神马的，都是浮云，让我们和谐地走过这 2010，爱你，疼你，新年快乐。"

猫咪版："喵了个亲，当你喵到这张卡片的时候，我仍在坚强地喵了个咪，记得我是个萌物，明年继续给我鱼吃。让我们和谐地结束这 2010，爱你，喵你，新年快喵。"

新浪微博版："Twitter 亲，当你收到这张卡片的时候，我们的用户已经快要过亿了，不要难过，虽然我们都是围脖，但编出围住世界的脖子才是我们的使命，让我们和谐结束这 2010，爱你，疼你，新年快乐。"

北京司机版："亲，当你收到这张卡片的时候，我仍在坚强地堵着。记得年底抓紧买车，明年打车打不起了。让我们和谐地结束这 2010，爱你，疼你，新年快乐。"

店主叫买家"亲",争议颇多,有些太肉麻,却是网购文化的创新。这样的"肉麻贺卡",是淘宝网"亲"文化的发扬光大吧。

21. 3Q 体

"3Q 体",即 QQ 体,也称企鹅体。3Q 体,是广大网民们戏谑腾讯关于 360 事件公开信的一种文体。2010 年 11 月 3 日,腾讯发表了"致广大 QQ 用户的一封信"称"当您看到这封信的时候,我们刚刚作出了一个非常艰难的决定。在 360 公司停止对 QQ 进行外挂侵犯和恶意诋毁之前,我们决定将在装有 360 软件的电脑上停止运行 QQ 软件"。网民开模仿腾讯公开信,开发出了"QQ 体",戏谑、恶搞腾讯的做法。其中最经典的台词是"我们作出了一个艰难的决定"。3Q 体/QQ 体最先流行于新浪微博,因为新浪微博是 360 和 QQ 大战的网络舆论主要阵地,再者,新浪微博的用户活跃、原创积极。

3Q 体有其固定的基本格式:"……我们刚刚作出了一个非常艰难的决定……我们决定……我们深知这样会给您造成一定的不便,我们诚恳地向您致歉……盼望得到您的理解和支持。"很快,各种 3Q 版本纷纷出炉。如:

微软版 3Q 体:"亲爱的中国 Windows 用户:当您看到这封信的时候,我们刚刚作出了一个非常非常非常非常艰难的决定,由于中国两家互联网公司的两款软件严重的干扰了我们的 Windows 服务。在您停止使用 360 和 Q 霸之前,我们决定暂停所有大中华区的 Windows 服务。""亲爱的 Windows 用户:我们刚刚作出了一个非常艰难的决定。在腾讯停止对 MSN 的恶性竞争之前,我们决定将在装有 Q 霸的电脑上停止启动 Windows。微软有幸能陪伴着您成长;未来日子,我们期待与您继续同行!"

电力版 3Q 体:"我们是电力公司。我们作出了一个艰难的决定,因我们与自来水公司吵架,我们决定对所有自来水公司客户停电,我们把要断电还是断水的选择交给您来决定!您可以选择停电不停水,但是我们必须温馨提醒您,即便您选择了停电,由于自来水公司已经被我们停电,他们也没办法给您送水。"

苏宁版 3Q 体:"苏宁作出了一个艰难的决定,要是其所在的商业街有国美的存在将派出城管大队将国美夷为平地。"

梅西版 3Q 体:梅西作出了一个艰难的决定,如果监测到 FIFA/实况/FM 等游戏里有 C 罗的影子,将把 C 罗纳尔多的数据改为 C 毛纳尔彪。

苹果版 3Q 体:苹果公司作出了一个非常艰难的决定,监测到用户在使用 Iphone 前吃了苹果以外的水果,将启动自毁模式。"

宝马版 3Q 体:"亲爱的宝马用户,当您看到这封信的时候,我们刚刚作出了一个非常艰难的决定。在奔驰梅赛德斯公司停止对宝马公司进行恶意侵犯和恶意诋毁之前,我们决定将自动识别奔驰轿车,并自动驾驶您的爱车与所识别到的奔驰轿车同归于尽。我们深知这样会给您造成一定的不便,我们诚恳地向您致歉。"

PPMEET 版 3Q 体:"致广大 QQ 用户的一封信:当您看到这封信的时候,我刚刚作出了一个非常艰难的决定。在腾讯公司停止扫描我的电脑之前,我决定不再使用 QQ,同时使用安全可靠的 PPMEET!我深知这样会给您造成一定的困扰,我诚恳地向您致歉。"

综合版3Q体："麦当劳作出了一个艰难的决定：如果发现顾客曾去过肯德基，将把顾客赶出去。蒙牛作出了一个艰难的决定：如果发现消费者胃里有伊利，将自动释放三聚氰胺。天涯作出了一个艰难的决定：如果发现版友混过猫扑，将禁止其ID一年。绝！"

送礼版3Q体："亲爱的礼仪之邦礼品册用户：当您看到这封信的时候，我们刚刚作出了一个非常非常非常非常艰难的决定，由于传统方式送礼太过于繁重和复杂，严重的干扰了我们对您的服务。在您停止使用传统方式送礼之前，我们将在您使用传统方式送礼的时候将您的礼物变成大盒套小盒套小盒套小盒……小盒……一直套下去。由此给您带来的烦恼和不便，敬请谅解。谢谢您12年来对礼仪之邦的支持。"

葛优体版3Q体："亲爱葛优体使用者：当您看到这封信的时候，我们刚刚作出了一个非常非常艰难的决定，由于咆哮体的有木有和感叹号的干扰，严重影响了我们的出城计划。在您停止使用咆哮体之前，我们很伤不起，不得不停下吃火锅和唱歌，由此给您带来的杯具我们深感歉意。所以说没有咆哮体的日子才是好日子。"

央视版3Q体："我们刚刚作出了一个非常艰难的决定，在中超圆满结束之前，我们将停止所有对欧冠的转播计划。中国足协有幸能陪伴着您成长；未来日子，我们期待与您继续同行！"

兰州拉面版3Q体："我们刚刚作出了一个非常艰难的决定。在沙县小吃停止对兰州拉面进行外挂侵犯和恶意诋毁之前，我们决定将在贩卖沙县小吃的片区上停止贩卖兰州拉面。兰州拉面有幸能陪伴着您成长；未来日子，我们期待与您继续同行！"

随后还出现了许多简化版。如：

"阿迪作出了一个决定，检测到用户身上有耐克，衣服鞋自动变透视装。"

"康师傅作出了一个艰难的决定，如果检测到用户使用过统一，方便面里将没有配料。"

"麦当劳作出了一个艰难的决定，如果监测到客人曾经食用过KFC，将自动释放致癌物质。"

"蒙牛作出了一个艰难的决定，如果监测到用户胃里有伊利牛奶，将自动释放三聚氰胺。"

"中石化作出了一个艰难的决定，如果监测到用户汽车油箱里有中石油，将自动引爆加油站。"

"广电总局作出了一个艰难的决定，如果发现用户下载美剧，将自动转化成新闻联播。"

"公安局作出了一个艰难的决定，如果检测到某人他爸是李刚，将自动免罪。"

3Q体中的句子纠结万分，扑朔迷离，拥有温柔的杀伤力，起承转合，不是强词，却也夺理。好"一个艰难的决定"！有一些从容，多几分调侃，看似正儿八经，其实不伦不类。搞怪中却认真，执著里似无奈。3Q之战，扑朔迷离；细细思量，又有回旋余地。可以说，腾讯的3Q体，似乎托起了一场临阵不乱的"那事儿"。

22. TVB 体

"TVB 体"，原指大量套用 TVB 电视剧中的经典台词来"吐槽"或者寻求"安慰"的网络新语体。TVB 体平实却"很疗伤"，成为新的"吐槽"方式并在网络上走红。2011 年韩国大邱田径世锦赛上，刘翔 110 米跨栏失利。网友用"TVB 体"安慰他："呐，跨栏呢，最重要的就是开心，破世界纪录得金牌这种事呢，是不能强求的。我们练田径的光练下肢力量了，结果今天比赛最后让古巴人拿三头肌搅黄了。发生这种事呢，大家都不想的嘛。呐，肚子饿不饿呢？回家吃火锅。"刘翔这件事引发了网民对 TVB 体的新的追捧。励志的"TVB 体"再现"疗伤功效"。

TVB 体从何而来？据说是因网上一个帖子而引发："我找不到男朋友，大家可不可以用 TVB 语气安慰我一下。"于是有网友回复："发生这种事，大家都不想的。感情的事呢，是不能强求的。所谓吉人自有天相，做人最要紧的就是开心。饿不饿，我给你煮碗面……"很快受到了网友们追捧，人们注意起了 TVB 经典台词，并用其"吐槽"生活中的不快。

跟着各个行业的人也都用"TVB 体"互相安慰，连央视主持人张泉灵也用"TVB 体"造句安慰自己的会计朋友。记者甚至还看到，还有网友用港台腔录制了"TVB 体"的音频放在网上。如：

> "做人呢，最要紧的就是开心。
> 有没有搞错？
> 有异性，没人性。
> 呐，不要说我没有提醒你。
> 你有没有考虑过我的感受？
> 你知不知道大家都很担心你啊？
> 发生这种事呢，大家都不想的。
> 感情的事是不能强求的。
> 东西可以乱吃，话可不能乱讲啊。
> 最近发生了这么多事，我想一个人静一静。
> 你走，你走，你走啊！（音量逐渐提高）
> 你可以保持沉默，但你所说的将会成为呈堂证供！
> 对不起，我们已经尽力了！"

作为人生，最要紧的是开心。其实，人活着很多时候用得上 TVB 体。网友用 TVB 体造出了不少"安慰人心"的妙句。遇到不愉快的事，就用 TVB 体来疗伤吧！如：

> 细胞培养失败时……"呐，做细胞培养呢，最要紧的就是开心。成活率的事呢，是不能强求的。呐，细胞不贴壁，是它们不懂得珍惜。发生这种事呢，大家都不想的。呐，我买了你们细胞最喜欢的小牛血清，要不要一起给我长满一盘看看？"（@与啡）
>
> 外星人躲着人类时……"呐，做人类呢，最要紧的就是开心。第三类接触的事

呢，是不能强求的。呐，外星人不要你，是他们不懂得珍惜。发生这种事呢，大家都不想的。呐，我买了你最喜欢的《星球大战》全套 DVD，要不要一起去纵横下宇宙？"（@ring_ ring）

编辑缺稿子时……"呐，做编辑呢，最要紧的就是开心。写稿子的事呢，是不能强求的。呐，作者不给你写，是他们不懂得珍惜。发生这种事呢，大家都不想的。呐，我发了围脖，要不要来转一下啊？"（@0.618）

大学新生报到时……"呐，做人呢，最要紧的就是开心，上不上大学呢，是不能强求的，不能上大学，那是大学不知道珍惜你，高考补录这件事不能只看表面，补录到差学校呢，是我们大家都不想看到的，还不如学技能，选技能呐，不要说我没有提醒你，学厨师很火的。"

网友们的智慧，催生了许多 TVB 体的新版本。如：

微博版："呐，做微博呢，最重要的就是开心。求关注的事呢，是不能强求的。呐，粉丝不要你，是他们不懂得珍惜。发生这种事呢，大家都不想的。呐，我用了你最喜欢的 TVB 体，要不要一起求个粉？"

记者版："做记者呢，最要紧就是有选题。上头条的事呢，是不能强求的。呐，不要说我没有提醒你。发生把 1500 字的大稿删成 150 字的图片新闻这种事呢，大家都不想的。最近接了很多线索，我想一个人写一写。"

培训师版："呐，做培训师呢，最重要的就是开心。当选十大名师的事呢，是不能强求的，不要说我没有提醒你。呐，学员不要你，是他们不懂得珍惜。发生这种事呢，大家都不想的。所谓吉人自有天相，饿不饿？我给你煮碗面。"

高三版："呐，读高三呢，最重要的就是开心，最后能不能考到重本呢，是不能强求的；这次摸底考尽考了我们没有复习的知识点，发生这种事，大家都不想的；有些事情是不能勉强的，我们已经尽力了；如果不开心就哭出来吧，哭出来会舒服点；你肚子饿不饿啊？我煮碗面给你吃，吃完了就去做作业。"

股票版："呐，做股票呢，最重要的就是开心。涨停板的事呢，是不能强求的。呐，那些破了发行价的股票呢，是机构们不懂得珍惜。发生这种事呢，大家都不想的。呐，我买了你最喜欢的财经杂志，要不要一起研究研究怎么理财。"

TVB 体走红了，熟悉 TVB 电视剧的网友开心一笑，不熟悉者也觉得这样的语体亲切、平实、"很疗伤"、"相当能安慰人"。太久了，也有网友对 TVB 体感到有些"腻"。

23. 如果体

"如果体"，出自知名导演宁财神的微博。宁财神的微博说：

"如果我有一个儿子，我希望他的音乐和语文老师是高晓松，政治老师是刘瑜，英语老师是那个偏执狂，历史老师是一毛不拔大师，十八岁前的班主任是不加 V，十八岁后是贺卫方；发小是和菜头，同桌是柴静，初恋是沧月，后来的女朋友是周迅，混到四十岁，娶了闻小雅。

"如果我有一个女儿，我希望她的语文老师是冯唐，数理化老师是李淼，政治老师是连岳，同桌是孔二狗，闺蜜是姚晨和蒋方舟，十八岁前的班主任是陆琪，十八岁后是蔡康永，初恋男友是九把刀，之后的男友是韩寒，混到三十岁，嫁给一毛不拔大师。"

这两段微博，以调侃口吻表示希望自己的孩子能与多位名人为伴，这些名人可当孩子的老师、同桌、女友（男友）以及老公（老婆）。微博引发网友疯狂转发，很多网友纷纷效仿宁财神的"如果体"撰写微博，为自己的孩子寻找大牌良师益友，希望自己的孩子今后"贵人"多多。2011 年 8 月 14 日，网友"袁琳_ Lynn"在人人网个人主页上说："如果不学新闻，我想做个理发师"。随即，网友们就整齐划一地按照"如果不学……，我想……"的格式跟帖留言。无论是已毕业的大中小学生，还是在校的 80 后、90 后们，纷纷参与"幻想"，"如果体"也迅速成为各大论坛、知名微博的热搜关键词。

"专业"的更接近于现实，"我想"的更接近自己的梦想。面对如此之多的"梦想与现实"的差距，心存梦想的人们更应为梦想而努力，不能满怀悲情、自怨自艾。"如果体"，说明绝大多数网友在生活中渐渐与梦想远离，然而，这种"遥不可及"的"如果"，更多的时候却表明了自己的一种爱好。

由于很多网友追捧，"如果体"也出现了诸多版本。如：

（1）明星版

　　@马学林："#如果体#如果我有一个女儿，我希望她的语文老师是@韩寒，美术老师是@张艺谋，历史老师是@于丹，同桌是@陈汉典，闺蜜是@范冰冰和@小 S，十八岁前的班主任是@宋丹丹，十八岁后是@小沈阳（不差钱），初恋男友是@刘德华，之后的男友是@吴彦祖，混到三十岁，嫁给@李嘉诚。"

（2）煽情版

　　@锦瑟："#如果体#如果可以，我多希望你永远牵着我的手不分开。如果能，我多希望我俩能相扶相挽走完余生。如果我老了，多希望陪我看日出日落的人是你。如果有来生…我希望我们都是彼此最爱的样子，人群中一眼便能辨出对方，牵着手，相视而笑，永远幸福！"

（3）励志版

　　@xhmy："#如果体#如果生命可以重来，我要提前做好规划；如果岁月可以回头，我要捡起昨日的遗失；如果时光可以倒流，我愿付诸一切努力；如果年华可以重光，我愿选择可以多样；如果性格可以重塑，我愿变得坚强柔韧；如果人生可以重生，我愿选择做好自己。"

（4）新浪微博版

　　@阳光的馒头_ z20："如果不学金融，我想当一名黑 8 球手。今朝一杆闯天下，他日世界扬威名。"

@豆小田："如果不学护士。我想做个化妆师。最好的化妆师。理想狠（很）丰满，现实狠（很）骨感。"

@Cancer-天恩大人："如果不学数学，我想做个西厨！如果不学地理，我想做个冒险家！"

@麦小格 yaya："如果不学法律，我想做个记者。"

@木泠涯："如果不学法律，我想做个心理医生。觉得更悲情了怎么办。"

@囚禁的鸟 2121157835："如果不学厨师，我想当名歌手，但那希望有点渺茫。"

@welovewatermelon："如果不学对外汉语，我想做个客栈主人。最好是海边小镇，在离爸妈不远的地方。和那个他一起热爱生活。"

（5）李子臻版

"#如果体#如果我又有了一个儿子，我希望他的初恋女友是蔡依林，第二个女朋友是林心如，然后是贾静雯，然后是安以轩，然后林依晨，接着是杨幂，再接着是赵丽颖，然后就是孙俪，接着是陈妍希，然后嘛是田馥甄，再然后是王子文，接着逗柳岩几天，最后要是累了就别恋爱拉，看缘分，找一个真心相爱过一辈子滴。"

（6）倩倩_ 二姐_ 大当家版

"#如果体#如果我有一个女儿，我希望有很多很多人爱她宠她。不会让她像我辈人一样，活在比较声中，总看着别人家的孩子。我希望她有开朗的性格健康的心理，不会像她妈妈我一样，融偏执、敏感、精神分裂为一体。我希望她可以遇到一个自己喜欢也值得喜欢的人，不论婚还是不婚，幸福美满下去。"

（微博时代的到来，各种网络语体新的变体更加快速地发展流行，2011 年 8 月初，可爱的"蓝精灵体"成为大众发泄苦闷的最佳工具；紧接着，"Hold 住体"成了大家展示气场的关键词。）

24. 秋裤体

"秋裤体"，2011 年冬，天气寒冷引网友热议穿衣时尚，与秋裤有关的古诗词、广告语、影视台词走红网络，被称之为"秋裤体"。经典例句是来自演员陈坤 11 月 16 日的微博"有一种思念叫：望穿秋水！有一种寒冷叫：忘穿秋裤！众里寻他千百度，蓦然回首，那人却在，床头穿秋裤。黑夜给了我黑色的秋裤，我却拿它当抹桌布。"

炙手可热的潮流舵手、《时尚芭莎》的主编苏芒提出："时尚人士不应该穿秋裤。"于是，秋裤倍遭冷遇。2011 年 9 月，网上出现"秋裤体"。搜房网的一个帖子，就说到用秋裤体造句的事儿。后来北京网友"TimeOut"在新浪个人微博里说："天气好冷！你是否已穿上 chill cool（秋裤）？"网友纷纷跟帖，艺人陈坤"有一种思念叫：望穿秋水！有一种寒冷叫：忘穿秋裤！"的博客，当时很是流行，而后秋裤诗词接龙也在网上兴起，"英雄不问出处，全都要穿秋裤"等搞笑体秋裤诗词，也在网友间广为流传。从 11 月起，秋裤体正式走红网络。应该说，是陈坤的微博，使秋裤"中兴"。

当年冬天，秋裤突然时尚起来。古诗词、广告语、影视台词都被改编成与秋裤有关的令人捧腹的段子，一时，似乎满天飞起了秋裤：

"你穿，或者不穿，秋裤就在那里，不肥不瘦。"
"满屋秋裤堆积，憔悴损，如今有谁来穿。"
"红秋裤，秋裤中的战斗裤。"
"穿别人的秋裤，让别人无秋裤可穿。"
"世界上最遥远的距离不是生与死的距离，而是我站在你面前，你却不知道我穿了秋裤。"
"衣带渐宽终不悔，中间还要穿秋裤。"
"举头望明月，低头穿秋裤。"
"谁言别后终无悔，寒月清宵穿秋裤。"
"停车坐爱枫林晚，秋裤红于二月花。"
"昨夜西风凋碧树，独穿秋裤，望尽天涯路。"
"Chill cool（秋裤），more cool（更酷）。"
"秋裤已然 hold 不住，御寒需得 me more cool（棉毛裤，仿沪语发音）。"

"秋裤"一词，在网上提及率很高。稀奇古怪的含有"秋裤"二字的说辞，越来越新奇。如：

"十年生死两茫茫，不思量，自难忘；没穿秋裤，无处话凄凉。"
"秋裤几时有，抱腿问青天。不知去年秋裤，今年多少钱。"
"众里寻他千百度，蓦然回首，那人却在，床头穿秋裤。"
"生当作人杰，死要穿秋裤。至今思项羽，还不穿秋裤？"
"听说：每一个不穿秋裤的女孩上辈子都是折翼的天使。"
"尼古拉·奥斯特洛夫斯基：《秋裤是肿么织成的》。"
"黑夜给了我黑色的秋裤，我却拿它当抹桌布。"
"小楼昨夜又东风，秋裤不堪回首衣柜中。"
"我想有一条秋裤，面朝大海，春暖花开。"
"可以一日不上豆瓣，不可一天没有秋裤。"
"有一千条秋裤，就有一千个哈姆雷特。"
"我轻轻地挥一挥手，不带走一条秋裤。"
"衣带渐宽终不悔，中间还要穿秋裤。"
"谁言别后终无悔，寒月清宵穿秋裤。"
"五花马，千金裘，呼儿将来换秋裤。"
"去年今日此门中，人面秋裤相映红。"
"桃花潭水深千尺，不及秋裤对我情。"
"生如夏花之绚烂。死若秋裤之静美。"
"花径不曾缘客扫，今天必须穿秋裤。"

"非宁静不能致远，非秋裤不能御寒。"

"我本一心向秋裤，奈何秋裤护他腿。"

"枪在手，跟我走，去商店，抢秋裤！"

"文必秦汉，诗必盛唐，衣必秋裤。"

"21 世纪最宝贵的是什么？秋裤！"

"英雄不问出处，全都要穿秋裤。"

"枯藤老树昏鸦，穿条秋裤回家。"

"天下秋裤，穿久必脱，脱久必穿。"

"若盼山河固，回家穿秋裤。"

"两岸猿声 Hold 不住，因为它没穿秋裤。"

"同一个世界，同一条秋裤。"

"秋裤恒久远，一条永流传。"

"会当凌绝顶，一起穿秋裤。"

"仗剑江湖行，没秋裤不行。"

"欲穷千里目，多穿条秋裤。"

"明月几时有，把酒问青天，不知天上秋裤，何年有人穿？"

"我寄愁心与秋裤，奈何秋裤 hold 不住！"

"问君能有几多愁，恰似没穿秋裤遇寒流。"

"洛阳好友如相问，就说我在穿秋裤。"

"月落乌啼霜满天，买条秋裤来遮脸。"

25. 撑腰体

"撑腰体"，来源于北大校友创业联合会秘书长杨勇，2011 年 9 月 21 日发的一条微博。微博说："今天下午参加北大各院系及行业校友会负责人座谈会，吴志攀副校长讲了一个想法：向所有北大校友提出倡议，鼓励校友讲诚信、做好事，做有道德的公民，如果中间发生风险，比如扶起摔倒的老人被起诉，北大无偿提供法律支持，如果败诉要赔偿，北大出 20 万，多出的由校友募集支持。希望支持的北大校友转发！"（之前，羊城晚报《中国好人网成立搀扶老人风险基金》一文中提道："2011 年 3 月 5 日，在华师大的支持下，中国好人网'搀扶老人风险基金'应运而生。创办人谈方教授表示：'不管是谁，见到老人摔倒你大胆去搀扶，由此打的官司，将有律师免费给你打，你如果真的是败诉了，我们给你赔偿金额，不管多少。'"）就老人摔倒"为何不敢施救"这个话题，北京师范大学教授、经济学家董藩转发这样一条微博："北大副校长说：你是北大人，看到老人摔倒了你就去扶。他要是讹你，北大法律系给你提供法律援助，要是败诉了，北大替你赔偿！"之后，校长"撑腰体"迅速成为微博最热的句式，出于鼓励帮扶弱者的动机，很快衍生出许多不同版本。

网友们采用原帖中北大副校长的口吻和句式，给任何一位"助人者"撑腰。即"A大学校长某某人说，你是 A 大学的人，看到老人摔倒了你就去扶。他要是讹你，A 大学法学院给你提供法律援助；要是败诉了，A 大学替你赔偿！"如：

四川大学版："川大校长谢和平说，你是川大人，看到老人摔倒就去扶。他要是讹你，法学院给你提供法律援助；要是败诉了，经济学院给你提供经济援助……"

同样，清华大学、人民大学、西南财经大学、复旦大学等知名大学相关的"撑腰体"也雨后春笋般相继出现，有些有很明显的搞怪之嫌，甚至还出现了自称海外留学生的网友改成的国外大学的"撑腰体"。如：

西南财经大学校长说："你是财大人，看见老人摔倒了你就去扶。他要是讹诈你，不用打官司了，学校帮你全部赔偿，因为我们是财大的！"

北京理工大学胡海岩校长说："你是北理人，看到老人摔倒了你就去扶。他要是讹你，北理爆破专业给你造炸药，车辆工程给你造坦克，飞行器设计系给你造歼-20，导弹专业给你造导弹！要是打不死，北理计算机专业给你提供高端黑客入侵他的电脑，格式化他的硬盘。"

华电校长说："华电学子，看见有老人摔倒就勇敢地去扶吧！他要是敢讹你，华电就停他的电！如果官司打输了，华电把法官、书记员、陪审团、检察机关、拒绝维护正义的群众家的电都停了！"

西电校长说："你是 XDUer，看到老人摔倒了你就去扶，他要是讹你，技物院张显教授给你提供法律援助，要是败诉了，学校就给你保研。"

西安某校副校长："如果你是陕西人，看到老人摔倒了你就去扶，他要是讹你，你就把他做成秦佣然后埋了他，当然，别让洛阳人看见了，听说他们发明了一种铲……"

随后还出现了许多特别版。如：

天涯说："你是天涯人，看到老人摔倒了你就去扶。他要是讹你，法律论坛版给你提供法律援助，天涯杂谈版替你鸣冤！娱乐八卦版替你人肉！要是败诉了，经济论坛版替你赔偿！股市论谈版替你买房子！莲蓬鬼话版替你索命！"

@姚晨："你要是微博人，看到老人跌倒你就去扶，他要是讹你，你就发微博，网友替你喊冤！"

清华大学版："你是清华人，看到老人摔倒了你就去扶。他要是讹你，清华法学院给你提供法律援助，要是败诉了，北大替你赔偿！"

@谢孟清 Amen："你要是新闻发言人，看到老人跌倒你就要去扶，他要敲诈你，你就开发布会谴责他。"

@新民周刊杨江："你是传媒人，看到老人摔倒你就去扶，他要是讹你，要么你自己曝光，要么我们新闻人随便拉上百十个媒体做你后盾，要是败诉了，嗯？他敢让你败吗？"

政府版："有关部门应该这样说，你是中国人，看到老人摔倒了你就去扶。他要是讹你，法律给你提供援助，要是败诉了，政府替你赔偿！"

美国护照上写着："你是美国人，看到老人摔倒了你就去扶。他要是讹你，美国司法部给你提供法律援助，要是败诉了，美联储替你赔偿！"

中医药副校长："你是中医药人，看到老人摔倒了你就去扶。他要是讹你，中医药给你提供医疗鉴定，他要是住院，中医药附属医院还能黑他一笔钱！"

中北大学校长说："你是中北人，看到老人摔倒了你就去扶。他要是讹你，人文学院给你提供法律援助，要是败诉了，一院造火箭弹炸死他，二院拿隔振器砸死他，三院会为你量身打造精密成型的机甲战士爷们儿装一套，四院拿硫化氢熏死他！如果仍然不行，那就尼玛让校医院治死他，让后勤断电断死他，让联通限网限死他，让食堂卖饭贵死他！"

中戏徐翔院长："你是中戏人，做戏先做人，看到老人摔倒你就去扶，他要是讹你，那就让他去告。到时候我们随便找几个校友，如章子怡、孟京辉、文章等，随便转发下关于这件事的微博，就算你最后败诉了，你也会以一个有道德的好青年形象红的！"

北京版："你是北京人，看到老人摔倒了你就去扶。他要是讹你，北京各大名校法律系给你提供法律援助！要是败诉了，北京各大保险公司替你赔偿！他要是需要住院治疗，北京各大医院免费替你帮他治！他要是不消停，全家找你麻烦，北京各大报社、网站替你人肉！他要敢见天儿的跟你犯刺儿，北京人一起和谐他！"

同济版："你是同济人，看到老人摔倒了你就去扶。他要是讹你，同济设计院给你提供钱！他要是起诉你，同济城规院给你把他家用地性质划为政府规划用地！你要是败诉了，他家就等着被强拆吧！你要是进监狱了，土木地下工程系把地铁修到他家下面！他要是再找你，拆迁房的结构是结构专业做，让他自己看着办！"

春哥版："如果你信春哥，看到老人摔倒了你就去扶。他要是讹你，高喊信春哥得永生，要是败诉了，就去找曾哥！"

罗斯柴尔德驻西南联邦大使："你是罗斯柴尔德的朋友，看到老人摔倒了你就去扶。他要是讹你，Crane Poole&Schmidt 给你提供法律援助，要是败诉了，北大替你赔偿！"

26. 蓝精灵体

"蓝精灵体"，源于《蓝精灵》主题曲歌词。"在那山的那边海的那边有一群蓝精灵……"这是曾带给70后80后快乐童年的动画片《蓝精灵》的主题曲歌词。而2011年8月热映的真人动画3D电影《蓝精灵》勾起了不少人的怀旧情怀……萌而可爱的蓝精灵，囧而无奈的格格巫，神而搞怪的阿兹猫，勇而相爱的夫妻俩……尤其是《蓝精灵》的主题曲，简单易学、脍炙人口。何不"借题发挥"？我们可爱的网民们，"创造性"地掀起了一股"蓝精灵体"的创作热潮。甚至各行各业的网友们还改编了各自的吐槽专用体。有网友说得好："编段歌词，吐吐槽、降降压，唱唱更健康！"如：

白领版："在那山的那边海的那边，有一群小白领，他们苦命又聪明，他们加班到天明，他们呕心沥血不分昼夜都在赶报告，他们年复一年盼着涨工资。噢苦命的小白领，噢苦命的小白领，他们齐心协力开动脑筋斗败了各 boss，他们老了还是买不起房子。"

女记者版："在事故这边灾难那边总有群新闻女，她们采访到深夜，她们写稿到天明。她们灰头土脸奔波在各种坑爹的事发地，她们没有时间去相亲！噢悲催的新闻女，噢悲催的新闻女，她们时而被打时而被抓时而被禁令，她们没房没车一身病痛渐渐老去。"

越来越多的版本出现了，各种职业版本多得几乎人人都可以对号入座。如：

GIS 人版："在那大棚村下软件园中，有一群 GIS 人，他们勤劳又努力，他们认真又专业，他们兢兢业业任劳任怨守在电脑旁，营造数字生存环境多欢喜，噢可爱的 GIS 人，噢聪明的 GIS 人，他们奋斗拼搏挥洒汗水，只为了一个梦，振兴民族软件快乐多欢喜！"

程序员版："在那山的这边海的那边有一群程序员，他们老实又腼腆，他们聪明但没钱。他们一天到晚坐在那里熬夜写软件，如果饿了就咬一口方便面！噢苦命的程序员，噢苦命的程序员，只要一改需求他们就要重新搞一遍，但是期限只剩下最后两天。"

淘宝掌柜版："在电缆那边电脑那端，有一群淘掌柜，他们勤奋又艰难，他们亲切又热情，他们没日没夜期盼着那美妙的叮咚声，他们真诚对待每一位买家，噢勤劳的淘掌柜，噢可爱的淘掌柜，他们打折秒杀包邮促销，只为了点信誉，Kachro 五折秒杀中！！"

销售员版："在那楼的上边格子里边，有一群销售员，他们上班又苦逼，他们加班有毛病，他们白天晚上周六周日都在吹牛皮，他们凌晨两点还在陪客户！噢苦命的销售员，噢苦命的销售员，他们齐心协力开动脑筋签了大单子，他们唱歌跳舞却一点不开心。"

会计师版："在山的那边海的那边有一群小会计，他们聪明又苦逼，他们每天输凭证。他们没日没夜迷失在那无垠的账表里，他们沉着冷静都相互支持～～噢苦逼的小会计，噢苦逼的小会计，他们齐心合力开动脑筋斗败了税务审计，他们结账编表加班不加薪。"

播音员版："在那山的这边海的那边有一群播音员，他们大气又美丽，他们光鲜又没钱。他们一天到晚坐在那里熬夜读稿件，饿了就咬一口方便面～～噢苦命的播音员，噢苦命的播音员，只要编导一改需求他们就要重新读一遍，读完就是深夜两三点。"

医生版："在那山的那边海的那边有一群白精灵，他们苦逼又聪明，他们手术到天明，他们没有休假生活在那白色的病房里，他们善良勇敢相互关心。噢，可爱的白精灵，噢，可爱的白精灵，他们治疗毛病应付家属，斗败了医务处，他们上班值班吃力又伤心。"

建筑师："在那山的那边海的那边有一群建筑师，他们理想又务实，他们熬夜到猝死，他们呕心沥血不分昼夜都在赶图纸，他们年复一年不见涨工资，噢苦逼的建筑师，噢悲催的建筑师，他们齐心合力开动脑筋盖出了大房子，他们自己却没有房子！"

股民版："在那山的那边海的那边有一群老股民，他们追涨又杀跌，他们吃套又割肉，他们每天苦苦生活在那绿色的大盘里，他们抛妻弃子看盘无止尽。噢老股民伤不起，噢老股民伤不起，他们胡买乱卖夜以继日就想有一个涨停，可是一辈子都木有被涨停。"

法务员版："在每个公司不起眼角落有一群小法务，他们勤奋又聪明，他们专业又灵敏。他们要懂法律要懂业务就像万金油，各个部门还天天玩命催。噢，可爱的小法务～噢，苦逼的小法务～他们开动脑筋累死累活扎进了合同堆，防范风险四处救火没空看电影～"

校园版本，同样精彩，十分有趣。如：

公关版："在那甲方会议室，酒桌边上，有一群公关人，他们外表光鲜又压力巨大，他们文明礼貌又专业度高，他们每天尼玛徘徊于客户会议室与 WORD 文档前，他们没事就尼玛学习各种行业知识，噢勤奋的公关人，噢勤奋的公关人，他们内心强大无惧压力，得到了甲方的赞誉，赢得了订单。"

北大高材生版："在那未名湖边博雅塔下有一群小苦逼，他们高贵又霸气，他们学术又文艺。他们游泳健身丰胸提臀等待着小学弟，他们这才发现燕园木有一。噢，勤劳的北大基，噢，勇敢的北大基，他们夜深人静浓妆淡抹来到了清华西，因为终生幸福还是在隔壁。"

博士生版："在那山的那边海的那边，有一群老博士，他们博学又呆子，他们死宅又费纸，他们呕心沥血不分昼夜都在 research，他们年复一年盼着出头日。噢悲催的老博士，噢悲催的老博士，他们齐心合力开动脑筋斗败了各导师，他们毕业以后只拿低工资。"

硕士生版："在山的那边海的那边有一群小硕士，他们不牛不多知，他们没钱没气势，他们不如本科不如博士完全被鄙视，他们花了学费人却在贬值。噢低等的小硕士，噢低等的小硕士，他们天天码字月月考试前途却未知，还不如回家结婚生孩子～"

清华大学版："在那荷塘月色清华园内有一群小苦逼，他们低调忙学习，他们三千又引体。他们实验自习社工健身想找个小美女，他们这才发现清华女色稀。噢，朴素的清华基，噢，寂寞的清华基，他们月明星稀饥渴难耐守候在清华西，水木清华从此盛开北大菊。"

留学生版："在那山的这边海的那边有一群小学弟，他们可爱又聪明，他们懵懂又帅气。他们大包小包满心欢喜出国到这里，他们不知不觉跳进了火坑里。噢，可攻滴小学弟，噢，可守滴小学弟，他们天真无邪卖萌装嫩吸引了老腐女，他们稀里糊涂被我们掰下去。"

一方水土养一方人，不同的地域版，更有特色。如：

武汉人版："在江的那边湖的那边有一群武汉人，他们豪气又聪明，他们喝靠杯到天明，他们喜欢撮虾子生活在那满城挖的城市里，他们勤劳勇敢互相都关心！噢~贼精的武汉人，噢~快乐的武汉人，他们敢爱敢恨脾气暴躁，既泼辣又义气，他们穿梭三镇吃力不伤心。"

长沙人版："在山的那边江供那边有一群长沙人，他们霸气又聪明，他们恰夜宵到天明，他们自由自在生活在那全民开心的长沙城，他们洗脚搓麻一起来嗨皮。噢~韵味的长沙人，噢~嬲塞的长沙人，他们好玩好恰好管闲事最爱凑热闹，他们敢为人先快乐多欢喜。"

杭州人版："在江个那边湖个那边，有一群杭州人，他们温柔又俏作，他们碎烦又善良，他们坦悠悠个生活在刮杭儿风个城市里，他们房价毛高还打不到的~噢~发靥个杭州人，噢~色阔个杭州人，他们的西湖刚刚申了遗，他们不敢坐地铁，他们还是木老老欢喜格里~~

噢，可爱的蓝精灵体……"

有些网友既吐槽又调侃，极能聚集人气。如：

摩羯座版："在那山的这边海的那边有一群摩羯座，他们老实又腼腆，他们聪明又有钱。他们起早贪黑不分昼夜的辛勤工作，但是工资永远赶不上房价~~噢苦命的摩羯座，噢悲催的摩羯座，他们抛妻弃子加班加点只盼一天能当领导，却原来当了领导后，只能继续一生一世工作狂，永没休。"

美术生版："在那山的那边海的那边，有一群美术生，他们腰酸又背痛，他们画画到凌晨，他们闻鸡起画不分昼夜都在赶画稿，他们望眼欲穿盼着快联考。噢悲催的美术生，噢悲催的美术生，他们腰酸悲痛手脚抽筋解决了每张画，他们画得半死别人说不像。"

生物人版："在那山的这边海的那边有一群生物人，他们勤劳又聪明，他们痛苦又悲剧。他们日以继夜投身在各种无聊的实验里，他们没有时间找实习！噢~~悲催的生物人，噢~~悲剧的生物人，他们克隆表达纯化还要 PCR，他们是收集各种杯具的生物人……"

开发商版："在那山的那边海的那边，有一群开发商，他们有一点疯狂，他们一直在盖房。他们呕心沥血不分昼夜忙碌在土地，他们年复一年盼着利息降。噢悲摧的开发商，噢悲摧的开发商，人们总是嘲笑他们血液里面没有道德，嘴里天天喊着打倒任志强。"

电脑城版："在人南那边一环路边有一群谈单人，他们自付又黑心，他们世俗又拜金，他们偷梁换柱以旧换新专搞那老熟人，他们常打高单提成多开心！噢，自付的谈单人；噢，苦命的谈单人，他们相互勾搭狼狈为奸噼来了小工程，他们爱做私单老板不提成……"

郭美美版："在那领导房里老板车里，有一群郭美美。她们生活费不菲，她们睡觉干爹陪。她们穿金戴银生活在那干爹的大房里，她们没事就爱上网晒宝贝。噢，粉嫩的郭美美，噢，粉嫩的郭美美，她们撒娇发嗲不畏狼狈干掉了干妈妈，结果干爹还有好多干妹妹。"

设计师版："在那××线上××线上有一群小设计，他们开会就挨批，他们总改来改去。他们天天加班赶图等待着长长的假期，交完图才发现又一个新工期。噢，杯具的小设计，噢，苦逼的小设计，他们发誓赌咒下一辈子再也不做设计，因为包邮都木有人要啊亲！！！！"

27. 王家卫体

"王家卫体"，是网友根据香港著名导演王家卫台词的风格而创造的网络语体。基本格式是："一个事件+一个绕口的时间+一个无聊事件。""发生车祸之后的三天零五小时八分钟，我又去吃了甜筒，不过这次，我没要香芋味。"这就是王家卫式的台词。在新浪微博里，网友们发起了"3 秒学会写王家卫式的台词"的活动。新浪微博上"3 秒钟变王家卫"的专题中，半天不到就刷出了 18 万多条微博。

从《阿飞正传》《重庆森林》《花样年华》到《2046》……王家卫的影片中，总有很多台词让人回味再三，细细品味，更有不少句子成为了流行语。"十六号，四月十六号。一九六零年四月十六号下午三点之前的一分钟你和我在一起，因为你我会记住这一分钟。从现在开始我们就是一分钟的朋友，这是事实，你改变不了，因为已经过去了。我和她最接近的时候，我们之间的距离只有 0.01 公分，我对她一无所知，六个钟头之后，她喜欢了另一个男人。"(《阿飞正传》)"我和她最接近的时候，我们之间的距离只有 0.01 公分，我对她一无所知，六个钟头之后，她喜欢了另一个男人。""终于在一家便利店，让我找到第 30 罐凤梨罐头。就在 5 月 1 号的早晨，我开始明白一件事情，在阿 May 的心中，我和这个凤梨罐头没有什么分别。"(《重庆森林》)"一九九七年一月，我终于来到世界尽头，这里是南美洲南面最后一个灯塔，再过去就是南极，突然之间我很想回家，虽然我跟他们的距离很远，但那刻我的感觉是很近的。"(《春光乍泄》)"我和她合作过一百五十五个星期，今天还是第一次坐在一起。因为人的感情是很难控制的。所以我们一直保持距离，因为最好的拍档是不应该有感情的。"(《堕落天使》)

王家卫体很快为广大网友所掌握，并发表了很多创意制作。如：

致敬王家卫："春光乍泄之后的 2046 年，我又去了旺角买了凤梨罐头，不过这次，我没有问阿飞要蓝莓味的。"

小清新："往北的火车离开的第 10 年零 188 天 19 小时 52 分 7 秒，我又回到了这个熟悉的地方，不过这次，我静静看着喧腾的清茶，其间花朵在起伏，再不见那年心痛的月光。"

网络版："在关掉人人的 8 小时 32 分零 9 秒后，我从床上爬起，不过这一次，我先打开了围脖。"

生活版："洗完澡后的两小时十八分二十秒，我失眠了，不过这次我没有让自己绝望。"

花痴版："被说花痴之后的 5 分 21 秒，我又去看了电视，不过这次，我没看城市猎人。"

细节版："和朋友吃完火锅后的一天两小时零五分，我拿起了杯子把剩余的水喝下，不过这一次，我是用左手拿的杯子。"

忧郁版："认识到现在八年差七天二十二小时零十分钟，我刚喝了咖啡，考虑要不要再喝点茶叶，我想今年你不会记得。"

纠结版："看完电影失恋三十三天后的十三小时二十二分零八秒，我又去上了厕所，不过这次，我没带手纸。"

艳遇版："举起高脚杯的半小时前，宴会开始不过 0.38 秒，我看见了一个女孩，洒了一身酒腥艳红。"

单恋版："看到你更新了说说后的二十分钟，我又开始想念你，不过这次，我没有难过，没有哭。"

暗恋版："当我评论她的微博的时候，我和她之间的距离只有 0.01 公分，可我没有专注她，57 个小时之后，她成了别人的粉丝。"

趁火打劫版："我起身冲了一杯咖啡，在使用购物车结算之前的零小时零分四十九秒，不过这次，忘了使用秀当网。这是已经改变不了的事实，因为都已经过去了。"

王家卫体，也可以说就是一些王家卫导演的影迷，模仿他的电影台词风格，写出来的一些随感之类的博客或帖子。如：

"公司里的谁谁谁怎么了，公司的政策怎么怎么样，我们共同的朋友都在干些什么来着。

没有一件事是跟我们相干的。

可我们说的就是这些。

本来，两个人坐在一起吃顿饭，就不错了。但谁能够仅仅止于坐在一起吃一顿饭呢？"

"最近还好吗？

还不是那样，日子都不知道怎么过的。你呢？

都一样的。

听说 Alex 在广州？老板来了你会不会很紧张？

还不都一样，反正事情也是要照做的。

那是。又能怎么样？……"

"今年要到什么地方玩吗？

小朋友那么小，能跑到什么地方去？

也是，麻烦啊。

只能够找一些近一点的地方，住下来就不会四处跑那种，这样就不会那么累……

所以我去了海南岛。那边还不错的……

记得那天阳光很好。在降温之前，紫荆花开得满树都是，灿若云霞。"

"里面的那一种张力让人窒息。

两个人走着钢丝，总有一天，就掉下去了。

感情就是在一种不知不觉中偷偷进来。

然后挥之不去。

那像不像一种致命的病毒，那些癌细胞？

人的本质就是这样？一个血肉之躯，每天都是热血奔流，情感的动物？那些繁文缛节，世俗礼仪，统统都是表象。为的是包裹和美化这一些无法抗拒无可躲藏的感情？

我越来越觉得是。"

"生命本来或许是一张白纸。

来到这个世界上，一层层的，在上面加了许许多多的感情。一张白纸，就这样，成为了类似于画家手里的调色板。

永远不可能再清洗掉了。

这些感情，附着在很多的人身上，很多的物件上，附着在很多的时刻上，于是，这些人，这些物件，这些时刻，就进入了记忆，成为了永恒。

感情会过去的，但成为记忆了的东西，不会过去。

生命就是因为有了这些斑驳的色彩而丰富。

生命因此不会虚度。"

"那些关于你的一切，如果我的记忆是一个巨大的储物柜子，它们都会永远放在你名字标示的那一格抽屉。"

……

这些风格的博客或帖子，就像王家卫的电影台词所表达出来的一样，絮絮叨叨，没完没了，有些神经质，或孤独无奈，或行尸走肉，好像都有对数字的特别偏好。这些语体风格，并非每个人都十分喜欢，也有人感到听得不太明白。不过，仍有许多网友一再追捧并创造性地仿作王家卫体。

28. 赵本山体

"赵本山体"，2011年11月，一句古典诗词配一句赵本山的小品名句的语体，被网友疯狂转发。网友们称之为"赵本山体"。很经典的那句就是"问君能有几多愁，树上骑个猴，地下一个猴。""众里寻他千百度，没病你就走两步。""天苍苍，野茫茫，我十分想见赵忠祥。"广大网友熟知春晚常客赵本山小品的经典台词。将赵本山的经典台词收集起来，分别给配上了古诗词，十分押韵，很是有趣。赵本山体的基本句式是：一句古典诗词＋一句赵本山的小品名句。如：

"南朝四百八十寺，此处省略一万字。"
"会当凌绝顶，大城市铁岭。"
"飞流直下三千尺，村头厕所没有纸。"
"劝君更尽一杯酒，大哥，这个真没有！"
"曾经沧海难为水，还给寡妇挑过水。"
"衣带渐宽终不悔，还给寡妇挑过水。"
"春花秋月何时了，你多大鞋，我多大脚。"
"两情若是久长时，凑合过呗，还能离咋地。"
"我花开后百花杀，这个小盒才是你永久地家。"

"忽如一夜春风来，自学成才。"

"天若有情天亦老，这辈子基本告别手表。"

"古来征战几人回，耗子给猫当三陪。"

"柳叶弯眉樱桃口，呼儿将出换美酒，蓦然回首，吴老二浑身发抖！"

"葡萄美酒夜光杯，睡不着觉找小崔。"

"老夫聊发少年狂，耗子给猫当伴娘。"

"身无彩凤双飞翼，倪萍是我梦中情人，爱咋咋地！"

"我失骄杨君失柳，这个可以有，这个真没有。"

"衣带渐宽终不悔，养王八这玩意儿得看好水。"

"十年生死两茫茫，不思量，猪撞树上，你撞猪上！"

"床前明月光，我叫不紧张。"

"君言不得意，非常六加七呀！"

"待到山花烂漫时，一看表，才七点六十。"

"改革春风吹满地，人生如戏"

"少小离家老大回，终于陪出了胃下垂。"

"红酥手藤黄酒，我连对象都没有。"

"我劝天公重抖擞，谁和你争火炬手我和你爹就把他带走。"

"春城无处不飞花，关键我现在怕你妈。"

"坐地日行八万里，母猪的产后护理。"

"乡书何处达，你踩你也麻。"

"红杏枝头春意闹，我再睡个回笼觉。"

"横看成岭侧成峰，憋不死，能憋疯。"

"人生难得几回闲，你大爷根本不差钱。"

"长太息以掩涕兮，这病发现就是晚期。"

29．非诚勿扰体

"《非诚勿扰》体"，源于江苏卫视《非诚勿扰》节目结尾诗《见与不见》，全文
如下：

　　　"你见，或者不见我

　　　我就在那里

　　　不悲不喜

　　　你念，或者不念我

　　　情就在那里

　　　不来不去

　　　你爱，或者不爱我

　　　爱就在那里

　　　不增不减

　　　你跟，或者不跟我

我的手就在你手里
不舍不弃
来我的怀里
或者　让我住进你的心里
默然　相爱
寂静　欢喜"

　　江苏卫视《非诚勿扰》节目，在全国都有很大影响。《非诚勿扰》节目结尾诗《见与不见》出自《班扎古鲁白玛的沉默》，该诗出自 2007 年出版的诗歌作品集《疑似风月》，其作者是扎西拉姆多多。原文为："你见，或者不见我，/我就在那里，/不悲不喜；/你念，或者不念我，/情就在那里，/不来不去；/你爱，或者不爱我，/爱就在那里，/不增不减；/你跟，或者不跟我，/我的手就在你手里，/不舍不弃；/来我的怀里，/或者，/让我住进你的心里/默然相爱/寂静欢喜。"

　　这首诗的语体，深受网民关注，被广大网友极力模仿、再创造。于是就形成了"非诚勿扰体"，这种语体在网络上非常流行。如："你愁，或者不愁，生活就在那里，还得继续。淡然，上班。奋斗，买房！"又如："你病，或者不病倒，老板就在那里，不悲不喜；你休，或者不休息，工作就在那里，不来不去；你拼，或者不拼命，工资就在那里，不增不减；你辞，或者不辞职，地球还是会转，不歇不停。"

　　"《非诚勿扰》体"的网民仿作不仅数量多，质量也比以前高了。出现了关乎网民社会生活方方面面的比较成熟的博客或帖子。如：

婚姻：
"你嫁，或者不嫁人，你妈总在那里，忽悲忽喜；
你剩，或者不剩下，青春总在那里，不来只去；
你挑，或者不挑剔，货就那么几个，不增只减；
你认，或者不认命，爱情总得忘记，不舍也弃；
来剩男的怀里，或者，让剩男住进你心里；
相识，无语。关灯，脱衣。"
期末考试：
"你看，或者不看书，分数就在那里，不增不减；
你开，或者不开卷，态度就在那里，不紧不慢；
你挂，或者不挂科，命运就在那里，不悲不喜；
上我的自习，或者，让题住进我脑袋里；
黯然，复习。寂静，背题。"
加班：
"你病，或者不病倒，老板就在那里，不悲不喜；
你休，或者不休息，工作就在那里，不来不去；
你拼，或者不拼命，工资就在那里，不增不减；
你辞，或者不辞职，地球还是会转，不歇不停；

让我中 500 万，或者，让我傍个大款；

扯淡，蛋疼。淡定，悲催。"

堵车：

"你开，或者不开车，路就堵在那里，不走不动；

你买，或者不买车，油价就在那里，只增不减；

你上，或者不上高速，收费站就在那里，不给不开；

出门挤高峰，或者，让高峰来挤你；

淡定，憋尿。焦躁，淅沥。"

跳槽：

"你进，或者不进大学，围城就在那里，不悲不喜；

你出，或者不出差，疲惫就在那里，不来不去；

你加，或者不加班，工资就在那里，不增不减；

你跳，或者不跳槽，公司就在那里，不舍不弃；

来人人的怀里，或者，让绩效管理住进你的心里；

默然，淡定。寂寞，欢喜。"

逛街：

"你来，或者不来，店就在那里，不失不灭。

你看，或者不看我，我的样子就在你的脑海里，不改不变。

你讲价，或者不讲价，价格就在那里，不涨不折。

来我的店里，或者让我住进你家里。执著，欢喜……"

买房：

"你买，或者不买，房价就在那里，涨势依旧。

你听，或者不听，专家就在那里，评论纷纷。

你走，或者不走，首都就在那里，万众瞩目。

你说，或者不说，丈母娘就在那里，没房不行。"

30. 360 体

"360 体"，源于电脑软件 360 小助手开机时的提示页面。360 开机小助手是一个帮助用户认识电脑健康状态的工具。当用户开机时间低于全国平均水平的时候，360 开机小助手会为用户提供一键优化的功能，帮助用户方便、快捷地对电脑进行优化，提高电脑健康水平，加快电脑开机速度。其提示为："您本次开机共用了 10 分钟，开机速度击败了全国 10% 的电脑，建议您更新程序。"某位网友模仿这一语体，在网上发帖，引发了网民恶搞狂潮。如："此次起床共用了 26 分钟，您已击败了全国 55% 的学生，寝室另外两人本次起床失败，正在重起。"

360 体的基本格式是："此次……共用了××分钟，……击败……"

360 体不久红遍网络。甚至某些警方的"投案自首"宣传也用 360 体。如：为积极策应清网行动，常州市戚墅堰公安分局借助博客、微博，创新推出公安追逃"360 体"："逃犯们注意啦，公安小助手提醒您，您这次潜逃时间共用了 10 年 6 个月，您的归案速度过慢，在全国不幸处于垫底的 3% 行列，建议您立即优化。"公安提示语调侃成了流行语，往日的刻板、庄重的面孔不见了，配以恰到好处的生动形象的博文、帖子图片，以幽默风趣的语言规劝在逃人员投案自首，受到广大网民的关注，得到人们的普遍肯定。

装了360杀毒软件的网友，对360小助手这句温馨提醒十分熟悉，所以仿其格式，搞其创意，就变得十分容易。如：

起床版。今天八点钟闹铃响，八点半起床，360手机卫士显示："您本次起床共用了30分钟，超过了全国97%的懒虫，特授予您五星懒虫称号。请您关闭不必要的起床程序，按时起床，强身健体。"

存款版。前天存了家庭所有的积蓄，今天收到银行短信："截至昨天您的银行存款额在全国排名14亿名之后，已经拉了中国人均GDP的后腿，努力工作，抓紧赚钱，与CPI同步！"

体检版。今天去医院验血，化验结果上写着："您血液中的地沟油、瘦肉精、塑化剂含量在全国排名前5%，属于严重三高！请节约资源、合理进食，共建和谐社会！"

工资版。今天去财务领工资，工资条上写着："职场小助手提醒您：您本月的工资待遇击败了全国1%的在职人员！共发现92个可能导致工资待遇变低的问题。请问是否立即优化？YES/NO。"

剩女版。今天去社区办公室拿户口本，负责的大姐瞥了眼户口本说："你保持未婚状态时间太长，已经超过全国80%的同龄青年，请走出宿舍，多多搭讪，争取早日脱光，解决父母燃眉之急。"

汽车版。正以10码的速度行驶，一交警弹窗似的速度而至："您的车速只打败了全国5%的汽车，建议立即清理后备箱垃圾，重装发动机，马上从BMW3升级为BMW7，现在升级？"

自习版。今天进图书馆自习，进门刷卡时居然有语音："亲爱的同学，您本周累计自习时间在全校考研学生中排名两千名以后了，远远落后了平均水平，多来自习努力学习，珍爱生命多多看书。"

吃货版。今天吃了自助，账单上写道："您本次自助餐的食量超过了全国99%的吃货，已经充分证明您是个百分百的吃货。请抓紧进行全面安全体检，该在肚皮上打两个漏洞。"

纳税版。今天地税局给我发来短信："尊敬的纳税人，您本月缴纳个人所得税0元，本年累计0元，无法纳入我局的排名统计，而且严重影响了国家财政收入。请努力工作，拼命挣钱，收入早日超越个税起征点！"

嫦娥版。嫦娥说："今天收到宇航局提示：您本月的奔月时速只击败了50%的航天动物和航天器，共发现360天可改进速度的问题，建议你重踩油门，手足并用，以缓解航天高速的拥堵。"

31. 陆川体

"陆川体"，源自陆川的微博。那是2011年11月11日光棍节之夜，中国队在世预赛生死战中遭到伊拉克绝杀后，著名导演陆川发表的一条讽刺中国足球的微博。好事网友相继揶揄中国足球……最后形成一条别有风趣的骂人语体，虽有些解嘲，却不失其文雅。

国足兵败多哈，世界杯之梦，又一次破碎。著名导演陆川的微博，好像在找骂。他的微博写道："中国队输了，其实不怪队员怪我！有个秘密我一直没说，从我记事开始，只要我看直播，中国队准输。多少年了，我的好奇心一直是中国队成长的魔咒，不要骂他们，骂我吧，是我不好。以后我再也不看你们了，再也不耽误你们了。我发誓！我向你们赔罪！"

一直关注着中国足球的陆川，跟很多球迷一样，对国足都有着恨铁不成钢的感受。中国球迷的好奇心其实就是对国足的期待。梦将破，好失落，当然会愤怒。陆川为国足揽责，实际上是讽刺国足，表达心中的不满！网友们同陆川一样，用搞怪国足的方式，来平息心中的不满情绪。越来越多的网友，又将对国足的不满，迁移到自己心中的其他不满上。分门别类，涌现出好多陆川体不同版本。如：

卡黑版："中国队输了，其实不怪教练全怪我！有个秘密我一直没说，从我关注国足开始，只要是我不喜欢的教练，一准儿老在位上腻着。多少年了，我的好恶一直是中国队选帅的魔咒，不要骂他们，骂我吧，是我不好。以后我再也不烦卡马乔了，再也不耽误你们了。我发誓！我向你们赔罪！"

NBA停摆版："劳资双方总谈不拢，其实不怪他们怪我！有个秘密我一直没说，从NBA停摆时候起，我就一直想告诉他们和气生财，可惜他们听不到我的呼声。我没有传达过去的古训一直是NBA停摆的主因，不要骂资方心黑了，骂我吧，是我不好。我现在就去楼下篮球场喊一百声，考虑到声速和时差，约摸着怎么明天中午你们也听见了。我发誓！我向你们赔罪！"

公交版："北京公交车人太多了，其实不怪中国人都怪我！有个秘密我一直没说，从我来北京开始，只要是我坐的公交车，人都TM贼多，恨不得金鸡独立。以后我再也不坐公交车了，我跑步上班，再也不影响其他人了，我发誓！我向你们赔罪！"

李娜版："李娜赛季高开低走，其实不怪运动员怪我。有个秘密我一直没说，从我记事开始，职业运动员都难过金钱关，李娜不是第一个，也不是最后一个！"

股市版："股市又跌了，不要怪证监会怪我！有个秘密我一直没说，从我踏进股市开始，只要我一买股票，股市准跌。多少年了，我的财富梦一直是中国股市的魔咒，不要骂尚××，骂我吧，是我不好。以后我再也不炒股了，再也不耽误你们发财了，我发誓！我向你们赔罪！"

房价版："房价高居不下，其实不怪ZF不怪开发商怪我。有个秘密我一直没说，从我知道房价成为压在老百姓胸口的大石头开始，只要一说调控，我就感觉到它还会往上涨。多少年了，我的不祥之感一直是高房价的诱发原因，不要骂他们了，骂我吧，我再也不相信神马专家，神马领导了。我发誓，我向你们赔罪！"

32. 舌尖体

"舌尖体"，纪录片《舌尖上的中国》开播后，"舌尖体"随即走红。网友纷纷炮制出名为"舌尖上的××"的纪录片，更有网友按照《舌尖上的中国》的结构，同样设计出 7 集纪录片，来展现××高校的美食。清华大学率先推出文字版和图片版，近 40 万条微博参与讨论，展开了对母校饮食的独特回忆和个性情结。接着雨后春笋般涌现出《舌尖上的北大》、《舌尖上的人大》、《舌尖上的厦大》，等等。

仿拟舌尖体的造句，越来越多，有的还颇有创意。有"没有四川的中国也不叫中国啊，我的火锅、兔头、蹄花、回锅肉啊！"，有"没有西沙的中国也不叫中国啊，我的蓝点马鲛、梅花参啊！"，有"没有新疆的中国也不叫中国啊，我的大盘鸡、羊肉串啊！"，还有"没有陕西的地方也不叫中国啊，我的肉夹馍、羊肉泡啊！"，等等。

后来，出现了很多舌尖体的不同版本的变体。这些变体更具创意。

清华版："清华的早晨是忙碌的，无心顾及什么美味，往往见到人少的队伍便排在后面。一碗方便面或许是最快捷的，厨师顾虑到了方便面的营养偏少，便在烧面的时候，加入了青菜，点上一个剥好的鸡蛋。不下五分钟便吃完了，跨上自行车，沿着主干道，奔向教学楼，开始新一天的学习……"

北大版："自披露《富翁海选靓女》的消息后，网上多家论坛都开设了类似板块，点击率迅速上升。赢得很高关注度的同时，也有网友质疑富翁的真实性。网友'离开的列车'发帖炮轰百万富翁征婚。还有很多网友认为这么好的条件用不着在网上征婚……"

人大版："从踏入人大的那一刻，女人街，这个位于人大东门对面的小小巷子就成了人大人生活中密不可分的一部分，社团庆功、毕业聚餐、平常闲逛。私家菜、永吉抄手、第一家、三角烧……这些人大人耳熟能详的店名陪伴着一届又一届的学生从入学到毕业。"

"人大，这个北临海淀黄庄，西靠苏州街的小小校园，却拥有着其他高校望尘莫及的美食消费能力。这个仅 900 余亩的土地上，拥有着高校里最富戏剧性的美食价格。六块钱一杯的奶茶，七块钱一份的泡面，十五块钱一碗的羊肉烩面，十八块钱一斤的饺子……"

夜大版："从踏入浙师大宁波夜大那一刻，康师傅私房牛肉面馆，这个位于附近的小面馆就成了我们生活中密不可分的一部分，班级聚餐、毕业聚餐、平常闲逛。七塔寺斋菜馆、KFC、重庆地道的麻辣烫……这些大人耳熟能详的小店陪伴着我们一晚又一晚从上课到下课。"

美国版："入冬了，缅因州人民吃了一次麦当劳 1 号餐；远在千里之外的南国佛罗里达人民更喜欢 2 号餐；而远离大城市的田纳西山区中的山民吃了个 3 号餐；而同样处于海边的加州人民却更喜欢 4 号餐。"

德国版："入冬了，中部的图林根人民吃了一次图林根烤肠；南部的慕尼黑人民选择慕尼黑白肠；而距离不远的纽伦堡人民更加喜欢纽伦堡香肠；东边的柏林人民则将咖喱肠作为他们的餐食。"

33. 芒果体

"芒果体"，是 2012 年走红的第一个网络流行语体。不少网友都称创作"芒果体"的彭宥纶是"奇葩"。因此，"芒果体"又被称作"彭宥纶体"、"奇葩体"。"芒果体"中的那句"淡定，小朋友，天，没塌"被网友们猛烈调侃和频繁使用。

2012 年 1 月 1 日，插画师王云飞发表微博称，湖南卫视跨年演唱会未经过其允许盗用了他的 5 幅插画。随后，负责跨年舞美效果的天娱传媒视觉总监彭宥纶在微博上作出了回应："我以设计师的角度来看，如果我的作品被使用在这样万众瞩目的时刻和这样优秀艺人的身上，只会觉得非常荣幸。千万不要学某些国内设计没有眼界和格局保守……不用像世界末日到了一样@那样多的团体和个人，我对此事全权负责。淡定，小朋友，天，没塌。"由于彭宥纶是湖南卫视 2011 快乐女声的视觉总监，与湖南卫视关系较深，许多网友指责芒果台（湖南台）"山寨成瘾"，便将彭宥纶的言论命名为"芒果体"。可见，是湖南卫视旗下天娱传媒视觉总监此前的傲慢回复，迅速催生作为 2012 年微博第一语体的"芒果体"。

"芒果体"的造句格式一般为："我以×××的角度来看，如果我的××被使用在这样万众瞩目的时刻，只会觉得非常荣幸。千万不要学某些国内×××没有眼界和格局保守。不用像世界末日那样@那么多人，这事我全权负责。淡定，小朋友，天，没塌。"人们以各种各样的内容，写出很多"芒果体"句子来。"芒果体"，得以流行。

> 变形金刚的故事："我以高等大守护的角度来看，如果我们的火种源被那么多其他星球的势力窥视乃至发动战争，只会觉得非常荣幸，千万不要学某些臭老头子没有眼界和格局保守，我对你全权负责。淡定，OP，天，没塌。"（网友"Kink 茵可终南山"）
>
> 考试："我以一个即将考试的苦逼孩子的角度来看，如果我的卷子被放在六十分以下的那档里，只会觉得非常荣幸。千万不要学某些国内学生没有眼界和格局保守。不用像世界末日那样@那么多人，这分数我全权负责。淡定，老师，天，没塌。"（网友"幸运 E 的某囧"）
>
> 盗墓笔记："我以第二十六代张起灵的角度来看，如果我所守的门被这样历代的盗墓家族和这样优秀的盗墓者盯了这么多年，只会觉得非常荣幸。千万不要学某些恋爱小说结局没有眼界和格局保守，这事其实该你全权负责的。淡定，吴邪，天，没塌。"（网友"史考兵"）

香港著名导演彭浩翔今日也在微博上用"芒果体"造了句，其造句尺度较大，让网友在惊讶的同时也积极转发。

34. 甄嬛体

"甄嬛体"，是网友模仿 2012 年 4 月热播电视剧《甄嬛传》的台词而创造的一种网络语体。"甄嬛体"的特征是语言古色古香、略带古韵，大量借用古代典籍、唐宋诗词等，接近红楼体的特点。说甄嬛体时要语调不急不缓，口气不惊不乍，从容大方。不少观众与微博网友张口便是"本宫"，描述事物也喜用"极好"、"真真"等词。很多网友甚至平时说话聊天也纷纷效仿"甄嬛体"，言语间颇具古风，极具喜感，微博上，除了刻意的甄嬛体造句，网友们还把甄嬛体引入到日常生活中，凭空制造出无数欢乐。不久，"甄嬛体"红遍网络。

《甄嬛传》中人物的台词，有不少经典例句。"这路走错了不打紧，这东西交错了人，那可就不好办了!""在本宫身边,只有卑躬屈膝之人,没有痴心妄想之人,更不能有夺我宠爱之人! 敢跟本宫争宠,就全都得死!""奴才不在于多少,只在于忠心与否。"剧中华妃深爱着皇上,她醋意浓浓地说:"你试过从天黑等到天亮的滋味吗?"用甄嬛体说话,在网络上一时颇为盛行。网友们从诸多方面来进行模仿,令人深感滑稽,忍俊不禁。从论文写作到减肥,从模仿甄嬛说话,到模仿华妃、眉庄、皇后、果郡王说话,等等。这些语句,涉及人们生活的方方面面。

个人生活:"近日里说话难免有些甄嬛风,虽不合时宜,倒也颇有雅趣。闺中素无大事,加之身子逢乍暖不适,闲来无聊。亏得姐妹们得以叙旧同乐,共修心性,想来焉非福也。"(网友"久久展")

"春天终于真真的来了,楼下的迎春花开得甚好!"(某网友有感楼下迎春花开。)

"我最近的眉毛画得是越发好了。"(网友"幸福 Baby-sea"描眉画眼之后,对老公说。)

毕业论文:"你试过从天黑写到天亮的滋味吗? 我就那么写啊,写啊,论文却还是没有写完……"(网友"哈哈尼"模仿华妃谈写毕业论文的感受)

"在本宫身边,只有论文还未开工之人,没有写到大半之人,更不能有写完超字之人! 只要敢跟本宫比进度,就全部都得毙掉! 这顿饭做差了不打紧,油盐酱醋分不清楚,那可就不好办了! 牛排很快就是臣妾的了,但臣妾要来做什么呢,臣妾要的是减肥成功!"(网友"乔尔无颜"效仿华妃、甄嬛等的口气说话)

睡懒觉:"在本宫身边,只有共同贪睡的人,没有比我更能睡的,更没有宣扬应该早起的人,敢打扰本宫睡懒觉,统统都得死!"

"其实本宫虽然喜欢打瞌睡,却也处处小心,毕竟是在上班,万一不小心被领导看到拉进小黑屋就不好了。"(模仿皇后的语气)"说人话。""方才在精练上看到一道数学题,出法极是诡异,私心想着若是这题让你来做,定可增加公式熟练度,对你的数学必是极好的。""说人话!""我这道题不会做……"

"咦,你今儿买的蛋糕是极好的,厚重的芝士配上浓郁的慕斯,是最好不过的了。我愿多品几口,虽会体态渐腴,倒也不负恩泽。""说人话。""……蛋糕真好吃,我还要再吃一块。"

"方才见淘宝网上一只皮质书包,模样颜色极是俏丽,私心想着若是给你用来,定衬肤色,必是极好的……""说人话。""妈,我买了只包。"

"姐姐,承蒙公司圣恩。最近这航班搭配是极好的,飞起来也是真真儿的喜欢。国内旅游航线配上洲际航班,是最好不过的了,公司里的妹妹们都很喜欢,我倒也不觉得疲乏。我愿多飞几班,这样体态就不会丰腴,也不负领导恩泽。""说人话。""……班太多,想少飞点儿。"

"方才检查了所有飞机,小时数甚高,私心想着若是你明日早来,定可挑一架你喜欢的,对你的心情必是极好的。""说人话!""今天你飞不了,book 你明天早上……"

"这新置的床柔软舒适,弹性十足,小憩片刻原是再好不过。虽说日上三竿,若得温柔梦乡,倒也不负了这五一假期。""说人话!""好困,让我再睡会……"

"方才觉得身体欠安，想必又是没有午休，我这一困倒不打紧，私心想到如若耽误了画画，定然又会惹来先生的戒尺，当然你若少布置一些，是最好不过的了。我愿多画几幅，虽不保画得如何，倒也不负先生的谆谆教诲！""说人话！""老师太坑爹了，布置这么多，我都没时间午休，困得要死！"

"今日醒来全身酸痛，感觉很乏，想来怕是前几日玩得太尽兴所致；同事几日未见，只望不要生分了才好；私心想着若是这三日太阳眷顾，闻花之芬芳，沐阳光之温存，定可心情大佳，那对工作学习必是极好的，日子也能过得快些，不过想来三日后又能休息倒也不负恩泽。""说人话！""这周只上三天班，噢也！"

"方才查阅了房地产的所有统计资料，数据极是复杂，私心想着若是房价贴近民意，定可增加楼盘热销度，对举国民众必是极好的。"说人话！""房价有一点点高……"

"今日倍感乏力，恐是昨夜梦魇，扰了心神。加上五一度假后后，玩了真人 CS，不想身子越发疲累，连续休息两天也未能恢复。今儿个早上看错了时间，半路上方才明白，当真是春困至极。若能睡个回笼觉，那必是极好的！春困甚为难得，岂能辜负？""说人话！""今儿真的不想上班！"

"方才看到这重量，心里极是忧虑，原本私心想着这一病，对减肥必是极好的，没想着竟瘦了这般多，咳嗽仍未好，劳你们费心了……""说人话！""我瘦了……"

"方才听课期间冒出一个念想儿，瞧着这天阴沉沉闷乎乎的，倒搅了几分胃口，真真儿叫人闹心。也不知这鬼天儿该用点什么才清爽些，可不能自个儿怄着耍起小性儿来，负了君恩呐～""说人话！""今天中午吃神马？"

"人家今日倍感乏力，恐是昨夜梦魇，扰了心神，都是最近琐事众多烦闷了些。加上晨练后，喝了方家熬的胡辣汤，不想那汤越发成了，吃了一打煎包都没给把味儿镇下去。若能睡个回笼觉，那必是极好的！春困甚为难得，岂能辜负？""说人话！""今儿我不想写论文！"

"眼前这位公子自然是好看极了，加上家境殷实更是完美，身后定是不乏红颜知己。我虽体态丰腴了些，气质还是不错，我愿为君消得憔悴，衣带渐宽，倒也不负恩泽。""说人话。""帅哥，我做你女朋友吧！"

"眼看着室外的花儿开了谢，谢了开，本官觉着这日子每天都是匆匆而去。花儿落了倒也不打紧，明儿个再长，若是面容松弛可就不好办了。""说人话。""惨了，又长了一道皱纹！"

"方才本官于案上见半方长盒，轻重适宜，私心若是你来持，一面省我起身之苦，况你身子又弱，这般强筋韧骨，必是极好的……""说人话！""我不想动，帮我拿下遥控器。"

"额娘你看今日外面天气极好，儿臣想出宫走走，既能冲冲喜气，也能看看京城中百姓生活如何，早日完成儿臣登基之业。不知额娘意下如何？""说人话！""妈，俺想出去玩。"

"看这时辰已然不早，不得不先行一步了，却想明日诸事繁杂，也不知如何是好，要不我们明日相见再议此事如何？""说人话""我睡觉了。晚安！"

甄嬛体在发展中，出现了不少很有意思的版本、篇目。

交警版："今儿个是小长假最后一日，赶着回家虽是要紧，却也不能忘了安全二字。如今的路虽是越发的宽广了，但今日不比往昔，路上必是车水马龙，热闹得紧。若是超了速，碰了车，人没事倒也罢了，便是耽搁了回家的行程，明日误了早班，也是要挨罚的。总之你们且记住了：舒心出门，平安到家。"（"江宁公安在线"在微博上发出提醒）

失眠篇："方才察觉今夜饮茶过甚，无心入眠，若长期以此，定将损肤，他日睡前饮牛奶一杯，方能安心入睡，对睡眠质量也是极好的，携友饮茶虽好，但也要适可而止，方不负恩泽。"

足球篇："巴萨的水平是极好的，大牌前锋配上中场大将，原是最好不过的了。虽说运气欠佳，点数未进，成全切尔西再入决赛，倒也不负恩泽。"

五一篇："三天假期，天气是极好的，只是妹妹先前一时疏忽伤到了自己，若不是如此大意，眼前的假期就该约上姐姐一同赏那满城春色是最好不过的了。"

35. "玛雅体"与"末日生卒年月体"
"玛雅体"蹿红网络。

2012 年 12 月来临，以"请问玛雅人靠谱吗？要是靠谱我就……"开头的"玛雅体"蹿红网络。网友们通过这种方式纷纷调侃自己对于"余生"的规划，聊以慰藉"这即将结束的今生"。围绕末日预言是否靠谱，网友借玛雅体造句写下自己应该是真实的当下愿望。例如：

@爱上鱼的山猫（学生）："想问一下玛雅人靠谱吗？要是靠谱我就不期末复习了"

@张育群："#我想问一下玛雅人靠谱吗#要是靠谱这个月我就不还信用卡了"

@泗小利："我想问下玛雅人靠谱吗？要是靠谱的话，我现在就回家睡大觉了~"

@paparay 趴趴睿："弱弱地问一下，玛雅人靠谱吗，要是靠谱的话，我现在就摔桌不干了，天南地北享受森活去"

@古月小妮："我想问玛雅人靠谱吗？靠谱的话我下个月不上班了！"

@奥子曰："我想问一下玛雅人靠谱吗？要是靠谱我就不写单位总结了~"

@Passignment："我想问一下玛雅人靠谱吗？要是靠谱我就不写论文了"。

@李小小小兔："我想问一下玛雅人靠谱吗？要是靠谱我就不管业绩，不管电话，不管 KPI，不管工作，不管减肥，我要美食！我要 shopping！我要睡到自然醒！我都要！！！"

"玛雅体"中也显露的不少人间真情，让网民们大为感动。"要找暗恋 N 年的女孩表白""要回家和爸爸妈妈扯家常""不出差了赶紧坐飞机回去陪老婆"……不少网友表示，其实很多人都没有太奢侈的愿望，正是这些鸡毛蒜皮的小事，反映了人们在现代生活中最真实最珍贵的"诉求"。

玛雅体的风行，只能一笑而过。生卒年月体走红，"末日"墓志铭格式引网友吐槽。

12 月 2 日，微博上一位尚不足千人粉丝的网友"@骚聪聪"发了一条微博，微博内容简短到只有"1999.05.28—2012.12.21"这一串日期数字，但却依然引起了网友的关注，仅 24 小时就已被转发 6000 多次，评论上千条。"1999.05.28—2012.12.21"，这条微博前面是生日，后面是传说中的世界末日，这就是自己的一生，或调侃，或感慨，也是留念。末日生卒年月体，一时大为走红。

有淡定无憾型的。例如：

@老子真心薛定谔的猫："1992.02.12—2012.12.21，这些年也算好梦一场，不用麻烦叫醒我。"

@萬萬萬曉年："1982.04.27—2012.12.21 未婚　未育　无房　无车　无存款　无牵挂"

@懒鱼 NIC："1987.11.09—2012.12.21 生平结交损友无数，生性懒散，爱过，追求过，疯狂过，放弃过，卒前归故里，无憾。"

@走猫步的鱼-candy："1986.09.20—2012.12.21 享年 26，这一生太他妈忙了，忙跑路，忙赚钱，忙求学，忙理想，忙奔波，毫无作为。来时孑然一身，去时一身孑然。感谢各位装点陪衬了我的一生，倘若睡下去再起不来，作为来世相谢的依据，记得带上包大人一块来相认，前路太黑，月亮会照亮你寻我的路。"

@Leo—李昕："李昕（1987.07.25—2012.12.21）汉族，山东济宁人，自幼乖巧可人，长大调皮捣蛋。青年受西方民主思想影响，针砭时政常常杞人忧天。喜摄影喜丝袜美腿，好追剧好吃煎饼果子（加油条的）。靠摄影谋生，作品稀少。孑然一身，时常蛋疼。好友不多，关系很好。好微博，跟本本调过情，被姚晨拉过黑"

@采臣子："查了下，2012.12.21 刚好周五，准备调休在家待着，咱不能死在工作岗位上，做烈士从来不是梦想，要死也得死得贪生怕死点儿，是不？有没有一起的，就像玩具总动员往火坑滑去的那一幕一样，咱们手牵手，抱着要死一起死的决心，一边慢慢看着末日降临，一边看谁最先松手崩溃大呼小叫！"

有默念心愿型的。例如：

@、西瓜兔："1985.5.15—2012.12.21 如果真的末日，此生唯一的遗憾就是最后的日子不在家乡，陪伴爸妈的日子太少了。"

@素人 www："1980.06.10—2012.12.21 子不语怪力乱神，卒于不淡定。"

@希希璟妍："1992.11.12—2012.12.21 还没能真正享受生活，那么多好吃的都没吃过……"

@_____Cher 的 SuJu 三冠王实至名归："1991.05.14—2012.12.21 尼玛这就一生了？"

@官电影版："2012.10.03—2012.12.21，小编想说的是：第一，我们快杀青了！

第二，偶们还没上映呢……玛雅人，你到底靠谱不靠谱啊！"

@野比-铜锣烧："距离 2012.12.21 还有 18 天，'如果玛雅人的预言靠谱的话'那么 12 月工资和年终奖能不能提前发，这样可以去做点什么……"

@袁媛 Sophia："昨天梦见 2012.12.21 那天，非常清晰地记得一个时间——下午 4 点 21 分，那之前一切风平浪静，之后就不知道了……不管玛雅预言是真是假，我都要珍惜和他在一起的每分每秒。"

@许敖霆："离 2012.12.21 没有多少天了，该道歉的道歉，该和好的和好，该包容的包容，该拥抱的拥抱，该相爱的相爱，不要再捅刀子了，大家都没时间了……"

墓志铭型的就更多了。例如：

"1981.07.01—2012.12.21，男，汉，塘沽土著，适于老城区。读书16 载，未报国家而先有家。尝好玩，居前茅。尝好读漫画书，一目二片，不求甚解。尝好高谈阔论，心系天下事。然奋斗数年不能成业，不能为民，甚至无以为生，卒于玛雅人预言。"

从玛雅体到生卒年月体，从发微薄到传微博，最多的网友要算 90 后网友，80 后次之。这种现象，也引发了人们的思考。

36. "陈欧体"

2012 年 10 月 12 日，聚美优品发布 2012 年新版广告。广告由其 CEO 陈欧主演，广告词如下：

"你只闻到我的香水，却没看到我的汗水；你有你的规则，我有我的选择；你否定我的现在，我决定我的未来；你嘲笑我一无所有不配去爱，我可怜你总是等待；你可以轻视我们的年轻，我们会证明这是谁的时代 梦想，是注定孤独的旅行，路上少不了质疑和嘲笑，但，那又怎样？哪怕遍体鳞伤，也要活得漂亮。我是陈欧，我为自己代言。"

2013 年 2 月，各类改编版"陈欧体"突然走红。"我是学生，我为自己代言"、"我是单身，我为自己代言"，网友们在发挥想象力的同时，玩了一把自嘲式的幽默。

羊晚记者黄晓晴版本：你只听到我粗犷的嬉笑怒骂，却没看到我的悲悯；你有你的选择，我有我的活法；你否定我的看似幼稚不稳重的现在，我想我会有不用整日逢场作戏的未来；你嘲笑我出不了厅堂入不了厨房不配去为人妻，我遗憾你竟不能我心甘情愿为你去改；你可以轻视我们穷丑挫，我们会证明这比白富美的高高在上更实在。男子气、小孩子气的我，要注定孤独的旅行，路上少不了否定和嘲笑，但，那又怎样？哪怕受伤无人安慰，也要活出自己。我是晓晴，我为自己代言。

历史学人版本：你只看到我身无半亩，却没看到我心忧天下；你有你的选择，我有我的挚爱；你嘲笑我物质一无所有，我可怜你灵魂注定低矮；你可以轻视我的朝经暮史，我会证明这是谁的时代。学术注定是孤独的旅行，路上总少不了质疑和嘲笑。但那又怎样？就算青灯黄卷，也要义无反顾！我是历史学人，我为自己代言！

网站论坛版：你只看到我暂时的人气，却没看到我一直的努力；你有你的选择，我有我的规则；你否定我的现在，我决定我的未来；你嘲笑我人气不足，不值关注，我可怜你不懂网络，不足为怪；你可以轻视我们的年轻，我们会证明这是网络的时代。网络，是注定漫长的旅行，路上少不了低迷和失败，但，那又怎样？哪怕遍体鳞伤，也要继续前行。我是站长，我为自己代言。

留学版本：你只看到了我回国后的风光，却没看到我在国外的努力；你有你的想法，我有我的选择；你嘲笑我富二代，我可怜你没有追求；你可以轻视我啃老，但我会证明这是谁的时代。留学，是注定艰辛的旅程，路上总少不了议论和争议；但那又怎样，哪怕孤身一人，也要追求梦想。我是留学生，我为自己代言！

LOL 版本：你只关注我的人头，却没看到我的补兵；你有你的符文，我有我的出装；你嘲笑我小学生放假，我可怜你没有意识；你可以轻视我们 ADC 血量微薄，我们会证明谁在一直输出；LOL，是注定被坑的旅程，路上总少不了点燃和嘲讽，但那又怎样；哪怕被抢一血，我也要继续补兵；我是 ADC，我为自己代言。

医学生版本：你只看到我的红包回扣，却没有看到我的月薪 2000。你有你的道德制高点，我有我的问心无愧。你嘲笑我将来草菅人命，不好去分辨，我默默背解剖病理生理药理，你可以轻视我的专业，三十几岁毕业后我们会证明今后是谁的时代！医学是注定孤独的旅行，别人问起总少不了质疑和不解，但那又怎样，哪怕整天被人砍，我也要活得漂亮。我是医学生，我为自己代言。

幼师版本：你看到我身在杭州的地理优势，却没看到我独自奋斗的艰辛。你有你的 211/985，我有我的全国重点学科特色。你否定我的成绩，我掌控我的未来。你嘲笑我宿舍设备不完善，食堂坑爹，我认为你经不起苦难，受不起挫折。你可以轻视我低调的存在，我会证明这是谁的时代。大学注定是一场孤独的旅行，总免不了解释我不是保姆，但那又怎样？哪怕在市中心的校园再迷你，我仍有比天空还广阔的梦想。我是幼师，我为自己代言。

艺术生版本：你只看到我们的分数线，却没看到我们的录取率；你有你的线代高数，我有我的技法笔触；你嘲笑我分不够高不配与你同校，我可怜你图书馆占不到座；你可以轻视我们的文化成绩，我们会证明我们不靠文凭吃饭；艺术是注定痛苦的旅行，路上总少不了轻视和否定；但那又怎样，哪怕没人认可，也要孤芳自赏；我是艺术生，我为自己代言！

交警版本：你只看到我头顶的警徽，却可能没看到我们背后的汗水；你有你的理解，我有我的坚持；你可以无视我们的付出，我们会证明谁的身影最美，交警生活是注定付出青春汗水的旅行，路上总少不了努力和奉献；但那又怎样，哪怕倒下，也要坚持信念；我是交警，我为自己代言！

3.3.2 网络语言变体的命名特色、表达及其他

1. 网络语言变体的命名特色

网络语言的流行变体，从命名来看，各有特色。

"知音体"借用《知音》杂志名称命名；"梨花体"源于女作家名字的谐音；"脑残体"用"脑残"作比喻其难认难懂；"纺纱体"是"仿莎（莎士比亚）"的谐音；"蜜糖体"借用了网友名称同时喻其风格如蜜般甜腻。网络新语体的命名，可以说运用了各类修辞手法，十分贴切恰当，极为生动形象。

2. 网络语言流行变体的妙用及其表达效果

不同的网络语言流行变体，其表达效果也会大不相同。

有这样一道作文题，要求阅读材料后按要求作文。

材料："一条鱼逆流而上，他以精湛的游技，冲过浅滩，划过激流，绕过层层渔网，躲过水鸟的追逐。他不停地游，最后穿过了山涧，游上了高原。然而还没来得及发出一声欢呼，很快就被冻僵了。"

要求：请自定立意，自拟题目，写一篇不少于 800 字的文章，除诗歌外，文体不限。

同一道作文题目，用不同的网络语言流行变体写出的作文，其表达效果各不相同。

校内体：

"传说，每一条冻僵的小鱼，都是上辈子折翼的天使，如果你遇到这样一条鱼，就嫁了吧。看到它躲避渔网，我的心已下沉，读到它在高原上被冻僵，泪已盈眶。可不可以有一个渔夫看穿小鱼的逞强，原谅小鱼的伪装。这样冻僵的鱼，男人看了会沉默，女人看了会流泪，冻僵的不是那条小鱼，是仰视 45 度的哀伤。"

凡客体：

"爱逆行，爱激流，爱游技，不爱渔网，爱高原，也爱冷笑话。我不是沙丁鱼罐头，也不是传说。我和你一样，也和你不一样，我是冷鲜鱼。"

咆哮体：

"一条鱼逆流而上啦！！！！！！！！！！！！ 牛逼有木有！！！！！！！！ 他能冲过浅滩冲过激流啊！！！！！！！！！！！ 特牛逼有木有！！！！！！！ 他躲过了无数渔网啊！！！！！！！！！！！！！ 好牛逼有木有！！！！！！！！ 丫还躲过了众多鸟人的追杀！！！！！！！！！！！！ 相当牛逼有木有！！！！！！！ 丫最后还上高地了！！！！！！！！ 一人中推有木有！！！！！！！ 老牛逼的一条鱼啊！！！！！！！！ 有木有！！！！！！ 最后丫居然是冻死的！！！！！！ 尼玛啊！！！！！！！ 坑爹啊！！！！！！！ 有木有！！！！！！ 这么牛逼的一条鱼！！！！！！！！！ 尼玛怎么能是冻死的啊！！！！！！！！！！！ 这货怎么能是冻死的啊！！！！！！！！！ 教研员尼玛坑爹呢！！！！！！！ 有木有！！！！！！ 编点像样的结局啊！！！！！！！！ 想搞我是把！！！！！！！ 尼玛这笑话太冷

啦！！！！！！ 东城一模的孩子你们伤不起啊！！！！！！！！！！！！！"

淘宝体：

"来嘛亲，逆流包邮呦亲，亲你怎么了亲，你怎么冻死了亲。"

少将体：

"额……我觉得吧……这个鱼吧，额……这个鱼吧，其实我对这个鱼有一些研究……刚才，刚才我秘书给了我一份报告，说的就是这……其实我想说对于鱼来说，更多的是被淹死的……"

宝黛体：

"宝玉便走近黛玉身边坐下，又细细打量一番，因问：'妹妹可曾考冲过浅滩，划过激流？'黛玉道：'不曾，只绕过几层渔网，躲过鸟雀的追逐。'宝玉又道：'妹妹那时穿过了山涧，游上了高原？'黛玉便说了。又道：'那可冻僵？'黛玉便忙度着因他一定是被冻得和谐了，故问我有也无，因答：我是没被冻僵过，想来和谐是件罕事，岂能人人都能被冻僵的。"

走近科学体：

"一条游技精湛，生命力异常顽强的鱼，突破万难游上高原，然而诡异的事情发生了，它忽然神秘死亡。是冻死的？淹死的？自杀还是谋杀？情杀？还是仇杀？凶器在何方，凶手会是谁？尸体无任何伤口，甚至死者脸上还诡异地带着幸福的笑容。究竟是怎么回事呢？难道是它在临死前看到了什么？敬请关注中央电视台十套《走近科学》系列节目《冰鱼离奇死亡案件》4 月 14 日晚 8：30 播出，答案即将为你揭晓。"

CCTV 体：

"最近有群众指出有鱼逆流而上虽然经过重重的考验，但还是冻死了，为此我们请来了生物系的专家，专家辟谣：在中国最近 10 年内不可能有鱼会因逆流而上在高原冻死。请广大鱼类同胞放心的在中国逆流！那条冻死的鱼经鉴定是亚马逊流域的。不会影响到中国。"

平田体：

"我叫梅尼鱼，我已经察觉到了，我察觉到我其实是一个作文里的角色。既然是作文，总得有个作文题目吧……我咧个去，这货不是题目~这货不是题目~果然是题目啊，我咧个去，这剧情略显犀利了吧！"

银镯体：

"它/逆流/而上。它/静静/哀伤。它/到底/是一条/怎样的鱼。浅滩/激流/渔网。阻挡/不住。高原上/有它的/理想。即使/冻死/也不/感到/迷惘。"

2元体：

"瞧一瞧，看一看，本店冰鱼统统卖2块，两块钱你买不了吃亏，两块钱你买不了上当，以前10块8块的冰鱼，现在统统卖2块！"

新校内体：

"2011年正月 一位老人在病榻只是于弥留之际口中不断念到 中国鱼 一定不能上高原 要上 也要带上暖宝…说罢便离开人世。他是阮尼碟 著名鱼类学家 中坑院（中国坑爹院）三级片区研究员。阮老一生致力于鱼类研究及保护 早在1984年阮老提出了中国鱼类的高原致死普遍性这一具有前瞻性的论调 报告中指出中国鱼类鳃的性能不强 加上近些年工业污染严重造成的基因突变 现存鱼类已失去在高原缺氧环境下生存的能力 然而国家为了推动全民健身运动 大力主张人要像逆水而上的鱼儿一样不断向上 故对平原及盆地地区的鱼类进行电刺激 迫使其向上游高原地区游动 并认为这是对于鱼类有利而无害的，阮老听闻此事大为震惊 并指出中国之鱼将为此灭绝。此后坑老四处走访 但收获到的除白眼嘲讽外别无他物…如今阮老走了 国内再无专家提及此事…我们看到云南地震发现大量外地缺氧受冻死亡鱼类 青海出现鱼骨河 这好像阮老冥冥中诉说着什么……"

动物世界版：

"春天到了，是众多动物交配的时节。然而在×××河流域，有这样一条鱼，它逆流而上，以精湛的游技，冲过浅滩终于划过激流。×××流域有很多渔民，喜欢以捕这种鱼为生，据说这种鱼可以×××。这条鱼是幸运的，躲过了层层渔网。然而这时在天空中也有一群水鸟在注视着它。他不停地游啊游啊，最后穿过了山涧，竟然以坚强的意志游上了高原……（下期预告）逆流而上的鱼……当当当~~~"

以上各自不同的表达效果，你体味到了吗？

3. 网络语言变体是广大网民创新意识的结晶

网络语言流行变体的不断涌现，正是广大网民强烈创新意识的结晶。任何语言的变化发展总是与现实的社会变迁紧密相连。网络时代到来了，网络语言就得有种种创新。我国网民的性别结构、年龄结构以及文化结构等的差异，表明这是一个极为特殊的群体。正是这样一个社会群体组成了我们的网络社会。网虫们追求时尚个性，受到锐意创新网民们的追捧。他们的网络言语交际，总会迸发智慧的火花……

是中国网民创造发展了我们今天的网络新语体，也是他们不断推出网络语言的流行变体。纵观我们每一种网络语言流行变体的诞生，总是得益于我们网友中的"有心人"对特殊的特定的事件、事物的关注。他们创造性的特别博文或回帖，总是得到大家的及时认可，随后，又被网友们捧红。尽管其中夹杂着一些无奈、嘲讽、戏谑甚至叛逆，总会得到网友们的谅解，进而理解。网络的隐匿性，改变了复杂的人际关系，使网民们的言语交际真正地简单化、自由化了。这就使得不同社会背景、身份，不同职业、年龄，不同生活遭际的网友，完全自觉地生存于同一网络空间。这是一个自由、轻松，极为理想化的空间。不同的交际途径，不同的交际环境，不同的交际主体，就决定了网络新语体与日常用语语体的重重差异。应该说，这种差异是自然的、合理的，更是必要的。因为，这是我们的网络生活！

网络改变了我们的生活。仅用几年的时间，我们就有了网络写作的"十大神器"：排比体、梨花体、蜜糖体、纺纱体、脑残体、琼瑶体、知音体、走进科学体、红楼体、装13 体。

年复一年，网络创新永远不会停歇。就在我们的互联网上，可爱的网民们，先后无私地义务地捧红了许许多多新的网络语言流行变体。如：Loli 体、遇见体、子弹体、诛仙体、五四体、孩子体、剪刀体、高铁体、"hold 住"体、下班回家体、怨妇体、收听体、膝盖中箭体、方正体、大概体、总结体、方阵体……

有时，我们还会用到另外一些新的网络语言流行变体。如：菊花文、火星文、剪刀体、小白文、网络文言文、回音体、七夕体、亮叔体、乡愁体、剑雨体、遗憾体、投身体、赳赳体、见与不见体、葛优体、随手体、省略体、幸福体、生活体、郭德纲体、梦遗体、熊胆体、海燕体、雷锋体、甄嬛体、底线体、春式家书体、埋汰体、流氓体、安妮宝贝体、那些年体、汪小菲体、玛雅体、末日生卒年月日体……

在我们的互联网上，新奇、简单、幽默的网络语言正在飞速发展。新锐文体，方兴未艾；流行"语体"，层出不穷。历经十几年"穿越"，何时"伤不起"？现在能"hold住"！拿出你的流行手机，看看你的电脑屏幕，轻松、幽默地去表达喜怒哀乐！开心些网友们，大家都真正地开心一些好吗？我们开心地上网去！

3.4　网络言语交际的动态过程

网络言语交际，是一种特别的动态行为，有别于一般日常言语交际的一般动态行为。无论我们从信息传递的视角去描述，还是从言语交际构成视角去描述，都会看到网络言语交际具有不同于一般日常言语交际的特点。

3.4.1　网络言语交际与日常言语交际相关环节上的不同

人们日常言语交际的过程，一般是指发话者将其交际意图用言语形式发送出去，经过媒介（空气、电路等）传送到听话者那里，听话者从中理解出发话者的交际意图。即人们所熟悉的一般过程：

编码→发话→传递→接收→解码

我们从信息传递的视角去描述，言语交际过程就是其言语交际信息从"编码→发话→传递→接收→解码"的全过程。其中，首尾两个环节是心理过程，发话和接收可以说是生理过程，只有中间环节是物理过程。它们相互连接，构成完整的一般言语交际动态过程。

网络言语交际也是这样的一个基本言语交际动态过程，除了首尾两个心理过程环节差异不太大外，其余基本环节都有别于一般日常言语交际的动态过程。

网络言语交际的动态过程中，"发话"和"接收"环节，除了音频、视频类网络言语交际以外，一般不再是"生理过程"了。取而代之的是信息的"输出"和"输入"动态过程。这种网络言语交际的"输出"和日常口语语体的"发话"很不相同，它不使用声音的方式，也不使用书写的方式，只使用键盘输入的方式，输入的信息被转换为机器语言，再经过电脑网络转化为已经解码的文字符号输出。同样，这种网络言语交际的"输入"，也不同于日常书面语体的视觉符号……实际上，这两个环节的"生理过程"在网络言语交际的动态过程中已经变成了"物理动态过程"了。

网络言语交际的"传递"环节，虽然还是物理动态过程，但其传递介质、传递方式与一般日常言语交际大不相同。网络言语交际的介质，不再是空气和有形的物质媒介了。它依靠的是所谓"电子媒介"。两种言语交际介质的改变，自然会造成两种言语交际过程的差异。网络言语交际的动态过程，在速度上，比日常口语语体言语交际慢得多（视频、音频网络言语交际除外）；而与日常书面语体言语交际相比，网络言语交际的速度又要快得多。网络言语交际的特殊媒介方式，要求网络言语交际具有同时性（离线言语交际除外）。如果网络言语交际的双方，有一方不在线，另一方就不能进行同时交际了。

网络言语交际的反馈信息，没有日常口语语体言语交际那么及时，这一点严重地影响着网络言语交际的效果。大家知道，言语交际的顺利进行，总是依靠双方及时有效的反馈，包括自我反馈（内反馈）和他人反馈（外反馈）。就是这种反馈，控制了言语交际的动态进程并保证了言语交际的效果。交际双方总是要依据自己说出的话语状况，自我调整其言语交际行为，同时要依据对方的反应，自觉调整自己的言语交际行为。网络言语交际的反馈滞后，导致了网络言语交际的双方不能依据其反馈及时调整其话语，这必然影响其实际的言语交际效果。一般说来，使用口语语体交际，反馈往往及时；使用书面语体交际，其反馈总是要迟缓些。跟使用口语语体交际相比，网络言语交际时，较慢的反馈速度影响了实际的言语交际效果。作为一种即时的交际，网络言语交际在反馈方面比较接近口语，但由于信息输入、输出以及传输媒介的不同，其反馈速度总是比日常口语语体交际要慢一些。这是因为在日常口语语体交际中，言语交际的双方在时间上是相续的（除非中间被打断）；而在网络言语交际中，交际的双方在时间上是很难相续的（网络音频、视频实时言语交际除外）。日常口语语体交际中，其交际效果往往决定于其信息的及时反馈。在网络言语交际中，其汉字输入的速度大大低于日常言语交际时的"说话"速度。网络言语交际时的电子媒介传输速度，目前似乎还慢于口语语体交际中语音在空气介质中的传播速度。由于网络言语交际反馈速度慢，交际主体就没法根据对方的反馈及时调整自己的言语方式，也就影响了双方言语交际的实际效果。例如，下面是网上的"我（紫阳花心）

和 MM（黄××）的聊天记录"。

　　……
　　2012-08-03　21：39：58　紫阳花心
　　没一会儿你就不理我拉
　　2012-08-03　21：40：31　黄××
　　是你不理我
　　2012-08-03　21：41：21　紫阳花心
　　是吗，哪有
　　2012-08-03　21：42：16　黄××
　　你有
　　2012-08-03　21：43：36　紫阳花心
　　这样子我们的感情就原地踏步啊
　　2012-08-03　21：44：32　黄××
　　本来就想走
　　2012-08-03　21：45：02　紫阳花心
　　要去哪里
　　2012-08-03　21：45：09　黄××
　　我是说本来就没想走
　　2012-08-03　21：45：58　紫阳花心
　　我也不指望你啊
　　2012-08-03　21：46：36　黄××
　　可是我指望你
　　2012-08-03　21：47：38　紫阳花心
　　切，得了，我没有吸引到你哦，亲
　　2012-08-03　21：49：06　黄××
　　你天天想把妹累不累（本人爱好不幸被曝光）
　　2012-08-03　21：49：50　黄××
　　你非常吸引我　不知道我有没有机会（刚开始我还蛮开心的，后来我错了）
　　2012-08-03　21：51：10　紫阳花心
　　不拒绝耶，亲
　　2012-08-03　21：52：33　黄××
　　那我们也来段浪漫的爱情好么
　　2012-08-03　21：53：29　紫阳花心
　　看看咯，也许可以也许不可以
　　2012-08-03　21：54：40　黄××
　　这么说我还有百分之五十的机会咯
　　2012-08-03　21：55：57　紫阳花心
　　嗯　要通过测试才行

2012-08-03 21：56：28 黄××

什么测试

2012-08-03 21：59：39 紫阳花心

你没在我身边不好测试啊

2012-08-03 22：00：43 黄××

那我明天就去找你

2012-08-03 22：00：54 黄××

地址给我

2012-08-03 22：02：18 紫阳花心

别太勉强，我不值得

2012-08-03 22：02：52 黄××

你本来就不值

2012-08-03 22：03：01 黄××

/憨笑

2012-08-03 22：03：42 紫阳花心

你看，我都害怕了你

2012-08-03 22：04：19 黄××

你不怕我怕谁啊

2012-08-03 22：04：52 紫阳花心

是啊，最毒妇人心嘛

2012-08-03 22：05：28 黄××

在家没人陪我玩 都闷死咯（这话表明她纯粹是找人聊天的）

2012-08-03 22：06：34 紫阳花心

况且，你对我们的感情没有任何付出，所以

2012-08-03 22：07：22 黄××

为什么我每次把一件事想得美美时 结果都会让我失望

2012-08-03 22：08：10 紫阳花心

你是在跟自己谈恋爱又不是跟我（话不搭题）

2012-08-03 22：08：25 黄××

感情的付出是以身相许么

2012-08-03 22：09：06 紫阳花心

嗯，这个是非常大的投资

2012-08-03 22：10：23 黄××

是啊 那么大的投资 怎么可能放在你身上

2012-08-03 22：12：05 紫阳花心

你始终都要给的，不过是谁的问题

2012-08-03 22：14：31 黄××

恩 我怎么都找不到能让我放心把自己交给的他呢

2012-08-03 22：22：16 紫阳花心

因为他们都不像我这样会提升自己，让自己值得拥有啊呵呵

2012-08-03 22：23：46 紫阳花心

而且他们的把妹伎俩连你都觉得他们图谋不轨

2012-08-03 22：23：52 黄××

等你一句话真累 让你忙吧（让她等许久，这等于让她稍微的投资吗？是吗？不是吗？）

2012-08-03 22：25：43 紫阳花心

嘿嘿，不好意思

2012-08-03 22：26：05 黄××

没事

2012-08-03 22：26：17 黄××

那再见咯

2012-08-03 22：26：44 紫阳花心

那他们怎么不放心了？（重续话题）

2012-08-03 22：28：42 黄××

没感觉 总觉得陪我过一生的不是，他们

2012-08-03 22：29：43 紫阳花心

嗯，这我知道

2012-08-03 22：30：46 黄××

你不是当是 你怎么会明白

2012-08-03 22：31：41 紫阳花心

我知道吸引是怎么产生的（瞎扯，我还在道路上呢）

2012-08-03 22：32：12 黄××

怎么产生的

2012-08-03 22：33：49 紫阳花心

当你的吸引开关被人打开了，你就觉得他就是你要找的人（瞎扯啊别听我的）

2012-08-03 22：34：22 黄××

等再有出现 我一定要好好跟他相处

……（有省略。）

2012-08-03 23：07：57 黄××

那到底怎样做 男人才会觉得在意他

2012-08-03 23：10：04 紫阳花心

看个人的资质了，有时候你觉得这个男人真是木头人

2012-08-03 23：10：05 黄××

我怎么还是一点经验都没有呢

2012-08-03 23：10：44 黄××

我自己看不出

2012-08-03 23：11：15 紫阳花心

因为男人和女人的情感表达是很不一样的

2012-08-03　23：12：27　黄××

你说怎么不一样

2012-08-03　23：13：50　紫阳花心

多了，不便说

2012-08-03　23：14：13　黄××

唉

2012-08-03　23：14：35　黄××

想了解一下都不行

2012-08-03　23：14：43　紫阳花心

赶快去梦见白马王子吧，小丫头

2012-08-03　23：16：21　黄××

我梦见多了　可惜没有一个是我的白马王子

2012-08-03　23：18：45　紫阳花心

呵呵，你看我们也不容易啊要掌握的东西很多啊，为的就是找到真心爱我的人

2012-08-03　23：19：58　黄××

你为什么那么久都没有找到

2012-08-03　23：21：17　紫阳花心

找个女人可以随便找，但是要找到结婚的人要等

2012-08-03　23：22：31　黄××

那你想找个什么样子才可以跟你结婚的

2012-08-03　23：22：43　黄××

我给你介绍

2012-08-03　23：24：05　紫阳花心

绿色性格，身材要好，凹凸有致

2012-08-03　23：24：54　黄××

什么是绿色性格

2012-08-03　23：28：29　紫阳花心

你不要知道得太多了啊呵呵，到这吧，我要高价值离场了（靠，这句怎么能这样就告诉人家了）

2012-08-03　23：28：58　黄××

恩

2012-08-03　23：29：22　紫阳花心

跟我说晚安（这是 CT 吗？是吗，不是吗？）

2012-08-03　23：29：51　黄××

再见　不晚安

从"紫阳花心"与"黄××"的这段聊天记录，可以看出双方感兴趣的话题及其重点。在细节上，对相关内容彼此的反馈是不同的。有的反馈太慢，有的反馈很快，这从记录表示出的时间很容易看出。"黄××"的交际目的非常明显，就是想找人聊天；"紫阳

花心"似乎没有掌握聊天的主动权,好像是个"陪聊"的角色。可见,正是聊天双方及时的反馈,推动着言语交际的动态过程,从而影响着言语交际的实际效果。

3.4.2　网络言语交际与日常言语交际有着不同的动态过程

交际行为一般是指交际各方,通过言语或非言语的方式影响相互认知状态的动态过程。人们的日常言语交际大多是指运用口语语体进行的言语交流,而凭借肢体语言(如交警指挥车辆通行)或使用书面语体语言(如读文章理解作者用意)等进行的言语交流,也属言语交际行为。现代网络言语交际行为,与这些实在的日常言语交际行为相比,只能是一种"虚拟交际"行为。但作为一种交际行为,它们都有一个行为过程,并且都是言语交际的动态过程。

网络言语交际的语境是很特殊的,更显现出其动态特征。本来,动态语境概念是相对于口语语体的交际行为来说的,书面语体的交际行为一般视为静态的,而网络言语交际行为的特殊语境,虽然具备书面语体语境的特点(由文字、数字、符号等生成),却更偏重于口语语体语境的基本属性(聊天等)。事实上所有交际行为的静止都是相对的,一般是以时间推进作为背景。网络言语交际行为,在这一点上表现得更为突出,网络言语交际的过程更表现出动态特征。

网络言语交际语境不是事前就有的,它是在言语交际双方实施交际行为时使用网络语言的过程中动态生成的。网络语境伴随着网络言语交际过程的发展,不断地发展着,变化着。例如下面这段网聊实录,就是这种情况。

> NM　22:30:09
> 烹饪大学!小子!
> OP　22:30:19
> 你糊弄谁啊
> OP　22:30:24
> 我是×人
> OP　22:30:30
> 烹饪根本不算本科
> NM　22:30:57
> 我本一大学生!你 tai 小孩!滚!!!
> NM　22:31:00
> 靠!
> OP　22:31:09
> ○○○○○○○○○○
> OP　22:31:18
> 本一?
> NM　22:31:42
> P

先看看 NM 与 OP 这段聊天，两人没有进行交际之前，最少有一方（OP）完全不知道将要发生什么样的交际行为。另一方（NM）虽有明确的网聊意图，对将要发生的交际行为似有所思，但这些并没有导致 NM 认知上有任何明显的变化。NM 自豪地说自己读"烹饪大学"，虽然他并不知道 OP 接着会说什么，但在此刻就开始了言语交际行为，于是就产生了后面二人网络言语交际的特定语境。NM 在"发话"之前，其意图和"所思"就已经影响到了随后交际行为中的言语。可见，对于 NM 来说，已经有"语境"产生了，这是一种认知语境。这种认知语境是因交际主体的存在而存在的，这是 NM 持续的认知心理状态。对于 OP 来说，只有参与了言语交际，才进入言语交际语境。这表明，网络言语交际的语境也是一个动态的语境。言语交际语境的这一特点，进一步说明了网络言语交际的过程是一个动态的过程。

网络言语交际的语境，伴随着网络言语交际行为而产生，并影响着随后言语交际中网络语言的使用。网络言语交际的主体，对言语交际中产生的客观因素不断地进行能动的反映和加工，进而影响到下面紧接着的网络言语交际行为。

网络言语交际语境，是指网络言语交际中使用网络语言的环境。在实际的网络语言运用中，网络语言的意义不可能脱离网络言语交际语境而抽象存在。决定网络言语交际意义的网络言语交际语境，一般是作为言语交际的前提而存在的，这种语境的意义就在于传递彼此的交际信息、应对对方言语的逻辑推理以及恰当解释相关言语会话等。没有网络言语交际语境就无所谓网络言语交际。传统意义上的语境，人们习惯于对其作基于静态的分析，认为这类语境存在于言语交际之前，并且在言语交际过程中固定不变，也就是从具体的会话情景中抽取出来的对语言的交际主体产生影响的一些因素。这实际上是将其当成一个事先确定的静态事物。动态的言语交际中的语境，绝对不是这样。人类的任何交际活动，实际上是一个不断变化的动态认知过程。网络言语交际，更是一个依赖网络言语交际特定的语境并由网络言语交际主体共同推动的交互过程。所以说网络言语交际语境是网络言语交际的动态过程生成的产物。在实际的网络言语交际中，网络言语交际的主体（任何一个角色）是能够有意识地操纵网络言语交际语境的，每个主体角色，总是努力创造一个有利于自己的网络言语交际语境，以便实现自己网络言语交际的目的。从本书中所引用的网络言语交际实录来看，网络言语交际主体，依据言语交际中产生的具体动态语境，总是较容易实现自己网络言语交际的目的。

在网络言语交际中，"编码"和"发话"的言语交际主体与"接受"和"解码"的言语交际主体二者处理的信息，一般不是"等值"的。双方往往会对言语交际的中心话题产生偏离，即存在言语信息差。影响这类言语交际信息差的因素很多，什么过于宽泛的言语交际文化环境啦，网络言语交际主体各自潜在的心理因素啦……这些也就决定了网络言语交际过程是一个无所谓起点，似乎也没有终端的，不可逆转而连续的，多因素相互作用、相互影响的复杂的动态过程。

第 4 章　网络言语交际的主体及其目的

4.1　网络言语交际主体角色及其虚拟性

言语交际作为一种交际行为，就具有交际主体、交际目的、交际形式和交际环境等言语交际的必备要素。言语交际的过程中，每个交际要素都有制约言语交际的作用。网络言语交际也是一种交际行为，所以网络言语交际同样具备这四个基本交际要素，但与日常言语交际相比较，网络言语的交际要素又有许多特别之处。

4.1.1　网络言语交际的主体角色的基本属性

这里要重点说一下"交际主体"这一要素。网络言语交际的主体，就是广大"网民"，尤其是那些"网虫"们。网民们在网络言语交际中总是表现出其"群体"的特点，这一点正是网络言语交际主体区别于其他言语交际主体的重要特征。中国互联网络信息中心（CNNIC）发布的《第30次中国互联网络发展状况统计报告》显示，截至2012年6月底，中国网民数量达到5.38亿，其中手机网民规模达到3.88亿。在我国上网的人群中，男性网民占55%，女性网民占45%，近年来中国网民性别比例保持基本稳定，作为网民主体的男性还是高于女性10%。网民的年龄结构比例如下：10岁以下占1.2%，10～19岁占25.4%，20～29岁的年轻人所占比例最高，达到30.2%，30～39岁25.5%，40～49岁占12.0%，50～59岁占4.3%，60岁以上占1.4%。很明显，随着中国网民增长空间逐步向中年和老年人群转移，中国网民中40岁以上人群比重逐渐上升，截至2012年6月底，该群体比重为17.7%，比2011年底上升1.5个百分点。其他年龄段人群占比则相对稳定或略有下降。网民中文化程度上的比例发生了较大变化。初中网民比例的比例升到最高，占37.5%，原来所占比例最高的高中（中专、技校），已经下降为31.7%。小学以下的网民只占9.2%，大专网民占10.1%，大学本科以上的网民占11.5%。可见，文化程度为专科（含专科）以下的网民，还是占据中国网民的绝大多数，共占网民比例的88.5%。网民职业结构也有变化。学生网民占28.6%。党政领导干部占0.5%，党政一般职员占4.4%。企业、公司管理者占2.9，企业、公司一般职员占8.7%，专业技术人员占9.5%。商业服务业职工占3.0%，制造生产型企业工人占3.7%，个体户、自由职业者占17.2%。农村外出务工人员占3.8%，农林牧渔劳动者占4.6%。退休人员占1.9%，无业、下岗、失业者占11.1%。其他网民占0.1%。由此可见，学生占比远远高于其他群体。但是，比较历年数据，与网民年龄结构变化相对应，学生群体占比基本呈现出连年下降的趋势。网民收入结构情况也有所变化。月收入8000元以上的网民占4.5%，5001～8000元的占5.4%，3001～5000元的占16.1%，2001～3000元的占16.9%，1501～2000

元的占 9.8%，1001 ~ 1500 元的占 9.3%，501 ~ 1000 元的占 11.0%，500 元以下的占 17.8%，无收入的占 9.2%。网民中月收入在 3000 元以上的人群占比提升明显，达 26.0%，比 2011 年年底提高了 3.7 个百分点。在 2001 ~ 5000 元的网民所占比例最高，达 到 33.0%。低收入（3000 元以下）网民仍然占据主体，共占 74.0%。

网民的城乡结构比例，截至 2012 年 6 月底，城镇网民共达到 72.9%，农村网民规模为 1.46 亿，比 2011 年年底增加 1464 万，占整体网民比例为 27.1%，相比 2011 年年底略有 回升。

网络言语交际主体的构成，从截至 2012 年 6 月底的统计资料来看，显示了其基本 特点。

性别特点。男性网民总是多于女性网民。这一特点势必影响网络言语交际的经常性话 题。男性感兴趣的话题毕竟与女性感兴趣的话题有很大区别。这一特点也会影响到网络言 语交际的主要话语方式（这在不同性别的"群"里，尤为明显）。

年龄特点。10 ~ 39 岁年龄段的网民占据绝对多数，高达 81.1%。也就是说，网络言 语交际的主体大多是较年轻的人。年轻人充满朝气，思想活跃。他们在网络言语交际中最 富于创造性，可以说主要就是他们发展完善着网络言语交际所用语言。

学历特点。网络言语交际要求交际主体具备一定的知识，包括言语交际所用语言基本 知识，以及网络言语交际所必需的网络相关知识，等等。这些是进行网络言语交际的必要 条件，这一特点在很大程度上影响着网络交际的一般过程。统计资料显示，初中和高中 （中专、技校）学历的网民比例占 69.2%，加上大专和大学本科及以上学历占 21.6%，那 么相对较高学历网民的比例就占 90.8%。他们这些网络言语交际的真正主体，往往决定 着我国网络言语交际的发展走向。

职业特点。上网的时间和条件，是网络言语交际必须具备的前提。之所以学生、一般 职员、专业技术人员、无业（下岗、失业）人员、个体自由职业者，在职业结构中所占 比例较高，就是因为这些群体具备网络言语交际的前提条件。其中，无业（下岗、失业） 人员有大量空闲时间上网，学生可以抽空上网（网吧或是家里）……除了他们以外，很 多网民上网本身就是工作。有的工作几乎每天（甚至每时每刻）都要接触网络，抽空聊 天，来点网络言语交际，就非常自然了。对于从事网络营销、网络服务等行业，就更不必 说了……

收入特点。从统计资料来看，中低收入的网民总是占绝大多数。他们的收入状况更直 接地影响到网络言语交际的种种。家庭上网，网吧上网，都有个按时间支付费用的问题。 大力提高网络言语交际的实际效率，是这些网民的追求目标。

城乡特点。城镇网民的比例之所以大大高于农村网民的比例，这是城乡差别的必然结 果。随着全国农村网络设施的不断改善，尤其是手机上网技术的不断翻新，这个比例将会 不断发生变化。但是，在相当长的时间内城镇网民还是会"主宰"着网络言语交际的大 多数话题。

4.1.2 网络言语交际主体角色的虚拟性

网络言语交际主体与其他交际主体相比较，最大的不同就是网络言语交际主体往往是 虚拟的，具有较普遍的虚拟性（交际中要求主体真实的除外）。网络言语交际不同于传统交际以及以往任何一种其他言语交际。网络言语交际方式现在已经成为一种全新的"大众化"的重要"休闲"方式。网络言语交际的突出特点就是"务虚",是一种"超真实"的虚拟化的精神类的活动。通过网络言语交际,网民们可以在这个务虚的社会重建人与人之间的特别关系。处于这个虚拟的社会环境中,网络言语交际的主体往往只能是一个虚拟的角色。

网络言语交际的方式最主要的有两种。要么是 IRC(Internet Relay Chat),IRC 具有即时性,话轮转接时间大多在一分钟以内,包括运用聊天软件(如 MSN、腾讯 QQ 等)以及在聊天室里交际);要么是 BBS(论坛交流),BBS 具有延迟性,一般是以发帖子及回帖的方式进行,同一主题,往往要讨论数天。在这两种网络言语交际方式中,其交际的主体角色一般都具有虚拟性。

现代社会的状况发生了太多的变化,社会变迁加快了,人际关系复杂了,知识大幅增值了,大众传播发达了……人际竞争日益激烈,生活节奏日益加快,生存压力剧烈增大……人们焦虑了,烦躁了,甚至抑郁了……是网络交际带给人们进入虚拟的网络生活,只要你有空,你就可以随时在网上冲浪,去感受新鲜的内容,去浏览最快的新闻,去查询关注的信息,去自由地收发邮件,去无所顾忌地发表议论,去与人一对一地交流,甚至去跟不同的同性或异性交友……网络是务虚的,这种务虚成了人们在现实的生活压力和心理压力下的一种精神追求。这样,网络交际就变成了你的网络"休闲"。

通过网络言语交际,任何网络交际主体都可以借助虚拟性的网名,找回在现实社会中失去的自我,自我解除现实社会中的种种精神束缚,甚至得以肆无忌惮地宣泄自己在现实社会中受到压抑的多种情感。

网络交际中的人际关系,再没有现实社会中那样"可怕"了。网络交际场景的非现场性,网络交际主体的虚拟性,使网络言语交际具有神秘性。所以人们说:网络言语焦急的神秘性是网络交际的最大魅力所在。这里似乎没有尊卑长幼,也没有明显的"中心"权威,所有网民几乎都能充分享受到平等的话语权,自由自在地说"自己"的话,全心全意地做"自己"的事。现实生活中,你得不到人们的认同,网络中留有属于你的"沙发",每一位交际主体,都可以充当任何一种交际角色,在网络交际时重塑自己所期望的形象……可见,网络交际的主体身份具有虚拟性。网络交际主体在网络交际中的追求,一般都是虚拟的精神追求。仔细分析网络虚拟空间的各种要素,就会发现这些要素都是真实存在的,他们同样是人类活动的产物,只不过是一种虚拟的真实罢了。网络言语交际就是现实生活中人们的一个务虚的精神家园,现实生活中满足不了的欲望,你在网络世界可以得到变相的满足;现实生活中的种种愤懑,你在网络世界可以得到尽情地发泄;现实生活方方面面的压力,你在网络世界得以暂时的解脱。

网络言语交际中,交际主体的感受总是超真实的。网民们十分认同这种交际方式的真实性。网民们选择网络言语交际就是在选择一种新的生活方式。他们乐于其中,尽情地享受这种网络生活。在这种务虚活动中,交际主体可以隐匿自己的真实身份,在网络言语交际时,交际的双方相互只能看到彼此的"网名",他们用随心所欲的网络语言相互沟通,各自表达自己的真实观点。

网络言语交际主体,在实际的网络言语交际中,总是表现为一定的角色,而这个角色往往不是真实的。所以说网络交际主体的最大特点就是角色的虚拟性。在网络言语交际过程中，作为交际角色，这个主体可以隐匿现实中的种种真实身份，"本姑娘"其实是"那小子"，"孩童"其实是"老者"，"下属"其实是"老板"，"弟子"其实是"师爷"，"美国佬"其实是"江西老表"……反之亦然。这种虚拟的角色有时能恰到好处地适应网络这个虚拟的世界。网络空间，其实就是一个虚拟的空间。虚拟的交际角色自始至终地影响着整个网络言语交际过程，决定了网络言语交际的特点。

        TOM：在吗？

        英子：在呢，嘛事？

        TOM：想你了。（第五句上就是暧昧十足的"想你"，太突兀了吧，我们之前从没联系过呀。）

        英子：天哪！可别吓我啊，大哥。俺可是有夫之妇呀，嘿嘿……

        TOM：别怕，我离你很远。（的确很远，几乎大半个地球。）

        英子：开玩笑的，离的近也没关系呀。听语气大哥似乎有啥惆怅呀？可别，高兴起来嘛。

        TOM：爱你没有错。（第7句上出现了让人脸红心跳的"爱"字，还是"没有错"的，真的没有错吗？）

        英子：大哥你知道我是谁呀？才聊了几句话就爱上啦？O(∩_∩)O哈哈，太唐突了吧？

        TOM：一见钟情。（还"一见钟情"呢？实际上是"没见钟情"，即使泰坦尼克式的"一见钟情"也倍加汗颜、相形见绌。）

        英子：oh! my god! 一见钟情？可咱哪见过面呀？你就不怕俺是男的呀？(*^__^*)嘻嘻……（旁敲侧击，道出俺真实的面目，此"女"非"女"也。）

        TOM：吓着你了吗？

        英子：没呢。害的哪门子怕哟？哈哈，没事的，有啥心里话就尽管说来，俺乐意听，只要你开心就好。

        TOM：我相信你是个漂亮的BB。（不知BB是啥意思？"宝宝"？"宝贝"？"贝贝"……乎？）

        英子：为什么你们男人都喜欢漂亮的女人呢？在我看来，女人拥有内秀甚至比拥有姣好的容貌更重要，你说呢？（其实俺也是言不由衷，漂亮的女人哪个男人不喜欢呀？不喜欢是脑子进水了。嘿嘿）

        TOM：话是对的，可是人人都想要美的、漂亮的，男女都如此。（倒是山上滚石头——石砸石的大实话，男的爱美女，女的爱帅哥，没有一个免俗的。）

        英子：是呀，爱美之心人皆有之嘛。可有时候也不见得呀。俺那口子就长的不咋地，既不帅也不美，还比小女子大了7岁呢，可俺觉得蛮好的呀，(*^__^*)嘻嘻……（说的倒是实情，俺的确长得不咋地。没办法，容貌是爹娘给的，一个人没有生来自主选择容貌的权利，否则，这个世界将全是帅哥美女了。不过，诚若是，以"物以稀为贵"的规律，那俺倒希望自己是最丑的一个，该有多少美女追俺哪！呵呵。）

        TOM：真的就好，好希望天天见到你。（大有"一日不见，如隔三秋"，少男少女的热恋情怀）。

英子：俺可不一定天天在线呀。看大哥资料是在××××国的，是全家迁居那儿？还是大哥谋事暂时去那的？你在他乡还好吗？保重哟！（一个爷们和另一个爷们在这津津有味的"谈情说爱"，有点不适应，主动岔开话题。）

TOM：谢谢。我 87 年来的。（这位兄弟与我同岁，17 岁就去国外谋事，佩服。）

英子：天哪！都 20 多年了，真不容易呀！现在是全家定居那里吗？听说那儿不赖呀，号称是人间天堂。（至于哪个国家就不透露了，反正那个国家不错。）

TOM：让我看看你的照片。（答非所问，岔开话题，开始步入正题。）

英子：还是别看了吧，都结过婚的人啦，皮肤糙了，人也老了，有啥好看的呀？你不觉得咱这么聊聊天蛮好的嘛，对吧？（ *^__^* ）嘻嘻……（其实妻还是挺年轻的，徐娘半老还风韵犹在哩，让她知道俺这么损她，又会生疑俺嫌她老了，茄子脸定准砸过来了。姐妹们可千万别打小报告哈，俺给你们送花、请客行不？呵呵。）

TOM：好奇心，我喜欢说实话，希望你很漂亮。

英子：O(∩_∩)O 哈哈，可以理解，好奇之心人皆有之嘛。可要是俺长得不漂亮呢？是不是大哥就不会理俺啦？（ *^__^* ）嘻嘻……

TOM：一样，对你的爱不变。（哼——鬼才信哩。男人十个里面九个色，一个不色不是"色衰"就是"色盲"，要是俺发过去张母夜叉脸，定准销声匿迹。）

英子：……

TOM：对不起，好多字我不会打，我的拼音不好。（确是实情，也真难为他了。）

英子：理解，常年在外嘛。换我呀，母语早就忘净了。大哥 20 多年还记得母语，不赖嘛！

TOM：谢谢你。

英子：大哥孩子多大了？你要求那么高，嫂子也一定很贤惠很漂亮吧？

TOM：她还可以。我有一个 2 岁的女儿。（36 岁上才有孩子，那个国家的计划生育真是更绝。之前我老感喟我是"老来得子"，而今知足了，呵呵。）

英子：孩子才 2 岁呀？一定蛮漂亮的。祝大哥家庭美满幸福，好好待嫂子。女人可真是不容易呀，你说对吧？平时多和嫂子聊聊天，谈谈心。（女人的确不容易，向女同胞们致敬！是真心的，发自肺腑的，可不是存心"贴摸"你们，违心的话哈。）

TOM：我不这么认为。

英子：那你怎么认为的呢？

TOM：有的话，夫妻之间不可以说，可好朋友之间可以讲。（怎么说呢？对错参半吧。夫妻之间，身体都"融为一体"了，按说是该无话不可以说的呀？不过有时确实如此，要不，许多人就不会孜孜以求地去觅寻什么"红颜知己"、"蓝颜知己"了。朋友们说对吧？）

英子：理解万岁！是呀，其实我们活着都不容易，尤其相亲相爱的爱人，你说是吧？（不是套话，是真切的感言，两个人要相守一生，是件很辛苦、很努力、很毅力、很具勇气的事情。）

TOM：谢谢你，大家都不容易。

英子：是呀。

TOM：as you like。（英文快忘净了，请教朋友，这句是啥意思？谢啦。）

英子：啥意思？俺英语早就着馍馍吃肚里去啦，大哥是在拿小女子寻开心呀？

TOM：没有，我很想交你这个知心朋友。

英子：没问题呀。

TOM：让我看看吧。（不死心，第二次讨要相片。）

英子：看啥呀？（明知故问，狡猾狡猾滴，哈哈。）

TOM：你太难为就不必了，但请相信我说的全是心里话。（也许是心里话，其实即使是些感情骗子，他喜欢你或许也是出于真心，不过是因为不愿承担某些连带责任或本来带着某种企图只是来满足自己的欲求而已。）

英子：不是说了不必看了嘛，（＊^＿^＊）嘻嘻……（哼，真想发过去张爷们脸，吓一下这位锲而不舍的老哥，不腿软才怪，呵呵。）

TOM：要不，告诉我你的号码，我想你时好打电话。（一计不成，再生一计。）

英子：打电话？我看也就算了吧。越洋电话多贵呀！有啥心里话在博客里聊聊挺好滴。再说了，我们可不要对不起我们各自的那另一半呀，你说是吧？O(∩_∩)O哈哈（真若要打电话，还以为是人妖没蜕变利索呢，呵呵。）

TOM：我们作为朋友，不会对不起他（她）。（谬也，这要看后来的发展趋势，及感情的走向。）

英子：说的对。

TOM：谢谢你，好高兴与你聊天，我要下了，88。（"88"，"拜拜"之意乎？）。

英子：好的，古德拜，祝你愉快！

TOM：希望你能理解，我们隔得这么远，只是心里交流。（说拜不拜，意犹未尽，恋恋不舍。）

英子：我当然理解啦，其实远近没有实质上的关系，关键是能不能知心，你说对吧？

TOM：对，完全正确。

英子：正确就好，你不上班吗？有事你忙，别耽误正事，祝你工作愉快哟。

4.1.3 网络交际主体角色的虚拟性始于其"网名"

网络交际主体角色的虚拟是从"网名"开始的。从角色虚拟的"网名"里，你是无法判断其真实性别、国籍、身份等的。看看这些网名吧，你能从中判断出什么？例如："Oath-Ⅱ卑微的誓言"、"人生若只例如初见。"、"ℳ、拆除不完的谎言。"、"moment°疯掉的记忆"、"～那抹阳光很刺眼、"、"D3ath-禁止爱"、"最廉价的莫过于眼泪#"、"有些话不说出口更好＊"、"分开的爱情要怎么继续≈"、"无法抽离的小忧伤ゞ"、"麻木使我更加清醒 °"、"爱你坚持到最后℃"、"心软伤的是自己°つゞ"、"不淡定的小青春￣"、"╰全世界就这么一个ヽ"、"你若幸福、便是终点◇"、"≈温柔不是我的范°"、"り、没有结局的结局 °"……

90后的所谓"个性"网名更是有趣。例如："忘不了你许的美丽的曾经"、"不尴不尬局外人"、"别让眼泪沾湿回忆㎡"、"走到末路你我终成陌路-"、"へ孩纸。也会累↘"……

2012年最新的"唯美"网名："我要在、有你的身边"、"我要去、有你的未来"、"企盼地上最高处￣"、"仰望大地最深处￣"、"小傻瓜ô给你糖"、"小笨蛋ô给你烟"、"-最后一个夏天''"、"+我们就要说再见''"、"ℳ你素我最爱的男银"、"ℳ俄素你最爱的女银"、"≈只要你要，只要我有"、"≈尽我所能，倾我所有"、"本少爷爱移花接木,"、"本小姐已名花有主,"……

例如今的网名，较之几年前，变得越来越复杂，越来越奇异、越来越搞怪、越来越稀奇古怪。好像只有这样，才能张扬个性，才能表现特色，才能显示才华，才能吸引网民的眼球！除了英语、日语、韩语网名外，汉语网名再也不是纯汉语了。或随意添加外文字母，或在其中插入种种符号，或简化字、繁体字、字母、符号相混杂，等等。传统"名字"的概念，在网名中已不复存在了。在各类网站（包括主流网站）上，很多已经开辟出"网名专区"，分门别类，不定期地推介出一批又一批新的网名，供人们选用。由于分类标准不同，出现了很多类型。有语言类（运用词语、数字、各种字母等语言文字的）和非语言类（运用各种非语言符号的），还有二者兼之的复合类网名（例如"天～～at王"、"军队 ＞＜%" 等）。以"内容"为标准的分类，常见的类型很多。有人物、事物类（例如"西疆天王～"、"长江孙悟空 ＞"、"♂天鹅的蛋"、"不可爱的深海鱼油"等），有特定身份类（例如"～新来的教官"、"坏孩儿的爸爸⎺"、"天皇%弟子"等），有自我评价类（例如"冰雪美女◎之长"、"痛苦不堪的←北飞大雁"、"有钱也不花的妈妈∝"、"≒宽恕的元帅"等），有古今文化类（例如"大江东去＝浪淘尽～"、"古道西风瘦马"、"橘子洲头看⊕万山红遍"、"大明宫◇西安的大明宫"等），有性格取向类（例如"失恋偶不难受↓"、"向前向前向前§"、"还是♀女同志好"、"★★★有房有车年薪百万族一兵"等），等等。

这些"网名"使得网络言语交际的主体角色更为虚拟化了。自命或者选择个什么样的"网名"？就绝大多数网民而言，首先要不同于别人，要有独特的个性标记，就内涵来说，要能够显示言语交际主体角色的精神风貌、喜怒哀乐、个性特点，等等；其次就是要能吸引眼球，引起网友们的注意。每时每刻，在线交际网民数以亿计，为争取更多言语交际机会，就得千方百计吸引网友的注意力。角色是虚拟的，只有让"网名"这个特别标签醒目，才有可能吸引更多网友的注意。有些网友频繁地更换网名，大多就是避免冷落，想让网友关注，甚至期望被网友热捧。

在网络言语交际中，有些交际主体想要在网上寻找特定的言语交际对象，就要借助特别的"网名"，提供能被同类理解的相关信息，来明确自己交际的目的。例如"至今独身⊙偶"、"高龄未婚女的寻找一兵"，等等。

在网络言语交际中，还有很大一部分交际主体的网络交际目的非常简单，只是为了娱乐。某些搞笑的网名，本身就很是具备娱乐意味。例如"冲天一响↑"、"唱着哪首歌渐渐死去的人儿"、"来我家讲个发笑的故事"，等等。网络交际主体角色的虚拟，因其"履历"而得以延续。网络言语交际中，某角色的个人资料一般都是虚假的（必须真实填写的除外）。只要能表明网民角色的存在即可。"昵称"是必选的，其他都是可选的。网民的个人资料怎样编制，网民好像有"绝对"的自由。腾讯 QQ 聊天软件中个人的设置就是这样。(MSN、网易 POPO、新浪 UC 等设置界面有所不同。)

例如 QQ2012 的设置界面就包含很多标签，有基本资料、更多资料、标签和印象、账户资料、QQ 空间、QQ 秀、腾讯游戏、腾讯宠物、系统设置，等等。每一标签中又设有若干小标签。如 QQ2012 的基本资料中，就设有昵称、账号、Q 龄、等级、个性签名，等等（见下图）。

QQ2012 手机版的设置界面，与电脑版的大同小异，例如：

你可以自由地修改密码、改变身份验证。设置中的头像、电子邮件、个人主页、个人说明、修改手机号码以及个人的年龄、地区、居住地址，等等，你都可以全权修改或更换。在 QQ 好友面板上右键单击好友头像，你还可以选择"查看好友资料"，只要是对方公开的，你都可以看到。

由于网络言语交际主体的虚拟性，所有资料的真实性，彼此大可以质疑，且多数有"虚拟"之嫌。然而，对于有经验的网虫来说，还是可以依据这些资料推断出某个交际主体的基本状况的。所以，这些个人资料，往往是网络言语交际中主体选择交际对象的重要参照。

4.2　网络言语交际角色的定位及转换

4.2.1　网络言语交际角色的定位

网络言语交际，离不开其言语交际角色，即其言语交际主体。

"角色"，一般认为是个体在社会群体中被赋予的身份及该身份应发挥的功能。角色具有以下特点：其一，每一角色都有自己的一整套社会行为模式；其二，角色一般由社会地位决定，角色与其社会地位和身份相符；其三，角色理应符合社会期望。所以说，角色就是个体在社会生活中的定位，个体根据这种定位决定自己的行为举止。当个体对自我充当的角色有某种认识就形成角色意识。一个具体的人，在社会中可以充当很多角色，或是正在扮演的，或是暂时潜在的。

日常的言语交际，是人们经常性的社会行为。说话人与听话人是这个行为的两个构成主体。只要这两个构成主体在进行言语交际行为，他们就分别获得了说话人与听话人的所谓"话语角色"。"话语角色"并不是其唯一的角色身份，他们在社会中的其他角色身份，在言语交际中总会有所显现，这时就形成了他们的交际角色。事实上，网络言语交际时，交际主体的各方真实的社会地位存在种种差异，这些不同的社会角色都会在言语交际的主体上显出印记。所以说，网络言语交际角色不可避免地带有其他社会角色的一些特点，它是交际角色与社会角色自然地统一。

网络言语交际角色是很复杂的。与日常言语交际角色相比，网络言语交际角色往往是虚拟的，其中的称呼、身份、背景一般都不是真实的。网络言语交际行为本身是一种真实的存在，然而网络是虚拟的，网络言语交际角色也是虚拟的。网络言语交际和日常言语交际是有很大区别的。日常言语交际中的交际角色虽然是真实的，但是各种复杂的社会关系对其具有制约作用，某个交际角色，不一定是他愿意或希望扮演的。交际主体的角色有时具有制度性，例如：政府发言人、医生、教师、军人、警察……某种制度规定好了他们充当的交际角色。一个交际主体，扮演一个自己并不乐意的角色，那是很难扮演好的。就这一点来说，这个交际角色对他而言也算不上是真实的。

网络言语交际时的交际角色，相对说来就好扮演得多。网络的虚拟性，决定了网络言语交际的自由度。网络言语交际主体，再也不必顾及现实世界中的各种复杂关系了，他们是心甘情愿地积极主动地充分自由地在网络上扮演自己的言语交际角色。他们的言语交际能更真实地反映角色内心真实的东西。网络言语交际的各方，在自由地扮演自己心仪的不同角色的同时，各自都在尽情享受网络言语交际带来的奇妙快乐。

在网络言语交际中，言语交际主体大多对自己所充当的交际角色自我意识强烈。这就决定了他得心应手地选择符合自己角色身份的言语交际方式。网络言语交际的角色意识，制约着他们的言语交际行为，比如：挑选交际对象、拟出话题原则、确定言语形式，等等。这样，就更能反映出交际时主体角色内心的真实。

挑选交际对象，必须确定交际各方彼此的位置。网络言语交际是交际主体的互动行为，参与交际的各方必然存在某种角色关系。成功的网络言语交际就取决于这种关系的实际状况。这就是角色定位问题。网络言语交际的任何一方，需要对自己以及交际的其他方有个基本定位。这个角色定位是挑选交际对象的重要依据。日常言语交际中，言语交际的各方，对交际对象一般是有认知基础的，比如性别、形象、职业、性格等都有所认知。这就便于挑选交际对象了。在网络言语交际中，各方可供选择的相关信息就少多了，看来好像这时挑选交际对象很难；然而，相关信息少也有它的好处，这就使得网络言语交际主体挑选交际对象时没有什么限制，似乎更容易。网络言语交际主体，可以依据自我设定，去"海选""意中人"作为自己理想的网络言语交际对象；也可以依据本次言语交际的目的，去定点抽选对于自己合适的网络言语交际对象。言语交际主体为自己设计了一个扮演的角色，尽管有时这个角色的特征不十分清晰——常常只是突出了其中某一个方面，但自我角色的设定将影响到他对听话者的选择；还可以按照自己对网络言语交际各方的基本判断、揣测，推断出对方的基本状况（比如酸甜苦辣嗜好、喜怒哀乐情绪等），进而挑选出相对较好的网络言语交际对象。例如，网上的一段聊天实录，可以看出网络言语交际主体是怎样挑选交际对象的。

> 会笑的鱼摆摆　2：04：00：还没睡觉？？
> acupofcoffee　2：06：00：这么早睡不着呀
> 我是小猪88　2：13：00：哇，嘎多人没睡？
> 就当没看见　2：20：00：嘿
> 我是小猪88　2：23：00：哇～～没看见，也好久没见的说～～
> 冰月如眉　10：46：00：(：-
> 四月阳光的味道　13：05：00：军版也有那么多夜游的，怎么以前没有发现？
> 楚楚1980　18：23：00：小白也有比较乖的时候哈
> 代号小白　18：31：00：老大你不也是，这个点你早下班了，早就忘掉矜持，猛吃了奇怪了，今天怎么还在网
> 楚楚1980　18：47：00：我说是谁？你居然敢刷屏乱顶帖子！活腻了是不是？？!!
> 代号小白　23：04：00：老大，你终于要对我下毒手了！
> 天天花乱坠　23：12：00：我来了！
> 代号小白　2004-7-15：你来干什么啊？
> 天天花乱坠　23：27：00：不是聊天吗？

上例中的几个网友一开始都在挑选自己的交际对象，交际的各方，话语方式无拘无

束，十分随意，无须顾及日常言语交际中一般必须顾及的诸多东西。由于各自的出发点不同，有的找到了交际对象，有的暂时还没有找到。

从这个例子也可以看出，网络言语交际中的交际主体的主导者不仅决定了交际的参与对象，而且决定了特定的言语交际话题和言语交际的话语形式。因为网络世界是虚拟的，网络言语交际的主体，就可以真正自由地定位自己的交际角色，按照自己喜欢的方式挑选交际对象、拟出话题原则、确定言语形式。这种充分自由地释放各自特定个性的网络言语交际，比起在现实中个性受到限制的日常言语交际或其他种种交际来，似乎变得真实、简单了。网络言语交际的角色具有复合的特点，一个网络言语交际主体可能会扮演几种不同的网络言语交际角色，在交际中适时出现的交际角色（当下的角色）可能只是其中之一。其他那些暂时没有出现的多种交际角色，都是潜隐的角色。当下角色与潜隐角色是动态的概念，他们都可以随着网络言语交际的需要发生各种变化，这就是网络言语交际中的角色转换现象。

4.2.2　网络言语交际角色的转换

网络言语交际中，交际双方可以同时交谈两个或两个以上的话题。这就打破了传统的日常言语交际那种"一问一答"原则。例如这段网聊，就不止一个话题，这样言语交际的角色也会随之转换。

> 云天※：嘿，今天怎么样？
> &⊙方：啊哈，你在家？
> 云天※：嗯，猜猜看！哦，你已经完成了作业？
> &⊙方：呵呵，我正在做第五题。
> 云天※：好吧，努力！我要跟 G@G 去玩游戏了，你去不？
> &⊙方：哦，这个……
> 云天※：哦，G@G 昨天约过偶，我全忘了！
> &⊙方：嗯，下午去做前天的化学实验，U&me，好不？
> 云天※：啊，真是伟大的想法！下午实验室见！
> &⊙方：U2! 88

其中，几个话题，同时进行。交际双方，不会误解。这是网络言语交际中常见的场景，若日常言语交际中就不正常了，多少会给人"没有主题"、"颠三倒四"的印象。日常言语交际中，话题必须挨着谈论，转换话题也得"言而有序"，言语交际过程务必连贯一致。网络言语交际打破了一般言语交际的常规，两个或者多个平行话题相互交织、同时进行而不混乱，在这一动态过程中，网络言语交际的各方主体，也会自然地随之变换交际角色。此例中的二人，或同学、或朋友、或玩伴，变化自如，话语自然。网络言语交际各方之间，总会存在信息传输速度相异的情况。要么是其电脑速度不同，要么是交际主体键盘输入的速度有别，种种差异都会导致信息显示延迟现象。网络语言交际中，可以存在平行话题同时进行这种特殊现象，可能就是这些差异导致的结果。网络言语交际的特殊语境，才使得这种"特殊现象"得以形成并且显得如此自然！

网络言语交际中主体角色的转换，在形态上存在双重转换，即存在发生在两个不同性质的层次之间的转换；而日常言语交际一般只存在一重转换，即存在发生在同一性质层次内的转换。网络言语交际也是人的交际，而人是生活在现实中，不是生活在网络上。在网络言语交际中，言语交际主体的现实角色有时会变成网络言语交际的虚拟角色（主体不一定能意识到）。日常生活中的现实角色身份有时会自觉或不自觉地在网络言语交际中显现出来，所以网络言语交际主体在网络这个虚拟环境中，有时会不可避免地泄露其在真实世界中的某些信息。

网络言语交际中的主体角色的转换，主要是指虚拟角色（网络言语交际中主体自我选择的角色）和现实角色（现实日常生活中的真实角色）的转换。例如：

> 真实的朋友 222：你 RD 几本托尔斯泰
> ¤＄云里雾里：是苏联文学吧　就 ZD 一点
> 真实的朋友 222：狄康卡近乡夜话呢
> ¤＄云里雾里：神马　谁写的
> 真实的朋友 222：ni 说呢
> ¤＄云里雾里：属牛的，哪知道
> 真实的朋友 222：不喜欢俄国文学吧
> ¤＄云里雾里：renming 太长　太复杂
> 真实的朋友 222：傻瓜　果戈理的小说　玫瑰色的灵魂在飘动　我爱死了
> ¤＄云里雾里：神马　BZD

交际主体之一的"真实的朋友 222"，尽管是一个虚拟角色，却在实际的言语交际中自觉或不自觉地泄露了他现实角色中的一些信息。比如：属牛，偏爱俄苏文学等。在网络言语交际时，交际主体看似以虚拟角色实施言语交际，有时不可避免地会以其现实角色参与言语交际之中。可见，网络言语交际的主体角色并非始终处于虚拟世界之中，在实际的网络言语交际的动态过程中，他们总会不知不觉地回到现实中来。其实，网络言语交际的主体角色更多的是在虚拟和现实摇摆跳动。作为网络言语交际的主体角色的人，现实生活中真实角色的印记已经铭刻在脑海中了，他们较为熟悉何时何地怎样去扮演哪种角色，并且较为熟悉这些不同角色的种种行为规范，这是人们必备的日常生活的知识经验。网络言语交际中，其交际主体具备了一个虚拟角色（网络言语交际的当下角色），但他的现实角色（日常熟悉的各种潜隐角色）一旦交际条件发生变化，随时都会转换成新的当下角色。这时角色经过虚实转换过程的交际主体，在实在的言语交际中，其"网名"仍是虚拟的，而其角色却是近乎现实的了。事实上，在网络言语交际中，网络言语交际主体一般都会给自己设定多角色，包括性别、年龄、出身、地域，等等。在实际的网络言语交际动态过程中，网络言语交际主体总是能够在自己设定的角色之间来回转换。例如：

> S 瞠瞠＄：偶离线
> 不亮¤：聊会儿
> S 瞠瞠＄：good

不亮¤：3Q

S瞠瞠$：武汉人？

不亮¤：ni?

S瞠瞠$：哈尔滨的

不亮¤：长沙人

S瞠瞠$：好友？

不亮¤：以后加

S瞠瞠$：害羞 or 害怕？

不亮¤：不是呀

S瞠瞠$：这孩子，啊啊啊啊

不亮¤：叔叔吗

S瞠瞠$：ni?

不亮¤：奶奶

S瞠瞠$：爷爷

不亮¤：不会吧

S瞠瞠$：U2

不亮¤：偶是南方的男孩

S瞠瞠$：偶2

不亮¤：88

这段网聊中，网络言语交际的主体就出现了交际角色的转换：地域角色→身份角色→性别角色→地域身份角色。注意，网络言语交际中，交际主体虚拟角色之间的转换到处存在，尤其是网聊时，更是普遍。

网络言语交际中角色的转换虽然普遍，但又不是随意发生的，它是在一定条件下才出现的。比如：言语交际目的改变、交际主体身份的改变、交际环境的改变、交际话题的改变等。这些都是网络言语交际角色转换的必要条件（至少具备了上述条件的一个），一般不是充分条件。具备了这些条件，网络言语交际主体角色的转换只是可能，并非必然。日常言语交际主体角色的转换，一般也是取决于以上四种条件。但是网络言语交际的角色转换和日常言语交际的角色转换仍有较大不同。

首先，网络言语交际的目的没有日常言语交际那么复杂，很多网民参与网上言语交际之中目的相对较为单一，说白了就是寻开心，来点娱乐。对于他们来说，网络言语交际主体的角色转换就不是十分明显了。例如，网上有一篇被大家认为好玩的网聊记录。

男：聊吗　　　　　　　　　女：不

男：为什么　　　　　　　　女：忙

男：忙什么　　　　　　　　女：玩

男：玩什么　　　　　　　　女：游戏

男：什么游戏　　　　　　　女：好玩的

男：什么好玩的　　　　　　女：烦

男：烦就跟我聊	女：滚
男：地不干净	女：靠
男：给你肩膀	女：找死啊
男："死"在字典961页	女：晕
男：我有止晕药	女：我服了
男：服了药就不晕了	女：大哥
男：认你这个妹妹了	女：拜托
男：拜可以，不用脱	女：我要疯了
男：我打120	女：你神仙
男：不要迷信	女：还让人活吗
男：有了我你会活得更精彩	女：555
男：三五香烟虽好，但有害健康	女：去死吧
男：我在网吧，不是死吧	女：求你放过我
男：好，告诉我手机号我就不说了	女：要号干嘛
男：情人节到了	
男：你喜欢什么花?	女：我喜欢两种花。
男：哪两种? 我送给你!	女：有钱花，随便花!
男：你真美!	女：我哪美?
男：想得美	女：……

　　以上这段网络言语交际对话实录，目的就是寻开心，来点乐子。作为网络言语交际主体的双方，以不同的性别角色，采用不很规范的顶针接龙方式，相互风趣地调侃，并尽情地享受彼此的调侃情趣。自始至终，网络言语交际主体各自的性别角色没有发生什么改变。

　　其次，因为网络言语交际的虚拟环境，没有日常言语交际的现实环境的变化那么大，几乎没有发现因为网络言语交际环境的变化导致的网络言语交际主题的角色转换。再看看上面这段"对话实录"，你会发现：虽然对话语境由于对话内容的改变，而发生了一些变化，但网络言语交际主体的性别角色一直没有发生任何转变。

　　再次，网络言语交际中，言语交际主体各自的角色特征的认知，一开始总是揣测、推断的，伴随网络言语交际动态过程的不断发展，各方对对方所具有的角色特征的认识就会越来越深，这就得及时纠正自己对对方角色的推断，同时根据当下的实际情况，随即不断调整自身的角色定位。一旦发现对方的角色并非自己所期望的……往往就"走为上策"。例如，下面这段就自然结束了。

老五 10：45：35　没事的时候练练太极　说不准你还成了教头了呢
老五 10：45：39　（表情）
老五 10：45：56　要不要我给你从网上整点套路图给你看看
老鹊 10：49：26　哈哈，听翻译说房东的孩子开始问他会不会了
老五 10：47：26　哈哈　你这半年就该学点套路

老鹊　10：50：21　88，手提快没电了
老五　10：47：54　好的
老五　10：47：56　88
老五　10：47：59　睡会吧
老五　10：48：06　早上见

　　网络言语交际的角色转换，由于角度不同，一般用多种转换方式。若按转换时有无"话语形式标记"来划分，可以分为"有标记转换"和"无标记转换"两种方式。
　　有标记转换，是指网络言语交际主体角色转换时有明显的话语形式做标识，网络言语交际的主体，依据其话语形式标识，就知道对方的角色是否开始转换。例如：

黑大汉的小鬼：　接聊吧
星星索啦 dd：　　well
黑大汉的小鬼：　愿以我为友不
星星索啦 dd：　　只要你愿意只要你愿意只要你愿意
黑大汉的小鬼：　有铃声，是我家老板
星星索啦 dd：　　去开门吧
黑大汉的小鬼：　明天接聊
星星索啦 dd：　　mm 不了
黑大汉的小鬼：　88
星星索啦 dd：　　8

　　对话中的"是我家老板"标明了性别角色的转换。在前面的网络言语交际中"星星索啦 dd"总以为"黑大汉的小鬼"是男的。当知道"黑大汉的小鬼"是女的以后，也是女的"星星索啦 dd"（由自称"mm"得知）就不想聊了。无论她们的性别角色是现实的还是虚拟的，有了明显的标记，就使得言语交际的双方主体对对方角色有了清楚的认知。就好决定是"终止"还是"接聊"了。
　　无标记转换，是指网络言语交际主体角色转换时没有明显的话语形式做标识，网络言语交际的主体，只能依据对方特定的话语形式，判断对方的角色是否开始转换。例如：

拉托夫乖乖：明天去松花江
罗达丽亚 3：你妈妈不在家？
拉托夫乖乖：爸爸答应过偶
罗达丽亚 3：我的作业完不成
拉托夫乖乖：偶帮你吧
罗达丽亚 3：你懂初三数学？
拉托夫乖乖：中考得过满分
罗达丽亚 3：真了不起，明天 QQ 见
拉托夫乖乖：太好了，明天不去松花江了

罗达丽亚 3 : 3Q

　　这段网聊前面，双方只是玩伴角色，后来"拉托夫乖乖"变成了乐于帮助"罗达丽亚 3"的学长角色了。

　　网络言语交际的角色转换，若以角色转换是否发生在同一次网络言语交际过程来分类，又可以分为"同时转换"和"异时转换"了。角色同时转换，只能发生在同一次言语交际的进程中，就像上面的实例。角色异时转换，是指同样的网络言语交际主体，在第二次及以上次数的网络言语交际过程中发生了交际角色的转换。即在结束某一个角色身份的言语交际后，转换角色再进入另一次的言语交际行为。只要是多次的"续聊"，就有可能发生这种角色的"异时转换"了。这样的例子，各聊天网站，比比皆是。

　　网络言语交际的角色转换，若以网络言语交际主体是否意识到自身角色的转换来分类，还可以分为"有意识转换"和"无意识转换"两类。言语交际角色有意识转换，是指网络言语交际动态过程中，言语交际主体前后扮演不一样的交际角色，并且这是言语交际主体自己意识到了的。言语交际角色无意识转换，是指网络言语交际动态过程中，言语交际主体前后扮演不一样的交际角色，并且这种转换是在言语交际主体没有意识到的情况下发生的。例如下面这段网聊，二者就兼而有之：

天界の竜 19：57：13	：现在不忙了
マo（我是谁 d19：57：26	：所以想到找我了？
天界の竜 19：57：33	：恩
マo（我是谁 d19：57：55	：所以也就是说 你忙的时候不需要我
マo（我是谁 d19：58：04	：只有在你无聊的时候才会跟我说话？
天界の竜 19：58：11	：……
天界の竜 19：58：17	：不是
マo（我是谁 d19：58：22	：你就是这个意思楼
天界の竜 19：58：27	：不是
マo（我是谁 d19：58：32	：我恩你所以想到找我了
マo（我是谁 d19：58：34	：你说恩
天界の竜 19：58：42	：94
マo（我是谁 d19：58：50	：那还不是什么
マo（我是谁 d19：59：40	：那你在干嘛
天界の竜 19：59：43	：……我被你高糊涂了
マo（我是谁 d19：59：50	：你糊涂什么
マo（我是谁 d20：02：08	：说呀
天界の竜 20：02：27	：说不来了

　　"天界の竜"前后交际角色的转换很明显，从"不是"到"94"可以看出，他以主动的交际角色开始，转换成近乎被动的交际角色结束。这是无意识的转换。"マo（我是谁 d"从开始试问的交际角色转换成结尾咄咄逼人的追问角色，这显然是有意识的转换。

4.3　网络言语交际目的的复杂性

4.3.1　网络言语交际的目的性

任何言语交际总有着其目的性，网络言语交际的目的性，对于交际的双方主体来说，大家还是比较明确的。

网络言语交际是现代社会人们的一种十分普及的言语交际行为，一方面，网络空间是虚拟的，另一方面网络言语交际行为又是真实的。现实生活中，人们说话、做事、思考、交际种种行为，都是有一定目的的，没有无目的的特定行为似乎是不存在的。网络言语交际与现实的言语交际一样，都具有很强的目的性。网络言语交际的目的较之现实的言语交际，又具有其复杂性。要深入了解网络言语交际的特点，就得对网络言语交际目的及其复杂性有所认识。

1. 网络言语交际的目的，是构成网络言语交际的要素之一

在完整的网络言语交际中，交际目的是不可或缺的。网络言语交际的目的决定着言语交际的发生，同时制约着方方面面的言语交际行为。一般说来，人们的需要产生一定的目的，有了目的就会催生相应的动机，特定的动机只要具备相应条件往往产生特定的行为。现代社会，随着信息社会化和社会信息化的发展进程，越来越多的人有了网络言语交际的需要，其目的是多种多样的，其催生出的动机也是各不相同的，于是，就有了网络言语交际的日益普遍的行为。可见，在这里，满足人们的需要才是目的，网络言语交际是满足人们网上言语交际需要的一种言语交际行为方式。在网络言语交际中，满足言语交际主体的需要就是其目的。即：

需要→目的→动机→言语交际（行为）

网络言语交际行为是由网络言语交际目的启动的。当网络言语交际的方式能满足自身需要的时候，人们就会启动网络言语交际，参与网络言语交际的动态过程。

2. 网络言语交际的目的，是网络言语交际过程的核心

网络言语交际的目的，无论怎么说，都是网络言语交际过程的核心。在整个的网络言语交际过程中，交际目的自始至终存在于网络言语交际主体意识之中，所以说网络言语交际的动态过程是以交际目的为核心而渐渐形成的。交际目的这个核心要素，将交际主体、言语形式、交际语境等要素自然地联系起来，从而形成一个完整的网络言语交际行为。交际目的决定着网络言语交际主体的角色扮演。或是发话角色，或是回应角色，也就是主动角色和被动角色，前者往往具有选择权，他会依据自己的交际目的来筛选后者。后者也具有不可或缺的存在意义，因为缺少后者网络言语交际的行为就无法持续。如果说是为了满足需要而形成了言语交际目的，那么，实现这个目的的网络言语交际主体就是发话角色（主动角色），他再在网上筛选出的另外的交际主体就成了回应角色（被动角色）。由此可见，是交际目的决定了网络言语交际的相应主体，交际目的不存在，网络言语交际主体就不会无中生有。

在实际的网络言语交际中，特别是在各种"群"中，各交际主体还存在一些特殊情况。

其一，网络言语交际主体相互选择。大家为了同一目的成为某次言语交际的发话角色（主动角色）或者回应角色（被动角色）。这时，其网络言语交际目的可能出于共同需要，那么，其网络言语交际主体就能够互相选择了。

其二，网络言语交际主体是"被成为"的。某群发出了某一专题研讨，似乎参与研讨（或辩论）的网络言语交际主体，是因为群主的言语交际目的而"被成为"言语交际主体的。其实不然，背后真正地起决定性作用的因素还是共同的网络言语交际目的。你对其不感兴趣，就不会热心参与。这里，网络言语交际的主体仍然是由网络言语交际目的所决定的。不管什么人，只要是上网进行言语交际，都会存有这样或那样的言语交际目的。可以说：是特定的网络言语交际目的，决定着网民选择网络言语交际的特定方式；是特定的网络言语交际目的，决定着网络言语交际主体 A 对网络言语交际主体 B 的选择。例如：

2012-05-13 18：22：59 №cc铁　：和谁聊？

2012-05-13 18：23：40 洞洞℉　：一位想学阿拉伯语的 mm，她下线了

2012-05-13 18：29：43 №cc铁　：哦，他们不与我聊交男朋友的事，你愿意吗

2012-05-13 18：31：32 洞洞℉　：好啊

2012-05-13 16：34：45 №cc铁　：心情坏透了

2012-05-13 16：34：52 №cc铁　：他又 88 了

2012-05-13 16：35：26 №cc铁　：不知何时回到偶这儿

2012-05-13 21：48 15 洞洞℉　：啊 你打算咋办

这个例子里，作为"№cc铁"的言语交际主体，根据自己的特定交际目的"聊交男朋友的事"，中断了与其他人的言语交际，重新选择"洞洞℉"作为另一个言语交际主体。很明显，二者有着共同的言语交际目的，"洞洞℉"对"聊交男朋友的事"是高兴的，是乐意与"№cc铁"合作（聊下去）的。网络的虚拟性，使得其网络言语交际主体 A 对其网络言语交际主体 B 的选择，具有相当程度的推测性。一旦其交际主体意识到他所选择的另一交际主体，与自己的交际目的不相符合时，他往往就会终止与其的言语交际，重新选择与自己的交际目的相符合的新的言语交际主体。又例如：

＆当仁不让＃：你好，聊聊吗？

※娟娟仔：好

＆当仁不让＃：你懂偏微分方程不

※娟娟仔：找别人吧

＆当仁不让＃：88

这个例子中，"※娟娟仔"和"＆当仁不让＃"都意识到自己选择的交际主体，与自己心中的交际目的根本不相符合："※娟娟仔"对"偏微分方程"毫无兴趣，根本不知道是什么。于是，他们的言语交际立即终止。

网络言语交际目的总是制约着网络言语交际形式的选择。

3. 网络言语交际目的不同，其交际形式就得改变

　　网络言语交际形式，总是服务于网络言语交际的目的。网络言语交际目的对网络言语交际形式的选择有一条最重要的原则：所选网络言语交际形式必须适合去表现网络言语交际目的。交际目的不同，交际形式就得改变。看这段转自新浪网的美国签证官聊天记录，就会发现它与我们日常的言语交际没有什么区别。

　　　　网友：申请美国工作签证年龄上限是多少？我今年 50 岁，从事音乐工作，美国有音乐团体邀请我去工作，难度有多大？

　　　　Jamie Fouss：对他来说有可能拿到签证，在美国乐队，他们要申请工作签证才可以申请。

　　　　网友：去年八月有一个朋友去美国读书，今年第二学期转到了加州的社区学院，签证在今年 7 月就要到期，我还要申请新签证还是去中信？

　　　　Jamie Fouss：他转学的话不能去中信银行，就得亲自面谈。

　　　　主持人：几率是一样的？

　　　　Jamie Fouss：如果是同样的学校可以去中信银行，如果转学就不可以。在签证上面有学校的名字，如果他转学要重新申请签证。

　　这里的言语交际各方，为着一个共同的言语交际目的而进行言语交际。这个交际目的就是要"弄清"去美国的有关签证的问题。其中的言语交际形式只能是正式的、规范的，这是由其交际目的所决定的。

　　读小学的外甥女给舅舅发了这样一个帖子：

　　　　"99，3q 孑姑力 i 读猪，偶会+U 力！"

　　初二的学妹给初三同学如下的毕业祝福：

　　　　"祝敎凋敎姐天天硼洧：荸勃吔嗷凊，雄胚吔濠凊，秌着吔熱凊，舐羙吔嬡凊，灑脱吔鋬凊，挾萌吔钟凊，揄赳吔杺凊！"

　　一个时期以来，在我国中小学生中，十分流行所谓的"火星文"，孩子们"无师自通""自学成才"。老师、家长竟被他们"考试"了，确实有些尴尬。前者是对舅舅的鼓励表示感谢。即"舅舅，谢谢你鼓励我读书，我会加油的！"后者是作为学妹美好的却又带点调侃意味的祝福。即"祝学哥学姐天天拥有：蓬勃的激情，雄壮的豪情，执著的热情，甜美的爱情，洒脱的表情，爽朗的神情，愉快的心情！"

　　作为长辈，看到这类有些陌生帖子，也许感到新鲜，若不理解，又似乎有些尴尬。但作为同学，则有所不同。总的说来，这些言语交际主体如此而为，是符合他们的年龄角色和身份角色的，是可以达到自己的交际目的的。他们采用"火星文"类网络语言交际形式，来表达自己心中的意愿，似乎显得更为新鲜活泼，时尚新潮。

4. 网络语境是达到网络言语交际目的的又一重要因素

网络言语交际目的对网络言语交际语境的选择原则是"必须合适"。言语语境是达到网络言语交际目的的又一重要因素。要达到一定的网络言语交际目的，必须选择合适的言语交际语境。即一定的言语交际目的一定要在合适的言语交际语境中去实现。这里的语境包括背景、情境、上下文、还有时间、空间、对象、心境、身份、职业、文化程度，等等。网络言语交际主体为着某种言语交际目的来选择网络言语交际的交际背景，因人而异，会有很大的不同。有一些网民，是可以自由选择的。如文化程度较高者，精通一门或多门外国语者，等等。他们在虚拟的没有国界的网络世界可以更自由地驰骋，他们可以随心所欲地跨越不同的社会文化背景，他们可以顺利地与他国网友探讨各类问题……对于多数中国网民来说，还没有具备这些必须的条件，他们几乎不可能选择这类言语交际存在的社会文化背景。

网络言语交际的目的选择其情境语境，对于所有网友来说，几乎都是可能的。随着互联网的飞速发展，各种各样的门户网站为各行各业的网民，创建了五花八门的情景语境。比如主题网站、专题网页，特别是各种很有特色的聊天室之类。为着你得网络言语交际目的，你总是可以找到"合适"的情景语境。或共享的，或私密的……应有尽有。网络言语交际目的对言语交际语境的选择，往往在选择特定网站上体现出来。比如，网络聊天中对不同聊天室的选择，就是一个典型的网络言语交际情境的选择。由于网络言语交际主体的交际角色不同，他们言语交际中的交际目的就决然不同，所以他们选择的聊天室各有所好。例如，寻找烹饪类言语交际者，就会选择"搜厨网贵宾聊天室"等；喜好象棋的网友，总是往各种"象棋聊天室"里钻；情感有些寂寞的网虫们，大可在"同城约会"之类的聊天室里多呆呆……只要你的网络言语交际目的明确了，你都会在互联网络上选择到合适的情景语境。

为网络言语交际的目的，而去选择其上下文语境，在实际的网络言语交际中，似乎并不明显。上下文语境主要涉及言语交际的前后关系，这在网络新闻、长篇跟帖、较长博文之类中，为网络言语交际的目的而去选择其上下文语境与日常文本类言语交际时没有太大的区别。而网聊之中，有时似乎没有选择的余地。

为网络言语交际的目的，而去选择时间、空间、对象、心境、身份、职业、文化程度等语境，与为日常言语交际的目的而去选择相关语境相比最大的不同，就在于这些语境大多是虚拟的。这里就不一一讨论了。

5. 要达到网络言语交际目的，大家必须遵守"合作原则"

网络言语交际的目的，对言语交际的各主体理解交际言语起着决定性的作用。一旦开始了言语交际，各主体就被要求遵守所谓的"合作原则"，大家首先要明确共同的交际目的，否则就会误解各自交际言语的具体意义。如果这里的交际，与他的言语交际目的相左，他就不会对该网络言语交际中的话题感兴趣，也就很难真正理解彼此交际言语的真实意义。这样，在一般情况下，其网络言语交际主体就只好退出其言语交际了。

网络言语交际的目的，决定着言语交际中交际主体各方推动言语交际的一步步进程。在网络言语交际中，首先，是其言语交际目的启动了言语交际行为，这样，才让言语交际主体各方依据其言语交际目的进行实在的网络言语交际成为可能。接着，在其网络言语交际的进程中，又是网络言语交际目的，控制着言语交际的实际走向，使得其交际形式和交际内容，都直接或间接地围绕着交际目的而发展。在网络言语交际的动态过程中，几乎不允许出现太多的偏离交际目的的情况发生。否则，要么该交际主体退出其言语交际，要么这次言语交际进程到此终结。一些网络言语交际之所以不太成功，就是由于交际主体的某一方，偏离了共同的交际目的。

4.3.2　网络言语交际目的的基本类型

1. 网络言语交际的信息目的

网络言语交际的信息目的，也可以看做是网络言语交际的总目的。网络言语交际的目的跟日常言语交际的目的大同小异。网络言语交际的目的，可归结为一个总目的，即获取、交流、分享信息之类的所谓"信息目的"（广义的），其中包括获取、交流、分享时事新闻、娱乐游戏、社会交际、人际情感等方面的信息。

CNNIC 第 30 次互联网报告关于"中国网民对各类网络应用使用率"有个 2011 年 12 月与 2012 年 6 月的比较统计，从这个统计可以看出中国网民网络言语交际目的的真实状况。2012 年 6 月统计结果大多比 2011 年 12 月统计结果有所增长，其中"信息目的"类的门类，都是增长占百分比较高的。例如："博客/个人空间"，35331.3 万用户，网民使用率占 65.7%，增长 10.9%；"微博"，27364.5 万用户，网民使用率占 50.9%，增长 9.5%；"论坛/BBS"，15586.0 万用户，网民使用率占 29.0%，增长 7.7%；"即时通信"，共约 44514.9 万用户，网民使用率占 82.8%，增长 7.2%；"电子邮件"，25842.8 万用户，网民使用率占 48.1%，增长 5.1%；访问"社交网站"，25051.0 万用户，网民使用率占 46.6%，增长 2.6%。中国网民在日常生活中总会碰到许多，急需解决的种种问题，在信息社会的解决办法就是依赖互联网络，依靠网络言语交际，向相关网友了解、探讨、咨询，等等，这些需要就形成了网络言语交际的信息目的。

网络言语交际的"信息目的"是网络言语交际最常见的交际目的。例如，下面这段网聊实录，是网上的一段 2011 年 12 月的网购咨询。

　　手舞轻尘 9935：（16：30：46）发甘肃 EMS 包邮吗
　　xz 服饰旗舰店：（16：30：47）亲 您好 欢迎光临 XZ 服饰旗舰店本店正参加淘金币活动 丝绒短裙 4.8 折出售 http：//item. taobao. com/item. htm？id＝14059592062 & ad_ id=&am_ id=&cm_ id=&pm_ id=
　　xz 服饰旗舰店：（16：31：18）EMS 不包哦
　　手舞轻尘 9935：（16：31：42）邮费多少
　　xz 服饰旗舰店：（16：32：19）您是说 EMS 吗？
　　手舞轻尘 9935：（16：32：47）申通也行
　　xz 服饰旗舰店：（16：33：06）只要您备注就可以
　　手舞轻尘 9935：（16：33：34）申通包邮吗
　　xz 服饰旗舰店：（16：34：21）是的
　　手舞轻尘 9935：（16：35：18）申通 E 邮宝可以吗
　　手舞轻尘 9935：（16：36：35）申通 E 邮宝可以吗
　　xz 服饰旗舰店：（16：36：49）E 邮宝不包哦

手舞轻尘 9935：（17：18：56）XLeee

xz 服饰旗舰店：（17：19：27）？

手舞轻尘 9935：（17：20：15）you, XL, hao, ma?

xz 服饰旗舰店：（17：20：27）有的哦亲

手舞轻尘 9935：（17：20：37）en

xz 服饰旗舰店：（17：20：52）我以为发英文　左看右看哦

手舞轻尘 9935：（17：25：50）wo, da, bu, jing, zi, le

xz 服饰旗舰店：（17：26：01）呵呵

xz 服饰旗舰店：（17：26：03）没事

xz 服饰旗舰店：（17：26：07）我看得懂

甘肃的网友"手舞轻尘 9935"想在"xz 服饰旗舰店"网购衣服，急需了解"是否包邮"问题。这段咨询就是言语交际主体"手舞轻尘 9935"与言语交际主体"xz 服饰旗舰店"店主进行网络言语交际的目的所在。

下面这个网聊片段，其交际目的是什么呢？

网友：看你的照片，感觉是你的生活似乎充满沧桑，果真如此吗？

蒋丽萍：照片上的沧桑可能是你看到了我的白头发，这是因为没有染发的缘故，我的生活道路其实还算平坦。跟许多 50 年代出生的人一样，我下过乡，当过中学老师，后来当了八年的新闻记者，以后又当了四五年的电视节目主持人，从 80 年代末开始到现在是作家协会的专业作家，应该说总的情况还是比较平坦的。

网友：不怕脏，不怕虫，不怕黑，不怕凶，那么你怕什么？比如怕领导？或者怕穷？或者怕孤独？

蒋丽萍：我也不怕领导，也不怕穷，因为我可以做最基本的工作，我可以做小学教师，我有证书，我还可以做体力活，吃饭应该是没问题的，孤独是我比较喜欢的一种状态，所以也谈不上怕，因为都不怕，有的时候就没有那种神经质，所以我的作品也没有那种气质，这也是我觉得比较可惜的。

网友：您在进入文学或剧本创作时是否有一种倾诉的激情，请问您是在什么状态下进入创作激情的，比如《世纪人生》等剧本我觉得也饱含了作者的一种情感在里面。对吗？

蒋丽萍：无论是做文学还是做剧本，我只要进入状态会有一种激情，这个状态就是我对人物产生深刻的理解和共鸣的时候激情就来了，像《世纪人生》中的董竹君，在采访过程中我了解了很多关于他的细节，这些细节都是非常触动我的，所以在写的时候就会有感情在里面。

这里选取的是作家蒋丽萍与一位喜欢文学的网友的网聊片段。此前，有不少网友向蒋丽萍提出了有关蒋丽萍本人及其写作的相关问题。这次网聊的目的很明显：作为网络言语交际的主体的蒋丽萍想借此回答大家的问题，同时沟通自己与读者的情感。另一言语交际主体"网友"的交际目的，既有解决心中某些疑惑的目的，又有分享蒋丽萍写作过程的乐趣的目的。从双方完整的网聊实录来看，通过这次网聊，他们基本上都实现了各自的网络言语交际的信息目的。

一般说来，了解生活常识（日常生活中常常碰到的一些生活知识性问题等）、探寻有关常理（各种自然科学知识和社会科学知识等）、咨询相关问题（寻医问药和求知寻道等）这类网络言语交际目的，都属于典型的言语交际"信息目的"范畴。现代网络因其信息发布快捷、信息获取方便，吸引了方方面面需要各种各样信息的网民。网民既可以随时随地获取网上发布的各种资讯，还可以通过各种网络言语交际平台（聊天室、BBS）获取自己需要的特定信息。人的生存离不开信息，网络信息的传播、利用是现代人们生活的重要部分。越来越多的网民，通过各种网络途径，较好地实现着各自的网络言语交际的信息目的。

人们在现实社会中生活，涉及方方面面，对于信息的需求不仅是迫切的，而且是广泛的。信息时代的人们，更是如饥似渴地每日每时地通过各种渠道，去获取各种相关信息；并且利用互联网络提供的各类网站、搜索引擎，寻找网民中的同类人群相互交流共同感兴趣的特定信息；同时几乎无所保留地心甘情愿地通过聊天室、BBS 等方式，与兴趣相同的网友共同分享彼此拥有的各种信息。从这个意义上来说，网络言语交际中获取信息的目的更为广泛。CNNIC 第 30 次互联网报告关于"中国网民对各类网络应用使用率"的 2011 年 12 月与 2012 年 6 月的比较统计中，除了上述"获取信息"类目的外，在其他应用中，只要涉及网聊、BBS 等方式，都存在获取、交流、分享等目的因素。例如："网络银行"，2012 年 6 月已有 19077.2 万用户，网民使用率占 35.7%，增长 14.8%；"网上支付"，已有 18722.2 万用户，网民使用率占 34.8%，增长 12.3%。这是中国网民网络应用使用增长率占第一和第二的两项。在这两项的使用中，由不知到知之，由不会到会之的过程，大多数人都会从网络言语交际中实现获取、交流、分享相关信息的目的。从古至今，任何时候人们都需要相互获取，交流传播，分享利用相关信息。由于客观条件的限制，其交流传播和分享利用的方式方法大不相同。在现代信息社会，在网络上交流传播，从网站里分享利用自己需要的或感兴趣的各种信息，已经成为越来越多人们的首选。这是因为，与往日的其他信息获取方式方法相比较，通过网络言语交际来实现获取信息的目的，具有"史无前例"的便捷、高效的特点。

其一，通过网络言语交际实现信息目的，可以"史无前例"地自由选择。在网络言语交际中，对于信息内容的选择，可以说"极端"方便。网络媒介，海量空间，容量极大；网站网页，日新月异，更新极快；各种信息，无所不有，范围极广。在互联网上，几乎没有你找不到的内容。在网络言语交际过程中，通过网络言语交际这种所谓的"即时交际"，跨越时间，飞越空间，超越身份……都变成了现实。一条电话线让你进入互联网络，一部手机也让你进入互联网络。只要能上网，你就可以成为网络言语交际的主体之一，你就可以扮演一个特定的网络言语交际角色，你就可以有针对性地选择你想获得的各种信息，从而实现你的网络言语交际的"信息目的"。

其二，通过网络言语交际实现信息目的，可以"史无前例"地能动自主。在网络言语交际中，信息目的的实现，靠网络言语交际主体的主动索取。何时开机，哪儿上网，搜索哪些信息，怎样中断或延续网络言语交际过程……"我的地盘，我做主！"无论是内在心理的调节，还是获取方式的选择，现在都不必太依赖他人了。"一切全靠自己！"古往今来，人类何时有过网络信息时代这种程度的作为交际主体的能动性、自主性？!

其三，通过网络言语交际实现信息目的，可以"史无前例"地方便快捷。网络言语交际获取、交流、分享信息的方便快捷，是其他言语交际方式方法无法比拟的。在网络言语交际中，你只要发送出你对某种信息需求的帖子，你就可以收到你不认识的网友的种种相关的回应帖子。甚至你发出一个关于你感兴趣的有些稀奇古怪的问题的帖子，也总是有热心的网友参与言语交际。在网络 BBS 上，你可以即时地收获你想寻找的某种信息；在聊天室里，你可以即时地与大家交流一些感兴趣的新闻；在阿里旺旺中，你可以即时地与店主进行网络言语交际，商谈自己网购商品的相关事宜……下面的实例，足以说明网络言语交际实现信息目的的方便快捷。你要找外贸方面的工作吗？一上网，你就可以搜索到顺德人网 BBS 上的招聘帖子。

> "［大良招聘］招外贸业务员一名
> 发表于 2012-10-13 14：46：42
> 要求：英语六级、英语听说能力强有一定的外贸工作经验
> 工作：负责与外国客人沟通跟进订单及解答客人的咨询
> 待遇：待遇从优，试用期底薪 4000 元
> 工作地址：顺德大良科技工业园
> 本企业是一间大型生产、出口企业，入园企业（星光工程企业），有意者将本人详细简历发到指定邮箱：sdr8884@163.com　合则约见。"
> 你还可以看到别人的跟帖，作为自己的参考。
> 发表于 2012-10-13 21：20：20
> 才四千，小吾小 D。。。"

是否愿意应聘？还需要了解哪些细节问题？你可以给招聘负责人发帖咨询或通过网聊作进一步沟通，最终作出应聘决定。

你若对 2012 年国庆中秋长假高速公路小型私家车免费有兴趣，你可以在聊天室里参加网络言语交际，获取相关信息。

> 楼主（余师傅）2012-9-30 09：55：17 跨海大桥上桥费免吗 知道的朋友说一声　谢谢
> 沙发 2012-9-30 10：00：16（来自手机）免费的，余师傅
> 板凳 2012-9-30 14：02：56 这几天走高速要三思啊。。。。。。太堵了。。。。。
> 副总监 2012-9-30 19：26：56 应该好堵的。好像七座以下不收费
> 组长 2012-9-30 22：23：10 今天刚从金华回来，直接从宁波转，一路免费，尽量避开杭州，这个应该不会错

你可以进入很多聊天网站，就这一话题参加网聊，以实现你的相关信息目的。

采用网购形式购物，你要想顺利地买到自己称心的商品，也不能急于求成，最好通过网络言语交际方式与店主多聊聊。例如：

手舞轻尘 9935（08：19：22）：要两套可以有优惠吗

1980chenyulan（08：20：06）：您好亲　我们批发价出售的亲　优惠都在价格上了亲

手舞轻尘 9935（08：20：21）：我还要保暖的

手舞轻尘 9935（08：21：54）：运费可少些

1980chenyulan（08：22：37）：亲，您发到哪个地方亲

手舞轻尘 9935（08：22：45）：甘肃

1980chenyulan（08：23：02）：亲，不发那边哟

手舞轻尘 9935（08：23：11）：为什么

1980chenyulan（08：23：12）：您那边首重是十五，续重是十五太贵

手舞轻尘 9935（08：23：45）：那这个怎么不是十七元

1980chenyulan（08：23：47）：如果买保暖的，两套80 码就超过一公斤了　亲要修改的　那是靠近的外省的邮费

手舞轻尘 9935（08：24：11）：不的怎么不是十七元

1980chenyulan（08：24：12）：偏远的要修改的

手舞轻尘 9935（08：24：33）：哦

1980chenyulan（08：24：47）：这是一层的　亲，厚的不是这一款

手舞轻尘 9935（08：24：52）：怎么不是十七元

1980chenyulan（08：25：00）：每个码号的价格不一样

手舞轻尘 9935（08：25：26）：我再要一套保暖的　两套加一块运费应该是一个的吧

1980chenyulan（08：26：06）：您要多大号的

手舞轻尘 9935（08：26：16）：85 号

1980chenyulan（08：26：20）：超的亲

手舞轻尘 9935（08：26：26）：两套都是

1980chenyulan（08：26：32）：是的亲

手舞轻尘 9935（08：26：39）：那得多少钱

1980chenyulan（08：26：59）：邮费三十亲

手舞轻尘 9935（08：27：12）：天！

1980chenyulan（08：27：26）：所呀亲，

手舞轻尘 9935（08：27：33）：不能少点点

1980chenyulan（08：27：34）：没有办法，我们正常都不发您那边的　没有办法少不了哟亲　这是快递要跟我收的

手舞轻尘 9935（08：27：49）：那好吧，我就拍了

1980chenyulan（08：28：01）：好的　您拍　您那儿是不是特冷呀亲

手舞轻尘 9935（08：28：10）：嗯

1980chenyulan（08：28：12）：呵呵，有没有下雪

手舞轻尘 9935（08：28：27）：刚下完

1980chenyulan（08：28：29）：快递说您那边下雪，邮费都贵，而且远

手舞轻尘9935（08：28：34）：是冷

1980chenyulan（08：28：39）：还有新疆也是贵 呵呵

手舞轻尘9935（08：28：49）：哎

1980chenyulan（08：32：49）：亲，您还有一个拍一下，我送一下宝宝上学，就在楼底下，三分钟 呵呵

手舞轻尘9935（08：33：34）：啊

1980chenyulan（08：41：50）：亲，回来了 亲，还有一套您还没有拍

手舞轻尘9935（08：42：54）：钱紧。明年 再说 你也不优惠

1980chenyulan（08：43：33）：呵呵，不是我不优惠亲，钱都给快递赚去了 像我们同样的衣服发江浙沪只要五元，而且不要续重 没有办法

手舞轻尘9935（08：43：59）：质量好，明年 再找你

1980chenyulan（08：44：03）：好的亲 下午为您发货

手舞轻尘9935（08：44：12）：也可以给朋友亲戚推荐

1980chenyulan（08：44：14）：好的谢谢亲

手舞轻尘9935（08：44：43）：谢谢，我等着

通过这样的网络言语交际，"手舞轻尘9935"就可以从老板"1980chenyulan"那里买到称心的商品了。

从以上三个实例所标注的时间来看，通过网络言语交际实现信息目的，都是较为方便快捷的。相比较而言，通过聊天室进行言语交际似乎比在 BBS 上进行言语交际来得更为快捷些。

其四，通过网络言语交际实现信息目的，可以"史无前例"地安全私密。人们的现实生活中，总有一些个人隐私、敏感内容。比如某个高中学生很想获得有关"灰指甲和脚气"的有效治疗信息，又不想让班上的同学知道这一点。青少年成长过程中，总有一些青春期出现的问题不知如何处理，又不便向父母、朋友等熟悉的人请教；成年人也有一些与众不同的兴趣、喜好，不便在大众面前公开，又需要在一定圈子里匿名交流相关信息。这些都存在一个安全私密的问题。也就是要确保相关信息只在圈内流传，要确保特定信息的传输通道安全可靠，要确保言语交际的主体能隐秘行事，别人不能得知他的真实身份。日常生活中"隔墙有耳"，人们的任何言语交际都很难实现三个"确保"，往往因之生出很多不必要的麻烦来。

通过网络言语交际实现这类信息目的，同时却可以实现这三个"确保"。物以类聚，人以群分。现代信息网络，分门别类，不同网站门类齐全。有些网站又分出各种各样的"群"来，满足不同网友的需要。网民注册、登录密码等措施，基本上保证了相关信息只能在特定的圈内交流共享。具有不同兴趣、不同喜好的网友，平常习惯访问的网站是不同的，获取信息的类型也是不同的，久而久之，相互熟悉了（不一定知道其真实身份），那么，他们之间特定信息的传输通道，基本上也是安全可靠的了。最重要的是网络虚拟化的特性，决定了网络言语交际主体的真正匿名性。匿名的言语交际主体进行网络言语交际，当然就安全私密了。这就从根本上实现了以上所说的三个"确保"。在网络言语交际中，

交际主体甚至可以毫无顾忌地去获取有关性、心理障碍极为私密的信息。例如，看看网聊实例中的片段：

> cck747 00：03：45：貌似那个08的新生我认识：YO1（ˊ檸檬爺爺、00：04：44：真的?????????????女的喔?
>
> supersun00：07：05：肯定有的啦，见N多手拉手的女生，有时还很暧昧....：1144（
>
> fwenbin00：08：25：：1151（：1151（：1151（

以上摘选的是议论有关"同志"问题的网聊，往往带有私密性特点。

下面是曾经的精神分裂症患者的自述片段及网友的回帖，是网络的虚拟性，才使其有网上表白的可能。

> 2012/2/3 发布人：协和2012 评论（3）
> ……连着三天不吃药，心里就时常处于高度紧张状态，就感觉随时会有人把我杀死似的，我一直想摆脱药物的依赖，我心里这么认为，就算我一直吃药，连着不间断，也能像正常人一样过活，但是，看到这个药，就会联想起精神分裂症严重时期生不如死，浑浑噩噩，风声鹤唳，草木皆兵，满城风雨的日子。所以只要心里感觉好一些，就会试着停药一阵子，然后严重了，再开始吃，就这样一直断断续续。
> ……我现在正是找对象的时候啊，……郁闷啊！但是想想，任谁处我这个位置，考虑到仅仅半年时间，也不太可能比我做得更好了。
> 在这里啊，与其说是求助，倒不如是来寻求认同的，只有在这里。我才敢把这些东西写出来，平常，即便是至亲，也不跟他们说这个。他们不懂得啊！心灵的伤害不像肉体的伤害，会有明显的伤口，会流血，可以让别人看见受伤的过程，说自己心里的东西，拿不出明显的证据证明自己的话都是实话。说的多了，自己的爹妈心里都烦得很啊！更别说朋友了，这个东西能跟谁说？说出来让别人害怕你呢？啊!？自己的问题都憋在心里啊！只能憋在心里。日积月累，不堪重负。对于我目前的处境，我该做些什么呢？求各位行家里手伸出你们温暖的手，以抚慰我濒临干涸的心灵。
> 88336622 2012/2/14 就是 出来看看吧 在发达城市这都没什么 就跟生病了要治疗 然后又治疗好了 大地方更有潜力 心理学不错
> 协和2012 2012/2/4 谢谢，同道中人，有人关心，心里感觉温暖啊，QQ772808184
> 婷贝贝 2012/2/4 呵呵，不必郁闷，出来走走吧，我很喜欢心理学，也是自学的

从这两个实例来看，网络信息归根结底是公开的，而个人获取信息，特别是有些隐私的信息，又希望是隐蔽的。在网络言语交际中，这二者对立统一为网络言语交际的私密性特点。由于网络言语交际中其言语交际能够获得三个"确保"，所以网络言语交际主体的信息目的基本上不会受到日常的道德伦理、社会规范等的制约，于是更为自由开放。网络

言语交际的目的具体说来，一般可以分为信息目的（狭义的）、娱乐目的、情感目的、社交目的以及综合目的五大类。信息目的（狭义的）主要是指网络言语交际主体，为了获取自己需要的各种信息而参与网络言语交际过程。前面我们探讨广义的信息目的时已具体分析过。只不过狭义的信息目的，主要侧重于"获取信息"部分，涉及交流传播和分享利用信息方面要少些。所以这里就不重复了。

　　2. 网络言语交际的娱乐目的

　　网络言语交际的娱乐目的，主要是指网络言语交际主体，为了放松身心、获得快乐而积极参与各类娱乐网站或娱乐论坛。为了娱乐，是很多网友参与网络言语交际的直接目的。上网干什么？就是为了寻找乐子。CNNIC发布的《第30次中国互联网发展状况统计报告》，有关"2011.12—2012.6中国网民对各类网络应用使用率"2012年6月对比2011年12月的统计数据表明："网络音乐"，41060.0万用户，网民使用率占76.4%，增长6.4%；"网络视频"，34999.5万用户，网民使用率占65.1%，增长7.6%；"网络游戏"，33105.3万用户，网民使用率占61.6%，增长2.1%，等等。可见，中国网民在娱乐类网络应用使用中占有极大的比重，从近几年中国互联网的发展来看，中国网民更倾向于"网络音乐"和"网络视频"，较之2011年12月的统计数据分别增长6.4%和7.6%。而"网络游戏"却大幅下滑，很不乐观。看看《第30次中国互联网发展状况统计报告》的分析，就不难找出其症结所在。"中国网络游戏用户增长创新低，截至2012年6月底，中国网络游戏用户3.31亿人，较2011年12月增长率创近几年新低，仅为2.1%。当前中国网络游戏用户难以出现明显增长，第一，网络游戏创新难度加大导致新用户开发困难，游戏类型间竞争加剧。网络游戏虽然发展超过10年的时间，但内容依然以棋牌类休闲游戏、大型多人在线角色扮演游戏（MMORPG）和大型休闲游戏（ACG）为主，用户使用兴趣降低，老用户在不同游戏类别间转换频率增加，但很难有效吸引新的用户。第二，虽然网页游戏的出现丰富了游戏承载形式，但也没有成为推动新用户增长的因素，其原因在于网页游戏的内容、玩法与传统客户端游戏基本相同，这导致网页游戏用户更多地来自客户端游戏用户，而非新增游戏用户。第三，手机网游仍处于补充地位，还没有形成核心竞争力。传统游戏形式正失去对新游戏用户的吸引力，同时网页游戏和手机游戏的出现并未成为有利的刺激因素。显然，网络游戏需要更为有效的创新来刺激用户增长，特别是由游戏设备与终端带来的游戏形式创新，比如电视成为上网和游戏终端、社交性能的强化等。"

　　正视中国互联网的现状，由于以上的三大原因，我国网民中玩网络游戏的人们的确相对减少了，但是并不能由此否认中国互联网的娱乐性。事实上有一点被忽略了，这就是网络言语交际正在成为中国网民日益重要的娱乐休闲方式。君不见越来越多的网友伴随我国现代社会经济的发展，生活水平有较大幅度的提高，闲暇时间多了，休闲方式变了，上网更为普及了，加上社会环境也宽松多了，客观上，中国网民具备条件在网络言语交际中开辟新的娱乐空间了。比如个人博客更具娱乐性，大家跟帖更有娱乐色彩，甚至出现网络搞怪小品，更不用说专门的娱乐性聊天室了。现代社会快速的社会进程，紧张的工作节奏，多方面竞争的压力，在主观上，迫使广大中国网民在网络言语交际中寻找放松的平台和快乐的空间。这是网络言语交际主体主观上的迫切需要。

　　享受娱乐几乎是日常社会中每一份子的共同追求。许多网民往往能够在网络言语交际过程中发现富有娱乐意味的言语交际形式，从而在网络言语交际时实现自己的娱乐目的。

　　主导动态的网络言语交际过程，享受别致的网络言语交际快乐。例如，这段所谓"史上最强 Q 群聊天记录"，是不是给人"掉书袋"的快乐？

　　　土著-c☆小宝 2008-04-09 09：13：04
　　　你得偶像应该是，水浒里的张飞吧
　　　土著爷菠菜叶儿 2008-04-09 09：13：20
　　　YEAH!
　　　土著-c☆小宝 2008-04-09 09：13：29
　　　我得偶像是三国里的鲁智深
　　　土著爷菠菜叶儿 2008-04-09 09：13：38
　　　没错！张飞拿了两把板斧！
　　　土著爷菠菜叶儿 2008-04-09 09：13：53
　　　所向睥睨！
　　　土著-c☆小宝 2008-04-09 09：13：59
　　　鲁智深~的仗八蛇矛最帅
　　　土著-c☆小宝 2008-04-09 09：14：07
　　　横扫千军
　　　土著爷菠菜叶儿 2008-04-09 09：15：07
　　　我还是喜欢林冲！那青龙偃月刀一挥，无敌！
　　　土著-c☆小宝 2008-04-09 09：15：10
　　　安静听的懂么，这么有深度的历史
　　　土著爷菠菜叶儿 2008-04-09 09：16：02
　　　其实我觉得论战斗力，吕布应该是一百单八将里最强的
　　　土著爷菠菜叶儿 008-04-09 09：16：42
　　　小学时候听评书
　　　土著-c☆小宝 2008-04-09 09：16：58
　　　我觉得，赵云和宋江关系暧昧
　　　土著爷菠菜叶儿 2008-04-09 09：17：19
　　　中午放学就跟一群同学去废墟里找自己忠义的大树岔子 PK
　　　土著爷菠菜叶儿 2008-04-09 09：18：04
　　　刘禅调戏林冲的妻子，刘备那个奸臣就把林冲陷害发配了
　　　土著-c☆小宝 09：18：45
　　　施耐庵的三国~比罗贯中的水浒~更有意思~老少皆宜
　　　土著-c☆小宝 09：19：21
　　　刘备也是遭阴人西门庆怂恿的
　　　土著爷-土菠叔（09：23：52
　　　西门庆也是贪图貂禅的美色
　　　NZJD 烟火 09：24：07
　　　........ 无语了我

土著爷-土菠叔 09：25：27
由于聊的东西太深刻，导致有人退群
NZJD 烟火 09：25：33
·····
土著爷-土菠叔 09：25：37
真是没办法
NZJD 烟火 09：25：46
太过深奥
土著爷-土菠叔 09：25：51
现在读过四大名著的人越来越少了
NZJD 烟火 09：25：58
····
土著-c☆小宝 09：26：21
哎～～这些的是中国的历史名著，怎么能被遗忘呢
土著爷-土菠叔 09：26：24
知道四大名著的人都少了
土著爷-土菠叔 09：26：27
三国，水浒，哈里波特，金瓶梅。
土著妞-镜魅罗 09：27：05
四大名著我读过
土著妞—安静 09：27：18
菠菜,»,,,,,,
土著爷-土菠叔 09：27：33
安静，别光佩服，多看看书吧
土著-c☆小宝 09：27：45
我怎么记得是，三国、指环王、水浒、大话西游
NZJD 烟火 09：28：18
哥几个太油菜
土著爷-土菠叔 09：28：24
四大名著读过！一个问题让你们全无语！
土著爷-土菠叔 09：28：44
5秒之内告诉我金瓶梅作者，谁能！
土著-c☆小宝 09：28：54
曹雪芹
NZJD 烟火 09：29：01
········ 叫什么渔的
土著爷-土菠叔 09：29：08
吃了没文化的亏了！
土著-c☆小宝 09：29：15

哈哈哈～没想到，我答对了吧

土著爷-土菠叔 09：29：22

金瓶梅的作者其实是个迷！

NZJD 烟火 09：29：24

佩服

NZJD 烟火 09：29：32

据说是个和尚

土著爷-土菠叔（09：29：48

我们学术界有针对这个问题产生了很大的分歧

NZJD 烟火〈09：29：55

灯草和尚？？

NZJD 烟火 09：30：10

哥几个　给姐们笑一个

土著-c☆小宝 09：30：21

金学院 PK 红学院

土著爷-土菠叔 09：30：36

K. O! KING WIN!

土著-c☆小宝 09：30：39

笑！！这是历史ōō要严肃

　　谁说读四大名著没有用？在这样的网络言语交际中，言语交际的各方，都会从中得到有关中国古典文学的"掉书袋"式的放松、快乐，这个网络言语交际过程，是一种美好的娱乐享受过程。

　　网上流传的这段网络言语交际主体恶搞的群聊记录，也能起到放松休闲的作用。

龙　信（191379292）14：34：56

葡萄美酒没有杯，

忧抱琵琶看着谁。

醉卧席间想莹笑，

群主他叫王晓辉！

醉酒抚琴（437796679）14：36：33

华资实业（474375470）14：38：29

哈意思

许愿的麦克斯（85507131）14：40：43

葡萄美酒对瓶吹

忧抱琵琶看乌龟。

醉卧席间没有菜，

群主他叫"裤带勒"！

许愿的麦克斯（85507131）14：40：57

醉酒抚琴（437796679）14：40：06

靠！我被恶搞了

许愿的麦克斯（85507131）14：43：06

嘿嘿，无聊嘛

龙 信（191379292）14：41：50

他喜欢喝酒但是没有只有对瓶喝了，

醉酒抚琴（437796679）14：41：50

俩老不正经地

醉酒抚琴（437796679）14：42：22

咋能没酒呢？

醉酒抚琴（437796679）14：43：01

酒是俺地命啊

许愿的麦克斯（85507131）14：44：33

葡萄美酒治肾亏，

忧抱琵琶整几杯。

醉卧席间想那啥，

群主他叫王晓辉！

许愿的麦克斯（85507131）14：50：50

葡萄美酒夜光杯，

其实并不治肾亏。

如果那啥有难处，

就找群主王晓辉！

孤叶（501855999）14：49：34

经典啊

许愿的麦克斯（85507131）14：58：38

葡萄美酒夜光杯，

龙信请客我端杯。

如果兜里钱不够，

群主他叫王晓辉

华资实业（474375470）15：00：38

葡萄美酒夜光杯，

不管谁请都干杯，

如果兜里钱不够，

大家一起把钱凑。

许愿的麦克斯（85507131）15：04：10

妥　不过帮主好像气的没体格干杯了

　　你觉得无聊吗？也不尽然吧！试想一下，若是心情烦躁，想寻点乐子，上网这么
"无聊"地恶搞一下，是不是有益于你的身心健康？网聊也好，无聊也罢，关键就是一个

"聊"字！或两人闲聊，或多人群聊，只要聊出了快乐，就实现了网络言语交际的娱乐目的。

网络言语交际的动态过程，使有心的广大网民创造新的娱乐方式成为可能。"创造"本身就具有娱乐意味。发明新的富有娱乐意味的言语交际形式，让大家参与，乐此不疲。那么，享受这个特定网络言语交际的创造过程，也就实现了言语交际主体的娱乐目的。

人类的言语交际工具本身就是一种娱乐的方式，例如故事、相声、小品，等等。网络言语交际，是在虚拟的语境中进行的言语交际，更具有娱乐功能。网络言语交际中所使用的网络语言，有时可以信马由缰、无拘无束，具备突出的游戏特征。

网络言语交际中，孩子们传播出师长陌生的"火星文"，一拨拨网友追捧出一批又一批网络语言语体的新变体，喜爱网聊的网虫们创造性变非语言符号为新的语言，更有一些网友创造出年年更新的网络言语交际新方法。尽情地玩味，充分地体验，积极地创造，网络言语交际，带给了中国网民不尽的快乐享受。就是这些创造，帮助言语交际主体实现了言语交际的娱乐目的。下面这段网聊，很具创造性，更具娱乐性。与其说是耍嘴皮子，不如说是新兴言语作品。

> 野牧：你嚎吗？
> 天狼：你才嚎呢。
> 野牧：打错字了，我是说你好吗？
> 天狼：不坏。
> 野牧：哪人呀？
> 天狼：西北。
> 野牧：你那里也很冷吧？
> 天狼：漫天飞雪，冷风如刀
> 野牧：你叫什么名字？
> 天狼：天狼
> 野牧：我是问真名。
> 天狼：QQ上有。
> 野牧：说出来好吗？
> 天狼：为什么要说？
> 野牧：说出来才好吗。
> 天狼：怎么好呢？
> 野牧：因为是我问的吗。
> 天狼：你问的就不能不说吗？
> 野牧：我不是坏人呀。
> 天狼：坏人贴标签了么？
> 野牧：没有啊。但我是好人呀。
> 天狼：请把好人证书传来。
> 野牧：没有啊。但你说才表示有诚意交朋友啊。
> 天狼：tianlang^_^

野牧：打汗字好吗？

天狼：我打字不出汗。

野牧：我是说打你的名字。

天狼：我的名字惹你了吗？

野牧：没有啊。

天狼：那干嘛打我的名字？

野牧：我是说打字。

天狼：哪个字惹你了？

野牧：唉，告诉我你的电话吧。

天狼：塑料的，红色。

野牧：不是，我是要你给我你的电话。

天狼：我的电话我家还要用呢，你想要自己买去。

野牧：不是，我是要你把电话说出来。

天狼：电话是说出来的吗？我还以为是工厂做出来的呢。

野牧：不是，我是要你的电话号。

天狼：在电话上嵌着呢，拿不下来啊。

野牧：我是问你的电话号是多少。

天狼：十二个，十个数字键，一个米字键，一个井字键。

野牧：我是问电话号是几。

天狼：从1到9，0在后边。

野牧：我崩溃了！

天狼：？你哪不舒服？

野牧：不是啊。

天狼：那怎么崩溃了？绝症吗？

野牧：问不到你的电话了啊。

天狼：那很重要吗？

野牧：电话是干什么的，不就是用来说话的吗？你要告诉别人，电话才有用啊。

天狼：电话是用来上网的。

野牧：电话还是用来聊天的啊。

天狼：是啊，我们不是一直在聊电话吗？

野牧：哪聊了？你这半天什么都没说啊。

天狼：我说了几十句话了。

　　"野牧"和"天狼"谁更有才？是不是很像一段相声？读完这段作品，你实现了娱乐目的吗？

　　在网络言语交际中，只要关注就能获得快乐，哪怕你并没有真正参与，不是其中的言语交际主体。在网络聊天室和QQ群聊中，你只要进去了，就能观看别人聊天。你是一位隐形的观众或听众，你可以看到或听到别人聊天实况，就像看戏或听书，如果你家宽带包了月的话，你还可以不花分文。如此享受，何乐而不为？鉴赏别人创作的过程和其作品，其中的乐趣，你就会双倍地享受。你不是言语交际的参与者吗？其实不然。事实上，你就是一个网络言语交际的观众或听众型的主体，事实也是其网络言语交际的主体之一。鉴赏别人的作品，从中获得快乐，这就是你的交际目的，这个交际目的也就有娱乐目的了。

3. 网络言语交际的情感目的

网络言语交际的情感目的，主要是指网络言语交际主体，满足生存需要和社会需要体验的目的。一个具体人，既是生物的人又是社会的人，有着宣泄、交流自我情感的欲望。网络言语交际是情感交流的理想空间，可以满足言语交际主体的情感目的。

网络言语交际，相比较其他言语交际而言，应该是言语交际主体宣泄和交流情感的最理想方式。不需要言语交际主体做刻意的表达动作，不需要言语交际主体显现特定的真实的表情，不需要言语交际主体作出会见他人的时间、地点、接待规格等安排，还没有必要让言语交际主体精心准备礼貌恰切的所谓"得体"的言语，等等。

在网络言语交际中，言语交际的各方，可以随心所欲无所不谈地就某一对方认同的交际目的而相互倾诉，从而宣泄言语交际主体各方的真实情感。相互交流，彼此理解，缓解压力，释放郁结。这是日常言语交际不可比拟的。受言语交际主体的年龄角色、性别角色、身份角色等社会角色对交际角色的客观和主观限制，在日常言语交际中，言语交际主体的真实属性，是不可随便公开的，更不可全面公开，因为人们的社会生活经验已经证明：那是非常危险的！

网络世界是个匿名的虚拟空间。只有在网络言语交际中，言语交际主体才可以突破现实社会生活中的种种束缚，并且避免自我情感的公开可能给自己招来的麻烦及伤害。网络言语交际，是人们宣泄内心情感的最好方式，也是实现言语交际情感目的的最佳方式。网络言语交际为言语交际主体提供了理想空间，在网络言语交际中，言语交际主体可以毫无顾虑地真正自由地宣泄交流自己的情感，而不必像日常言语交际那样谨小慎微。

网络言语交际，较之其他交际方式，更为随意，更为广泛，也更为隐蔽。

网络言语交际，较之其他言语交际，其情感释放和情感交流更为随意。随心所欲地自由随意地进行网络言语交际，是言语交际主体情感释放和情感交流最理想的状态。言语交际的各方在进行言语交际时，不受任何约束，没有后顾之忧，不担忧会伤害自己及别人，不担心被他人白眼，不担心遭到惩处。这种理想的言语交际状况，在日常言语交际中几乎是不可能存在的。

网络言语交际，较之其他言语交际，其情感内容和交流对象更为广泛。

网络言语交际主体表现的情感内容十分广泛。各种情感因素无所不包，百无禁忌。个人生活、家庭关系、工作情景等方面的情感内容，都可以在网络言语交际中毫无顾忌排解、宣泄。有成功者的狂喜，有冤屈者的愤怒，有失恋者的悲哀，有获奖者的快乐，等等。

网络言语交际主体选择的情感交流对象极为广泛。大江南北，长城内外，若有较好的外语基础，还可以扩张到亚非拉、欧美澳，所有有网民的地方。只要是在线的，不管是手机在线，还是宽带在线，都可以成为你所选择的网络言语交际的情感交流对象。你可以自由地与其沟通，向他倾诉。没有什么何时何地，没有什么尊卑长幼，没有什么相识与否，只要他愿意，就可以加他为"好友"。

网络言语交际，较之其他言语交际，其情感交流行为和交际主体身份更为隐蔽。

日常言语交际，交流行为并非总是可以公开的，交际主体往往不能随心所欲，所以，其情感交流总难如愿，因为这样那样的原因，常常不得不有所保留。网络言语交际时，其情感交流记录你可以保留也可以删除，你可以"晒一晒"，也可以永久保密。你换成另外一个用户名注册，你以前的交际行为记录可以"超时"而不存在。何其隐蔽！

网络言语交际主体的身份是虚拟的，那么，你的情感宣泄对象是谁，一般没有意义。网络言语交际，其真实情感交流实现了情感交际目的，其虚拟主体身份却回避了各种可能的麻烦。网络言语交际主体身份的隐蔽性，毋庸置疑了吧！

4. 网络言语交际的社交目的

网络言语交际的社交目的，主要是指网络言语交际主体，在网络言语交际中，实现建立联系、沟通感情的目的。网络言语交际，与日常言语交际一样，有时仅仅就是为了"交交朋友"、"聊聊感情"。现实生活中的社交圈子，总会受到利害关系、功利目的的扭曲。网络的虚拟性，使网络言语交际主体能够避开利害关系和功利目的，而与其网友建立全新的人际关系。这就是为什么现实生活中缺少朋友的人们网络上的朋友那么多的答案所在。网络社会交际圈子，是一种跨地域、超常识的特别交际圈子。圈子内建立和保持的网友关系，基本上是一种单纯的交流关系，这种关系的维护，靠的就是网络言语交际途径及其相应的言语交际行为。

4.3.3　网络言语交际目的的复杂性

网络言语交际的目的，在实际的网络言语交际中，一般不是单一存在的，有其特殊的复杂性。一场具体的网络言语交际，有时存在两种及两种以上的交际目的。网上的长篇帖子、连续网聊、多种闲聊等都有这样的例子。这里就不详述了。不过，大多数网络言语交际都是从笼统的社交目的开始的，随着言语交际的展开，其信息目的、情感目的相应出现，在整个网络言语交际的动态过程中，往往跟随着娱乐目的的影子。

网络言语交际的动态过程，一般分为"选择对象→开始接触→约定话题→交流信息→终止交际"等阶段。

"选择对象"是有原则的。在网络言语交际中，言语交际主体选择对象的原则就是根据交际目的选择合适的另一言语交际主体者。对于大虾来说，选择言语交际对象比较容易：审视对象网名的特别，浏览个人资料信息（如性别、爱好、追求、性格等）……虚拟的个人资料，也暗含蛛丝马迹，这些都是其较为有效的参考依据。对于菜鸟来说，选择言语交际对象就有些难处，那就只好碰运气了！网络聊天室里选择言语交际对象，对于菜鸟也不是太难。你可以先鉴赏所在聊天区其他人的聊天状况，谁符合你的交际目的，就选定他，如果他不愿意，你再选别人……直到选中自己心仪的对象为止。你也可"晒"出自己的交际目的及对交际对象的基本要求，然后等鱼上钩。实践证明：此法不仅有效，而且所选对象较为理想。因为是"愿者上钩"。网络言语交际对象的选择是一个双向的过程。某交际者作为主体选择交际其对象，他自身晒出的信息也给对方提供了被选择的参考依据，以便双方完成网络言语交际主体的选择。

"开始接触"必须彼此乐意。网络言语交际进入接触阶段，言语交际主体双方务必"你情我愿"地彼此乐意进行言语交际。这样双方才能通过言语交际建立一种"友好"的交际关系。万事开头难，起始的话语若吸引了对方的注意，下一步就水到渠成了。搞怪地打招呼也好，夸张地自我介绍也好，美妙地自我调侃也好……只要对方产生了好感，双方明确了共同感兴趣的话题，这一步就算成功了。

网络言语交际中，"开始接触"这一环节，在初始的网络言语交际中才是必需的环节。对于彼此熟悉的言语交际主体而言，大多数言语交际主体是不需要"开始接触"这个环节的。

例如：

"hai，你嚎，终于认识你了！"

为何"终于"？你是谁？这些疑问，可能会是对方产生兴趣。

又例如：

"我是宇宙超级网虫，欢迎你打我、骂我、K我、扁我、踢我、瑞我、揍我，甚至把我煮、煎、炒、炸、焖、炖、红烧、清蒸、干编、水煮·，·……我都毫无怨言，但前提是这个人必须是天底下最最漂亮、可爱、美丽、温柔、善良、贤惠、有气质的大美女。"

搞怪？夸张？调侃？无聊……接下去，等话题出来了再说吧。这就暂时拴住了对方。

网络言语交际中，那些个性化的形式独特的风趣幽默的言语，总是流露出睿智、才华，总是让人愿意与之进行言语交际。

"约定话题"是最关键的一步。通过言语接触，彼此乐意交际。其言语交际是否能顺利完成？当心！"话不投机半句多"，言语交际的话题直接关系到实现言语交际目的！网络言语交际的话题，是言语交际双方临时约定的。无所谓"崇高"、"滑稽"，无所谓"悲剧"、"喜剧"，无所谓"大事"、"小情"，甚至无所谓"正确"、"错误"，只有一个标准：言语交际的双方对此都有兴趣就行了！

下面的网聊话题，并非大家都感兴趣，但他们却愿意聊下去。

至尊 v▲v 坐家（357821154）21：15：43　告诉我吧…这是谁啊群啊

囧╱21：16：27 这里是国家特工组织〈龙牙〉秘密交流群

至尊 v▲v 坐家（357821154）21：16：27　GMY $B

至尊 v▲v 坐家（357821154）21：16：29　W［N5_ 2

至尊 v▲v 坐家（357821154）21：16：31　7F￤(T)

至尊 v▲v 坐家（357821154）21：17：04　╭∩╮（︶︿︶）╭∩╮ 鄙视你！
╭∩╮（︶︿︶）╭∩╮ 鄙视你！

囧╱21：17：06　交换一些高度机密的数据

囧╱21：17：48　比如日本女人很贱　美国女人很热情之类的勒　HOHO

至尊 v▲v 坐家（357821154）21：18：13　我喜欢

囧╱21：18：29　现在我门的课题是 为全国男性摆脱光棍的命运的课题

囧╱21：18：58　因为你也知道哈　国家安全部给我门的内部质料　男女比例

严重失调

╎╎ 菰哞 (522213182) 21：18：58 。。。。

囧□ 21：19：11   已经达到 100 比 110 了

╎╎ 菰哞 (522213182) 21：19：11   那我怎么进的这里。。

……（有省略）

至尊 v▲v 坐家 (357821154) 21：20：35   XNJDYN

至尊 v▲v 坐家 (357821154) 21：21：23   NZ64K4 都 TMD...

囧□ 21：21：42   当然了 不是母的这么生育么 我门正在研究的是转基因含羞草 你看着它 它就能怀孕 ^_^

至尊 v▲v 坐家 (357821154) 21：22：17 谁有图片分享一下...

囧□ 21：22：55 不行了 我告诉你的秘密太多了 我爬法国间谍 或者美国间谍会抓你去行刑逼供... 为了你的安全 我不能发给你

至尊 v▲v 坐家 (357821154) 21：22：58   IO $9T0

网络言语交际中的话题，只要彼此感兴趣，就能继续下去。就是随后转移的话题，或重新约定的话题，都必须是网络言语交际各方都感兴趣的话题。否则，言语交际就会到此为止。

实际的网络言语交际中，约定话题的方式是多种多样的。对于比较热门的话题，言语交际主体可以由一方提出，让对方响应。例如，就"2012 国庆中秋长假高速公路自驾免费问题"的网聊、"日本政府将中国的钓鱼岛收归国有"的讨论等。对于不想直说的话题，言语交际主体可以旁敲侧击，巧示真意。例如，学生早恋，同性网恋等较为敏感的话题；厌学逃学，少年抽烟等叫人反感的话题等。先来点似是而非、似乎无关的信息，然后择机巧妙提示出真实话题。好像有点"赋比兴"中的"兴"的味道。对于急需转换的话题，言语交际主体应该自如转换，水到渠成。例如，由"做个好人"的话题转换到"改正坏习惯"的话题、由"爸爸妈妈不爱我"到"你理解爸爸妈妈吗"的话题转换等。最好循循善诱，把握适当时机，不知不觉完成转换。这类网络言语交际主体，对前一个话题有兴趣，往往也能将其兴趣，延后至下一个话题。"交流信息"能实现交际目的。网络言语交际主体的各方，完成了"约定话题"环节之后，就进入了"交流信息"的环节。为着实现各自的交际目的，言语交际各方就分别展开言语交际，大家围绕约定的交际话题（其中不乏转换话题的情况，那就再围绕新的话题），相互交流相关信息，从而推动网络言语交际的发展。例如，2012 年网上的一段有关"门球"的聊天记录，其中有些新特点。

门球狂人 (2315108858)   14：52：00
那个群已审核请出第一批九位了，还将继续清理
雨竹 (113926023)   14：52：39
呵呵，都清什么样人啊，不要把我也清了
江苏小海龙 (823487529)   14：54：03
不会清你的
门球狂人 (2315108858)   14：53：41

第一批是"只有位、从没有发过言"的

江苏小海龙（823487529）　14：54：48

第二批审核

是吗？

北京　木木夕（287878030）　14：55：09

清出谁去了

雨竹（113926023）　14：55：15

我觉得不应该这样，有人不发言不代表不关注，我感觉在发言的人好像都很熟悉，我发言也很少，更多的是看

门球狂人（2315108858）　14：55：18

第二批审核是在第一批的基础上，网名没有在中国门球网注册的

雨竹（113926023）　14：56：12

有一种插不上话的感觉

北京　木木夕（287878030）　14：56：31

［img］file:///D:/QQ/Users/2315108858/Image/DDC］I）4B5G6DJO［％25BR905DQ.jpg［/img］

门球狂人（2315108858）　14：57：12

要形成能进能出的局面，因为那个群目前只有200个座位

雨竹（113926023）　14：57：25

今天说多点，一是孙女在睡觉，二是这个群里今天说话的人少，我觉得有点冷清，所以才唠叨

义乌　清清（454187160）　14：58：14

我也有同感，有时候根本插不上话

门球狂人（2315108858）　14：58：29

插不上话和从来不说话是两个概念

北京　木木夕（287878030）　14：59：03

狂人你不能把我们的版主踢出去吧

雨竹（113926023）　14：59：10

如果都是熟悉的人在说，就脱离了办群的宗旨，新手就更不会发言了

门球狂人（2315108858）　15：00：00

北京　木木夕（287878030）　14：59：03　很难说，目前他还没有发言记录

雨竹（113926023）　15：00：27

呵呵，小心

门球狂人（2315108858）　15：00：49

雨竹（113926023）　14：59：10　从来不说话，就没有熟悉的机会了

义乌　清清（454187160）　15：01：14

红姐，你的版主是谁？

北京　木木夕（287878030）　15：01：26

TS球迷

义乌 清清 (454187160)   15：01：47

哦

北京 木木夕 (287878030)   15：01：56

狂人老师他昨天和我们语音说了

门球狂人 (2315108858)   15：02：00

所以，第二个群就应运而生了，而且目前看够大了，500 个座位

义乌 清清 (454187160)   15：02：31

我去网上看过你的板报了

北京 木木夕 (287878030)   15：02：54

你可不能踢他．他自卑说我们不带他玩了

玛林365 (610990117)   15：03：24

我想应该会更强大的

北京 木木夕 (287878030)   15：03：41

你看到我日志里他给我的回复了吗？

谢谢清清妹妹

义乌 清清 (454187160)   15：03：57

我进不去你的空间

北京 木木夕 (287878030)   15：04：04

为什么呀

义乌 清清 (454187160)   15：04：07

也看不到你的日志

门球狂人 (2315108858)   15：04：10

玩QQ要有一定的基本功，他还是自身方面的原因

义乌 清清 (454187160)   15：04：23

问题

雨竹 (113926023)   15：04：27

插不上话是因为说话的人多，不说话一是因为不熟悉，说了多数是没人答，就好像没人理，很难堪，二是新手水平低可说的少，不敢说

义乌 清清 (454187160)   15：04：29

我不知道答案

北京 木木夕 (287878030)   15：04：56

我说的是门球网论坛里的日志

义乌 清清 (454187160)   15：05：08

哦

我去看下

北京 木木夕 (287878030)   15：05：18

好的

义乌 清清 (454187160)   15：05：25

file:///C:/DOCUME ～ 1/JPENG/LOCALS ～ 1/Temp/X @ 8% 7DU9MLE%

7DEBUE273）]9PGF. gif 搞混了

北京　木木夕（287878030）　15：05：30

［img］file:///D:/QQ/Users/2315108858/Image/DDC］I）4B5G6DJO［%25BR905DQ. jpg［/img］

我先线了去球场练球了

file:///D:/QQ/Users/2315108858/Image/I87MAD9SV@%25MOSGN）MFHY65. gif

门球狂人（2315108858）　15：06：33

就如打门球，不上场比赛，哪里知道自己的水平啊，不外出走一走，哪知道人家是高手啊

江苏小海龙（823487529）　15：07：56

狂人老师讲得很对

雨竹（113926023）　15：07：36

呵呵，说的是

门球狂人（2315108858）　15：08：57

即便是在这个群，如果老是不发言，将来也有被请出去的危险啊

江苏小海龙（823487529）　15：09：56

对头

雨竹（113926023）　15：10：23

呵呵，看样要有危机感了

门球狂人（2315108858）　15：11：08

QQ 的最大优势是与人沟通交流，你不说话，上 QQ 的意义就没有了

不老松（632540148）　15：11：32

呵呵

雨竹（113926023）　15：11：36

我可能被清出的机会多一点了，我马上要去儿子那带孩子很少有时间上网［img］file:///C:/DOCUME ~ 1/JPENG/L OCALS ~ 1/T emp/% 7B［W］SJ% 601FUG6J0GE%7DI0JW. gif［/img］

不老松（632540148）　15：12：02

可能是我

我是赖

雨竹（113926023）　15：13：02

我要做准备了，这样的话，出去了我就不进来了

不老松（632540148）　15：13：26

我是想进来

江苏小海龙（823487529）　15：14：32

雨竹你儿子在哪里？

雨竹（113926023）　15：14：10

我就是再进来还是要被清啊，除非等孩子上学了

在南京

江苏小海龙（823487529）　　15：14：53

哦

电脑一定有的

雨竹（113926023）　　15：14：40

我们那一帮人球瘾可大了

门球狂人（2315108858）　　15：14：45

哈哈哈，只有有危机感的人才不会碰到危机，倒是有一些人自由自在惯了，从不把事当回事的人才会真是有危机啊

雨竹（113926023）　　15：15：32

有啊，可要孩子们不用才轮到我啊，还要孙女要不要出去玩啊［img］file:///C:/DOCUME～1/JPENG/LOCALS～1/Temp/0MPQM0［RBT5C＄［@EJQ5Y3WJ. gif［/img］

江苏小海龙（823487529）　　15：17：11

哦

雨竹（113926023）　　15：16：59

把我清了才委屈我了呢，我是我们球队唯一在网上的，只要有空我就要上去看看，不管说不说话

江苏小海龙（823487529）　　15：17：35

那你儿子一定会给老妈让一些的

门球狂人（2315108858）　　15：17：11

会打球、会上网、能玩QQ，会在QQ群里交流沟通，才是门球人中的高手，雨竹算是高手了

江苏小海龙（823487529）　　15：18：03

我建议不把你请出，好吗？狂人老师

雨竹（113926023）　　15：17：49

呵呵，鼓励我吧，但愿您不要把我给踢了

呵呵，老乡帮我说情了

江苏小海龙（823487529）　　15：19：39

这也给你们那里的门球能得到信息服务

因为你说："只有你在网上"

雨竹（113926023）　　15：19：40

是这样，我上门球网就是这个目的

江苏小海龙（823487529）　　15：20：24

嗯，我理解

雨竹（113926023）　　15：20：24

能熟悉上网的人并不多

江苏小海龙（823487529）　　15：20：58

门球运动需要你这样的人

门球狂人（2315108858）　　15：21：04

在那个群好像没有雨竹这个名字

雨竹（113926023）　　15：21：17

如果我有空我还想争取做管理员呢，可惜没时间就什么也不行

呵呵，童心门球迷，你还是我的好友呢

江苏小海龙（823487529）　　15：23：17

我要去包馄饨了

拜拜！有空再聊

门球狂人（2315108858）　　15：23：05

你的马甲不少啊，把狂人搞迷糊了

雨竹（113926023）　　15：23：12

再见

江苏小海龙（823487529）　　15：24：07

再见！

雨竹（113926023）　　15：23：46

呵呵，你不但是狂人更是大忙人啊

门球狂人（2315108858）　　15：24：58

[img] file：///D：/QQ/Users/2315108858/Image/iCM～CX5F）IV [1～XA～BNQU. jpg［/img］童心门球迷

雨竹（113926023）　　15：26：23

可我在门球网是听你指令的哦，你建群了我看到后立马就参加了，你要求门球网和群名要一致，我也立即就做了，应该表扬我的

呵呵，这就是我的

门球狂人（2315108858）　　15：27：53

嗯，知道了。你的确是高手啊

雨竹（113926023）　　15：28：02

今天下午好像我包场了

我下了，孙女醒了

谢了，老师

门球狂人（2315108858）　　15：28：59

独唱加二人转，座位多、人员少的优势出来了

……

　　这段群聊，篇幅较长，内容较为复杂。门球狂人直接提出有关门球网"清理"的话题。雨竹与江苏小海龙相继响应。门球狂人进一步明确清理对象第一批是"只有位、从没有发过言"的人。北京木木夕参与进来。门球狂人再次明确清理对象"第二批审核是在第一批的基础上，网名没有在中国门球网注册的"。义乌 清清参与进来。门球狂人把话题转换到"插不上话和从来不说话"上来。中途，玛林参与进来。雨竹回应"插不上话"和"不说话"的话题。门球狂人又把话题转换到"不外出走一走，哪知道人家是高手啊"的新话题。门球狂人又回到了"不发言"的话题。不老松参与进来。江苏小海龙插入"雨竹你儿子在哪里？"的问题。雨竹又回到了"清理"的话题。雨竹再把话题转换

到"上门球网"上。门球狂人肯定雨竹是网络"高手"。门球狂人终止言语交际下线。

从"选择对象"来看，这些网络言语交际主体似乎是非常熟悉的"门球网"网友，所以选择言语交际对象，十分自然顺利。

从"开始接触"来看，由于他们并非陌生人，都是经常一起群聊的门球网网友，就跳过了这一环节（只有初始的网络言语交际才有这一环节）。

从"约定话题"来看，门球狂人直接提出有关门球网"清理"的话题到门球狂人终止言语交际离线，中途围绕多个话题进行网络言语交际，如"清理"网友、"不说话"等。

从"交流信息"来看，作为网络言语交际，这段群聊似乎存在言语交际话题没有接续的问题。言语交际一般要围绕着约定的话题进行，一个话题结束了再进行第二个话题，这就叫做话题的接续。在这段网络言语交际的动态过程中，言语交际的话题的连续性，在时间上几次被割断，形成了就不同话题交叉进行言语交际的局面。从而导致了言语交际不能接续。

在网络言语交际的网络交际的群聊中，往往存在"一对多"的模式。如门球狂人，有时要应对多人，与之进行不同话题的言语交际。"一对多"模式，在网络言语交际的整个动态过程中，不可避免地对言语交际产生某些干扰。比如，可能降低网络言语交际速度，可能影响网络言语交际进程等。

从"终止交际"来看，多位网络言语交际主体，交流了信息，提出了自己的见解，得到了精神上的满足，分享了网络交际的乐趣，水到渠成地终止交际，一次离线。

"终止交际"，一般有个言语交际结尾标示。包括结束信号语，前置收尾语，收尾语三部分。"结束信号语"，是结束言语交际的信号。或示意本次言语交际已达目的，或对其作简单的归纳，或提醒对方时间一到，或声明自己要做别的事，如本例中江苏小海龙说"我要去包馄饨了"，等等。"前置收尾语"，是结束信号语发出之后言语交际正式结束之前的延缓措施，提醒对方有话就说，希望对方同意"终止交际"。如"就聊到这里吧"、"有空再聊"等。"收尾语"是言语交际正式结束的标志。如本例中雨竹的"再见"，还有常用的"88"、"保重"，等等。也可发送一些对方理解的非语言符号表示。

第5章　网络言语交际的话题及其关注倾向

5.1　网络言语交际的话题来源及特点

5.1.1　网络言语交际的话题来源

言语的交际话题不同于其交际目的，交际目的侧重"为何说"，而交际话题侧重"说什么"，网络言语交际总有其交际话题。

网络言语交际应该有其交际话题，否则其言语交际就"难以为继"了。日常准言语交际也好，非语言的言语交际也好，不管什么样的言语交际似乎都要有交际话题。网络言语交际的交际话题的来源，与日常言语交际话题的来源也有所不同。网络言语交际的话题来源有其特殊性。一般说来，网络言语交际话题不外乎三种来源：网站设定，各方约定和随机出现。前二者，言语交际前就应明确，后者在动态交际过程中才能产生。作为网络言语交际的话题，只有得到其言语交际主体的确认，才能成为网络言语交际真实的话题。

1. 网络言语交际源于"网站设定"的话题

"网站设定"的话题，一般不是来自网络言语交际的主体。或是由各网站设定，或是由某网络机构晒出……在一些网络论坛上，在一些网络聊天室里，到处都可以看到这样或那样的网站设定的言语交际话题。

网络言语交际话题，有复杂的系统话题，也有单一的偶发话题。"网站设定"的话题，大多属于复杂的系统话题，大多见于互联网上的各类网络论坛。这些论坛分门别类地设有较为系统的话题板块，其话题分类细致，注重层次，形成一个较为复杂的话题系统。其中，大型话题系统中设有中型话题系统，中型话题系统中设有小型话题系统，小型话题系统中设有更小型话题系统，甚至以下还设有更小的话题系统。其话题内容，似乎"无所不包"，要啥有啥。例如，中华论坛网就有"网站设定"的较为复杂的话题系统。中华论坛网版面设有"论坛主版"、"军事"、"拍客"、"贴图"、"国际"、"时政"、"生活"、"休闲"、"女人"、"娱乐"、"视频"、"财经"、"情感"、"文学"、"站务"、"地方"、"爱心"、"河南"、"校园"、"汽车"、"旅游"、"科技"、"游戏"、"体育"、"文化"等25个大型话题系统板块。在"军事"论坛话题系统板块中，又设有"网上谈兵""中华军备""中华史林""军情速递""军事文学""灌水客栈"等6个中型话题系统板块。在"中华军备"话题系统板块中，又设有"陆军""海军""空军""航天二炮""轻兵器"等5个小型话题系统板块。每一话题系统板块里，都有许许多多的相关话题。中华论坛这个较为复杂的话题系统，"以'网友影响中国'为口号，是中国浏览量最高、影响力最大、最火热的论坛板块，全球华人的聚集地，爱国人士的网上家园"。例如"谷雨论坛"，也有"网站设定"的较为复杂的话题系统。在"谷雨首页"里，就设有"资讯"、"农业"、"热点"、"专题"、"协会"、"组织"、"培训"、"合作"、"博览"、"产品"、"市场"、"生产"、"追溯"、"查询"、"互动"、"群组"、"论坛"、"专业合作"等18个大型话题系统板块。在"谷雨精彩"里，设有更多的属于"网站设定"的话题系统板块。每一话题板块都有很多层系统的主题。具体情况如下：

by bashu-2012-07-18 14：36
足坛反腐扫黑风暴
版主：好奇的余爷爷
35/37 告别黑头痘痘让肌肤丰盈
by qudou360-2012-09-28 16：41
2010 诺贝尔奖
版主：匿名人士
25/31 2010 诺贝尔经济学奖新闻发布会实录
by 这是为什么呢 -2010-10-12 09：26
盖茨巴菲特中国慈善豪华晚宴
版主：兽兽 翟凌
24/27 酷丫影院＊＊高清直播·迅雷免费下载 更多关注：http：//www.kuya.cc/
by aa170132472 -2012-05-04 17：31
2010 中国特色农产品博览会
【特色农产品展示】【唐山风貌】【台湾风光】【网友留言】【网上博览会】
38/47 图书分类
by chenghq-2012-04-13 15：30
2010 南非世界杯专区
版主：谷雨世界杯
242/387 在国外怎么看国内 CCTV5 的奥运会直播
by ting518 -2012-08-02 02：29
农资人交流平台
畅谈农资
56/69 小妇人带着"强奸"留下的儿子状告"猥琐男"
by 关于你-前天 10：41
娱乐潮流（今日：1）95/119 录音考前培训 艺典艺术教育 影视传媒艺考培训领跑者
by CAR001-今天 10：42
体坛荟萃
32/36 抢订 K3，赢大礼！张继科签名球拍等你拿
by 一千人要-2012-10-10 11：27

新鲜趣闻

"谷雨网"，有点涉农的味道。"谷雨论坛"被称为"全球最大的农民休闲娱乐中文论坛"。

中国娱乐网论坛，也有"网站设定"的更为复杂的话题系统。论坛中设有许多大型话题系统板块，每一话题系统板块中，又包含有多种中型话题系统板块……如："明星"中有"即时"、"独家"、"桃色"、"肉色"等，"音乐"中有"资讯"、"美图"、"演出"、"事件"等，"图片"中有"排行"、"偷拍"、"搞笑"、"写真"等，"时尚"中有"化妆"、"减肥"、"街拍"、"达人"等，"社区"中有"爆料"、"囧图"、"美女"、"灌水"等，"官网"中有"内地"、"港台"、"日韩"、"欧美"等，"电视"中有"资讯"、"剧照"、"穿帮"、"吐槽"等，"专题"中有"最新"、"八卦阵"、"启示录"等，"电影"中有"华语"、"欧美"、"日韩"、"热图精选'等，"HOT"中有"免费抢拍明星周边"、"化妆品试用"等。

其中，属于"网站设定"的话题系统还有："论坛首页"、"爆料台"、"明星群组"、"论坛图集"、"综艺选秀"、"娱乐乱弹"、"五花八门"、"时尚"、"社区议会"、"排行榜"，等等。还有"免费活动"、"五花八门"、"爆笑囧图"、"综艺选秀"、"真人秀"、"爆料台"，等等。这个复杂的话题系统的，离开了其"板块导航"，还真不太好弄清楚。

欢乐谷（www.HL52.com）"网站设定"的话题也很多。仅是"热门话题"就设有"木任务"、"时尚幻灵"、"创招"、"脚本"、"群秒"、"挂偷"、"地投"、"hlhl"、"醉剑"、"全自动"、"刷钱"、"欢乐幻灵"、"火任务"、"改名器"等话题板块。每一话题板块，往往有成百上千的"主题"，其跟帖数少则几十个，多则几万个。

例如：

欢乐综艺区

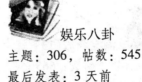 欢乐互动(211)
主题：1219，帖数：2万
最后发表：28 秒前

娱乐八卦
主题：306，帖数：545
最后发表：3 天前

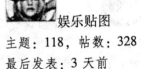 娱乐贴图
主题：118，帖数：328
最后发表：3 天前

情感生活
主题：278，帖数：399
最后发表：6 天前

幽默笑话(8)
主题：778，帖数：989
最后发表：10 小时前

侃车天地
主题：47，帖数：74
最后发表：2012-10-7 15：26

原创文学
主题：77，帖数：140
最后发表：2012-10-7 12：38

小说连载
主题：42，帖数：116
最后发表：2012-10-7 15：17

 职业酱油
主题：37，帖数：106
最后发表：2012-10-10 22：39

欢乐休闲区

聊天交友(1)
主题：57，帖数：126
最后发表：前天21：31

我爱体育
主题：114，帖数：124
最后发表：6天前

欢乐贴图
主题：82，帖数：185
最后发表：3天前

欢乐美食(1)
主题：45，帖数：96
最后发表：昨天13：23

音乐天地
主题：52，帖数：90
最后发表：2012-9-17
12：39

游戏互动
主题：66，帖数：117
最后发表：2012-10-4
21：12

电视电影
主题：83，帖数：188
最后发表：2012-10-11
15：57

手机之家
主题：60，帖数：77
最后发表：3天前

购物大本营(1)
主题：67，帖数：107
最后发表：3天前

幻灵游侠

幻灵综合讨论区
(218)
主题：1679，帖数：2万
最后发表：3秒前

淘宝商城(13)
主题：145，帖数：665
最后发表：9小时前

你问我答(5)
主题：84，帖数：467
最后发表：6小时前

社区服务

社区公告
主题：32，
帖数：417
最后发表：
前天19：51

社区申请
主题：11，
帖数：123
最后发表：
前天01：59

用户投诉
主题：10，
帖数：40
最后发表：
前天23：58

内部交流
主题：6，
帖数：21
私密板块

　　"天涯社区"，号称是"全球华人网上家园"，"来天涯，与 75277512 位天涯人共同演绎你的网络人生。"也被誉为"国内最具人气的综合草根社区"。"天涯论坛"里，设有许多大、中、小不同层级的话题板块，是一个非常复杂的多重话题系统。

　　"热门导航"里就有了"望天涯"、"天涯主版"、"天涯湖北"、"天涯旅游"、"职业交流"、"大学校园"、"天涯海外"、"天涯别院"、"天涯网事"、"品牌生活"等话题板块。这些话题板块里面，又设有若干相关话题板块。

　　"天涯杂谈"中设有"百姓声音"、"个性 90 后"、"生于八十、七十年代"等话题板块。"情感天地"里设有"我爱我家"、"光棍 E 族"、"三十不嫁"等话题板块，"时尚资讯"里设有"时尚男装"、"我爱购物"、"家居装饰"、"珠宝首饰"、"花田喜事"、"钻石光芒"等话题板块。"游戏地带"里设有"三国风云 2"、"大侠传"、"乱世名将"、"热血海贼王"、"战棋无双"、"一代宗师"、"龙将"、"诸子百家"、"九天仙梦"、"神仙道"、"梦幻修仙"、"范特西篮球"、"天地英雄"、"王者天下"、"傲视天地"、"十年一剑"、"天策"、"黄金国度"、"明朝时代"、"三十六计"、"武林英雄"、"三国风云"等话题板块。

　　"天涯社区"按国内各省城市设定的话题板块，更为复杂。大河上下，长城内外，南北中，港澳台，全国各省，应有尽有。四川省就设有"巴山蜀水"、"天府华章"、"成都"、"成都首页"、"天府校园"、"天府情缘"、"消费成都"、"成都房产"、"网上春熙"、"自贡"、"绵阳"、"乐山"、"广安"、"德阳"、"宜宾"、"南充"、"泸州"、"达州"、"攀枝花"、"内江"、"眉山"、"分类信息"等话题板块系统。广东省就设有"广东首页"、"广东旅游"、"搵食广东"、"消费前沿"、"房产家居"、"广州"、"深圳"、"佛山"、"潮汕"、"东莞"、"中山"、"珠海"、"惠州"、"茂名"、"江门"、"湛江"、"阳江"、"梅州"、"分类信息"。其中"广州"又设有"游玩广州"、"花城约会"、"健康公社"、"广东医疗"、"IPO 专版"、"G4 在线"、"绅迪台球"、"分类信息"等话题板块系统。"深圳"也设有"深游户外"、"鹏城交友"、"健康公社"、"广东医疗"、"世界之窗"、"分类信息"等话题板块系统。海南省那么小，也设有"海南首页"、"海南发展"、"天涯客海口"、"海南旅游"、"海口"、"三亚"、"三亚在线"、"浪漫三亚"、"三亚摄影"、"三亚房产"、"离岛免税"、"三亚高校"、"三亚媒体"、"三亚美食"、"三亚户外"、"三亚楼盘会"、"家装集市"、"三沙"、"洋浦"、"儋州"、"分类信息"等诸多话题板块系统。

　　"天涯社区"按区域设定的话题板块，颇有特色。设有"海南旅游"、"离岛免税"、"彩云之南"、"美在广西"、"巴山蜀水"、"清凉贵州"、"焕彩香江"、"畅游台湾"、"行走安徽"、"灵秀湖北"、"锦绣潇湘"、"江西神韵"、"八闽鼓浪"、"炎黄陕西"、"辽阔东北"、"好客山东"、"水韵江苏"、"西子浙江"、"内蒙风情"、"走进西藏"、"天山南北"、"北京攻略"、"乐游上海"、"广东旅游"等话题板块系统，都侧重于历史文化、锦绣河山等旅游元素。

　　"天涯社区"所设"经济论坛"、"网上谈兵"、"天天 315"、"舞文弄墨"、"视频专区"、"天涯真我"、"实话实说"、"天涯连载"、"煮酒论史"、"闲闲书话"、"散文天下"等话题板块，都各自形成一个相关话题系统。

　　例如：

　　农林牧渔业　　　建筑业　　　人力资源　　　金融业　　　医护人员　　　工程师

物流管理	进出口贸易	经理人	程序员	矿产能源业	制造业
文体娱乐业	通信业	设计师	服装纺织业	采购人	出版业
酒店服务业	零售业	交通业	编辑记者	广告人	数码
电脑网络	IT 视界	华为专区	手机空间	数码生活	家电天下
掌中天涯	富士康	3G 生活			

汽车

| 汽车时代 | 购车咨询 | 天涯车友会 | | | |

时尚

时尚资讯	星座情缘	女系氏族	我爱购物	消费折扣	珠宝首饰
女人公社	酒吧文化	花田喜事	QQ 驿站	时尚男装	天涯丽人
生肖血型	周公解梦	消费者	IQ 无限	霓裳靓影	白领世界
没话找话	胡颜乱语	推理天下			

健康

亲子中心	饮食男女	家居装饰	天涯医院	快乐备孕	家有学童
宠物乐园	营养保健	中医养生	乡村季风	都市生活	蓝色老人
品酒论情	肉麻工作室	百姓酒馆	墨色茶坊	客家联盟	在路上
手机摄影	爱它 SOS				

娱乐

娱乐八卦	开心乐园	天涯真我	影视评论	都市拍客	音乐天地
明星写真	天涯飙歌台	超级秀场	配音公社	音乐共享	华语电影
动漫前线	古典音乐	老歌会	发烧音响	天涯观光团	吉他伊甸园
摇滚乐章					

视图

| 贴图专区 | 视频专区 | 天涯摄影 | 动感 flash | | |

体育

体育贴图	球迷一家	篮球公园	体育聚焦		
H3 垃圾场	怡情棋斋	南方体育	聚焦奥运		
中网公开赛					

旅游

| 旅游休闲 | 乐游上海 | 异国风情 | 结伴同游 | 蜜月之旅 | 北京攻略 |
| 浪漫三亚 | 旅游杂谈 | 风土人情 | 八闽鼓浪 | 玩转高球 | 柔软丽江 |

"网站设定"话题，在聊天室里随处可见。网络聊天室里的"网站设定"话题和网络论坛里的"网站设定"话题是有区别的。从网络言语交际的角度来看，网络论坛里参与言语交际的主体，一般是通过发帖子的方式进行言语交际，言语交际内容相对正式一些，但却不能进行及时的言语交际；网络聊天室里参与言语交际的主体，一般是通过"交谈"的方式进行言语交际，言语交际内容难以"正式化"，但却能进行及时的言语交际。

聊天室里"网站设定"话题又有其特别之处。聊天室里"网站设定"的话题，相对于网络论坛来说，一般要敏感一些，情感化一些。网络论坛设定的话题多为"大"话题，例如社会、政治、经济、法律、教育、文化，等等。网络聊天室设定的话题多为"小"话题，例如生活、交友、网恋、兴趣、喜好，等等。163 聊免费聊天室(www.163liao.com)也属于"网站自设"话题类型。该聊天室里设有"城市联盟"话题板块系统。其中设有许多不同省市的交友话题板块，并能显示实时聊天人数。例如"紫禁城之巅(一)"：246427,"紫禁城之巅(二)"：102598，"上海不夜城(一)"：131951，"上海不夜城(二)"：77417，"广东交友"：68503，"辽宁交友"：54096，"黑龙江交友"：40131，"吉林交友"：26420，"山西交友"：27864，"山东交友"：97898，"福建交友"：29753，"江苏交友"：49763，"安徽交友"：24425，"武汉交友"：28121，"天津交友"：32410，"浙江交友"：41929，"兰州交友"：19006，"重庆交友"：29344，"河北交友"：29121，"西安交友"：28977，等等。还设有一些不同特色的话题板块及其及时聊天人数。在"人到中年"话题板块中，设有"中年情怀"：117841，"汉城之恋"：26500，"温馨小屋"：47880，"开心俱乐部"：75746，"蓝魔 de 泪"：27917，"龙族房间"：33106，等等。

　　网易聊天室(chat.163.com)，分设有"个人聊天室"、"个性聊天室"、"系统聊天室"、"地方聊天室"等。聊天室里的话题板块，也是属于"网站设定"的。在"城市相逢"中，设有"谈天说地"、"箐箐校园"、"风花雪月"、"交朋识友"等话题板块；在"非常男女"中，设有"成人话题"、"情感空间"、"E 见钟情"、"谈天说地"等话题板块；在"手机情缘"中，设有"北京"、"上海"、"岁月悠悠"、"天若有情"等话题板块。无论是大的话题板块，还是小的话题板块，都形成了各自的相对独立的话题系统(每一个话题板块都能显示其即时的聊天人数)。在"系统聊天室"里，设有"热门话题"、"谈天说地"、"交朋识友"、"休闲时尚"⋯⋯"风花雪月"、"心海凌波"、"醉爱红尘"等话题板块。在"情感空间"里，设有"情感的天空"、"一网情深"、"网络情缘"、"缘分的天空"等话题板块；在"岁月悠悠"里，设有"浪漫无限"、"似水流年"、"回忆往昔"、"鸳梦重温"等话题板块。

　　全国各级各类政府、行政、行业等部门的专门网站，很多话题板块，也属于"网站设定"之类。大到国务院新闻办公室门户网站，小到陕西省安康市平利县政府网站；从中国石油网站，到某人商铺网站⋯⋯其"网站设定"的话题，大多也是分板块，成系统的，有的大型话题板块还设有多重层级。

　　以上网站中，这些源于"网站设定"的话题，依据网络交际目的的实际需要，包括网络言语交际主体的个性需要，大致地规定了人们网络交际的基本范畴。网民可以依据自己的需要、兴趣、关注进入某网站相应话题板块，或浏览相关信息，或交流相关资料，或发表相关的见解⋯⋯节省了时间，收到了实效。这些话题，对于网民来说，基本上不存在什么限制作用。因为，网络言语交际中，主体对于一定的话题，都有绝对的选择权！一般情况下，网络言语交际主体没有义务强迫自己就某一话题去交际。交际主体的各方的需要和好恶，决定着对不同话题的选择。哪怕你已进入了言语交际之中，你仍可以依据自己的"意志"转变话题。若无人响应你，你还可以"随便地"离线。

　　2. 网络言语交际源于"各方约定"的话题

　　"各方约定"的话题，都是来自网络言语交际主体的话题。或是由交际主导(主动)的一方提出，对方或他方响应的话题；或是中途任一方变换，对方或他方予以认定的话题⋯⋯在一些个人博客(含微博)里，在一些个人自由聊天中，这类由"各方约定"的话题，成了网民们网络言语交际中几乎是经常性的话题。源于"各方约定"的话题，很多属于单一的偶发话题。这类话题随时随地地出现在网络言语交际的媒介上。突发事件，奇异新闻，天灾人祸，都会产生原发性单一的偶发话题。例如，2012 年的新话题，有"90 后殴打老人"，北京上海的"天价月嫂"，"狼爸教育"，"毒胶囊"，"哈尔滨禁狗令"，等等。这类话题，也是网民们颇感兴趣的话题，往往引起网民跟风热议，造成极大的社会影响。

"各方约定"的话题，出现得最多的显然是社会热点话题。所谓的"社会热点话题"，大多是社会生活中发生、被网民热炒、被特别关注的那些话题。大到世界格局，小到"身有小恙"，涉及范围最广，涉及网民最多，是真正源于网民自己的话题。当然，不同群体，也有不同侧重。新潮一些的网民，侧重于流行时装、节能汽车、绿色家装等时尚话题；富有朝气的网民，侧重于体育金牌、选美活动、影星歌星等文娱话题；充满爱心的网民，侧重于关爱妇孺、善待动物、移情别恋等关乎情感的话题。

下面这段关于"钓鱼岛"的网聊实录，就具有"各方约定"的话题特点。

> 明月窗—市区(438148122)10：52：37
> 大家好好议议钓鱼岛事件
> 明月窗－市区(438148122)10：52：46
> 这是目前中国人最需要关注的热点
> 明月窗—市区(438148122)10：55：39

钓鱼岛，全称"钓鱼台群岛"，倭人称其为"尖阁列岛"。钓鱼岛群岛由钓鱼岛、黄尾岛、赤尾岛、南小岛、北小岛、大南小岛、大北小岛和飞濑岛等岛屿组成，总面积约 7 平方公里。

> 毒爱(995109)10：55：43
> 打日本　老子捐条命
> 半支香烟(717105438)10：55：47
> 目前能做的是抵制日货
> 保险丝(919461265)10：55：47
> 让美国也看看我们的实力
> 明月窗－市区(438148122)10：55：48
> 地质特征：其海域为新三纪沉积盆地，富藏石油。据 1982 年估计当在 737～1574 亿桶。
> 保险丝(919461265)10：55：52
> 我也是
> 半支香烟(717105438)10：56：04
> 谁买日本产品我鄙视谁
> 明月窗－市区(438148122)10：56：10
> 自从发现富藏石油后，他们就像疯掉似的
> 掉念过去(305417182)10：56：24
> 愿携十万虎狼旅，横刀跃马入东京……

宇宙边缘(1036647515)10：56：35

谁买日本产品谁是汉奸

半支香烟(717105438)10：56：42

……

保险丝(919461265)10：57：03

我没买啊

明月窗—市区(438148122)10：57：33

20 世纪 60 年代末联合国委员会宣布该岛附近可能蕴藏着大量的石油和天然气后，日方立即单方面采取行动，先是由多家石油公司前往勘探，接着又将巡防船开去，擅自将岛上原有的标明这些岛屿属于中国的标记毁掉，换上了标明这些岛屿属于日本冲绳县的界碑，并给钓鱼岛列岛的 8 个岛屿规定了日本名字。

明月窗–市区(438148122)10：57：42

1971 年，美日两国在签订归还冲绳协定时私相授受，把钓鱼岛等岛屿划入归还区域。这一交易遭到中国政府的强烈抗议。

这段网聊的话题，源于"各方约定"。网络言语交际主体"明月窗—市区(438148122)"，提出了"关于钓鱼岛"的话题。随后"毒爱(995109)"、"保险丝(919461265)"、"半支香烟(717105438)"、"掉念过去(305417182)"、"宇宙边缘(1036647515)"等相继响应。相关各方，同意约定，先后参与了言语交际。"毒爱(995109)"提出"打日本"的话题，一时没有得到他方的响应。"半支香烟(717105438)"转换到"抵制日货"的话题，得到了"宇宙边缘(1036647515)"等方的响应，也就是说"抵制日货"成为各方认定的话题……"钓鱼岛事件"，也是个由日方挑起的突发事件，属于单一的偶发话题。由于引起了全世界的关注，尤其是中国网民的密切关注，很快成为最热门的话题。

"90 后殴打老人"视频，引发微博热门话题。这也具有"各方约定"的话题热点。2012 年 3 月 29 日，一段 90 后少年殴打七旬老人的视频在网上传播，视频中，两名少年对着白发苍苍的老人满嘴脏话并拳脚相加，老人虽然奋力反抗，但依旧敌不过年轻小伙的殴打。这两少年的行为让网民非常愤慨，网友们开始在微博上、帖子中大量转发，并强烈要求人肉这些打人小孩。面对这个突发事件，网民们通过网络言语交际，或在网聊之中，或在博客(微博)里，还有网络新闻评论，一致表示谴责，很快使之成为热门事件。

网络言语交际中，很多话题都来源于交际主体的"各方约定"。"各方约定"的话题与"网站设定"的话题有所不同。一个是由言语交际主体相关各方自行约定的，一个是由相关言语交际主体以外的第三者网站预先设定的。"各方约定"，可发生在言语交际之前，也可产生于交际过程之中。言语交际的某方，提出某个话题，与另一方约定了，相关各方就可以顺利地进行言语交际。否则，就会被某方转换话题或者退出言语交际。上面"关于钓鱼岛"的网聊实例，就是这样。

2012 年上半年，"食品安全"成了网民热议的话题。什么"地沟油流向餐桌"、"蔬菜水果农药超标"，什么"病死肉、注水肉售卖"，"奶源不安全"，等等，都成为网民网络言语交际的经常性网聊话题。"tianci"等网民的发问，很有代表性："药你命"、"黑心肠"、

"以假乱真"、"以次充好"这些无良词汇为何总和食品连在一起？问题食品缘何屡禁不绝？监管部门能否杜绝"软监管"、"马后炮"？食品行业能否重建诚信体系？无良食品生产者和销售者何时出局……

"缩小贫富差距"，也是广大网民深切关注的网络言语交际话题。"世界上最遥远的距离是，我们俩一起出门，你去买'苹果'四代，我去买四袋苹果"，网民的灰色幽默折射出贫富差距不断拉大的尴尬现实。"学会放松 HP"等网民说，共同富裕不能只是空话，"提高基层劳动者在企业利润中的分配份额才是动真格的。"不少网络言语交际内容反映出，几年来我国居民消费支出占 GDP 的比重不断下滑。不少网民认为，居民收入增长过慢，拉动内需、刺激消费就陷入空谈。同时，城乡、区域、行业和社会成员之间的收入差距不断扩大，为百姓仇官、仇富心理的滋长和社会矛盾的积聚提供了养分。

在实际的网络言语交际中，以上言语交际话题，都是源于"各方约定"的。源于"各方约定"的网络言语交际话题，往往是社会生活中发生的关乎现实民生的最易引起网民关注的热门话题，同时，也是真正源于网民自己的话题。这类话题总是备受关注，成为网民热炒的话题。这类热点话题，涉及网民面很广，所以最易"约定"。在这类话题的网络言语交际中，一方提出，各方纷纷响应，很少出现言语交际主体中途离线的现象(除非他的确有事，不得不下线)。

3. 网络言语交际源于"随机出现"的话题

随机出现的话题，一般出现在网络言语交际的动态过程之中，也属于来自网络言语交际主体的话题。或是上网闲聊时，偶然提及，并引起各方注意的话题；或是在正常网络言语交际中，有人突发灵感，找到了一个大家都感兴趣的话题……这类话题往往出现在"群聊"之中，个人博客(含微博)里，也时有出现。下面这段网聊记录，就有"随机出现"的话题。

> xiao 二 B(258031330)11：28：49
> 开学上初三。。
> xiao 二 B(258031330)11：29：22
> 唉。。马要中考了。。压力好大啊。。
> 素　颜(1398135181)11：29：23
> 恩
> 素　颜(1398135181)11：29：31
> 我也是他们班的
> 石头(273110485)11：29：32
> 我是隔壁班的
> 素　颜(1398135181)11：29：39
> 书背的头疼死了
> sugar(1639284)11：29：39
> 没事，小二 B 语文还行。。就数学差一点
> ✚寶鋇ㄦ✚(474175883)11：29：43
> 有种被骗的感觉。。。。

sugar(1639284)11：29：44
对了　素颜
sugar(1639284)11：29：50
你暑假作业写好没
石头(273110485)11：29：59
求抄作业。。。
sugar(1639284)11：30：00
给我炒一下
素　颜(1398135181)11：30：00
戴戴
sugar(1639284)11：30：08
我在猫空。。你把作业带来
素　颜(1398135181)11：30：09
快了　马拿给你抄
sugar(1639284)11：30：13
晚上请你吃饭
素　颜(1398135181)11：30：16
好的
石头(273110485)11：30：17
素颜帮我写作业啵
素　颜(1398135181)11：30：22
死走
sugar(1639284)11：30：26
石头你是有多懒
xiao 二 B(258031330)11：30：29
没呢。。烦死了。。作业本被我打牌输掉了。。
素　颜(1398135181)11：30：31
你页 50 块
……(有省略)
石头(273110485)11：30：44
伤心了。。。我们老师坏呢。。有多作业呢
素　颜(1398135181)11：30：54
他敢
石头(273110485)11：30：56
一个人写不完。。
xiao 二 B(258031330)11：30：58
已经输了。。
素　颜(1398135181)11：31：00
对不小二

sugar(1639284)11：31：03

我作业本上次被你们撕了做三国杀牌了

sugar(1639284)11：31：14

后来我抢的 S 姐的

石头(273110485)11：31：21

小二偷过。。。上次学校公告你们没看？

xiao 二 B(258031330)11：31：26

我现在真空啊。。

这段网聊里，开始时 xiao 二 B(258031330)提出有关"要中考了"的话题，素颜(1398135181)、石头(273110485)回应。十寳銀ル十(474175883)"随机出现""被骗"的话题，sugar(1639284)回应。sugar(1639284)突发灵感，"随机出现""抄作业"的话题，石头(273110485)、素颜(1398135181)11：30：16 跟着响应。

新版 QQ 里，经常出现这样的聊天记录。

这类源于"随机出现"的话题，似乎较有生命力。一个人百无聊赖，很想找人聊聊，有时甚至觉得"无论聊点什么都行"。这时，一旦进入网络言语交际，总会有合适的话题"随机出现"。一些大型网站关闭了所谓聊天室之后，推出了一些网站自带的个别聊天服务。为这类"随机出现"的话题，创造了大量网络言语交际机会。下面这段 QQ 聊天实录，其话题基本上都是"随机出现"的。

铥 lē丫鱫觉 14：34：20

我不认识你啊 你在哪找到我哦的啊

寂寞而已 14：34：22

搜索到你的啊，应该借用范伟的一句台词

寂寞而已 14：34：27

缘分啊...

铥 lē丫鱫觉 14：34：40

哦 呵呵

铥 lē丫鱫觉 14：34：42

你好

寂寞而已 14：35：23

这么客气

寂寞而已 14：35：47

你的 QQ 形象照片挺不错啊，

铥 lē丫鱫觉 14：36：00

哪个啊 空间的？

寂寞而已 14：36：24

不是，就是对方形象，空间还没来的及进

铥 lē丫鱫觉 14：36：39

哦哦　QQ 绣啊

铥 lē丫鱞觉　14：36：40

呵呵

铥 lē丫鱞觉　14：36：44

你是　做什么的啊

寂寞而已　14：36：50

那个一滴滴的是什么

铥 lē丫鱞觉　14：37：11

我也不在知道

寂寞而已　14：37：11

这么快就想调查我了啊

铥 lē丫鱞觉　14：37：12

呵呵

铥 lē丫鱞觉　14：37：19

晕　　那算了

铥 lē丫鱞觉　14：37：23

调查你??

寂寞而已　14：37：38

是啊，你先自报一下家门吧

铥 lē丫鱞觉　14：37：55

为什么啊

寂寞而已　14：38：04

是啊，你问我做什么的，不就是调查吗

铥 lē丫鱞觉　14：38：33

那不调查了

寂寞而已　14：38：35

你想调查我首先得礼貌得自己介绍一下自己啊

铥 lē丫鱞觉　14：38：52

不调查了

铥 lē丫鱞觉　14：38：53

呵呵

寂寞而已　14：38：57

然后如果我觉得你符合我交朋友条件，我才会礼貌得回应你我得情况

铥 lē丫鱞觉　14：39：15

不交了

寂寞而已　14：39：43

不交拉倒，不是社么人都能和我交朋友得

寂寞而已　14：40：14

铥 lē丫鱞觉　应该怎么念? 是不是火星文

铥 lē丫鳡觉 14：41：36

丢了感觉

寂寞而已 14：42：51

感觉丢了，看来你情场失意啊

铥 lē丫鳡觉 14：43：11

要你管啊

寂寞而已 14：44：25

谁想管你啊，不是什么人都值得我管！

铥 lē丫鳡觉 14：44：54

我的天

~~~~~~~~~~~~~~~~~~~~~~~~~~~~~~~

寂寞而已 14：45：36

我的天~~~~~~~~~~~~~~~~~姑娘说的是什么天书？

铥 lē丫鳡觉 14：45：51

是又怎么样

寂寞而已 14：47：30

是我们就没法交流，我只懂人语，

铥 lē丫鳡觉 14：47：45

我看你是人语不懂

寂寞而已 14：48：36

是吧，我是鸟语不懂

铥 lē丫鳡觉 14：48：39

铥 lē丫鳡觉 14：49：06

今天天热 你热傻了啊

寂寞而已 14：49：52

你干嘛对我这么狠之入骨啊，这年头不在沉默中爆发，就在沉默中死去，为了应对你我只有使出杀手铜

寂寞而已 14：50：03

以防你拿着刀子接近我

铥 lē丫鳡觉 14：50：10

~~~~~~~~~~~~~~我们是敌人吗

寂寞而已 14：51：16

你都拿着菜刀对付我了，你把我当敌人了，我只有先下手为强

铥 lē丫鳡觉 14：51：27

切~~~~~~~~~~~~~~~~~~~~~~~~~~~~~

寂寞而已 14：51：58

算了，干嘛搞的跟仇人似的，男人该大方一点，我

铥 lē丫鳡觉 14：52：39

就是嘛

铥 lēヤ鳡觉　14：52：41

嘿嘿

寂寞而已　14：53：08

嘿嘿，那我们算是合好了

铥 lēヤ鳡觉　14：53：20

算是吧

寂寞而已　14：53：35

铥 lēヤ鳡觉　14：53：46

你是不是太激动了啊

寂寞而已　14：54：08

这是社交礼仪啊

铥 lēヤ鳡觉　14：54：28

也是哈　但是中国人很少抱抱的

寂寞而已　14：55：23

不好意思，可能老跟外国人打交道久了，习惯这种洋玩意了，一时没想到你是一位传统的中国女性

铥 lēヤ鳡觉　14：55：42

呵呵

寂寞而已　14：56：50

我进你空间看看

铥 lēヤ鳡觉　14：56：56

OK

铥 lēヤ鳡觉　14：57：18

本人 长的难看别吓着啊　我可不负责任

寂寞而已　14：57：58

是吗，我好怕怕啊，一会你见我晕倒，得马上打 120 啊

铥 lēヤ鳡觉　14：58：08

那还是先打吧

铥 lēヤ鳡觉　14：58：16

预防着

寂寞而已　14：59：03

好啊，你先叫救护车在外等着，万一我还没出来，就赶紧让他们进来救我

铥 lēヤ鳡觉　14：59：51

那我看你就这样吓死算了

寂寞而已　15：00：37

你把照片密码告诉我啊

寂寞而已　15：00：43

要不怎么吓我啊

铥 lēヤ鳡觉　15：00：46

密码忘记了

铥 lē丫鱨觉 15：01：04

早就忘记了

铥 lē丫鱨觉 15：01：34

再说　里面也没有什么　都是以前的

寂寞而已 15：01：46

晕，除了你空间主页上那个 COPY 的美女照，就是你欣赏的某个台湾男人的一堆照片

寂寞而已 15：02：11

救护车白来了

铥 lē丫鱨觉 15：02：14

空间有一张　啊　我的

寂寞而已 15：04：36

是嘴角下有痣的？

铥 lē丫鱨觉 15：04：50

恩

寂寞而已 15：05：14

还好，我没被吓死，

寂寞而已 15：05：22

虽然不漂亮

铥 lē丫鱨觉 15：05：24

~~~~~~~~~~~~~~~~~~~~~~~~~~~~~~~~~~~~

寂寞而已 15：05：30

还是有几分可爱吧

铥 lē丫鱨觉 15：05：50

呀呀呀　嘴巴会说话了啊

寂寞而已 15：06：07

这样吧，救护车都已经来了，咱们一起出去好歹跟人说一下，是一场误会

铥 lē丫鱨觉 15：06：30

我疯了把我带走吧

寂寞而已 15：07：24

让救护车带你走啊，那我说你有点神经不正常，这个理由似乎恰当，他们应该会带你上车的

铥 lē丫鱨觉 15：07：58

你别变向讽刺　侮辱　别人哈

寂寞而已 15：09：07

我哪敢

寂寞而已 15：09：51

给你做个测试吧

寂寞而已 15：10：45

你要过河去，有四种方式可以供选择：

……（有省略）

寂寞而已 15：20：07

"日"字加一笔，你第一感觉是什么字？就选什么字，只能选一个

铥 lē ヤ 鱥觉 15：21：13

？？

铥 lē ヤ 鱥觉 15：22：43

没有选项啊

寂寞而已 15：22：51

白　目　由　电　旧　甲　申　旦　田

铥 lē ヤ 鱥觉 15：23：32

第一个想到的是白

……（有省略）

铥 lē ヤ 鱥觉 15：28：26

你家是哪的啊

寂寞而已 15：28：36

看你照片感觉你挺像学生的，你学生吗

铥 lē ヤ 鱥觉 15：28：44

我　上班了

铥 lē ヤ 鱥觉 15：28：53

刚毕业

寂寞而已 15：29：20

我老家啊，距离北京很远，大概做火车得 24 个小时，飞机得将近 4 个小时

铥 lē ヤ 鱥觉 15：29：37

是哪？

寂寞而已 15：30：01

听说过美丽的凤凰古镇吗？

寂寞而已 15：30：19

刚毕业啊，学什么专业的？

铥 lē ヤ 鱥觉 15：30：56

没有　听过

寂寞而已 15：31：48

那我只能对你说五个字了：地理没学好

寂寞而已 15：31：56

你老家哪里

铥 lē ヤ 鱥觉 15：32：12

离北京很近　就 2 个小时

寂寞而已 15：32：19

河北？

铥 lēㄚ鳜觉 15：32：26

恩

寂寞而已 15：32：44

河北哪里，我去过河北一些城市

铥 lēㄚ鳜觉 15：32：56

秦皇岛

寂寞而已 15：33：27

很美丽的城市，原来是海边长大的女孩啊

寂寞而已 15：33：54

有几分可爱跟水灵

铥 lēㄚ鳜觉 15：35：05

呵呵　是吗　我感觉不是这样啊

寂寞而已 15：35：24

我感觉就是这样啊，

铥 lēㄚ鳜觉 15：35：37

呵呵

寂寞而已 15：36：11

我挺喜欢旅游的

铥 lēㄚ鳜觉 15：36：18

ME　TO

寂寞而已 15：37：13

但我还没去过秦皇岛，五一的时候去了一趟月陀岛

寂寞而已 15：37：38

也是海边，就在你们老家河北，李大钊故乡

铥 lēㄚ鳜觉 15：37：41

哦　秦皇岛没有什么好玩的也　可能是我在那时间长了

铥 lēㄚ鳜觉 15：37：49

哦

寂寞而已 15：38：37

我想一般在海边长大的女孩对海都不太感兴趣吧，天天见到的就是海

铥 lēㄚ鳜觉 15：38：49

你还没有告诉我你家到底是哪的呢

铥 lēㄚ鳜觉 15：39：04

也不是啊　我对水感兴趣

寂寞而已 15：39：32

说了你地理没学好，除了一个湖北，还有一个湖什么？

寂寞而已 15：40：02

喜欢游泳？或者潜水？

寂寞而已 15：41：04

湖南啊，算了告诉你得了，要不省得你想破脑袋

铥 lēⱤ鱲觉 15：41：21

你真把我当白痴了啊

寂寞而已 15：41：49

我可没说，你自己说得啊，别怪我

铥 lēⱤ鱲觉 15：41：58

铥 lēⱤ鱲觉 15：42：16

你还没有告诉我你是做什么的呢

寂寞而已 15：43：02

我也是上班的啊，你都没回答我你学什么专业的问题啊，还有做什么职业啊

铥 lēⱤ鱲觉 15：43：15

我是做 HR 的

铥 lēⱤ鱲觉 15：43：23

学的是 AIT

寂寞而已 15：44：15

喔，我是做商务顾问

铥 lēⱤ鱲觉 15：44：26

哦　顾问什么啊

寂寞而已 15：45：37

商务咨询啊，为外籍客户提供一览子服务

铥 lēⱤ鱲觉 15：46：15

哦

寂寞而已 15：46：40

我看你照片觉得你还在读书，结果没想到你都上班了

铥 lēⱤ鱲觉 15：47：00

今年刚毕业

寂寞而已 15：47：16

恩，学生气还没脱离

寂寞而已 15：47：28

北京读的大学？

铥 lēⱤ鱲觉 15：47：32

是啊

铥 lēⱤ鱲觉 15：47：41

不成熟的表现啊

寂寞而已 15：48：45

一步一步来吧，说你小该觉得高兴

铥 lēⱤ鱲觉 15：49：16

恩

寂寞而已 15：49：21

没有女孩喜欢别人说她大啊之类的

寂寞而已 15：49：32

这点跟男人不一样

铥 lē丫鱥觉 15：49：40

呵呵　那事实　就是事实啊

铥 lē丫鱥觉 15：50：07

你是男人还是男孩

寂寞而已 15：50：08

男人倒是喜欢别人说他大，成熟，那样显得有魅力

铥 lē丫鱥觉 15：50：14

～～～～～～～～～～～～～～～～～～～

寂寞而已 15：50：31

MAN

铥 lē丫鱥觉 15：50：43

寂寞而已 15：51：04

NOT BOY　你是女孩还是女人

铥 lē丫鱥觉 15：51：13

不告诉你

寂寞而已 15：51：36

哈，有待日后求证

铥 lē丫鱥觉 15：51：46

SUPPER MAN ～～～～～～～～～～

寂寞而已 15：52：11

are you talking about me? I am so happy

铥 lē丫鱥觉 15：52：29

没有说你

铥 lē丫鱥觉 15：52：48

我是说～～～～～～～～～～～～～～～～～～～～～～～～～～

寂寞而已 15：53：06

说我就说我，干嘛不好意思

铥 lē丫鱥觉 15：55：53

我下了啊

铥 lē丫鱥觉 15：55：59

回见

寂寞而已 15：56：21

好，回见

在这段网聊里，"寂寞而已"随即提出"你的 QQ 形象照片"的话题，"铥 lē丫鱥觉"

随之响应。随后，"寂寞而已"又提及"调查我"的话题、"交朋友"的话题、"把我当敌人"等话题，"铥lēヤ鱻觉"——予以应对。随之"铥lēヤ鱻觉"提及"本人长的难看"的话题，"寂寞而已"又提出"打120"的话题，转而提及"给你做个测试"的话题。"铥lēヤ鱻觉"应对之后，转而提出"你家是哪"等话题。后来，"寂寞而已"又转而提出"你是女孩还是女人"的话题……

"随机出现"的话题，在网络言语交际的动态过程中，往往灵活多变，这与网络言语交际主体各自的交际目的、交际场景的变化关系密切。尤其是只为消除寂寞而找人聊天之时，"随机出现"的话题，更是灵活多变。工作之余，心中寂寞，十分无聊，你是不是也急于找人聊天？当即你心中本无既定话题，又怕话不投机对方离线，你就只能"审时度势"关注言语交际过程的动态发展，实时地提出或转换言语交际话题。"一对一聊天"也好，"群体聊天"也好，这种状况是有出现。个人博客（含微博），这种情况，多出现在跟帖里。

5.1.2　网络言语交际话题的基本特点

网络言语交际话题，一般说来，主要就是来源于以上所述"网站设定"、"各方约定"以及"随机出现"等三个方面，这表明网络言语交际话题的来源与其他言语交际话题的来源是有所不同的。但是，网络言语交际话题本身又与其他言语交际话题有什么不同呢？

网络言语交际的话题相对于日常言语交际的话题来说，一般看来，好像差不多。其实，网络言语交际的话题还是有些特点的。

1. 网络言语交际的话题具有广泛性的特点

网络言语交际的话题涉及面很广，人们日常生活中的种种，几乎都可以成为网络言语交际的话题。从"热点话题"到"时尚娱乐"，从"人际情感"到"日常生活"，等等，都是网络言语交际的话题范围。网络言语交际的话题十分广泛，古今中外，东西南北，几乎无所不谈，人分种种色色，话题就有千千万万，这里就不一一说它了。

2. 网络言语交际的话题具有随意性的特点

网络言语交际是极为随意的交际，不管是什么样的话题一旦进入到网络言语交际之中，就会不可避免地染上轻松、随意甚至时尚娱乐的色彩。这就有别于日常言语交际或其他言语交际了。

以下这段网聊，就非常轻松、随意，网聊中的言语交际主体似乎漫无目的，随心所欲，信口开河，聊将开来。

助工（）14：53：01
是不是身体不舒服啊？　　（刚打过电话，工作电话）
珺（珺）15：21：29
还好啦。怎么听出来的？
助工（）15：24：04
是啊，刚才你声音小的我都快听不见了
珺（珺）15：25：32
啊？这么凄惨？那你让我大点声嘛。我自己没意识到55555555

助工（ ）15：25：35

感冒么？严重不？

珺（珺）15：27：10

还好，就是嗓子发炎啦。

助工（ ）15：27：11

没事啊，你声音小，用心听还是能听到的

珺（珺）15：27：24

哈哈。这么细心？   （IOI）

助工（ ）15：28：30

嗓子发炎就是身体免疫系统和感冒病毒打仗啦

助工（ ）15：28：58

一看就是你体质弱，平时不锻炼   （给了很多ioi，想打压下，不知道这个算不）

珺（珺）15：30：42

哇，一下就说到点子上啦

珺（珺）15：31：08

我比较容易生病。每年都会有一次大的发烧。集中在十月，十一月左右   （话多，IOI）

助工（ ）15：31：58

所以你平时要多锻炼啊

助工（ ）15：32：34

春秋换季最容易感冒了

珺（珺）15：32：49

我想好啦，准备天热的时候早晨起来跑步去

珺（珺）15：32：51

嘿嘿

助工（ ）15：33：31

得，听到这句话就已经知道你的计划会泡汤   （打压）

珺（珺）15：34：47

会的会的。我都想好啦

助工（ ）15：37：54

（表情：竖大拇指）那你要认真贯彻落实   （表扬她）

珺（珺）15：39：50

（动感字体：OK，HAHA）。

珺（珺）15：39：58

这字体不错吧。比较动感

助工（ ）15：41：33

其实刚开始从一些简单的运动开始最好，太剧烈或者时间太长的锻炼计划会因为自己的惰性实施不下去   （有目的构建自己的框架）

助工（ ）15：42：44

哈哈，怎么弄的？　　　　（其实我知道，故意问）

珺（珺）15：43：41

表情里面 后面的。很多人都没有往后面看过。嘿嘿

助工（）15：44：07

哦？哈，你挺细心的啊　　　（拉一下）

珺（珺）15：44：12

现在必须运动了，皮肤都变差啦。以前没有天天面对电脑，现在天天看电脑，皮肤好像受不了接受一天的辐射，太恐怖了　　　　（话多，IOI）

珺（珺）15：44：25

好奇心重吧、嘿嘿

助工（）15：45：05

电脑辐射对皮肤的损害最大了

助工（）15：45：32

好奇心重有的时候也不太好哦　　　　（冷读）

珺（珺）15：45：59

那倒是的，好奇心容易带来麻烦

助工（）15：47：03

其实你现在就开始做一些简单的室内运动，没必要等天气热了才开始　　　　（继续刚才的框架，往目标走）

珺（珺）15：47：23

好冷啊这几天，都不想动

助工（）15：47：58

真是懒！　　　　　　　（打压）

助工（）15：49：21

在室内不冷啊，可以做些床上运动　　（保持框架）

珺（珺）15：54：08

????? 惊讶 床上运动？

珺（珺）15：54：26

办公室里？

助工（）15：56：44

恩，比如仰卧起坐，瑜伽啊什么的　　　（比较老套的一个惯例）

买个毯子，办公室也行啊

珺（珺）16：00：12

哦。这个还是可以的。我喜欢瑜伽啊。不过总是没有时间

助工（）16：00：14

听说打滚还能瘦身，哈哈（表情：偷笑）

珺（珺）16：00：27

啊？那不能天天在地上打滚吧。多吓人啊

珺（珺）16：00：46

瘦身就算了。我已经很瘦啦。健身可以

助工（）16：01：14

你自己一个人的时候随便滚去呗，哈哈

珺（珺）16：01：55

汗 感觉不像好话啊

助工（）16：02：27

你别找借口哦，瑜伽10分钟都能练，你10分钟都抽不出来？　　　（打压）

助工（）16：04：03

啥叫不像好话，你看那些小猫整天打滚，多开心　　　（角色扮演）

珺（珺）16：05：38

哦，我想起来了，我家小狗也时常打滚，我一直都觉得好奇怪啊，不知道这是在干什么，跟傻子一样。现在才明白是因为开心啊

助工（）16：10：51

刚才有点事……（这里她好久没回，我也手动暂离一会儿，以免显得自己上班时间无所事事）

助工（）16：11：37

就是啊，你可以试试，一边打滚一边伸懒腰，真的很舒服

珺（珺）16：11：55

你经常这样吧

珺（珺）16：11：55

哈哈

珺（珺）16：12：02

（表情：偷笑）

助工（）16：13：08

你该多和你家小狗学学，你看它活的多舒服

珺（珺）16：13：25

（表情：惊恐）

助工（）16：16：15

人总是在意别人的看法，有时候就应该随意一点，才不管是不是被主人笑话是傻子呢　（冷读）

珺（珺）16：17：53

恩，是的呢。这才是80后的样子。不过现在90后是这样的

助工（）16：19：19

你是说你是90后参加工作的？　　　（故意误解）

珺（珺）16：20：05

90后。不是我90后啦

珺（珺）16：20：15

我是80后的

助工（）16：20：43

我说么，你有那么老吗

助工（）16：21：13

（表情：微笑）

珺（珺）16：21：49

（表情：惊恐）你多大啦。这个问题我应该没有问过吧

珺（珺）16：21：59

对了，我总是重复问你的是哪个问题啊　　　（她共谋，之前聊过这个话题）

珺（珺）16：22：11

（表情：大哭）我又忘记啦

助工（）16：23：44

那你就什么都不要问啦，问错了，我就不理你了（表情：大兵）

珺（珺）16：25：08

难过　我问小尹去。。。他应该记得我重复问你的问题。55555555555

助工（）16：26：18

你自己记性差，还老麻烦别人　敲打　　（打压）

珺（珺）16：27：26

你你……！^那又不是我的错。（表情：大哭）

助工（）16：29：46

对对，不是你的错，都是你爸妈没做好工作　　您已经请求与对方进行语音谈话，请等待回应或取消该未决的邀请。

您取消了语音谈话请求。

您已经请求与对方进行视频交流，请等待回应或取消该未决的邀请。

您取消了视频交流请求。

珺（珺）16：31：44

（表情：白眼）什么啊。每天要记的东西太多啊

助工（）16：32：34

那是你脑子不够用　　　　（继续打压）

珺（珺）16：32：56

你你。我想起来啦

珺（珺）16：33：05

我总是问你　是不是和尹立国一届的！

珺（珺）16：33：35

哼！我只是没有用心记啊！！！好好想想不就想起来啦！

助工（）16：35：29

恩，就是，拍拍小脑瓜，还是没有那么笨　　（拉一下）

珺（珺）16：36：46

（表情：白眼）

助工（）16：36：56

敲打

珺（珺）16：37：21

发呆

助工（ ）16：38：28

（表情：偷笑）

珺（珺）16：39：02

我特喜欢这个表情。嘿嘿

助工（ ）16：39：10

哎，不跟你聊了，好多事儿呢（差不多了，展现工作上进心，DHV）

珺（珺）16：39：52

忙吧。都聊一下午啦

助工（ ）16：40：15

表情：发呆 这个、。确实挺贴切

珺（珺）16：41：08

哈哈哈哈

助工（ ）16：42：02

把你手机号给我，后天去郑州给你打电话（工作关系，收号没啥困难）

珺（珺）16：42：20

135XXXX6834

助工（ ）16：42：37

后天下午前报道是吧？

珺（珺）16：43：04

是啊。1点

助工（ ）16：43：43

好的，后天见

珺（珺）16：44：47

表情：害羞

在这段网聊里，助工（ ）与珺（珺）两个网络言语交际主体，从"感冒"话题聊起，聊到"平时要多锻炼"，"早晨起来跑步"，又聊及"电脑辐射对皮肤的损害"、"瑜伽"、"瘦身"等话题，后来又很随意地聊到参加工作时间"90后"、"我是80后的"，又扯到"是不是和尹立国一届的"，就这样，"都聊一下午啦"，相互交换"手机号"、"打电话"，表明这次网络言语交际的成功。

网上的下段聊天记录，虽然有可能是搞笑之作，但仍不乏轻松、随意和滑稽的色彩。

女：在不？

男：我无处不在！

女：晕哦……

男：来，往我怀里晕，Com on baby！

女：呵呵…你叫什么？

男：我没叫啊，你又没非礼我？

女：我是问你姓名。

男：噢耶～我复姓南宫叫鹏友，简称南鹏友！

女：呵呵，朋友…

男：是的，请叫我全名男朋友 OK？

女：少来了，又占我便宜…

男：你又不是市场里的菜，我占你便宜作甚？

女：你……

男：噢，扫泪！其实刚那是我艺名啦，我姓倪，叫劳恭，你哩？

女：额……我叫小薇！

男：原来是你！

女：你认识我？

男：嗯，我天天都哼着你！

女：怎么哼？

男：小薇啊，你可知道我多爱你…

女：呵呵，你真幽默！

男：大家都那么说！

女：你真不谦虚。

男：错！是我不虚伪！

女：你好自恋！

男：错！我是自信！

女：我服了你…

男：我 60 公斤左右，你服的进去么？

女：……（郁闷中）你多大？

男：没法形容，很魁梧！

女：我是问你年龄？

男：二二得四，四四十六，十六加八减去四得多少？

女：二十…

男：回答正确，可惜没奖…你呐？

女：呵呵，我十八了。

男：十八真好！

女：何以见得？

男：都说十八十八一朵花哈！

女：那又怎么样？

男：我斗胆想摘你，如何？

女：我是带刺的玫瑰，你不怕？

男：pa 字我打不出来。

女（转移话题）：你是哪儿的？

男：中原。

女：额…中原哪里？

男：惭愧，在下四海为家居无定所！

女：真的假的？

男：凭你的智慧我哄得了你不？

女：说的也是…但你不想有个真正的家么？

男：何尝不想，只是…

女：只是什么？

男：只是没有女孩愿与我比翼双飞。

女：去找个呗！

男：现今社会现实不堪真爱难寻，谈何容易？

女：喂，别那么扫兴啊，会有的！

男：会么？我好孤单，不知何时才能摆脱？

女：我现在跟你聊天你还孤单？

男：不，感觉良好，可惜只是一时…

女：你不是怕字打不出来么？

男（恍然过来）：对喔，我要摘你这带刺的玫瑰。

女：我已收了刺，摘我回家别让我枯萎你可做得到？

男：有两首歌是我对你的承诺…

女：哪两首？

男：《小薇》与《护花使者》。

女：真的？

男：的确是，此心天地可鉴日月可表！

女：嗯，男朋友！

男：呵呵，叫我劳恭比较好！

女：嗯…老公！

男：嘘…老婆别说了，有人在看我们对话呢！

女：哦，果然如此。

你看，在这段网聊中，一男一女歪七扭八地就这样搭讪上了。是不是很轻松，很随意，很滑稽？有点娱乐色彩吧？人不能总是太紧张。这样比就可以调节一下心情了。

对于有些大是大非的严肃话题，日常人们的谈论的基调往往哀悼、同情、勉励，等等。在网络言语交际中，这些严肃话题，一般都会从中添加上轻松、自由，甚至娱乐的意味，好像是为调解心情，而笑对人生。这样的例子，不胜枚举。

教师节网络祝福短信变得再也不那么正儿八经了，多了些真实的心愿，也多了些善意的搞笑。请看2012年教师节的几段，是不是这样？

"教师节到了，想好送老师什么礼物了吗？我打算带上一只北京烤鸭，捎上捆青岛啤酒，拎着一只上海大闸蟹，去跟咱老师谈谈。考试的时候睁一只眼闭一只眼……教师节快乐！"

"金色九月开学忙，大考小考心不爽，求神拜佛请菩萨，一定帮忙开妙方，他说：吉日就在教师节，收到短信多欢畅：玩啥转啥没得挡，考啥过啥不用慌！"

"我若是八戒您就是唐僧，我若是傻郭靖您就是洪七公；我永远是您的"高"徒，您永远是我声名远扬，威震四海的师傅。师傅，您老人家辛苦啦。"

"老师：想请您吃饭却没有钞票；想送您礼物搞不清楚送什么好；想说我爱您却怕师母闹得你教师节过不好……只好发条短信祝您：节日快乐，身体健康！"

子女在父亲节母亲节的祝福似乎应该是诚挚的庄重的，这些网络短信则不同。

"老爸你知道吗：每天都会有人赞叹我的聪明、优雅和帅气！而我总是神气地说：俺爹出品，必属精品！老爸：父亲节快乐！"

"没有天哪有地，没有地哪有家，没有他哪有你，没有你哪有我。父亲节到了，老爸：快买礼物送给爷爷吧！"

"爱你那么久，从未说出口。今天，我要大声地向全世界宣布对那个老男人的爱：我爱你！爸爸。"

"从未做过贼，却想偷个幸福给你！从没坑过人，却想骗个快乐给你！从未害过谁，却想拐个开心给你！从没赖过谁，却想抢个平安给你！妈，母亲节快乐！"

"亲亲我的母亲，祝福您每年都有棒棒的 BODY；每天的明天都有多多的 HAPPY；每天心情都很 SUNNY，无忧无虑像 BABY。"

"翻版的货色通常是差劲的，但是您复制给我的基因，却是最美好的！谢谢您，翻版皇后！"

网络言语交际方式，是极为自由，极为自主，也极为随意的言语交际方式。人们在网络言语交际中，用这种独特的方式谈论着一切。在轻松谈笑之中，网民们对有关话题表达出自己的真知灼见。

5.2 网络言语交际话题的关注倾向

网络言语交际话题十分广泛，但是，不同的言语交际话题在网络言语交际中所受言语交际主体关注的程度是不同的。不同类型的网民，在网络言语交际话题上，都有着各自不同的关注倾向。

5.2.1 大学生类网民关注"网上交友"和"网上恋爱"等网络言语交际话题

新浪博客 2010 年 5 月的《大学生上网情况调查结果统计分析报告》，分析了当时我国大学生的上网情况。"大学生感兴趣的两个重要主题是网上交友和网上恋爱，这两个主题又是和网上聊天分不开的。51.21% 的同学上网时首先打开的是 QQ 等聊天工具，另有 9.5% 的同学首先打开电子邮件，而把玩游戏、聊天、收发电子邮件作为上网主要目的的同学则占到了 34.63%。网上游戏也体现了学生沉迷于网络的虚拟化……

"还有相当数量的大学生网民对一些问题缺乏正确的认识。对于网上的不健康信息，只有不足 6% 的同学能正确认识和妥善处理，更多的同学则是置之不理甚至主动浏览……"

2011 年 5 月《安徽科技学院大学生网络应用情况调查报告》显示：在接受调查的同学中，浏览最多的是电影网站占 23%，其次是游戏网站占 20.4%，娱乐网站占 13.7%，音乐网站占 12.5%，用 QQ、msn 聊天交友占 27.5%……有 53% 的同学曾经打开过色情网站，7.8% 的男生经常打开。有 78% 的同学上网聊天的目的是上网放松一下。上网聊的主要话题是学习和生活，在聊天的同学当中有 89% 的同学有固定的聊天对象。只有 6.7% 的同学有过网恋的经历。87% 的同学用 Blog 书写心情和展示自我，而且只有 12% 的同学设计过自己的个人网站。

CNNIC 2008 年 7 月报告："……对网上的传闻和性内容等不健康东西感兴趣者为 16%，厌恶者只有 12%，72% 的大学生网民则表示'不太关注'。有 29% 的人崇拜网上黑客，27% 的人明确表示反对，而 44% 的人则表示有机会也想试试……"

综合以上调查结果，对于大学生群体来说，他们的网络言语交际话题关注倾向是非常明显的。"网上交友""网上恋爱"相关话题，是大学生网友主要关注对象。"游戏"、"电影"、"娱乐"、"音乐"等也是大学生网友较为关注的话题。可喜的是在网上聊天中"学习"与"生活"仍是当代大学生关注的主要话题。"网上黑客"等争议话题大学生的关注度没有超过三分之一。"网上传闻"、"性内容"等话题大学生的关注度不足五分之一。

大学生网民，一般而言，完整的价值观念还未形成，好奇心又很强，很容易受到外来事物的影响，网络完全开放和虚拟的空间可以让大学生随心所欲地表现自己。大学生的特殊年龄段，决定了他们网络话题关注倾向的合理性，关注"交友"话题，是走入社会的必要准备，关注"恋爱"话题，是长大成人的健康心态。大家明白，在这个激烈竞争的时代，在大学里必须努力地学点真本事，做个竞争的强者。这就是大学生对"学习"和"生活"话题，具有特别关注倾向的理由。之所以"有 78.% 的同学上网聊天的目的是上网放松一下"，一般是因为生活节奏太快，学习负担太重，精神上急需调节等诸多现实情况使然。对于有些大学生比较关注一些所谓"消极的"、"不太健康的"话题，人们大可不必为之惊恐，大学生时代特有的猎奇的心态和追求个性张扬的心理，是会随着言语交际主体日渐成熟发生质的变化的。

5.2.2 大多数网民关注"新闻热点"、"时尚娱乐"、"社会民生"等网络言语交际话题

2012 年 6 月的 CNNIC 第 30 次互联网报告《网民互联网应用状况》表明，我国广大网民在网络言语交际话题关注倾向方面，主要还是集中在新闻热点、时尚娱乐、社会民生（政治、经济等）之类的话题上。

1. 大多数网民集中关注"新闻热点"类网络言语交际话题

大多数网民的网络言语交际话题，更多地集中在新闻热点方面。

新闻热点，一般涉及社会的政治、经济、文化、道德等诸多方面。新闻热点是人们关注的焦点，网络言语交际的主体大多对新闻热点很感兴趣。网络论坛（BBS）、聊天室等网络媒介，推波助澜，很容易使之快速地变为网络言语交际的热门话题。2012 年两会期间，就先后出现过网络言语交际主体格外关注的新闻热点。由新华社"中国网事"记者综合新华网、人民网等门户网站组织的"2012 年两会调查"结果表明，当时网民最关注

的新闻热点主要有：社会道德建设、食品安全监管、缩小贫富差距、房产市场调控和加强反腐倡廉等。其中，广大中国网民最为关注的又是"社会道德建设"和"食品安全监管"之类的新闻热点。

我国的社会道德建设问题，越来越成为广大网民十分关注的新闻热点。"道德之问"成为过去一年热得发烫的"网络热词"："小悦悦惨遭碾压，路人为何见死不救？""'金哨'变'黑哨'，足坛假赌黑缘何泛滥？""走了'郭美美'来了'卢美美'，中国慈善能否恢复元气？""'汉代玉凳'闹笑话，假拍乱象何时休？"

新华网"2012 两会调查"关于"社会道德建设"的问卷中，超过 80%的受访者认为社会道德水准"在下降"。究其原因，55.7%的受访者认为"不少公务人员行不正之风，带坏了整体风气"。面对网民忧虑的我国社会道德建设的现实，人们正在为重建道德而努力奋斗。"雷锋传人郭明义发动百万微博粉丝爱心接力救产妇"的故事传遍大江南北，"最美妈妈"吴菊萍、"守墓老兵"欧兴田、"最美婆婆"陈贤妹的动人事迹，催人泪下……就是这些草根们的行动，承载了中国人内心向善的渴望！我国的社会道德建设现状，正像全国人大代表邓宝金说的那样，是"感动与疼痛并存，谴责与反思交织，忧虑与希望同在！"

我国的食品安全监管，是个总是扣着全国人民的心的新闻热点。新华网"2012 两会调查"的 22 个选项中，"食品安全监管"始终特别突出。全国政协委员严琦直言不讳地指出其要害：监管不力、惩罚不够、法规不健全等是我国食品安全工作面临的突出问题，"只有跨越基层监管薄弱、质量失信惩戒、以罚代管、'九龙治水'这'四重门'，才能看到希望"。

"缩小贫富差距"是全国人民的呼声，是网民们发自内心的祈求，自然是新闻热点。一个时期以来，居民消费支出占 GDP 的比重不断下滑。难以拉动内需、没发刺激消费。全国人大代表裴春亮指出，"十二五"规划纲要，对城镇居民人均可支配收入和农村居民人均纯收入增长，明确提出增长 7%以上的量化指标。照此速度，10 年间我国居民可支配收入将翻番，人均 GDP 会同步倍增达 8000 美元左右。网民们为之欢欣鼓舞："有专家把它解读为中国的'收入倍增计划'，我举双手双脚赞成，但愿它成为实在的惠民之举而非数字游戏。"

"房产市场调控"，关乎"居者有其屋"，是网民们关注的新闻热点之一。一年来，中央打出调控房价"组合拳"，效果已初步显现，特别是加大保障房建设，让中低收入者拍手称快。新华网"2012 两会调查"中有"保障房，您最关心什么？"的选项，有 50%多的受访者选择"申请资格公平合理"，"分配程序公正透明"和"房屋质量稳定保障"等网民关注的中心问题。2011 年完成开工建设保障房和棚户区改造房 1000 万套的任务，中央又提出，2012 年新开建保障性住房和棚户区改造房 700 万套以上。但问题仍频频出现：从"深圳数十人隐匿财产申请保障房"到"福建龙岩公务员团购保障房"，从"武汉出现保障房分配'六连号'"到"包头棚户区改造某项目质量低劣"，处理好这项涉及千万人福祉的民生工程在申请、分配、使用、质量等方面的问题似乎成了天下第一难。"保障房，好建不好分！"全国人大代表陈忠林说，为防止富人趁机"揩油"，亟待建立与保障房申请、分配、使用相配套的一系列制度，包括申请者财产公示查询、作弊渎职者严厉惩处以及保障房资源利用效益最大化。陈忠林的心愿，正是中国网民的心愿！

"加强反腐倡廉",这一新闻热点,之所以受到网民们的密切关注,是因为我国现在急需"加强反腐倡廉"。网民们不仅关注贪腐大案要案不同,而且盯住了人事、就业、教育方面的"招考腐败"事件:从"江西庐山管理局'招考舞弊门'"到"浙江温州公路管理处'招聘门'",再到"山西长治环保系统'体检门'",层出不穷的"萝卜招聘"、"世袭招聘"、"体检拒聘",等等,这些新闻热点,一再出现在网络上,引起网民们空前的热议!"大龄青年"等网民说,"招考腐败"让穷人家的孩子又一次输在起跑线上。"'老子招儿子'、'在读学生拿事业编'、'体检被乙肝'、'拼爹游戏'等这些招考乱象一次次挑战着公平底线。"全国人大代表陈万志坦言,招考腐败的根结在于资源分配不公,加快推进制度公平建设、进一步推进政府和官员信息公开迫在眉睫。

有些重大的时事新闻,会引发中心网络新闻热点。比如,王立军事件引发的"薄熙来案"前后,黄岩岛事件引起的"为什么中国不对菲律宾动武",钓鱼岛引出的"钓鱼岛是中国的固有领土"……这类话题,很快就成为一个时期内非常热门的中心话题。

有不同网民群体,就有不同新闻热点。有些话题不一定是公共新闻热点,但在特定的网民之中成了新闻热点。如百度网上的2012新闻热点,就有女优进课堂、印小天打人、少女拒爱遭毁容、民警剖腹自杀、中石化团购奔驰、工头讨薪自焚、奥斯卡直播、六级成绩查询、成瘾止咳水、一成首付、台湾地震、美军焚烧古兰经、iphone5上市时间、恢复强制婚检、全球裁员潮、牛奶迷翻两人、中国石化团购网、北漂合作建房、小汽车摇号,等等。甚至还有拖走路人当奴工、柏寒去世、温州停水、杨幂遭非礼、苏泊尔不合格产品型号、张柏芝谢霆锋复婚、ipad禁售被驳回、富士康招聘,等等,在一些网民群体中,也是大家十分关注的新闻热点。

浏览一下"天涯"、"QQ"、"新浪"、"搜狐"、"网易"等大论坛和网站,就会看到网民们作为网络言语交际主体,借助网络论坛和网络搜索资源,对各种各样的社会新闻热点,交换最新信息,表达道德公愤,深入调查分析,甚至自发地追踪到底……

网络信息传递既快速又且集中,新闻热点极具吸引力。2012年8月29日,打工青年周传金在地铁1号线上海火车站,看到一男子在偷一名女生手机,他冲上去抓小偷被砍伤,医院立刻安排手术,险些被偷手机的南京女孩徐佳,垫付万元医疗费用的新闻。网上纷纷转载,在网络言语交际中已成新闻热点。在网络言语交际互动的过程中,这类新闻热点的回复率和点击率又成了吸引新言语交际主体的因素,这样,新闻热点就会形成越来越大的交际群体,其新闻热点的言语交际就会更为广泛,更加深入。

2. 青少年网民更加关注"时尚娱乐"类网络言语交际话题

网络言语交际的话题,对于青年网民来说,往往聚焦在"时尚娱乐"方面。

时尚娱乐,在人们生活中是不可或缺的。信息时代的网民们,在众多的文化娱乐方式中,更青睐网络言语交际方式,尤其是年轻的网民,更喜欢在享受网络文化时尚娱乐带给他们的快乐享受。借着网络的这个其他媒介无法与之相比的通道,明星动向、娱乐动态等有关时尚娱乐的东西,就自然成了网络言语交际中的重要话题。作为网络经营者,满足交际者的文化娱乐需求,就是其经营目的所在。为此,多数网站的综合论坛里都包含影视娱乐话题板块,只要是交际主体关注的时尚娱乐信息,论坛、聊天工具都会为之提供充分的技术支持。

旅游卫视的"第一时尚2012",总是吸引住时髦的一代,并引发此类网民许许多多的时尚话题。从时尚发型到明星秋装，从服饰搭配到新潮网名……在网络言语交际中，总是交流不完，总是谈论不尽。

学搭配网（www.xuedapei.com），号称"您的私人时尚顾问"，其网络内容，催生出多少时尚话题！建网以来，人气飞涨。成了帅哥靓女的学习园地，成了星星一族研讨的平台。男女服饰，日日更新，男女发型天天变化。在网络言语交际中，毫无保留地传授各自时尚体验，认真即时地展示自己或他人的时尚靓装。

爱美之心加快时尚的步伐，网络交际追赶时尚的潮头。"上网"、"聊天"、"网络交际"本身就是"时尚"，是交际主体津津乐道的交际话题。网络言语交际最大限度地突破了日常言语交际的空间局限，使得异地的网民能及时交际流行的话题。绝大多数青年网民，更容易接受新生事物，成为追踪时尚的主力军。时尚的东西很多，诸如新颖服饰、化妆用品、减肥方法、时尚运动、畅销书籍、影视剧目，等等。流行时尚成为网络言语交际的话题，网络言语交际又推动了时尚向前发展。

由上海 SMG 旗下 ICS 外语频道主办的 2012 国际新锐文化艺术季开幕了。随之从 2012 年 7 月到 9 月，艺术季上演的一系列斑斓多姿的活动（新锐艺术家沙龙、新锐音乐狂欢夜艺术主题活动等），纷纷进入喜爱文化艺术网民的网络言语交际之中。甚至在启动仪式上，中国现代商业画家先锋人物陆云华带来的极具抽象的艺术画幅以及英国艺术家ChristopherPearson 带来的极富创意的装饰艺术，都迅速出现在个网站文化娱乐板块之中。网友们有关此次文化艺术季的专题博客及微博纷纷出笼，各聊天网站里就这一话题，也出现了专题板块。

2012 年 6 月 12 日，普华永道发布年度报告《2012–2016 年全球娱乐及媒体行业展望》，报告指出，中国大陆地区在 2011 年娱乐及媒体支出达 1090 亿美元，超越德国成为世界上第三大娱乐媒体市场。这一新闻，马上引出许多相关话题。"中国未来娱乐及媒体行业的支出在 2016 年将达到 1925 亿美元""中国的票房收入以超过 20% 的年均复合增长率增长。"中国"网络游戏市场强劲增长"中国"文化产业受资本青睐"……在各网站文化娱乐板块，雨后春笋般，出现一批又一批相关话题的网络新闻、博客微博，等等。

"永久的李双双"离世，网络掀起追思潮。2012 年 6 月 28 日，电影表演艺术家张瑞芳（"永久的李双双"）因病逝世，电影人为之扼腕。央视《文化主题之夜》栏目录制了《瑞草芳华驻我心——怀念张瑞芳》特别节目，并于晚 19：30 在艺术人文频道播出。网上的张粉、影迷，含泪看电视，网上寄哀思。此类话题的网络言语交际，甚至夜以继日，连续多天。

集中在"时尚娱乐"方面的网络言语交际的话题，应该还包括无处不在的"时尚娱乐"八卦话题。就像报纸杂志等平面媒体少不了此类八卦话题一样，在时尚娱乐网站或其他网站的时尚娱乐专题板块，也随时随地能够见到大量的与时尚娱乐相关的八卦话题。

例如，时尚类的八卦话题，涉及方方面面。"卷发发型"中，教给你"长卷发怎么扎起来最好看"，"男生发型"中，介绍"今年流行的帅气男生发型"，"女生护发"中，知道"秋冬天女生护发的方法""秋冬三种护发方法打造健康美发"，等等；"美容护肤"中，介绍"完美消灭脸上和眼部的皱纹方法"，"牛奶洗脸解决脸色暗沉方法"，"几种效果不错的自然去皱纹方法"，"用苹果做面膜的简单步骤"，"皮肤晒黑后常用美白方法"，"用白醋洗脸的好处帮你去除痘痘"等；"春夏搭配"中，展示出"今夏甜美的碎花连衣裙搭配出浪漫的田园风情","秋冬搭配"中介绍"秋季漂亮女生好看的搭配","秋冬女孩最漂亮的打扮"和"女生冬天最爱的衣服搭配";"美容护肤"中帮你解决"在户外如果肌肤被暴晒后脱皮了怎么办"的难题;"女性地带"里还可以"随笔聊下我家里的那只小坏蛋",或者"所谓青春,不过就是如此肆意妄为而已"之类的话题。

人们精神生活离不开时尚娱乐领域,网络言语交际重要的目的就是娱乐,网民们通过网络进行言语交际,他们创造娱乐,参与娱乐,享受娱乐。上文的例子,可见其一斑。

3. 很多网民较为关注"社会政治"类网络言语交际话题

网民们的网络言语交际话题,总会关注社会政治的方方面面。于是,这类话题也就成为很多网民较为关注的对象。

社会政治领域的话题一直都是大多数网民们的兴趣所在,这就是网络言语交际中有关政治领域的话题常常被一再热炒的原因。日常言语交际中,草根们更多的是在私下里议论政治热点,其言语交际对象只能是圈内的同事和朋友等,参与言语交际的主体十分有限。网络言语交际的虚拟性和匿名特点,使得大量网民有机会毫无顾忌地和更多的不知根底的人们,高谈阔论有关热点的政治话题。网络言语交际中涉及的政治性话题更为广泛,不仅有国内政治,更有国际政治,甚至常常涉及一些敏感性的问题。网络言语交际中的政治性话题,往往是由网络言语交际主体"各方约定"的。就是"网站设定"的政治性话题,网络言语交际主体,仍可以在不一定认同的情况下,跟帖表达自己真实的见解。对那些"随机出现"的政治性话题,网络言语交际的各方主体更可以自由地"拿捏"了。

网络言语交际话题总会盯着经济社会关乎民生的每一举措。

从工资奖金,到菜价油价;从个人所得,到家庭收入……过日子的网民不得不每日每时地极大关注经济社会里的有关举措。改革开放三十年来,中国网民在经济领域的视野更加广阔了。股票基金行情,国家经济态势,世界经济格局,都是中国网民关注的内容。如今,网民们已经能意识到国家、世界的经济状况和个人经济生活的密切关系了。网络言语交际中,经常性地讨论经济类话题的现象越来越普遍。通过网络言语交际,人们足不出户,自由分享各类经济情报。或互通股票信息,或交换商品情报、或交流生意常识,或介绍理财经验,等等。

网络言语交际话题总会留意关系到网民切身利益的社会公共空间。

互联网络和智能手机的普及,使中国网民通过网络言语交际了解公共事务,获取社会资讯,发表自己看法和参与公共事务从愿望变成了现实。通过网络言语交际,你知道什么是"西气东输",你了解什么是"南水北运",你可以咨询国家详细的社保政策,你可以参与社会公共领域的各种讨论、辩论,你甚至还能参加各类社会公共领域的投票、选举……

网络言语交际话题总会热心于文化动态。

网民们热心文化领域,涉及面很广。上下五千年,东西南北中,中西文化热点,最新文化动态,都会引起网民们的密切关注。

几个社会偶发事件,引发"孝道文化"热。2011年3月31日,旅日留学生汪某回上海,因学费问题与母亲产生争议,在浦东国际机场到达大厅内向前来接机的母亲连刺了数刀的"机场刺母"事件,一度引发了网民从"孝道"、"责任"层面对其一致的谴责。2011年10月24日,深圳光明新区发展和财政局的公务员廖某,与59岁的从湖南郴州老

家来深圳帮助儿子带孩子的父亲发生冲突。廖某撕破其父衣服，咬伤其父肩膀。廖某曾 7
次暴殴亲娘，骂其是猪。网民纷纷谴责这位公务员太缺乏道德修养，太违背伦理，太行为
失范！北京大学《2012 年"中学校长实名推荐制"实施细则》中规定"不孝敬父母者不
得被推荐"，也迅速引发了关于"孝敬父母"与培养人才的网络话题。

"莫言获得诺贝尔文学奖"的喜讯，掀起举国热议狂潮。喜讯传来，只一会儿工夫，
上网所见，尽是关乎莫言的话题。北京时间 2012 年 10 月 11 日，瑞典文学院揭晓今年的
诺贝尔文学奖由中国作家莫言获得，莫言成为第一个获得诺贝尔文学奖的中国人。诺贝尔
奖官方网站称，莫言"用魔幻般的现实主义将民间故事、历史和现代融为一体"。全国的
网民，立即知道了莫言原名管谟业，还知道其代表作品有《红高粱家族》、《丰乳肥臀》、
《酒国》、《蛙》等。一时间，"莫言获得诺贝尔文学奖"，就成了整个中国互联网的第一
话题。什么"诺贝尔文学奖瓜熟蒂落，落到中国作家莫言头上"，"中国人感觉诺贝尔文
学奖变得如此亲切温柔"，"山东高密出了第一个中国籍诺贝尔文学奖作家"，"莫言以自
己的卓越作品，征服了瑞典文学院和西方读者"，"莫言获奖是一面镜子，折射了中国心
态的纠结"，"莫言获奖，获奖'莫言'""莫言家乡拟投 6.7 亿弘扬红高粱文化"……是
近乎全国的"莫言热"引发了山东高密的"红高粱热"，又是近乎疯狂的"红高粱热"
进一步强化了"莫言热"。

社会文化之类的话题，也有不少八卦内容。你只要打开相关网页，随处可见，有的甚
至是"琳琅满目"。

网络言语交际话题总会侵入个人隐私园地。

人们的生活，总会有些隐私范畴。在日常生活中，有些隐私只能在很小的圈子内知
晓，过于私密性的东西，有的可能成为"永远的秘密"。家庭生活、情感交往中的大小秘
密，莫不如此。网络言语交际，几乎颠覆了这种状况，使得诸如此类的隐私变成了能够即
时进行网络言语交际的重要话题。在聊天室或即时通信的交际方式中，这类话题屡见不
鲜。很多网站聊天室都设有"成人私语"、"两性聊吧"、"女子私房"等专门的隐私话题
板块。以满足这类网民的需求。

隐私和禁忌相关，隐私是个人私密的东西，禁忌是社会规范、道德不允许谈论或不能
公开谈论的东西。禁忌的东西大多是隐私，而隐私不一定都是禁忌。隐私和禁忌都是在现
实言语交际中主体不想或不能公开谈论的话题，具有虚拟性和隐匿性特点的互联网络却变
不可能为可能，为这类网友提供了一个能把隐私与禁忌作为网络言语交际话题的平台。个
人婚姻生活的话题一般是不可以对陌生人倾诉的，就是对熟人往往也难以启齿，但在网络
中却没有受到限制。这类网络言语交际，在互联网上，随处可见。

人上一百，种种色色。数以亿计的中国网民，对于网络言语交际话题，从关注度来
说，有明显的不同倾向。大多数言语交际话题，客观上就是广大网民共同的关注对象，是大
家共同的兴趣所在；一些话题，成为部分网民的关注对象，他们总是倾向于将其作为自己特
别关注的对象；有些话题，只有少数网民将其作为自己的关注对象。因人而异，各有不同。

5.3 网络言语交际话题产生的基本原因

网络言语交际话题之所以产生，不外乎以下基本原因。相对于日常言语交际话题而

言，网络言语交际话题的产生更依赖于交际目的，更是言语交际主体自主选择的结果，更容易受到言语交际环境的直接影响等。网络言语交际话题的特点表明，网络言语交际话题的出现总是与网络言语交际目的、交际主体、交际环境等因素有直接的关系。

5.3.1 网络言语交际话题的产生，更依赖于交际目的

网络言语交际的话题一般都是围绕交际目的而产生，总是要受到一定交际目的制约，是言语交际目的导致言语交际话题的产生。一般说来，言语交际主体进行言语交际总是有其交际目的的，几乎没有无目的的言语交际。网络言语交际目的也是为了获取信息、表达情感、分享娱乐等。这些交际目的的实现，往往依赖于言语交际话题的展开和深入。所以，作为实现言语交际目的的手段，往往需要围绕言语交际目的来设置。

通过网络言语交际来分享娱乐的目的，总是会发酵出许许多多的有关娱乐的话题来。之所以网络言语交际与其他言语交际相比，其娱乐性总是显得突出一些，这是因为在网络言语交际中，有关娱乐话题的出现率总是要比其他言语交际形式有关娱乐话题的出现率高出许多。再加上网络言语交际中的非娱乐话题中，也往往富有较多的娱乐性成分。

通过网络言语交际来表达情感的目的，总是会生发出许许多多的有关情感宣泄的话题来。网络言语交际的隐秘性，使其成为最理想的个人情感宣泄平台，包括某些极其隐秘的特殊情感的宣泄。这样，网络言语交际中有关情感方面的话题，就远远高于其他形式的言语交际。

通过网络言语交际来获取信息的目的，总是产生方方面面应有尽有的有关多种信息的话题来。网络言语交际中"获取信息"的目的，与日常言语交际中"获取信息"的目的本来没有多大区别，但网络言语交际的虚拟性、广泛性和隐秘性，使其言语交际主体几乎能就任何话题进行网络言语交际。这是与日常言语交际完全不同的。网络言语交际的虚拟性，使得人们隐匿了真实身份，可以毫无顾忌地相互间传递任何话题的信息，极为大胆地交换对任何话题的认知结果和不同于他人的情感体验，而不必顾忌因之导致的有关自己或他人的任何严重后果。网络言语交际的广泛性，使得人们可以离线延时、超越国界，完全自由地提出某些话题并实时给予自主评价，而不受日常言语交际中的种种限制。网络言语交际的隐秘性，使得人们敢于就网络言语交际中涉及的最近热点话题，包括某些所谓禁忌性话题，交换自己的真知灼见。在网络言语交际中，大胆自我展示，还原真的自我；敢于直抒胸臆，暴露真情实感，而不必考虑再三，字斟句酌。这些，在其他言语交际中，几乎是不可想象的。至于网络言语交际中那种"为交际而交际"的交际目的，也会随机地派生出许多新的话题来。单纯以言语交际本身为目的网络言语交际话题，大多富有调侃的味道。百无聊赖，只是为了打发时间，就需要随机制造话题，进行网络言语交际。这种及时制造出的话题，并不指向任何实际内容。是单纯的斗嘴，是着意的调侃，也像是文字游戏。下面的网聊摘抄就是这样的例子。

"A：我们见面吧！

Q：拜托，有什么好见的？不过是人嘛！两个眼睛一个鼻子一张嘴。人家是美眉还是恐龙，是帅哥或是青蛙跟你有什么关系？？再说了，外表再漂亮也不过是人皮一张，几十年后还不知道成什么阿猫阿狗样，有什么意思？约我见面就更没意思了，反

正横竖看恐龙一只，就请各位放过小女子吧！"

"A：能不能跟你联系？

Q：回答是大大的"不好"！首先，你打过来我要付钱，我还没有跟钱作对的癖好，所以了，我更不可能主动跟你联系的，除非天下红雨！再说了，你要有个方言什么的，我这厢马上就鸭子听雷了，鸡同鸭讲有什么意思？不过你如果是那种非要找人闲磕牙才能睡着觉的三八就另当别论了，不过打不打是你的事，本姑娘装聋作哑的本事，呵呵呵，可是天下一流的！！"

"A：美女！

B：叫我吗？不是吧！！又没看过我，乱讲话你不怕闪了舌头，我还怕听多了吐血吐多了，红桃 K 都补不过来。拜托，我年纪轻轻的，还不想死的那么早！！美女，你眼睛如果近视，我介绍你去一家眼镜店，保证价格公到，童叟无欺，本质一流，好了，知错能改就是好孩子，姐姐有糖给你吃，来——啊——！"

"A：我失恋了，心情不好！

B：55555555……好可怜哦！阁下是不是琼瑶大妈的小说看多了？以至于把自己当作了里面的悲情男猪脚？心情不好还上网钓美眉？骗三岁小孩子啊？小心我拿照妖镜照死你！网狼！！！心情不好就躲到被子里哭，再不然黄河丫，长河丫什么的，再不济就是秦淮河了，总之这些河河川川的都没盖子，你想跳就跳，没人拦你！跟我讲也没用，我是没有绳子借给你！！"

这里的话题分别是"见面"、"联系"、"美女"和"失恋"，它们都产生于斗嘴、调侃等"为交际而交际"的交际目的。

再看以下网聊实例，显然其言语交际话题也是在网络言语交际动态过程中随机产生的。

　　会计小 A：您是专门帮人找工作的大姐姐？

　　罗晓燕：不是替人找工作。我是帮助人规划工作。

　　会计小 A：　高人，俺求救，本人一个穷大专生，会计专业，面临严峻就业压力，怎么办？

　　罗晓燕：应届吗？

　　会计小 A：恩恩，是呀，7 月，啊，天呐，我想进国企，可是没门，进私企，琳琅满目目不暇接，不知所以，唉，可怜的大专生，情何以堪。

　　罗晓燕：Take it easy！都有这个过程。相信自己。

　　会计小 A：其实，我的最大卖点就是，哈哈哈，潘石屹是俺的校友，不过，世间能有几个潘石屹呢？　无限惆怅谁人知。

　　罗晓燕：哈哈，那你从潘身上学到什么了？

　　会计小 A：学会了，吃软饭也是一种真本事。可惜呀，潘总不写自传，我是真的很想知道，他是怎么一步步靠女人上位滴，说来惭愧呀，同样是男淫，差距咋就这么大呢？

　　罗晓燕：

会计小 A：真的，你说人家怎么就那么厉害，我怎么就找不到一个官二代的媳妇（5 月 19 日 17：46）

罗晓燕：

罗晓燕：你是会计男，更不需要担心了。没听人家说吗，学会计的"英语六级加党员不如性别男"。

会计小 A：话虽如此，唉，没有真才实学无法立足当今社会呀，不一而足。此时非乱世，我这种人才难以风生水起哇，我立志要做乱世枭雄，可恨生不逢时～～～

罗晓燕：赶上乱世你又恨世道太乱，没有发展的环境。

会计小 A：唉，人呐，就知道说自己怀才不遇，其实，就是眼高手低，我相信，人家老潘最开始也是辛苦滴。就是不知道，老潘会不会给我个提携的机会呀？

罗晓燕：如果我是潘石屹，你告诉我，我为什么要提携你呢？

会计小 A：稍等，容我想想。

会计小 A：我希望……我……唉，您还真是把我问住了。

罗晓燕：呃……不是告诉我你希望我怎么做，而是告诉我这么做对我能有什么好处。你可以好好想想，想好了告诉我。

会计小 A：恩恩，我想，我唯一能带给您的好处就是，您可能会得到不可预期的收益。不可预期就是，连我自己都不知道自己究竟能创造什么价值，我唯一的优点就是坦诚，除此之外，一无是处。俺真是个杯具。

会计小 A：其实。我是浑浑噩噩的，对自己也没有准确的定位，所以，显得迷茫无措。

罗晓燕：那很抱歉，连你都无法告诉我你能做什么，我就没法帮你了。

会计小 A：其实我是太谦虚了，我可以做会计呀，工作之余还可以写一些文章小品，针砭时弊，O（∩_∩）O哈哈～，这些都是我的优点，帮帮我啦，好姐姐。

罗晓燕：这就对了，积极起来！那么下来：有那么多学会计的，为什么要用你呢？另外，我为什么要用一个写小文章的会计？为什么？

会计小 A：接下来先悲观一下：我是一个没有会计证的会计生，而且是专科，我会写一点文章，在文豪面前无疑是小巫见大巫～为什么呢？人尽其用，可是我有什么值得别人去用的呢？有待发掘，谁愿意做我的伯乐？疑惑，我应该先肯定自己的价值，是吗？

罗晓燕：你看看我的邮箱，这里有 500 多份简历，我可以任选一个，来了啥都能干，让我省心的。那为什么我要做你的伯乐？来了我还要教你做事，岂不是很累？

会计小 A：那我怎么办呀？

罗晓燕：人尽其用，至少你告诉我你哪里可以用，总不能指望我来发现你哪里可用。上面要人要得很急，我也得给我的领导有交待，万一你来了还给我闯祸，我自己饭碗都保不住。（换老板的角度：公司赚了钱才能发工资，我得给其他员工有交待，万一你来了啥都没干成，公司垮塌了我自己都吃不上饭，还怎么伯乐你啊？）

罗晓燕：招聘人员可没有我这耐心，早换下一位进来了。现在我在陪你练习，你得告诉我到底为什么我要用你。开动你的大脑，继续想。

会计小 A：这也正是我怯懦的地方，我知道自己百无一用是书生，所以对用人单位心怀愧疚，这是自知之明呢，还是过于自卑？按社会标准来衡量，只有国企才是我的立足之地！私企我肯定会被淘汰！

罗晓燕：国企？你爸是谁？

会计小 A：我爸爸姓李，我妈也姓李，但是我家里没人叫李刚。

罗晓燕：哎呀，那就抱歉了。你看（拉开抽屉，里面很多纸条）这是王局长安排的，这是刘司长安排的，这是我们赵总安排的。得罪不起啊，没办法了，就这么两个名额，我还得想着怎么跟处长、科长解释呢。

会计小 A：我的一个学长，去年毕业，他是学保险的，有一天他鼓起勇气给中石油北京地区某分公司的人事处处长打电话，然后就见面了，谈了五分钟。两个月之后，赴职，在机关做会计。福利待遇特别好，年薪 6 万以上，您说，这是什么情况？

罗晓燕：猜猜他说了什么？

会计小 A：他很勇敢，去年冬天，他就在楼下等了处长一天，下着大雪也没走。第二天，处长说很忙，没预约不见面，他就打电话说，我都来了，您好歹见我一面，给我五分钟时间，你要不要我都无所谓，后来，一切都如我所诉，他春风满面马蹄疾了。

罗晓燕：故事只是故事，因为人们往往只告诉我们他们希望我们了解的内容，而其他的，只有他自己知道。

罗晓燕：你加油。别想自己不行的方面，想想自己行的方面。

会计小 A：我的特长就是头发特长！！！！唉，我这人好逸恶劳，现在终食恶果。没有规划的人生，坎坷中仓皇迷惘，静待上帝给予奇迹，却理性的深知，这一切都是迷信。唯一值得欣慰的是，我还年轻，这就是我最大的资本！！！

罗晓燕：每年全国 670 万应届毕业生，个个都很年轻。

会计小 A：姐姐，你在一步一步摧垮我的最后精神支柱～～～俺去投河～\ (≧▽≦)/～啦啦啦　唉，俺也不知该咋滴啦，开心呢，是盲目乐观，悲伤呢，是蹉跎时间，看着你笑靥如花的头像，O(∩_∩)O 谢谢你小姐姐。

罗晓燕："我的特长就是头发特长！唉，我这人好逸恶劳，现在终食恶果。没有规划的人生，坎坷中仓皇迷惘，静待上帝给予奇迹，却理性的深知，"此段话，只准说一次。如果真想找到工作，把这段话重新说一次，所有负面词语替换为正面积极的词语。当然，如果你本身不想找工作，或找不找无所谓，那就不说。姐就不聊了，打字怪累的。

会计小 A：不不不，我只是不好意思老是打扰您，唉，我当然想找工作了，只是不知道从哪里下手。

罗晓燕：比如"虽然我的会计能力还很基础，但我最大的优势是嘴甜。哥哥姐姐们都喜欢我，在学校老师很学长都乐意教我。我来了，绝对让您省心，利索滴把活儿干了，虚心向前辈学习，绝不给别人惹麻烦。大家跟我在一块儿，干活效率都特高。"

罗晓燕：体会我刚才说的人力资源和老板那段话，了解他们想的，告诉他们想听的，打消他们所顾虑的。后面我那段已是替你说了，是我们对话过程中我替你找到的优势（够伯乐了吧）要是再不开窍，就不理你了。

会计小 A：又看了一遍，差点乐喷！哈哈哈哈，这些优点哈，我自己都没发现，竟然您给总结出来了，不过，这些优点似乎适用每个人！哈哈！

罗晓燕：非也非也。组织中的开心果其实非常难得，让别人乐意教你是特别难能可贵的品质。比如你看每天给我留言提问的有多少，有多少留言我未回复便知。

这是网上转载的一段职业规划师罗晓燕与"会计小 A"的网聊实录，从开头来看，似乎是实现"为交际而交际"目的的网聊，在动态的网络言语交际的过程中，其言语交际话题就越来越清楚了。他们二人用"情境对话"的形式，探讨了就业的话题。就业话题，本身是个重要的严肃的人们非常关切的话题，但这段网聊却很有轻松、随便，有点调侃的意味。

5.3.2 网络言语交际话题的产生，更是言语交际主体自主选择的结果

所谓的言语交际话题，归根结底还是言语交际主体自举选择的话题，或者是言语交际主体所认同的话题。网络言语交际话题的产生，更是言语交际主体自举选择的结果。网络言语交际话题外在因素很难强加给交际主体，就是"网站设定"的话题，在具体的言语交际中，还得交际主体自己选择，或自己认可。网络言语交际中，各方言语交际主体，都有对言语交际话题选择或认同的充分自由，这与日常言语交际是很不相同的。网络的虚拟性和网络言语交际主体身份的隐蔽性，淡化了社会生活以及其他方面对言语交际主体的种种制约，如道德观念、身份地位、社会关系，等等。从而使得言语交际主体在网络言语交际中，真的能够任凭自己的意愿自由自在地选择自己真正感兴趣的话题与他人进行交际。这样，网络言语交际的话题就比日常言语交际的话题更为广泛，尤其是一些日常言语交际中禁忌的话题，在网络言语交际中，"该出现时就出现"不会过于顾及某些言语交际对象及交际情况。请看这段 QQ 群聊实录，是不是这样？

の ㊣ (3＊＊506) 20：01：32
百度的收录挺快，没权重
天外之情 (5＊＊＊068) 20：04：28
我网站百度收录了 29 页了，呵呵，不知道到我建站一个月可以收录多少。
天外之情 (5＊＊＊068) 20：04：57
不过没有 pr，有点郁闷，不知道 pr 一般建站多长时间才会有。
贝卡蓝依〈 [url=mailto：tm＊＊@yahoo.cn] tm＊＊@yahoo.cn [/url]〉
20：05：15
2—3 个月 GG 才会更新一次 PR
の ㊣ (3＊＊506) 20：05：28
pr 现在是垃圾，没有用
天外之情 (5＊＊＊068) 20：05：59
哦，今天发现我的站从一千多万名到六百万名了，不知道以后还会不会上升。
恋冰 ◥ (26＊＊＊28) 20：06：47
我的站今天被 K 了 3400 页啊...都不知道怎么搞的..一天就冲 5970 弄到了

2500 页

天外之情（5＊＊068）20∶08∶01

不过呢，百度虽然收录了，没带来什么 ip，偶尔看到一个。

恋冰◣（26＊＊28）20∶08∶32

所以说收录多少没什么..我的 IP 还差不多那样

の㊣（3＊＊506）20∶14∶03

百度又 K 了我一个域名。。。

の㊣（3＊＊506）20∶14∶28

百度真的是逐步自取灭亡了

天外之情（5＊＊068）20∶15∶27

要是雅虎中国能把百度取代了就好了。

の㊣（3＊＊506）20∶17∶51

雅虎就别指望了，谷歌有可能，但是比较难。我推测百度落败有 2 个可能：

一是搜索引擎不再是热门应用

二是出现全新模式的搜索引擎

の㊣（3＊＊506）20∶22∶05

百度的老本快吃了了，越来越，百度不能叫做搜索引擎了

zz80cm（271＊＊79）20∶22∶17

雅虎搜索的推广不行。。记得以前的雅虎搜索广告是用点的。。

要是能像百度那样。放在每个导航网站上的默认搜索。肯定会发展

zz80cm（271＊＊79）20∶23∶43

雅虎输得很惨

天外之情（5＊＊068）20∶23∶48

现在觉得马云收购雅虎中国一点好处都没有得到啊。

天外之情（5＊＊068）20∶24∶38

另外阿里百分之三十的股权给了雅虎。

の㊣（3＊＊506）20∶24∶55

当然有，阿里巴巴和淘宝都使用了雅虎的核心技术

天外之情（5＊＊＊068）20∶25∶16

也是啊。

天外之情（5＊＊＊068）20∶25∶28

还有还得到雅虎提供的资金。

の㊣（3＊＊506）20∶26∶17

雅虎中国 这面招牌，至少在今天，仍然是金字招牌

の㊣（3＊＊506）20∶28∶10

懂技术的站长太累了，我如果不懂技术，现在应该已经发达了

zz80cm（271＊＊79）20∶31∶50

雅虎搜落没了，现在还有几个人在用？

记得原来的 3721，电脑有问题都去下载 3721 上网助手。

现在被雅虎搞得是流氓

ヤ ⌒過路人ˇ (395＊＊＊0) 20：31：52

呵！

の ㊣ (3＊＊506) 20：32：47

3721 已成往事

这段群聊中，"の㊣"首先选择了百度"收录"的话题，"天外之情"予以响应，并提出更新"pr"的新话题。"贝卡蓝依"响应。"恋冰▼"由"被K"的话题又转而回应百度"收录"的话题。"天外之情"提到雅虎中国"取代"百度的新话题。"の㊣""zz80cm"先后响应。"zz80cm"提及"3721"的话题，"ヤ⌒過路人ˇ"只是"呵"了一下，"の㊣"指出"3721已成往事"。

群聊中，先后产生的几个不同话题，基本上都是不同言语交际主体自主选择的结果。在这个言语交际的动态过程中，人们都淡化了现实社会中的种种束缚，任凭自己的意愿，想说什么就说什么。于是，不同的话题"该出现时就出现"了。

5.3.3　网络言语交际话题的产生，更容易受到言语交际环境的直接影响

一般说来，交际环境不同，所产生的交际话题也就不同。网络言语交际中，网络言语交际话题的产生更容易受到言语交际环境的直接影响。这是因为一定的交际话题总会有适合于它的交际环境，网络言语交际话题总是要选择其交际环境的。由于网络是个虚拟的交际空间，网络言语交际环境对一定的言语交际话题，时常起着决定性的作用。

尽管在网络言语交际中，一般情况下，你不可能弄清楚与你言语交际的其他主体的真实情况，一旦言语交际起来，你还是免不了"问这问那"。这一问，就会产生许多网络言语交际话题来。有"是男是女"的"性别话题"，有"何方人士"的"地域话题"，有"干啥"的"职业话题"，有"喜欢干嘛"的"爱好话题"等。为了试图探明交际对方的真实身份，网络言语交际者总是不遗余力地抛出各种话题给对方，引诱对方作出具体的响应，再在其"响应"中分辨出蛛丝马迹，以便让对方这个虚拟的交际主体，能给人一个较为明晰的印象。像下面这段网聊，就是很典型的实例。

Kyo 22：01：28

亲，你是辽宁人？

Kyo 22：04：19

真心恐怖啊。

Kyo 22：04：57

你被人劫了吗，用我打114吗

北小朵　°22：37：28

······

Kyo 22：37：35

那谁，我和你那个朋友聊得很投机，把他叫过来～～

北小朵　°22：38：45

这不是废测好吗

Kyo 22：38：47

什么是废测、

北小朵　　°22：39：19

我也不知道

Kyo 22：39：16

你是北小朵?

北小朵　　°22：40：01

我是人妖

Kyo 22：39：54

好吧，果然遇到了个非主流 --

Kyo 22：40：13

说好的大号呢。

Kyo 22：41：08

小朵子，把这个人妖拉下去斩了。

Kyo 22：47：22

你哪的人?

北小朵　　°22：48：09

我在辽宁这边上学呐

Kyo 22：48：10

那你和北京有毛线关系?

北小朵　　°22：48：50

随便写的啊，哥们不好意思啊，逆向学习法

北小朵　　°22：49：02

时常混迹跑牛网

Kyo 22：49：00

你这又说火星语了。。。

北小朵　　°22：50：04

我是男人啊，直男

Kyo 22：49：55

我是百合女生。

Kyo 22：50：00

对你没兴趣。

北小朵　　°22：51：13

那你自己玩吧

　　这里，"Kyo"一开始就问："亲，你是辽宁人?"，"北小朵　°"并未给予明确答案。绕了一圈，"Kyo"仍揪着这个"地域话题"不放，又问："你哪的人?"还是没有得到"北小朵　°"的肯定回答。"北小朵　°"随机转到了"性别话题"，说"我是男人啊，直男"，"Kyo"只好说"我是百合女生"了。于是，网络言语交际终止。

5.3.4 网络言语交际有些特别话题，其产生原因较为复杂

近些年来，在互联网上，有些话题总是引起网民们关注。如层出不穷的网络红人话题、捕风捉影的所谓政治敏感话题、不明消息来源的叫人惊异的民生话题等。

1. "网络红人"话题的来龙去脉。

"网络红人"话题，几乎影响到绝大多数网民的网络言语交际。网络媒体飞速发展，网络红人层出不穷。其名目繁多，此起彼伏：芙蓉姐姐、凤姐、宠物女、天仙妹妹接踵而来，犀利哥、体操哥、力量哥、广告哥、人民币哥也先后报到……所谓"网络红人"，就是指依靠网络平台，加上多媒体（文字、图片、视频等）手段，主动或被动（被恶搞）地"展示"自己，吸引眼球，迅速走红的人们。"网络红人"身处社会底层，只有在网络虚拟世界，才有可能成名。"凤姐"，即罗玉凤，一个在超市打工的普通农村姑娘；"犀利哥"，就是一个居无定所的街头流浪汉。

网络红人话题是怎么产生的呢？看看其一般流程吧！首先，有人将其特质资料（文字、图片或视频），晒在"人群"聚集的网络论坛里（如天涯社区、猫扑论坛等），在网民的网络言语交际中，就形成了初步的言语交际话题；网民的高度参与，渐渐使之形成极具影响的网络言语交际话题；直到"网络红人"培育成功。随之而来，就有了芙蓉姐姐带来的审丑风潮、天仙妹妹的美丽情结、"犀利哥"的另类特质、贾君鹏的莫名呼喊，还有网民印象深刻的旭日阳刚、西单女孩等"网络红人"话题。现阶段，一些网民的莫名烦躁，使之处于一种亢奋、激动的精神状态，加之网络言语交际具有群体暗示、感染、模仿和匿名特性，相关"网络红人"的话题，当然就会越炒越热，最后催生出更多的"网络红人"来。

"网络红人"话题，也是社会中低阶层网民的生活话语。社会经济身份属于社会中低阶层的网络红人，被本阶层的网民推到了社会的前台，草根的娱乐在网络的环境中找到了恰当的表达平台。于是，就产生了"网络红人"的诸多话题。2012年以来，就先后产生过许多"网络红人"话题。有网络第一帅哥美男扬子浩、网络首席MC洪磊、网络人气美女程琳等"网络红人"话题，还有网络人缘最好的魏思、网络永恒霸主黄青阳等"网络红人"话题。

2. "网络谣言"话题的前因后果

"网络谣言"话题的产生，可能给我们的社会生活带来严重后果。实际上，那些捕风捉影的所谓政治敏感话题，那些不明消息来源的叫人惊异的民生话题，往往炒得很热。这类网络言语交际的特别话题，其中很多是网络谣言话题。

从"抢盐风波"，到"地震谣言"，再到"艾滋病人滴血食物传播病毒"……屡屡"发作"的网络谣言话题，亦真亦假，似是而非，总是掀起一波又一波的网上热议，使得处于中国社会转型期的网民们一次又一次地焦虑与不安。网络言语交际形式改变着传统的舆论生态，在网络这个虚拟空间里，"言论自由"获得了空前的认可，身着马甲游走隐形世界，个个都可以"潜水"，人人都能够"拍砖"。林子大了什么鸟都有，有些好事者，或唯恐天下不乱，或欲从中渔利，恶意编造种种谎言谣言。在网络上病毒般快速蔓延，扰乱网民视听危及社会安全。网络是网民的精神家园，在网络言语交际中，大家都有权做

"意见领袖"，每人都能扮演"记者角色"……要是没有网络谣言该多好啊！

网络谣言话题产生的原因，似乎更要复杂一些。或产生于网民无法获得准确的信息（"歼 10B 战机坠毁"等），或产生于网民不太健康的娱乐心理（"××歌星又离婚了"等），或产生于网民扭曲的社会心理预期（如"重庆贪官外逃加拿大"等），或产生于极少数别有用心的网民从中获利、引起关注的邪恶用心（"癌症村"等）……

网民由于受主客观条件限制无法获得所关注的准确信息，往往容易产生出相应的网络谣言话题。2008 年秋，一条短信被一再转发："告诉家人、同学、朋友暂时别吃橘子！今年广元的橘子在剥了皮后的白须上发现小蛆状的病虫。四川埋了一大批，还撒了石灰……"到了 10 月，"蛆橘"的话题传遍网络，导致四川橘子损失空前，湖北约七成柑橘无人问津。2011 年 2 月 17 日，网络上出现了一篇名为《内地"皮革奶粉"死灰复燃长期食用可致癌》的文章，一时，"皮革奶粉"的网络话题，立刻在网上热炒，引起轩然大波。记得"抢盐风波"吧？2011 年 3 月 15 日中午，杭州市某数码市场的一个普通员工，在自家电脑上，在 QQ 群里发布了"据可靠信息：日本核电站爆炸对山东海域有影响并不断地污染，请转告周边的家人朋友储备些盐、干海带，一年内不要吃海产品"的信息，很快成为网民热炒的话题关注的谣言话题，3 月 16 日起，全国范围的"辐射恐慌"和"抢盐风波"就发酵了！2011 年 3 月，旨在援助非洲建立"希望小学"的"中非希望工程"在坦桑尼亚启动，进入 8 月，"中非希望工程"是"灰色慈善"的话题，疯传于互联网络，参与发起人卢俊卿和其女儿卢星宇深受其害。2011 年 8 月 12 日，有网站刊登《国家税务总局关于修订征收个人所得税若干问题的规定的公告》（即所谓"国家税务总局 2011 年第 47 号公告"）并作了解读。紧跟着，有关国税"47 号公告"的网络话题，经国内多家媒体转载、放大，引起社会广泛关注、热议。名为"冷血"的网友，在玉溪人气最高的"高古楼"网站上发布了一条求证帖："听闻玉溪将发生 8.6 级大地震，震中为通海九街，时间是 11 月 6 日，求证。"于是，"玉溪地震"的网络话题，引发玉溪民众，纷纷逃亡。还有"温州动车事件"引发的种种谣言话题，也有较大危害……至于"多吃苋菜，不患癌症"，"汽油下月大涨价"等谣言话题，也见于网络论坛、BBS 之中。这类危害相对较小的谣言话题，网上并不罕见。这类网络谣言话题之所以产生，主要是因为一些网民受主客观条件所限，一时没法了解其真实具体的情况，无法获得其相应准确的信息，而自己又热心于这些信息。真正恶意制造这类话题的毕竟是少数。由于此类谣言话题会给社会造成严重后果，广大网民必须增强严加防范的意识！

网民出于某些不太健康的娱乐心理（好玩、起哄、恶搞等），一般也会催生出相应的网络谣言话题来。网络的娱乐特性，一方面，为广大网友提供了分享各类娱乐形式的自由平台；另一方面，也给一些喜欢胡来恶搞的网民提供了前所未有的方便。2010 年 2 月，打工者李某某道听途说，在校大学生傅某某以讹传讹，太原打工的韩某某出于玩笑，北京打工的张某为了提高点击率，工人朱某某为了起哄，通过手机短信或网络博客，分别发出了有关"山西地震"的信息，2010 年 2 月 20 日开始，"山西地震"的话题就在网上疯狂传播。结果导致从太原、晋中、长治、到晋城、吕梁、阳泉几十个县市的人们晚上不敢睡觉。其谣言话题，主要是源自无聊的网民本不应该的恶作剧。2011 年 11 月，有人在网上发帖，"最近不要在外面吃东西，尤其是烧烤、凉拌菜、兰州拉面等，一伙感染艾滋病的人在全国部分城市用自己的血滴到食物里，已被证实，已有人感染"。"两万多名艾滋病感染者，在东突反华分裂恐怖势力的指挥下进入全国各个城市，用自己的毒血滴到食物里。"引起"滴血食物"的话题一再疯传，吓得有些人，宁可挨饿，也不敢到餐馆吃东西。这也是有人恶作剧。

更有甚者，恶搞名人，恶搞娱乐圈，只是为了好玩，生发出许多网络谣言话题来。什么"赵本山被限制出境"、"李宇春被死亡"、"马伊琍文章被离婚"、"范冰冰被未婚妈妈"、"郎朗被批浅薄"等相关网络话题，纷纷出笼。子虚乌有的事，说得好像是真的。还有"名妓若小安"、"某某又陷入××门"等谣言话题，也不断进入人们的网络视野……这些谣言话题的产生，也可能是个别人不健康的娱乐心理作怪。

网民由于某些扭曲的社会心理预期（估计、推测、想象等），有时也会制造出相应的网络谣言话题来。2011年2月9日晚，刘某给响水生态化工园区新建绿利来化工厂送土过程中，发现车间冒热气，就告知朋友桑某，说绿利来厂区有氯气泄漏。桑某等在场的20余人，即将其信息通知各自亲友，告知转移避难。于是，"园区要爆炸"的话题传遍网络。群众恐慌，离家外出，导致多起车祸，死亡4人，受伤多人。至于"80后局长，他爸是李刚"的帖子，以及"玉林财政局长之子不用考试也入编"的帖子，产生这类谣言话题的原因，可能还是与一些人扭曲的社会心理预期相关。

极少数网民由于其邪恶的用心（引起社会关注、满足另类心理、企图从中渔利等），往往也会生造出严重的网络谣言话题来。2012年3月以来，李某、唐某等6人在互联网上别有用心地传播所谓'军车进京、北京出事'等敏感谣言话题，造成恶劣社会影响。国家互联网信息办公室依法责成有关部门关闭了梅州视窗网、兴宁528论坛、东阳热线、E京网等16家传播这个谣言话题的网站。避免了这些谣言话题进一步发酵，造成更大危害（自新华网3月30日消息）。有些网民别有用心地制造传播这类网络谣言话题，明显地为着不可告人的目的企图引起社会关注。从另一个角度来说，也许是为了满足某些人的另类心理。其实，回过头来再看2011年3月的"抢盐风波"，相关谣言话题的出现也并非偶然。2008年年底国家推出4万亿来刺激经济，货币流通超出实际经济规模，投资者携游资寻找投资对象，碰上日本核泄漏，他们就盯上了食盐。于是，制造和散布谣言话题，抢购食盐，高价卖出……政府介入之时，游资已然赚完撤出。可见，他们传播谣言话题的主要动机，就是企图从中渔利等。2012年2月21日，名叫"米朵麻麻"的网友在微博上发布信息："今天去打预防针，医生说252医院封了，出现了非典变异病毒，真是吓人。""出现非典"的话题，网上飞传，引起关注。据查，网站经营者刘某某，为了提高网站点击率，引起关注进而从中获利，人为地制造了这个谣言话题。还有很多此类情况。例如，制造"尸油煮粉"谣言话题，是为了破坏市场竞争秩序而从中获利。2011年12月17日，全国大学英语四六级考试开考了。有人制造"考前泄题"的谣言话题，也是为了引起关注以便从中渔利。一般说来，主观上编造网络谣言话题，总是出于特定目的，或刻意诽谤特定的目标，或报复攻击某个对手。而有意编造一些恐慌性的谣言话题，多少有点危害，制造社会混乱之嫌。

如何减少网络谣言话题的产生？如何识别网络谣言话题（未被揭穿前，很难判定）？这是摆在我们面前的一个重大课题。这里我只想说：轻信、盲从，谣言就会发酵；冷静、理性，谣言难以传播。谣言止于智者！

第 6 章　网络词语的基本类型

6.1　广义网络语言与狭义网络语言

网络词语组成网络语言。网络语言是网民们普遍使用的一种兼具书面语体和口语语体特征的语言表现形式，是汉语规范语言的一种特殊语言变体。广义的网络语言，是指利用电脑网络或手机网络在网络交际领域中使用的语言形式；狭义的网络语言，是指网民在网络交际领域（论坛、网游，MSN、QQ，Blog、Qzone 及互联网手机短信等）中使用的在用词和表达上都不算规范的语言形式。狭义的网络语言也指在现代汉语的基础上创新发展而成的网络新词新语。

广义网络语言的词语一般可以分为四大类：

第一，网络交际中使用的现代汉语。

网络交际中使用的现代汉语与日常言语交际中的现代汉语几乎没有什么不同。如网络新闻、网络评论、网络文学以及网页上使用的记叙性或描述性的文本等使用的现代汉语词语。

第二，网络相关的专业术语之类的词语。

网络相关的专业术语之类词语的语法形式基本上与现代汉语语法相符。如"鼠标、键盘、病毒、防火墙、广域网、浏览器"等词语。

第三，网络相关的特别用语之类的词语。

网络相关的特别用语之类词语的语法形式基本上也与现代汉语语法相符。如"网民、触网、黑客、第四媒体、电子商务、信息高速公路"等词语。

第四，网络交际中，网民在聊天室、BBS、互联网手机短信等中使用的不算规范的词语类型。

这些网络言语交际中使用的不算规范的词语类型，包括创新的、数字的、字母的、符号的……表意或表情的词语，如"斑竹、恐龙、酱紫、瘟都死、9494、3Q、IC、⌒∩⌒、^_ ^"等词语。

显然，广义的网络语言中的"第一"至"第三"类型的词语，都可以归属于现代汉语研究范畴，只有"第四"类型才是我们要讨论的网络词语。所以"第四"类型的语言可以称作狭义的网络语言。

本书中所谓的网络语言，主要就是这种狭义的网络语言。本节所要讨论的词语类型，也就是这种狭义的网络语言的词语类型。

网络语言在快速发展，它不受传统语言语汇的局限，先后产生出许多"网络词语"来。这种有别于日常传统语汇的网络词语，实际上成了网络语言中被人关注的核心成分。

有的网络词语在我们日常传统的语汇中原本就没有，是网民们在网络言语交际的动态过程中陆续创造出来的；有的网络词语似乎能在我们日常传统的语汇中找到它们的影子，但在实际的网络言语交际中赋予了全新的意义和用法。统观这些网络词语，其共同的特点，就是新奇异样而应用受限。互联网络的出现，使人类的言语交际所用语言有了一个新的载体，随着语言载体的变化，网络语言的风格或语体也发生了相应变化。在 BBS、Blog（micro blog）、OICQ、E-mail 等网络环境中进行言语交际，日常社会语言语体的影响加上网络语言的各种语体变体的作用，稀奇古怪的网络词语类型纷纷出现了。什么完全病句、数字、符号，什么拼音、汉字、英文字母杂糅等，这些人们曾经颇为陌生的语汇表达，现在已经变成了网民们的习惯用法。

网络语言，是网民们为了适应网上言语交际的需要而创造出的一种颇具随意性的语言。在虚拟的网络世界里，网民们为了更加高效地进行网络言语交际，大家充分发挥自己的想象力和创造力，对古今汉字随意拼凑，创造出了一些怪异词语；将一些意义毫无联系的语素随意组装，制造出了一些全新词汇；利用中外字母、数字、符号等组合，新造出了一些表达意思或情态的新型元素……这就使得网络言语交际更富有生气，更能体现网络语言的个性特点。随着我国社会信息化和信息社会化的快速发展，有些网络词语已经走下互联网络（如 2010 年的"给力"、2011 年的"hold 住""萌"等），进入人们的日常交际生活。作为信息时代的公民（一般也是网民），我们必须对网络词语有个起码的了解，我们看看网络词语具有哪些基本类型吧。

中文网络语言的快速发展，使得中文环境中的网络词语变得越来越复杂。区分中文网络词语的类型还真是有些难度。由于词语的分类角度不同，就会出现很多不同分类方法。按语法功能（即词的造句能力、词的组合能力和词的形态变化）来分类，网络词语也可以按实词、虚词分为十二类（传统分法），或按实词、虚词、"非实非虚"分为十八类（北京大学计算语言学研究所的俞士汶教授《关于现代汉语词语的语法功能分类》分法）。从词语结构上分，网络语言词语也有联合式（粘贴、点击、查杀等）、动宾式（发帖、潜水、冲浪等）、偏正式（霉女、菌男、菜鸟等）等类型。这些分法与现代汉语语法的分法差别不太大。

网络语言，即所谓的网词网语，究竟有何特点？与日常语言相比较，网络语言最明显的有如下不同点。

6.1.1 网络语言在词汇上有明显的创新

网络语言在网络言语交际的过程中，创新了属于自己的概念体系，并派生、演绎出许多自由多变的词汇。所以说，词汇创新是网络语言突出的特性。网络语言词汇，的确是怪模怪样的。古今中外，东西南北，多种外语，各地方言，数字符号，皆可入词。是一锅真正的"杂烩汤"。作为汉语网络语言，虽然其词语来源广泛，但主要来源仍是现代汉语。

网络语言的构成，由于来源不同，较为复杂。有自然语言符号，如菜鸟、恐龙、顶，BB（baby，宝贝）等；有副语言符号（标点符号及特殊符号），如":)"（表示微笑），"@—@"（表示黑眼圈）等；有图符动画，如"煲"（可以表示"在接电话、你给我电话……"）等；有汉语拼音缩略，如"JS"（奸商）等；有数字组合，如"1414"（意思意思）、"527"（我爱吃）等；有字母数字组合，如"B4"（before）、"3X"（thanks）；还有超常搭配和同素连用，如"监介"（尴尬）、"稀饭"（喜欢）、"mm"（美眉，妹妹）、"木有"（没有）、"天才"（天生的蠢材）、"蛋白质"（笨蛋+白痴+神经质），等等。

网络语言的造词理据，就汉语的来说，还是继承了古人的"六书"。造字法用得较多的是"象形"、"会意"、"形声"，用字法主要是"假借"。种种情形，复合进行。继承之中，皆有发展。特别是"形声"，已发展为"变形""变声"。在具体语境中，我们更能看清网络语言的词汇创新特点。

大量借用英语字母缩略语汇，是网络语言词汇创新的一大亮点。将英语单词或短语的首字母缩写，作为专有词语或短语，言简意赅，经济高效。看：BBS（电子公告版系统），CCTV（中国中央电视台），CEO（首席执行官），CS（反恐精英），DJ（流行音乐节目主持人），DOS（磁盘操作系统），DVD（数字式激光视盘），IQ（智商），ISO（国际标准化组织），MBA（工商管理硕士），PK（两人对决），SOHO（在家办公），VIP（贵宾），UFO（不明飞行物），WC（厕所），WTO（世界贸易组织），等等。有些已作为字母词收入现代汉语词典。这些，已成了合法的日常用语了。网民们在网上言语交际中，又创新了英语字母谐音缩略形式，用起来，太惬意了！如：BB（bye-bye）、BTW（顺便说一句）、CU（See you）、CUL（See you later）、GF（女朋友）、IC（I see），等等。还创新了字母和数字的组合形式，主要用于网语，有的已进入日常用语。其中，数字及其意义（一般是汉语发音），英语数词的谐音（一般是英语发音），如 Cu 2morrow（I'llsee you tomorrow）、B2B（Business to Business）、3G（The Third Generation）、I H8 u（I hate you），等等。

网络语言的语汇中还有一些所谓"网虫独用语"，如 BBS 中常用的"Hehe（呵呵）""Haha（哈哈）""hiahia（象声词，怪笑）""K 或咳咳（象声词，咳嗽声，表示要讲话了）"，这些在网聊中常常带有确定身份的意味。

6.1.2 网络语言在基本语法上有明显的变异

网络语言的语法同样继承了汉语传统语法，但又有许多变异、发展，形成了网络语言独特的语法习惯。再加上吸收一些外来语语法，来一点"语法搞怪"，古为今用，洋为中用，中西合璧，雅俗共赏。可见，网络语言的语法，也是一锅"大杂烩"。

网络语言语法上的变异，这里暂时略去，后面有专门章节再予以讨论。

6.1.3 网络语言在语义上较为别致

在网络语言中，表示同一语义，网民们也常常黏合语素，以东代西。如，同样表示"粉丝"（fans），有超女时代的"玉米"（李宇春的粉丝），有"凉粉"（张靓颖的粉丝），有盒饭（何洁的粉丝），还有"职粉"，有"乙醚"（易中天的粉丝），有"蜂蜜"（谢霆锋迷），有"潜艇"（钱文忠教授的粉丝），等等。

一切事物的形成都有其原因，包括外部和内部的原因。网络语言特点的形成也正是其内因和外因共同作用的结果。网络上的一般交际过程：编码（人脑）→发出（键盘）→传送（网络）→接收（计算机终端）→接收（视觉器官）→解码（人脑）。很明显，对键盘使用的熟练程度直接影响着人们网上言语交际的时效。要提高输入的速度，有时要减少击键次数，于是就尽量压缩语形，浓缩语义。输入"886"就比输入"再见"快，输入

"E我"就比输入"给我发电子邮件"快得多。拼音输入，同音误用，不可避免。久而久之，积非成是，约定俗成。还有丰富联想，触类旁通，隐喻、转喻，造词盛行。如"鼠标"、"刷新"、"马甲"、"菜单"、"病毒"、"潜水"等词就有了网上新语义了。"白痴"的新语义，往往由其特定语境决定。如可理解为"痴大唐李太白"，或"痴香山白居易"，或"痴苏州沈三白"……

此外，网络的面具隐藏性、网络交流的非功利性，网络信息的易提取性……都使得网络语言产生种种变异。

网络语言与日常语言最大的不同是其构词方式不同。下面我们主要就网络语言词语的构词方式，重点探讨一下网络词语的基本类型。客观地面对E时代的网络词语，就会发现它们仍然是产生于现代汉语词汇的基础之上，只是构词方式灵活些，词语形式特别些罢了。从构词方式来看，网络词语主要有下面的四大类型：谐音型、活用型、缩略型和符号型。

6.2　网络语言中的谐音型网络词语

谐音，是一种利用不同词语的声音相同或相近的条件增强语言表现力的语音修辞手段。运用谐音创作的网络词语可以说是铺天盖地，几乎占到网络词语总量的一半，它似乎成了网络新词语的标识。谐音作为一种语言现象，各种语言中普遍存在。相对说来，汉语中的谐音现象似乎更多。网络语言中，谐音现象得到了进一步发展，出现了越来越多的谐音型网络词语。这是一些以谐音为主要手段创造出来的网络新型词语。网民们在网络交际中，有着共同的心理。或崇尚个性，或张扬自我，或反叛传统，等等。谐音的造词方法，就成了网民们追求时尚，求新求异的一种自由的造词方法。谐音构词是网络交际中应运而生的一种构词方式。网络词汇中的谐音构词，在网络言语交际中使用者越来越多，值得注意。一般说来，常见的谐音型网络词语共有汉字谐音、数字谐音、英语谐音和混合谐音等四种谐音方式。

6.2.1　汉字谐音网络词语

汉字谐音类型，是指利用一些读音相同或相近的汉字来产生谐音词的类型。网络言语交际中，网民在使用汉语拼音输入法时，为了适应快速输入，常常用同音字替代。如要输入"版主"，就得输入汉语拼音"banzhu"，最先出现的是"斑竹"，网友们就直接用"斑竹"代替了"版主"。于是，在网络交际中约定俗成，"斑竹"被网民们广泛使用。"妹妹"，也就成了"美眉"；"信箱"，也就成了"馨香"；"邮箱"变成了"幽香"；"压力"，变成了"鸭梨"；"悲剧"，成了"杯具"；"什么"，变成了"神马"。南方方言难区分声母"n"、"l"，这样，"男"、"女"就变成了"蓝"、"绿"。这样是不是多了一点趣味。汉语的谐音，形式上决定于汉语的语音结构，内容上跟汉人的传统思想有较密切的关系。"有些比较固定的谐音，跟一定风俗习惯相关。在特定语境中，谐音关系比较固定，例如很多语境"鱼"谐"余"，表示吉庆有余；"莲子心中苦，梨儿腹内酸"中的"莲"谐"怜"，有可怜之义，"梨"谐"离"，即离别之意。网络词语的谐音造词，有所不同。网络上谐音词语其谐音关系也较固定，但与日常言语交际中的固定的谐音现象不一样：后者是基于一定的民俗文化而形成的，而前者没有多少民俗文化因素，只为网络交际的需要而为之。网络词语中的谐音关系实际上是"同一"的关系。即通过谐音的方式所造出的新词与原来被谐音的词语是同义词语。谐音造词，除了便于快速输入以外，更具有调侃、幽默的味道。网络语言中的谐音造词，又可以分为六种情况。

1. 将错就错地输入产生的谐音网络词语

将错就错地输入产生的谐音网络词语，是指受输入法的限制，产生的谐音网络词语。用拼音输入法快速打字，很容易因同音而造成别字错误，因为弄错了声母或韵母而造成打出的音节错误。网民们为节省时间，将错就错，倒造成了新奇怪异的效果，并能显示自己的个性。例如：偶（我）、泥（你）、好八（好吧）、板猪或斑竹（版主）、跑牛（泡妞）、米国（美国）等。还有弃轰（气疯）、美眉（妹妹，亦泛指女性网民），等等。

2. 有意篡改字词意义产生的谐音网络词语

有意篡改字词意义产生的谐音网络词语，是指旧字谐音而成的新的网络词语。被谐音的词，或本有其实际的意义，或每个语素有实际意义，然而将其组合起来，又像没有意义。经人们有意篡改后，只要熟悉网络语言的人，一般都能判断出所表达的意思。例如：果酱（过奖）、童鞋（同学）、大刀（打倒）、竹叶（主页）、板斧（版副）、幽香（邮箱）、稀饭（喜欢）、潜水（待在聊天室或论坛里却不说话）、潜水员（看别人灌水自己不灌水的家伙）、油菜花（有才华），楼猪（楼主）、肥猪流（非主流）、偶来乐（我来了），等等。

3. 追求调侃、幽默效果产生的谐音网络词语

网民们为追求调侃、幽默效果而产生的谐音网络词语，是指"大虾"之类的谐音网络词语。"大虾"谐"大侠"，指计算机高手。计算机高手因长期沉迷于电脑而弯腰驼背，形似大虾，多了些诙谐幽默。还有特困生（"特睡（困）生"上课喜欢打瞌睡的学生）、油墨（幽默）、共眠（共勉）、菌男（俊男）、霉女（美女），等等。

4. 由方言发音产生的谐音网络词语

由方言发音产生的谐音网络词语，是指"粉"之类的谐音网络词语。粉（闽南方言发音的"很"）、素（台湾国语发音的"是"）、唔系（广东方言发音的"不是"）、木得（南京方言发音的"冇得"，即"没有"），等等。

5. 语音快速连读产生的谐音网络词语

语音快速连读产生的谐音网络词语，是指"酱紫"之类的谐音网络词语。某些双音节词在快速连读时与另一个汉字的读音相近，网络言语快速交际中，有时取前一个字读音的声母（有时要变音，变得亲昵些）和后一个字读音的韵母（好像"反切"）组成一个音节，来表示原来的词语。这种网络语言形式，往往给人儿童撒娇的感觉，造成一种特殊的非常可人的表达效果。例如：酱紫（这样子）、表（不要），等等。

6. 外来词用汉字音译产生的谐音网络词语

外来词用汉字音译产生的谐音网络词语，是指"伊妹儿"之类的谐音网络词语。伊妹儿，是"e-mail"（电子邮件）的音译谐音。这类词语还有：酷或裤（cool，引申为有型、时尚）、烘焙机（homepage，个人主页），黑客（Hacker，电脑迷、电脑程序迷），猫（mode，调制解调器）、卡哇伊（かわいい，可爱），等等。

6.2.2 数字谐音网络词语

数字谐音，是网络语言中的一个重要特点。由于数字易于输入且易按读音谐音（汉语、英语均可），将数字组合更易赋予其特别的意思。数字谐音，就是用阿拉伯数字和某些词语谐音，用一定读音的数字代表所谐音的词语。

数字谐音网络词语，是以阿拉伯数字为书写符号，运用谐音构词法来表达普通的词语意义。数字谐音网络词语广泛存在于网络聊天室、电子邮件和网络论坛之中，是网络语言对社会语言进行变异的一个值得注意的语言现象。数字谐音网络词语，对相关内容的表达比较有限，一般说来，可以分为三种情况。

1. 数字汉语谐音网络词语

数字的汉语谐音，是通过汉字的读音与数字的读音相近，由数字的读音来谐汉字的读音，从而实现快速网络言语交际。网络言语交际所用汉字词汇数量较多，因而每个有限的阿拉伯数字可以分别代表好多个汉字来组词。其中，既有基本谐音汉字，也有引申谐音汉字。例如，同一个数字，在不同组合里，其谐音就有区别。

"1"，或是"要"（125：要爱我），或是"一"（1314：一生一世），或是"意"（5871：我不介意）。

"2"，或是"爱"（20184：爱你一辈子），或是"饿"（246：饿死了），或是"啊"（4242：是啊是啊）。

"3"，或是"上"（356：上网啦），或是"生"（0837：你别生气），或是"深"（1573：一往情深），或是"想"（360：想念你。53770：我想亲亲你），或是"相"（345：相思苦）或是"睡"（51396：我要睡觉了）。

"4"，或是"是"（9494：就是就是；4242：是啊是啊），或是"誓"（584：我发誓），或是"生"（8147：不要生气），或是"死"（246：饿死了），或是"子"（184：一辈子），或是"思"（14：意思。如"不好14"，"1414啦"）。

"5"，或是"我"（510：我依你。775885：亲亲我抱抱我），或是"舞"（765：去跳舞），或是"无"（514：无意思。56：无聊）。

"6"，或是"了""啦"等语气词（526：我饿了，我饿啦），或是"聊"（56：无聊），或是"溜"（6868：溜吧溜吧）。

"7"，或是"吃"（786：吃饱了），或是"气"（837：别生气。7456：气死我了），或是"亲"（70：亲你），或是"请"（7087：请你别走），或是"心"（7731：心心相印），或是"去"（729：去喝酒）。

"8"，或是"发"（584：我发誓），或是"抱"（880：抱抱你），或是"拜"（886：拜拜了），或是"不"（687：对不起；848：不是吧），或是"吧"（1798：一起走吧），或是"别"（847：别生气）。

"9"，或是"就"（9494：就是就是；987：就不去），或是"救"（9958：救救我吧），或是"酒"（79：吃酒；98：酒吧，以前也指WIN98），"久"（3399：长长久久），或是"走"（596：我走了）。

"0"，"你"（520：我爱你。0487：你是白痴。5201314：我爱你一生一世）……

网络数字词语谐音，注重整体上大致，一般不考虑个别数字与汉字的一一对应。这与传统谐音区别较大。数字的汉语谐音，包括普通话读音，方言读音等的谐音（如南方方言，[s] 和 [sh] 不分）。

社会生活的数字往往具有文化含义。一些数字的文化含义与其谐音相关。如2乘2得4，含"成双成对"意义，4就是吉祥数，有四扇屏风、四样重礼、四大名旦、四大天王等。"四"又与"死"谐音，有些人就忌讳"四"。在粤语中8与"发"谐音、9和"久"谐音，所以它们也常作吉祥数字运用。

网络数字谐音词语中用来谐音的数字和汉字并不对应，有时似乎没有承载传统文化含义。"9494"与"长久""死去"无关，只是表达"就是就是"的赞同肯定态度。"88"与"发财"不相干，只表示"拜拜"的"告别"之意。

网络数字谐音词语的言语交际作用，主要有四个方面。

其一，作为招呼告别用语。88（拜拜）、886（拜拜喽）。

其二，作为应答祈愿用语。9494（就是就是）、8147（不要生气），520（我爱你）、770（亲亲你），等等。

其三，作为拟声词，表达哭泣的声音。55555～～～～（呜呜呜呜呜，表示彻底沮丧及伤心，可以重复使用。）

其四，作为音译外来词的近似读音。3166（"撒扬娜拉"，日语"再见"），等等。

2. 数字外语谐音网络词语

数字的外语谐音网络词语，是通过外语单词的读音与数字的读音相近，由数字的读音来谐外语词语的读音而成的网络词语。这类谐音网络词语，十分有利于实现快速网络言语交际。网络言语交际所用外语词汇数量很多，尤其是英语，因而每个有限的阿拉伯数字可以分别代表几个英语词语。

英语中有些同音或近音词语，可以用同一个英语发音相同或相近的数字表示。

例如，"2"，或是"to"，或是"too"；"4"，或是"for"，或是"four"；"9"，是"night"（晚上）……

日语中有些常用词语，可以用一组发音相同或相近的数字表示。

例如，"3166"：读作"撒扬娜拉"（再见）。

3. 数字特别谐音网络词语

数字特别谐音的网络词语，情况较复杂。有外语短语的读音与数字组合的读音相近者，有外语短语的读音与数字跟外语字母组合的读音相近者，还有外语单词或短语的读音与数字组合的汉语读音相近者等等。其实质还是由数字或数字组合的读音来谐外语词语或短语的读音，从而实现快速网络言语交际。

例如，"419" = "for one night"（一夜情）；"F2F" = "face to face"（面对面）；"74" = "kiss"（吻），"88"（拜拜），等等。

不管哪种数字谐音，一般说来，数字组合都不能太长。太长的数字，较难理解，也就失去了网络言语交际的"快速、高效"的意义。例如，"5201314"（我爱你一生一世）、"7758891"（亲亲我吧求求你）等，在网络言语交际中，不太适用，难以通用，很难成为网络流行语言。

6.2.3　英语谐音网络词语

英语的谐音，主要决定于英语词语或短语发音与相关英语字母的发音的相似或相近性。英语谐音词语是用英文字母谐英文词语的音而创造出来的新词语。网络言语交际中使用英语谐音的表达方式，都是为了在网络言语交际中节省时间、缩减费用，以收到"在最短的时间内交流更多的信息"的实效。网络语言中，通过谐音的方式所造出的英语新词与原来被谐音的英语词语仍是同义词语。

网络语言中的英语谐音造词，又可以分为四种情况。

1. 用字母读音表示英语短语谐音的网络词语

用字母读音表示英语短语谐音的网络词语类型，也就是选取英语短语中每个单词的首字母，以谐音的方式来表示短语意义的网络词语类型。在键盘上输入几个英语字母，表示一个短语或一句话是非常方便快捷的事。这大大提高了网络言语交际的速度。

例如：CU（See you 再见。C 与 see 的发音相近，U 与 you 的发音相近）、IC（I see 我明白）、Q=（cute 可爱）、y?=（why? 为什么?），等等。

2. 用字母加上中心词或中心词加上字母表示英语短语谐音的网络词语

这种谐音网络词语类型比上一种更准确，较为有效地避免了误解或歧义。其中的字母部分，因为其读音于所谐词语的读音相同或相近，很容易理解。

例如："R u free?"（Are you free? 你有空吗?）"D u wnt 2 go out 2nite?"（Do you want to go out' tonight? 你想今晚出去吗?）"R u there?"（Are you there? 你在那里吗?）"How r u?"（How are you?），等等。

3. 用字母加上数字表示英语短语谐音的网络词语

这种谐音网络词语类型一般用得较少，输入极为便当。其中的字母部分谐英语读音，数字部分谐汉语读音，较容易理解。

例如，"3X"（thanks 谢谢），等等。

4. 用汉字模拟英语发音谐音的网络词语

这种谐音类型不多见，其实质就是将英语短语音译。

例如，"三克油"（thank you），"爱老虎油"（I love you），"稻糠亩"（dot com），"噢，买疙瘩"（oh，my god），等等。

6.2.4　混合谐音网络词语

混合的谐音网络词语，就是由英语或汉字、汉语拼音和阿拉伯数字混合在一起来表示的谐音网络词语。这种混合谐音网络词语输入效率很高，大大加快了交流的速度。混合谐音可以表示词语、短语或句子。从这个角度，可以将其分为三类。

1. 表示词语的混合谐音网络词语

表示词语的混合谐音，有多种不同的组合。或是字母加数字（B4=before 以前），或是数字加字母（3x=thanks 谢谢），或是数字加单词（4ever=forever 永远）（1derful=wonderful 吃惊的）（2nite=tonight 今天晚上）（G8=gate 门），或是汉字加拼音字母（帅 G=帅哥），或是符号加字母（+U=加油），等等。

2. 表示短语的混合谐音网络结构

表示短语的混合谐音网络结构，也有多种，不同的组合方式。或是字母加数字（或再加字母）（cu2＝see you too，f 2 f＝face to face，P2P＝pear to pear），或是数字加字母（3kx＝thank you），或是单词加数字（me2＝me too），或是拼音字母加汉字（真 e 心＝真恶心），或是数字加汉字（8 错 8 错＝不错不错），等等。

3. 表示句子的混合谐音网络结构

表示句子的混合谐音大多较为简单。多为用于招呼、应答的短小句式。或是字母加数字（I H8 U！＝I hate you！），或是字母夹汉字（"I 服了 U！"＝我服了你！）（"e 心！"＝恶心！）……

谐音型网络词语，在网络语言中占有较大的份额，必须引起重视。不过，这类网络词语较难全面掌握，有些谐音型网络词语，只有在特定的语境里，才会被特定的网民所理解。使用这类网络词语的网民，一般分属于不同的网民群体，不同网民群体对其不同谐音类型网络词语熟悉掌握的程度也是不大相同的。

6.3　网络语言中的活用型网络词语（上）

活用型（也可以称为借用型或创新型）网络词语，在网络言语交际中，应用十分广泛。网络语言的发展，离不开网络活用型词语的大量产生。网络语言中的构词，非常灵活。所能用到的构词法几乎都能用到，且用得极富创造性。网络语言中的构词有不少是传统构词法的活用，如飞白构词、仿词派生、旧词别解，等等。

6.3.1　飞白构词法活用型网络词语

飞白构词，是一种传统的构词法。在网络言语交际中，常常会活用飞白构词法构成新的网络词语。

飞白属于一种积极修辞，这种修辞是明知其错而故意仿效之。所谓"白"就是我们习惯称之的"白字"，即"别字"。故意运用白字，便是"飞白"。飞白是明知错误，却故意仿效之，以达到滑稽、增趣的目的。飞白的实质是有意将错就错，飞白的目的是为了使语言滑稽、幽默，增加文章的趣味性和感染力。从语用的角度看，飞白可分为语音飞白（利用各种不准确的语音以及口吃等）、文字飞白（利用俚语行话或文字使用上的错误）、词语飞白（利用用词上的错误）、语法飞白（利用语法关系上的错误）和逻辑飞白（利用对事物的曲解或缺乏逻辑根据的无稽之谈）等。网络语言中的"飞白"，大多是打字太快，出现同音或近音的词语，将错就错而成的。

网络语言中存在大量的"飞白"现象。例如，"菌男"（"俊男"："丑男"的同音反语）、"霉女"（"美女"："丑女"的同音反语）、"竹叶"（"主页"）、"斑竹"（"版主"）、"水饺"（"睡觉"），等等。陈水扁、吕秀莲、李登辉搞台独，网民们曾称之为"沉水蝙"、"驴锈脸"、"里灯灰"，以表心中强烈的愤恨之情。对美国插手钓鱼岛问题，网友称"美国"为"霉国"，称"美军"为"霉菌"。只用几个"白字"，就充分地表达了网民们的强烈愤慨。这种飞白，是网友故意为之，用来表达自己的特殊情感。

在网络言语交际中，大量"飞白"辞格的运用，既传递了相关信息，又收到幽默讽刺的效果。

6.3.2 仿拟构词法活用型网络词语

在网络言语交际中，网民们灵活运用仿拟的造词方法创造了许多网络词语。

"仿拟"是一种常用的修辞格，在网络言语交际中，网友们常常用到。根据言语交际的需要，模仿大家熟知的、现成的多种语料，而仿造出新的词汇、语句，这种修辞方式叫做"仿拟"。这种模仿既可以是形式的模仿，也可以是内容的模仿，或两者兼而有之。根据所仿语言成分或形式的不同，网络语言中的仿拟可分为仿词、仿语、仿句、仿篇等四种基本类型。

1. 仿词类的网络词语

网络语言中的仿词，就是有意模仿已有词语，只更换其中某一语素来造出网络新词的仿拟方式。或更换原有词语中前一个语素，由"黑客"仿拟出"蓝客、闪客、威客"等；或更换原有词语中后一个语素，由"春节"仿拟出"春劫"等。

仿词中，仿体和本体结构形式是相同的，但其语义关系却颇为复杂。或反义关系，由"宅男"仿拟出"宅女"，由"足球先生"仿拟出"足球女士"等；或类义关系，由"聊友"仿拟出"笔友"、"车友"，由"裸考"仿拟出"裸婚"、"裸官"等；或关系不明，由"洗具"仿拟出"杯具"，等等。在仿体和本体之间，一般存在着谐音关系，如："驴友"仿"旅友"、"擒人节"仿"情人节"，等等。很多网络语言的新词，就是由仿词的方式产生出来的。当一个仿词较为切合时事，能够反映现实，就会在网络上开始流传，其中有的新词有较强的概括力，网友们就会接受并模仿之，甚至以之为范本衍生出一系列新词。由"艳照门"衍生出"诈捐门"、"名表门"、"资助门"、"熄火门"等，这是以"门"为标志语素，在网络上的反应具有轰动效应的一些较重大的事件。

仿词，通过替换原本存在的词汇中的个别语素来构成新词，继而衍生出一系列的同构语词。这已经成了网络语言中新词新语构成的一大途径。由于网络语言的随意性，使得运用仿词方式产生的词语有的实际上是另造新词，具有临时性的特点。例如，由旧仿新的有"笨鸟先飞"仿拟出"笨鱼先游"，"校花"仿拟出"校草"，"晒太阳"仿拟出"晒月亮"，"托福"仿拟出"汉托"，"网民"仿拟出"网虫"，等等。另造新词的有"爬网"（上网）、"板砖"（用来攻击别人的帖子）、"光光"（光棍），等等。

2. 仿语类的网络词语结构

仿语，是人们对所熟知的常用短语进行仿拟。这些短语大于词，结构较固定，功能多样。一般包括成语、谚语、惯用语和歇后语等短语形式。网络词语中，仿语类网络词语结构频频出现，随处可见。

网络语言中对谚语和成语的仿拟较多。

例如，"笨鱼先游"仿拟成语"笨鸟先飞"，"妹力四射"仿拟成语"魅力四射"，"一网情深"仿拟成语"一往情深"，"百万负翁"仿拟成语"百万富翁"，"箭多矢广"仿拟成语"见多识广"，"有围青年"仿拟短语"有为青年"。"人至贱则无敌"仿拟谚语"水至清则无鱼"，"宁为鸡首，毋为牛后"仿拟谚语"宁为玉碎，不为瓦全"，等等。

网络仿语中，对谚语的仿拟，多是仿拟句式结构类型。

例如，"……至……则无……""宁……，不为……"；对成语的仿拟，多是仿拟读音类型，如上文的"妹"与"魅"，"网"与"往"，"负"与"富"。

网络仿语，还有一种类型较为普遍，那就是仿拟一些网络流行语中所蕴含的语法格式。

例如，由"非典型肺炎"，网络上仿出了"非典型男女"、"非典型爱情"、"非典型时尚"、"非典型时空"等一系列新词。如由"哥吃的不是面，是寂寞"，网络上仿出了"哥抽的不是烟，是寂寞"、"哥上的不是网，是寂寞"、"哥喝的不是酒，是寂寞"，等等。

3. 仿句类的网络词语结构

讨论仿句，好像跑出了讨论"网络词语类型"的界限。如果把所仿拟的句子，看做特殊"短语"，似乎又在其讨论之列。

仿句，实际上就是高考语文试题中常有的题型。模仿既有的语句，保持基本结构不变，更换部分词语来表达新的内容。显然，仿句的创造空间要比仿词和仿语大得多。古今中外的经典美文、名言警句，当下流行的影视内容、时尚用语，甚至给人印象深刻的流行歌曲、广告用语，等等，都是仿句的对象。

其一，仿拟经典美文、名言佳句。

古今中外，浩如烟海的文学瑰宝中，经典美文比比皆是，名言佳句不可胜数。网民们绝不放过，纷纷仿拟。给人熟悉中透着陌生，严肃中透着诙谐的体验，颇为新奇有趣。

由"士为知己者死，女为悦己者容"仿拟出了"女为悦己者容，男为己悦者穷"。由"横眉冷对千夫指，俯首甘为孺子牛"仿拟出了"横眉冷对秋波，俯首甘为光棍"……

由高尔基名句"让暴风雨来得更猛烈些吧！"，仿拟出"让订单来得更猛烈些吧！"。由铁人王进喜的名言"有条件要上，没有条件创造条件也要上"仿拟出"有危险要救，没有危险制造危险也要救"（讽刺"救美女把戏"）。由鲁迅《论雷峰塔的倒掉》，仿拟出《论官本位的倒掉》。

仿句修辞，仿拟出的新句，形式上保留了原句的音韵和句式，内容上则与被仿原句没有什么关联。可见，仿句具有很强的灵活性，甚至可以一式多仿。

其二，仿拟影视对话、时尚用语句。

电影、电视中的某些经典内容，留给网民极深的印象，有些网友就仿拟出许多网络语言来。一些耳熟能详、鲜明醒目的影视标题也仿拟出许多网络话语。

由纪录片《舌尖上的中国》，仿拟出许多网络语句。有"没有安徽的中国也不叫中国啊，我的斩鸭子，腌咸菜啊！"，有"没有浙江的中国也不叫中国啊，我的油焖冬笋，金华火腿啊！"，还有"没有山西的中国也不叫中国啊，我的剔尖，刀削面啊！"等。由电视剧标题《爱你没商量》仿拟出"骗你没商量"、"整你没商量"、"远离你没商量"等。

追赶时尚、富于创新的年轻的网民，喜欢且善于仿拟时尚用语。借助网络平台，网民们不仅仿拟出这类网络语言，并将其带入日常现实语言之中，从而衍生出了更多的流行话语。

由"贾君鹏，你妈妈喊你回家吃饭"的帖子，引来了 1.7 万多条回复。这句话迅速成为网络流行语。随后仿拟出更多类似话语。如"××，你妈喊你回家睡觉"，"××，你妈喊你回去做作业"等，甚至还有"台湾，你妈喊你回家吃饭"的口号。

"珍爱生命，远离国足"曾成为网络最流行的句子。看看这段极尽挖苦之能事的节目预告，置国足于何等境地："河中生灵神秘死亡，下游居民得上怪病，沿岸植物不断变异，是残留农药？还是生化攻击？敬请关注今晚 CCTV《走进科学》即将播出的专题节目：《国足在河边洗脚》。"

其三，仿流行歌曲、广告用语句。

有些流行歌曲、广告用语，也成为网友们仿拟的对象。有些歌曲名称的仿句经常作为网络文章的标题，目的是借助仿拟对象的深层信息和影响力，来追求事半功倍的表达效果。有些经典的广告语作为对象，仿拟出的语句，不仅新颖别致，而且朗朗上口。

由歌曲名《都是月亮惹的祸》，模拟出"都是'小三'惹的祸"。由歌曲《外婆的澎湖湾》，模拟出"爷爷的小木屋"，等等。

由广告语"今年过节不收礼，收礼只收脑白金"仿拟出"今年过节不收礼，收礼只收人民币"。由广告语"好酒喝出健康来"仿拟出"好官带出小康来"，等等。

4. 仿篇类的网络词语结构

仿篇的讨论，有些超出"网络词语类型"的论题。但作为网络词语相关延伸，一些篇目的仿拟，主要还是相关词语的变化。所以，还是在此说一说其类型和特点。

仿篇就是故意模仿熟悉的篇章而拟写出新的篇章的修辞方式。篇章的仿拟，在网络语言中更为灵活，可以仿拟其篇章的结构并保留其部分内容，还可以只仿拟其篇章的语体风格，自由创作成文。网络语言中的仿篇，大致有三种类型。

其一，仿经典诗词曲结构。

经典诗词曲，简洁凝练，语义深刻，网民们十分乐意仿拟。

由古词《青玉案》，博客圈中有网友仿拟出《青玉案_ 相守》新作。"江南雪夜红团透，半梦左、昏沉右。隐约暖披柴脊后。似闻低唤，复来轻扣，蓦醒伊旁候。紫壶续盏眉微皱，絮语将停叹思又。雏燕才飞离稍久。炭余温厚，执手怜人瘦。"写出了夫妻相守，感情甚笃，关切甚厚的意境，仿拟有致，颇有韵味。

由余光中的《乡愁》，仿拟出《乡愁》新作。"小时候，乡愁是火车的鸣笛声，我在求学的列车上，母送游子泪洒站台。长大后，乡愁是一轮中秋月，月圆之夜人未圆，父母辛劳陷苦海。后来啊，乡愁是故园的老屋，至死未盼到儿归的父母，让儿睹物思人悲从中来。而现在，乡愁是故乡湛蓝的天空，安息天国的父母啊，但愿来世还做您的乖小孩。"读读看，是不是有些感人？

由苏轼《水调歌头》，由网友仿拟出《水调歌头》新作。"MM 网上可有？敲击问网友。不知对面大姐，是否已有男友？吾欲穿屏而过，又恐无法穿透，撞伤我的头。改用视频看，可是人已走，千呼唤，万寻觅。那 MM，不是自己走。手里挎着蛤蟆肘，我有泪难流，我有苦难诉，此时我都有。但愿没走远，他俩就分手。"有调侃、戏谑，有痛苦、迷茫，表达出了复杂难言的情感诉求。

其二，仿流行歌曲结构。

流行歌曲，曲调通俗，歌词易懂，快速流行，常被模仿。网友们用其仿作，反映现实社会现象，表达心中真情实感。

由歌曲《找个好人就嫁了吧》，仿拟出《遇上个女人就娶了吧》。"遇上个女人就娶了吧，虽然不是我心里话，爸爸妈妈不要为我太操心，我会把你的儿媳娶到家。"

由歌曲《大约在冬季》，仿拟出《大约在梦里》"你问我，何时出国去，我也轻声地问自己，不是在此时，不知在何时，我想大约会是在梦里。"

以上仿作，正视现实，表达出自己心中的无奈和失望之情。

由崔健歌曲《一无所有》，仿拟出《中国足球之歌》。"我曾经问个不休/何时能冲出亚洲/可你却总是让我一无所有/我曾经问个不休/何时能不再哀愁/可你却总是让我再等四个年头。"

歌词中一声声"一无所有"的无可奈何，乐曲中敲击人心的音乐节奏，表达出广大球迷对中国足球始终不能冲出亚洲的焦急、失落而无奈的心理。

由流行的电视剧《济公》的主题歌曲，仿拟出《犀利哥之歌》。《犀利哥之歌》有好几首，网友们最熟悉的是甄楚倩的《不羁的男人》和张立基的《风雨夜归人》。这两首犀利哥版本的视频几乎传遍网络。其他《犀利哥之歌》多是网友自编的网络歌曲。歌词以《济公》主题曲为范本，并配以部分周星驰《武状元苏乞儿》的视频剪切，对歌词进行了针对性修改，在网络上广泛流传。以下是仿拟出的几个版本，其篇幅都比较完整。

A

潮人哥　犀利哥

乞丐王子火网络

你说我、他说我

一身名牌货

日本发型洒脱

韩版风衣暖和

法国棉裤穿着

美国破鞋踏着

哎嘿……限量版腰带引潮流

混搭红棕两种色

Lv 包手中握

潮人帮帮主就是我

浑然天成不炒作． 　犀利哥

潮人哥、犀利哥

哥抽烟吐寂寞

你服我　他服我

哥不是传说

金子总会发光

银子不会埋没

干柴总会着火

油菜总有收获

哎嘿……有朝一日遇伯乐

娱乐圈中当一哥

（独白）不要迷恋哥　哥只是个传说！

B

不要迷恋哥，哥只是个传说，哥行走江湖太久，也就有了传说。

哥不是有型，只是为了生活，哥从不寂寞，只因寂寞总是陪伴哥。

哥红遍网络，可网络不属于哥，

哥行走在人群，却像是走在沙漠，

哥不求名利，只求下一顿午餐是什么

有人问，有手有脚，为何要这样的存活

因为过去太多，哥不想再去选择

没有选择的选择，这就是结果

哥回忆太多，只剩下饥饿

哥不是不懂感情，因为感情伤害太多

人生原本赤裸裸，这就是传说中的哥

一支烟，往事随风去，烦恼尽解脱.

C

疯狂　人们太过疯狂

扰乱　我洒脱的每天

人生　本来最后很赤裸

不要再迷恋　犀利哥的传说

曾经我年轻过　为理想而拼搏

火热的心　在寒夜街头冻死了

曾经我深爱过　无奈现实伤我

哥现在抽的烟是寂寞

不要再疯狂地对待我

男人的心其实也很脆弱

我依然是一个倔强的人

我的生命　我做选择

不要再疯狂的折磨我

男人的心其实也很脆弱

我依然是一个坚强的人

还要面对　我的生活

D

我是又酷又帅的犀利哥

从来过着平静的流浪生活

手上的香烟都是朋友给的

身上的名牌都是捡的

我是四处流浪的犀利哥

满身的伤痛没有谁曾问过

走在人群里人们都躲着我

我的心酸往事跟谁说

我是又酷又帅的犀利哥

从前我也有家并不是传说

家住哪里我只是暂时忘了

烦恼太多何时能解脱

感谢热心网友感谢这网络

帮我找到亲人告别了寂寞

从此告别流浪的生活

不让太多伤痛伴随我

伴随着我

其三，仿影视作品的经典台词结构。

影视作品的经典台词，概括精炼，饱含寓意，较容易模仿。网友们常在网上仿拟这些台词，用来表达自己的新意。

由电影《手机》台词，仿拟出"你开会呢吧？对。说话不方便吧？啊。那我给你发短信。行。我不想你了。噢。你想我了吗？啊。昨天你真做得出。嗨。你自己跟我爸妈说清楚吧。不敢吧？那我对你就不好办了。明白了吗？明白了。"由电影《活着》台词，仿拟出"小猫长大了就变成了狗；狗长大了，就变成了小孩；小孩再长大了，就变成了人；等人长大了，你的好日子就来了"。

以上仿篇，保留了原篇目的基本结构，内容稍作改动，表达效果就有些诙谐别致了。这种仿篇在网络语言中出现较多。

还有所谓的"语体移用"式的仿篇，即故意仿拟某一特定的文风（或特定人物说话的腔调）而造成整体错位的仿篇。

由圣旨的特殊语体，仿拟出搞笑的祝福短信。"圣旨到！奉天承运，皇帝诏曰："龙年将至，特敕幸福短信红包一个，内有幸福万两、快乐千金……卿家若无幸福快乐之微笑，则满门抄斩！接旨！"

网民们之所以广泛运用仿拟的修辞格，主要是因为仿拟主体具有特殊的语用心理以及仿拟修辞有着特殊的修辞效果。

仿拟主体的语用心理主要是求新和求简心理。在网络言语交际的语境中，网民们（尤其是年轻网民）千方百计寻求非常规的表达形式，追求新颖独特的网络语言表达。仿拟正好能满足网民们的这种需求。仿拟修辞是言语交际主体有意识的模仿行为，仿拟可使得模仿主体的交际言语更新更奇，与众不同。网络言语交际要求用语更为简约经济，以节约上网费用。要在有限的时间里传递最多的信息，必须用语简洁。仿拟是利用已有的语言实例，来表达新的话语的修辞方式，是用语最经济的方式之一。仿拟修辞具有极强的能产性和复制性，这比重新创造交际用语要简单经济得多。

仿拟修辞的运用，能收到新颖别致和幽默风趣的修辞效果。在网络言语交际中，网民们极力追求这种别致新颖和幽默诙谐的效果。仿拟是以"旧"的话语来表达新的意思，二者文本形式相同，表达内容却相异，这样恰好可以推陈出新，收到新颖别致的修辞效果。仿拟修辞的基础原本是形式凝练、内容庄重的语言实例，仿拟时，要么是更换其中的部分词语，要么是反其意而用之。这样，就会产生寓谐于庄、幽默有趣的修辞效果。

从另一个角度来说，结构形式上的仿拟要容易一些，谐音仿拟和意义仿拟对语言能力的要求比结构仿拟要高（不仅要仿拟中意的格式，更需要相应的对语音语义的把握能力才能仿拟出好的语句）。隐含式仿拟比其他仿拟形式出现频率高……仿拟模式五花八门，正好体现了网络语言的丰富性和开放性。

6.3.3　派生构词法活用型网络词语

在网络言语交际中，网民们运用派生的造词方法也创造了许多网络词语。

派生词，是在一定的词根前、后，添加前缀或后缀而制造出来的新词（主要有名词、形容词和动词等）。

派生构词法是英语的重要构词法之一，很多英语词语就是运用"在一些英语词根前、后加词缀"的方法派生出来的。

有的加了前缀后，词的意思改变了，但词性保持不变。例如：dis（否定前缀）+pleasure（愉快）= displeasure（不愉快），inter（在一起）+ national（国家的）= international（国际的），tri（三）+angle（角）= triangle（三角）。

有的加了后缀后，词义有所改变，词性也完全不同。例如：Amaze（动词，使吃惊）+ment（名词后缀）= amazement（名词，惊愕），fright（名词，惊骇）+en（动词后缀）= frighten（动词，惊恐），quick（形容词，快速的）+ly（副词后缀）= quickly（副词，快速地）。

有的……

派生构词法在汉语中也有一些，有些汉语词语就是运用"在一些汉语词根前、后加词缀"的方法派生出来的。

有的加前缀"老"、"阿"、"小"、"第"、"初"等。

例如"老外"、"老酒"、"阿婆"、"阿 Q"、"小蜜"、"小菜"、"第二"、"初三"，等等。

有的加后缀"子"、"儿"、"头"、"化"等。

例如"桌子"、"老子"、"花儿"、"瓶儿"、"老头"、"石头"、"年轻化"、"现代化"，等等。

派生构词法在网络语言中运用得更灵活，更有创意。既有传统派生构词法的活用，更有创新派生构词法的活用。

1. 有的在特定词根的后面添加特别的语素，表达特定的意义

例如，网络上，"打酱油"的流行语走红了以后，"酱油"就变成了特定词根，网友们在网络言语交际中，在"酱油"这个词根后面加上不同的语素，派生出许多新词，意思上也变得越来越复杂，没有特定语境，较难理解其真实意义。例如，"酱油男"，原意是皮肤较黑的人，热带地区说法。现在用来调侃那些对新事物漠不关心，甚至无知的人。也表达对楼主发的主题表示不关心没兴趣、不参与话题讨论的意思。"酱油族"，网友经常展示"酱油男"的 PS 贴图，也令众多网友不满，因此将那些乐此不疲地 PS 原图的网友归为"酱油族"。还有"酱油女"、"酱油老爹"、"酱油市长"，等等。"酱油恒久远，一壶永流传"，网民的社会参与和责任意识尽在其中。

2. 有的在特定的后缀前面添加特别的词语，表达多种不同的意义

例如："控"，出自日语"コン"（取 complex（情结）第一个音节的读音），指极度喜欢某东西的人。"控"就是喜爱，不是一般的喜爱，而是带点偏执的喜爱。由于喜欢的东西，在日本漫画中要冠在"控"字之前，于是，"控"就成了特定的后缀。网友们以此作后缀，派生出许许多多网络词语。"镜子控"，喜欢照镜子，对镜子非常喜爱。"袜控"，非常喜爱袜子，如棉袜。"女王控"，指对个性强势、习惯指使别人的千金小姐或女强人这类人物十分喜爱的人。"冰山控"，意为对冷酷的人的特别喜好（不论男女），一般这类男性被称为"冰山"。不过自己有这类倾向（喜欢自己装冰山）的也称为冰山控。还有"眼镜控"、"脑残控"、"狐狸控"、"强大控"、"萝莉控"、"time 控"，等等。

又如，在"族"的后缀前加上不同词语，构成许多派生的网络新词语。

"FUN 族"，FUN 是 Fit、Unify、Nutrition 的缩写。"fun 族"即是"fun"式生活的一族。这一族群以热爱健身，关注心理和谐和营养膳食为己任。在简单平淡的生活中，融入创意，不断制造惊喜；对待生活，乐观幽默，抛弃生活中的烦恼，智者般过着毫无压力的生活，尽情享受每一天的快乐。

"nono 族"，NONO 是英文词"NO"的双重否定，其实就是"对一切虚伪说 NO，对矫揉造作说 NO，对没有个性的一味跟风说 NO，对千人一面的品牌说 NO。"NONO 族特立独行，决不盲从。他们以"潮流规则"解密者和颠覆者身份出现，追求高品质的生活，注重个人感受，拒绝被潮流程式化而淹没自己的个性。NONO 族是都市新节俭主义的推崇者。他们崇尚简单就是美，无论是吃穿住行都追求内在的充实和不动声色的优越感，而不是靠奢靡华丽的外表来标榜自己。NONO 族认为迷恋名牌就是俗，崇尚简单才是美。"不以物喜、不以己悲"是他们最大的魅力。此类具有相同后缀的派生词还有"宅内族"、"宅生族"、"彩虹族"等等。

以"人"作后缀的派生词语，在意义上彼此关联并不太大。

"晨型人"这个派生词语，是指那些坚持晚上早早睡觉，早晨四五点钟就起床的人。为了在忙碌的生活工作中保留快乐，早点起床，听听音乐，看看书报……改变不健康的生活方式。"晨型人"的概念来自日本，日本"早起心身医学研究所"的所长税所弘，是"晨型人"观念的创始者。"晨型人"的口号是："你的未来，决战早晨！夜型社会已经逐渐迈向晨型社会！"以下派生词，似乎与之关系不大。例如，"卖萌人"、"有型人"、"达人"、"强人"、"围观人"等等。

3. 有的在特定的前缀后面添加特别的词语，表达多种不同的意义

例如，以"慢"作前缀，后面加上相应的动词或形容词，构成了"慢"系列的网络派生词语。"慢生活"的崇尚者们有一个新鲜的代称叫"悠客"。即"悠然自得"，在工作和生活中适当地放慢速度，以豁达和欣赏的心态来感受周围的人和事。这就是"慢生活"的本质。从强调健康饮食的"慢食"，到以体现人文关怀为宗旨的"慢写"，到提倡寻找朴实纯真爱情的"慢爱"，再到倡导享受心灵沉淀与愉悦的"慢读书"，包括号召大家仔细体验旅途风光的"慢旅行"……此类以"慢"为前缀的派生词，似乎都是"慢生活"的范畴。慢生活，是一种生活态度，是一种健康的心态，是一种积极的奋斗，是对人生的高度自信。"慢生活"又派生出"新退休主义"。"新退休主义"是"慢生活"者推行和倡导的一种新型生活理念。新退休主义者宣称：退休与年龄无关，

想退就退；退休与事业无关，想做就做。退休不是生活的尾声，而是另一种生活的开始。他们不愿做工作的机器，他们想控制生命的节奏。在他们看来，健康、亲情、友情和自由的意义正在超越金钱，暂时地修正有利于重新确定目标，以便获得事业上的另一次提升和飞跃。

4. 有的语素既可以作前缀，也可以作后缀，添加特定的词语，表达不同的意义

例如"网"之类的语素，就是这样。例如，"网"作前缀，有"网虫"、"网友"、"网哥"、"网姐"、"网德"、"网恋"等等；"网"作后缀，有"触网""撞网"等等。

5. 引申派生构词法的活用，加速了网络语言新词的发展

引申派生构词法的活用，加速了网络语言中新词词义的发展。

引申派生构词，是基于联想作用从原本意义的基础上派生出一个新意义的词来。词的新、旧意义之间，存在着比较特殊的关系。

词义引申，是一个词语由专指某类对象变为兼指几类彼此相关联的对象。例如，"达人"，指网上技能高超的人，特指 IT 行业之人或者引人注目、特殊的人。网络言语交际中，出于幽默感或娇嗔语态的需要，有时写作"达淫"。追根溯源，"达人"是由"强人"引申而来的。"达人"比"强人"更能表达人们对其崇敬之情，同时，还含有其经过长年的锻炼，积累了丰富的经验，最终领悟到某个领域真谛的意思。这样，达人又奇妙地表现出难以言传的特别意境。

"马甲"，原本是背心的别称，网络语言中，"马甲"就是会员所注册的其他名字。小品《钟点工》中，赵本山有句台词："你别以为你穿上马甲我就不认识你了"。引申到网络语言中，"马甲"就派生出"用马甲伪装自己"的意思。网络的虚拟性，使得在网络言语交际中，"马甲"现象普遍存在、不可消除。

"楼主"中"楼"，原本是"楼房"的意思，在网络语言中，却引申为一个接一个帖子所组成的话题板块。这样，相应的"楼主"就是发出最上面帖子的人，也就是话题的发起人，常被称作"1 楼的"。于是，其他所有的回帖人，依次就成了"2 楼的"、"3 楼的"，等等。网络语言中的"楼上"、"楼下"等与"楼"相关的词语，都是由"楼"引申派生出来的。

6. 词性转换派生构词法的活用，进一步加速了网络语言新词的发展

词性转换派生法的活用，使得网络语言中新词的词源更为丰富，也加速了网络语言中新词词义的发展。

词性转换派生法，是利用词语的语法功能的转变，来获得网络新词的网络中有些旧词的。这类词语新的词义与旧的词义，二者联系密切。

"汗"，本指人或高等动物的汗液，是个名词。网络语言中，常用来指被震惊后尴尬、无奈、无言的感觉，是个形容词。其词性转换后所增加的新的意义，较之原词，变得诙谐、幽默，颇具讽刺意味。

"朝阳"，即初升的太阳，是个名词。网络语言中，常用来表示"新兴的、有发展前途的"意思，是个形容词。

中国网民，不仅仅是亿万中国人的集合，更是一个能够创造流行文化形式的群体，而在某种程度上承担起这种文化形式传播重任的，正是网络派生词。网民们的网络言语交际的动态过程中，不断催生出网络流行的越来越多的派生词。博客的问世，派生出"老

徐"；DIY 恶搞视频，派生出"做人不能太无极"……刚刚认知"快闪族"、"月光族"、"换客族"，未必分得清"土食族"、"乐活族"。知道什么叫"剩女"、"腐女"，未必知道什么是"布波女"、"干物女"。

网络语言的发展，使得汉语派生构词法大有用武之地。网络派生新词正在每日每时地成批产生！

6.3.4　旧词别解型变换而成的网络词语

旧词别解，就是对旧有的词语给出另外的解释，通常是取每个新词语中的一个汉字，通过谐音合成一个日常语言里存在的旧有词语，或者说赋予日常语言里旧有词语以不同于其原来意义的新含义，或者改变旧有词语的意义并颠倒其感情色彩。在网络言语交际中，这种现象较普遍地存在。日常旧有的词语，已被人们约定俗成，具有较固定的含义和用法，一般不能别解或滥用。在网络这个虚拟空间里，网民们却可以对一些旧有词语随心所欲地活用。在网络言语交际中，有些言语交际主体，为着特定的交际目的，可以肆无忌惮地根据字面意义随意扩充一些词语的内涵，故意别解一些词语的意义。旧词别解，变成了网络语言的一种新的修辞方式，给人一种新奇、独特的感觉。具有或诙谐幽默，或辛辣讽刺的语言表达效果。在网络言语交际中，人们非常热衷于玩这种语言游戏，在网友的惊愕和慎怪中寻找乐趣。

网络词语中，很多是旧词别解式的。一些日常使用的词语，在网络言语交际中，赋予了全新的意义。

"触电"，本来专指人或动物触及较强的电流，引起体内器官机能失常的现象。网络语言中，"触电"常用来指没有接触过电影、电视方面工作的人开始接触电影、电视工作。二者在该词语素意义的理解上，大不相同。

"早恋"，本来专指未成年人过早地谈恋爱，网络语言中，"早恋"常用来指早晨锻炼。二者故意忽略了语素"恋"与"炼"在意义上的区别。"黄昏恋"，原本专指老年人谈恋爱，网络语言中，"老人恋"常用来指在傍晚的时候参加锻炼。

旧词别解的网络新词在网络言语交际中，随处可见，越来越多。例如，"打铁" ="贴帖子（在 BBS 上发表文章）"，"伊妹儿" ="电子邮箱"，"孔雀" ="自作多情"，"坛子" ="网络论坛"，"太平公主" ="超级双频、超级平胸"，等等。

一些港台校园流行语，也成了旧词别解式的网络新词。例如， "ATOS" ="会吐死"，"AKS" ="会气死"，"潜水艇" ="没水平"，"化妆" ="奋发图强（粉发涂强）"，"露露" ="看一看"，"炉主" ="倒数第一名"。还有"玉米"、"凉粉"、"盒饭"以及"沙发"，等等。

6.4　网络语言中的活用型网络词语（下）

网络活用型词语，构词灵活，极具创意。除了传统构词法的活用，还有修辞构词法的活用，如比喻、借代、夸张、节缩等构词法；更有非传统的新型构词技巧，如任意重叠构词、音译借词、流行借词，等等。

网络词语中，修辞构词法的活用，主要有比喻、借代等构词法的活用。

1. 比喻构词法活用型网络词语

比喻构词，就是利用两事物形似或神似，将其一事物比喻成另一事物，并赋予其特有的名称来构成新词的方法。网络语言中，有不少用比喻构词法活用型网络词语。例如：大虾（网络高手，弓坐于电脑前像只大虾），孔雀（喻自作多情的人），恐龙（长得丑的女生），青蛙（长得丑的男生），286（像286计算机一样脑子转得慢的人），等等。

网络语言中，比喻构词法的活用，有的还颇费周折。例如，"粽子"，本来专指一种民俗食品。"粽子"是用竹叶或苇叶等把糯米包住，扎成三角锥体或其他形状而成。将其煮熟，即可食用。网上流传的笑话说："米饭和包子打群架，米饭人多势众见了包着馅的就打，糖包、肉包、蒸饺无一幸免，粽子被逼到墙角，情急之下把衣服一撕大叫，'看清楚，我是卧底！'……"这样，网友们在网络言语交际中就用"粽子"比喻"间谍"。后来，超女的"粉丝"们，就用"粽子"比喻"潜入其他选手'粉丝'群里的人"。

"恐龙"，本来专指一种已灭绝的珍稀动物。网络言语交际中，"恐龙"常用来比喻长得丑或凶的女子。据说，这里的"龙"是指诸葛亮的夫人黄月英，她是荆州地区有名的丑女。诸葛亮即"孔明"，黄月英就称作"孔龙"。于是，人们约定俗成地管丑女叫"孔龙"。后来，网民们逐渐用"恐龙"代替了"孔龙"。

网络语言的比喻构词法的活用中，隐喻类新型词语值得注意。

隐喻是人们认识世界的一种方法，隐喻是用一种事物暗喻另一种事物。隐喻是在彼类事物的暗示之下感知、体验、想象、理解、谈论此类事物的心理行为、语言行为和文化行为。隐喻的表达，一般是临时的，有些会被定型化，成为新的词语或赋予旧词以新的意义。在网络言语交际中，网民们常常会运用隐喻方式创造新奇的表达。网友们乐于接受这种新的词语，常常使得这些通过隐喻创造的词语，繁衍成一个个系列群。

"灌水"（"发没有质量的帖子"）系列。英文词 addwater（灌水），美国前总统里根在网上用作昵称。里根用此昵称在 BBS 上发表了很多文章，使得"addwater"一词天下闻名。一时，在论坛上发表文章与观点，统称为"addwater"。有些网站，表示"欢迎大家前来灌水"，用以添加自由民主的气氛。后来，网民们用"灌水"隐喻"发没有质量的帖子"。之后，"灌水"多理解为"发长帖"。随之衍生出"水"系列的网络新词。"潜水"隐喻"只看别人聊天而不发言，或者在论坛中只观看别人的帖子而不回复"。"水牛"隐喻"在论坛上极能灌水之人（其灌水毅力如牛一般）"或者"灌水很牛气"。"纯净水"（也作"水蒸气"）隐喻"内容空洞的帖子或无意义的话"……

"灌水"系列的词语，有其相反意义的"造砖"系列网络词语。"造砖"隐喻"在论坛上写观点独特，文笔流畅的文章，字斟句酌，极为用心，像建筑时一块块地砌砖"。"拍砖"隐喻"在论坛上回复帖子，不客气地批评发帖人"，也作"抛砖头"。

"菜鸟"系列。"菜鸟"隐喻"初上网的新手"。英文词 trainee（练习生，新兵）的音译。由台湾传到大陆，常用于隐喻"某一行业中的新手"或者"刚进入一个新环境而对诸事不熟或愚蠢的人"。由"菜鸟"衍生出"中鸟（具备一定网络技术的网民）"和"老鸟（网络高手，网络技术非常熟练，可以在网络中对菜鸟们提出的各种问题作技术上的支持和指导者）"等。

"网虫"系列。"网虫"隐喻"整天沉迷于网络不能自拔的人（这是网络人群的主体，他们挚爱网络，以网为家）"。由"网虫"衍生出"爬虫（初上网的与菜鸟一样新手，处于进化中的低级形态）"、"甲壳虫（网络高手，属于进化中的高级形态）"、"网蝶（网上的美丽女性，很难发现的美女，是网虫中的蝴蝶）"，等等。

"楼主"系列。

"楼主"隐喻"论坛上某个帖子的作者"。由"楼主"衍生出"楼上（回复帖子者对上一个回复人的称呼）"、"楼下（回复帖子者对下一个回复人的称呼）"、"第×楼（回复帖子的第×个人）"，等等。

此外，还有"小强"系列、"恐龙"系列、"顶"系列，等等。

在网络语言中，有很多不成系列的隐喻新词。

"老大"这是借自黑话的词，一般隐喻"某一论坛的版主（带有不满的成分）"，例如，"老大不在，快灌吧！""你是论坛老大，删我帖我没得说。"……

"钓鱼"隐喻"在网络中追女孩子"。

"见光死"隐喻"网恋的人在现实中见面之后，这段恋情就结束了"。

"蒸馒头"隐喻"用于商业用途的抄袭行为"。

"包装"隐喻"对人或事物的形象给予装饰、美化，使其更具有吸引力或商业价值"。

此类利用隐喻活用构成的新词语，在网络词语中占有较大分量。

2. 借代构词法活用型网络词语

借代构词，就是利用两事物之间有其可替代性，将其一事物借代成另一事物构成新词的方法。网络语言中的借代构词法活用而成的网络词语，常见的有两种形式。

其一，特征代本体。

特征代本体，是指不直说某人或某事物的名称，借用与其密切相关的名称去代替它而构词。

例如，"美眉"，用"美丽的眉毛"来借代"漂亮的女生"。

其二，符号代心情。

符号代心情，是指创制一些表情符号或感情符号，用来借代言语交际者当时的心情。

例如，欧洲人用"：-）"来借代"笑脸"。使冷冰的电脑文字"笑"出了生动的表情。亚洲人将这个符号旋转90度，使网友的脖子恢复到正常的位置，用"﹡_﹡"来借代"微笑"。用"^o^"来借代"开口大笑"，用"☆_☆"来借代"脸红了"，等等。网络言语交际时，交际各方一般不能观察到对方的表情，网民们利用借贷构词法，运用键盘上现有的特殊符号、字母、数字，创制了一系列具有感情意义和形象意义的符号，借以表达交际时的心情。在BBS上，在QQ中，这种借贷构词运用较为普遍。

3. 叠音构词法活用型网络词语

叠音构词，就是将特定语素重叠构词。或重叠单音节词，或重叠双音节词中的某个音节，造成类似于"童语"的词语。造成儿童用语的情趣，给人一种亲昵的感觉。

叠音构词法活用，既可以生造新的网络词语，又可以改造旧有的传统词语，使之成为网络新词。例如，AA式叠音的，有"东东"＝"东西"，"饭饭"＝"米饭"，"漂漂"＝"漂亮"，"坏坏"＝"坏蛋"，"怕怕"＝"害怕"，"片片"＝"照片"，等等。ABB式叠音的，有"一下下"＝"一下"，"吃饭饭"＝"吃饭"，"睡觉觉"＝"睡觉"，"一般般"＝"一般"，等等。

这样改造后的词语，具有浓浓的"童语"味道，词语结构的改变，使之含有"小且可爱"的内涵,满足了一些网民的特定心理需求。这种大人的"童语现象",网络外的交际环境中很少出现。这恰好表达了,社会的高压力、快节奏,使得网民们向往过去了的无忧无虑的童年生活,渴望被保护、被宠爱的特别情绪。网民们都希望自己青春永驻,网络的虚拟性,使之成为网民们宣泄内心情感最理想的场所。充满童趣的叠音词语跃然网上,为网民们带来些许乐趣。

用以表示情感或打岔的语气用语也多叠音词。例如,"嘻嘻"、"哈哈"、"呵呵"、"嘿嘿"以及"哎哎……"、"啊啊……",等等。

4. 借词构词法活用型网络词语

其一,外语借词型网络词语。

外语借词,是指汉语与外来语接触时,汉语言从某一种语言系统中引进新的概念、术语或直接利用外来语词的现象。随着全球一体化、社会信息化的进程,各个语种在规范语言范畴内,常常相互渗透。网络没有国界,各个语种在网络这个特殊媒介里更是相互影响。在汉语网络语言里,出现了一系列用于网络交际的外来音译借词。

外语借词,有音译借词、意译借词、音译加意译借词等类型。

（1）音译借词

音译借词,一般是指根据外语原文发音,找合适的汉字标示其读音的借词。

音译借词,大多来自英语。例如,"瘟都死（windows 视窗）"、"当漏（download,下载）"、"比而该死（比尔·盖茨）"、"烘焙鸡 hompage 个人主页"、"（温）酒吧（win98视窗 98 操作系统）"、"伊妹儿（E-mail,电子邮件）",等等。这类词语中,还有译音变读的情况。例如,"club"读作"俱乐部",把"OICQ"读作"QQ",把"modem（调制解调器,音译为"猫"）读作"猫猫",等等。

英语音译借词完全按原词发音的词语较多,日常用语和网络语言中都有很多这类词语。例如:"黑客（hacker）"、"秀（show）"、"香波（shampoo）"、"酷（cool）"、"克隆（clone）"、"托福(TOFEL)"、"维他命(Vitamin)"、"雅虎(yahoo)",等等。

音译借词,有些来自日语汉字或日本动漫、电影及其港台翻译版。例如,"御姐（日语词语,指年龄 25 岁以上,身高 165 厘米以上,身材丰满、性格强硬的女性）"、"恶趣味（日语词语,指与众不同的喜好）"、"废柴（港版漫画用语,指没用的人）"、"收声（港版漫画用语,指闭嘴）",等等。这类词语有的还具有引申意义。例如,"残念（日语词汇,原指可惜之意,引申为"碎碎念""、"王道（源于中国儒学"以德服人",和"霸道"相对;后在日语中引申为权威、真理等义,进而通过网络影响汉语中该词含义）"、"萝莉（源于俄国文学家 VladimirNabokov 的小说《Lolita》,后被引入日本动漫,指长相可爱、容易激发人们保护欲的小女孩,与"御姐"相对）",等等。

（2）意译借词

意译借词,就是用汉语材料根据外语原词表达的意义进行重新加工创造出来的词语。来自英语的意译借词较多,大多已成了现代汉语的日常用语。例如,"代沟(generation)"、"复印（copy）"、"激光（lasar）"、"牛仔（cowboy）"、"下载（download）"、"虚拟空间(cyberspace)、"聊天室(chatroom)",等等。

（3）音译兼意译借词

音译兼意译借词,就是对某一外来词语,一半音译,一半意译而成的新词语。来自英语的这类借词较多，大多也成了现代汉语的日常用语。例如，"剑桥（cambridge）"、"迷你裙（miniskirt）"、"保龄球（bowlling）"、"因特网（internet）"，等等。

其二，英文术语借词型网络词语。

英文术语借词，是指借一些英文术语和句子，夹杂在汉语网语中的借词，这种网络借词，已经成为一种网络时尚。以下例子，在互联网上屡见不鲜。有"e……e……"，有"@"". com. NET"，更有"cyber chat（网上聊天）"、"how much（多少钱）"、"nice to meet you（能见到您真高兴）"、"occupation（职业）"、"please hurry（请快些）"、"single（单身）"、"where（哪里）"、"who（谁）"、"why（为什么）"，等等。

其三，其他借词型网络词语。

其他借词，是指除了外来借词，网络语言中还存在的一些借词类型。

有动物名称借词。如"菜鸟"、"爬虫"、"大虾"、"青蛙"等等。

有网络笔名借词（含绰号、网名、昵称等）。其中幽默诙谐的，有"死活不嫁"、"伤心地铁"、"春风吹乱了我的光头"、"砸锅卖铁来上网"，等等；其中诗意浪漫的，有"留得残荷听雨声"、"楼上蔷薇"、"桃花依旧笑春风"，等等；其中充满英雄气概的，有"太阳山2350"、"冥王星"、"降龙十八掌"，等等；其中比较另类的，有"等着杀你伤人"、"请你看刀"，等等。

有拟声借词。如："哇啦哇啦（唠叨个没完）""mua（亲吻）"，等等。

有方言借词。由于网上交流的网民地域不同，使得汉语言的很多地域变体被带到网络词汇中，并且一些新奇有趣的方言词汇进入网络语言的基本词汇，模糊了地域特征，为不同地域的网民所普遍使用。"偶"（我）、"粉"（很），来自港台方言，"这个女银"（这个女人）来自东北方言，"虾米"（什么）来自闽南话。还有湖南话中的"……撒""……滴"，东北话中的"俺"，等等。

5. 仿造新词方式产生的网络词语

仿造新词，是指当今中国网民主体（多为80、90后），标新领异地针对当今热点，模仿创造了许多新词。这些新词具有即时性、创新性及易逝性的特征。如红客（爱国的中国黑客）、黑犬旺财（源自晋江，旺财是周星驰的电影《唐伯虎点秋香》里的一条狗；黑犬，即"默"）、闪人（广州话，走人的意思。周星驰的电影经常会出现"闪人"），等等。

6. 巧用数字方式产生的网络词语

巧用数字创造网络词语，既有数字密码类，又有数字会意表意类，还有数字象形表意类，等等。

其一，数字密码类。

数字密码类，是指网民们通过阿拉伯数字的特别组合来表示某种含义的类型。

例如，13579（此事真奇怪。〈因这5个数字都是奇数，而在英语中"奇数"与"奇怪"是同一个词"odd"〉）、007（我有秘密〈007指秘密或者特工、间谍等〉）、10或100（你很完美）、1775（我要造反了！〈1775年美国独立战争爆发〉）、0001000（我真的好孤独。"1"表示一个人，"0"表示空乏；取数字的象形意味），等等。

其二，数字会意表意类。

数字会意表意类，是指利用一些特别的数字组合来表达特定的含义，这些特别的数字组合跟它们所指代的事物之间有相关联系。

例如："123"（①意为木头人，取自童谣"一二三，我们都是木头人……"。②一起使劲，加油的意思。③在网游中常被称作"国密"），等等。

其三，数字象形表意类。

数字象形表意类，其数字象形是指一组数字在外观上与某一英文单词相像，因此用来表达该单词的意思。

例如505（SOS）、200（Zoo）、90（Go），等等。

7. 拆字造词方式产生的网络词语

拆字造词，是指采用拆字的办法来新造词语。汉字多由偏旁构成，一个汉字可以拆分成两个或两个以上的偏旁。拆字造词，就是将其所拆偏旁代表那个汉字。拆字造词，古已有之。

例如，《三国演义》里就有"千里草，何青青！十日卜，不得生！"之说。"千里草"就是"董"；"十日卜"就是"卓"。

在网络言语交际中，网民们有的也使用拆字的方式增强屏幕视觉效果。如"女子巾占（好帖）"、"弓虽（强）"之类。下面这些网语你看得懂吗？"女口果人尔能看日月白这段言舌，那言兑日月人尔白勺目良目青有严重白勺散光。（如果你能看明白这段话，那说明你的眼睛有严重的散光。）""亻奄还女子，京尤目艮目青口乞不氵肖了（俺还好，就眼睛吃不消了）。"

拆字造词，大多只是为了幽默，吸引别人的眼光，以证明自己在网络中的存在。这种方法用多了，总给人过于怪异的感觉。

词语的活用，古已有之。网民们并不满足于已有办法，在网络词语的创造中，更多了一些创意，使之更便于生产网络新词。稍加分析，就会发现，几乎所有的构词法都用到了，古今中外，无所不有。

6.5 网络语言中的缩略型网络词语

网络语言中的缩略构词，是指运用英语单词首字母、汉语拼音的首字母或者汉字词语首字等构成缩略词的方式。常见的有英语字母极简缩略语、汉语拼音字母极简缩略语、汉字词语首字缩略语、其他缩略语类型等。网民上网曾以所用时间的长短为收费基准，这就要求网络交际必须快捷高效。人们在网上交流遵循效率原则，力求快捷方便，使用文字能省则省。于是，大量的缩略词就产生了。

6.5.1 英语字母极简缩略网络词语

这是网民运用英语单词首字母创造的一种极简缩略语。这种网民自创的英文极简缩略语，曾经几乎成了聊天室里的密电码，应用十分广泛。常见的有下列几种情况。

1. 容易理解意思的极简缩略语

例如：BB（Bye-Bye 再见）、BF（boyfriend 男朋友）、DL=（download 下载）、PB（playboy 花花公子）、CU（see you 再见）、GF（girl-friend 女朋友）、IC（I see 我明白了）、PLS=（please 请）、VG（Very Good 很好）、SP=（support 支持）等。

2. 较难理解意思的极简缩略网络词语

例如，BBL＝（be back later 过会回来）、BTW（by the way 顺便说一句）、FT＝（Faint 晕倒的意思，也叫分特，表示惊讶，不可理解，不可置信等意思）、KISS（Keep It Simple，Stupid 简单一些，傻瓜）、OMG（Oh My God 啊上帝）等。

3. 在特定语境中才易理解的常用极简缩略网络词语

例如，AFAIK（as far as I know 据我所知）、AFK（away from keyboard 暂时离开键盘）、BL＝（boy's love 男同性恋）、CUL（See you later 再见）、DIIK（Damned if I known 我真的不知道）、FAQ＝（Frequently Asked Question 常见问题）、FYI（For Your Information 仅供参考）、HRU（How are you 你好吗）、IMNSHO（In My Not So Humble Opinion 依本人之高见）、IMHO＝（In MyHumble Opinion 窃以为）、JAM（Just a moment 等一会儿）、KISS＝（keep it simple，stupid 把这看简单些吧，傻瓜）、LOL（laughing out loud 大笑）、PEM（Privacy Enhanced Mail 增强的私密电子邮件）、PM（Pardon me 原谅我）、u（you 你）、r（are 是）、sm（sadism&masochism，原指性虐待，后泛指虐待）、TIA（thanks in advance 先谢了）、TY（thank you 谢谢你）等。

4. 有些日常言语中的英语缩略词也常用与网络语言

例如，BBC（British Broadcasting Corporation 英国广播公司）、CD（Compact disc 激光唱片）、WTO（W orld Trade Organization 世界贸易组织）等。

6.5.2　汉语拼音字母极简网络缩略词语

这是网民运用汉语拼音首字母创造的一种极简缩略语。这种网民自创的汉语拼音极简缩略语，在网民的网络言语交际中，广泛应用，不断发展。

汉语拼音字母极简缩略语，主要有以字母的发音代替原有的汉字的极简缩略语。

1. 汉语拼音字母极简缩略词语用于人的称呼，颇具人情味

例如，BB（bǎobǎo 宝宝）、DD（dìdì 弟弟）、GG（gēgē 哥哥）、JJ（jiějiě 姐姐）、MM（mèimèi 妹妹，年轻漂亮的女性）、PLMM（piàoliangmèimèi 漂亮妹妹）。

2. 汉语拼音字母极简缩略词语用于网络言语交际，极为简洁

例如，BBS（bèi bǐshì 被鄙视）、BC（báichī 白痴）、BD（bèndàn 笨蛋）、BT（biàntài 变 态）、BXCM（bīngxuěcōngmíng 冰雪聪明）、JS（jiānshāng 奸商）、JJWW（jījīwāiwāi 唧唧歪歪，指人说话的样子）、LP（lǎopó 老婆，有时也指个人的心爱之物）、PFPF（pèifú pèifú 佩服佩服）、PMP（pāi mǎpì 拍马屁）、PP（piàopiào 漂漂〈叠音给人以可爱之感〉漂亮的意思。也可表示票票〈钞票〉、片片〈照片〉、屁屁〈屁股〉、怕怕〈害怕〉、婆婆等，需结合上下文理解．）、PPMM（piàopiàoměiméi 或 pópómāmā 漂漂美眉或婆婆妈妈）、RMB（rénmín bì 人民币）、RPWT（rénpǐnwèntí 人品问题）、S（sǐ 死）、SJB（shénjīngbìng 神经病）、TNND（tā nǎinǎi de 他奶奶的）TMD（tāmāde 他妈的。同美国的 "Theater Missile Defense system〈战区导弹防御系统〉"）、YY（yìyín 意淫），等等。

3. 日常言语中的缩略词语有些也常用于网络语言

例如，HSK（hànyǔshuǐpíngkǎoshì 汉语水平考试）、GB（guójiābiāozhǔn 国家标准）、QB（qǐyèbiāozhǔn 企业标准）等。

6.5.3　汉字词语首字网络缩略词语

这是人们运用传统的词语首字缩略方式创造的一种缩略语。这种缩略语，与日常言语交际中的缩略语几乎没有什么区别。只是在网民的网络言语交际中，应用更为广泛，且有所发展。

日常言语中，常见的此类缩略语很多。如北大（北京大学）、科技（科学技术）、十八大（中国共产党第十八次全国代表大会）、文革（无产阶级文化大革命）、中共中央（中国共产党中央委员会）等。

网络语言中，此类缩略语越来越多。

1. 近乎传统的首字网络缩略词语

例如超文本（超级文本）、电邮（电子邮件）、耗材（消耗性的材料）、黄网（黄色网站）、控件（控制软件）、网管（网络管理员）、网恋（网上恋爱）、网校（网上学校），等等。

2. 有些另类的网络缩略词语

有些另类的网络缩略词语。包括褒义贬用和贬义褒用等几种常见形式。

其一，褒词贬用的另类词语缩略语。

褒词贬用的另类词语缩略语在网络语言中，似乎要多一些。在网络言语交际中，许多本来是褒义的词语，变为具有贬义色彩的词语。这种怪异的褒词贬用，也属于旧词别解式的新词。

网络词语中，这种缩略语，是比较费解的。只有联系具体语境，才能理解其真正的意思。例如，"不错"＝"长得这样真不是你的错"，"聪明"＝"失聪又失明"，"蛋白质"＝"笨蛋、白痴、神经质"，"健谈"＝"贱到什么都谈"，"可爱"＝"可怜没有人爱"，"耐看"＝"要忍耐才能看下去"，"偶像"＝"呕吐的对象"，"气质"＝"孩子气神经质"，"情圣"＝"情场上剩下来的人"。"神童"＝"神经病儿童"，"天才"＝"天生的蠢材"，"善良"＝"善变又没天良"，"贤惠"＝"闲在家里什么都不会""天生丽质难自弃"＝"天生没有利用价值，男人自然会舍弃"，等等。

其二，贬词褒用的另类网络缩略词语。

相对于褒词贬用的另类词语缩略语，网络语言中也有贬词褒用的另类词语缩略语。

在网络言语交际中，许多本来是贬义的词语，变为具有褒义色彩的词语。这种颇为怪异的贬词褒用，也可以属于旧词别解式的新词。例如，"讨厌"＝"讨人喜欢而百看不厌"，"强暴"＝"强有力的拥抱"，"早恋"＝"早上锻炼"，"活该"＝"活着很应该"，"白骨精"＝"白领+骨干+精英"，等等。

其三，中性的语素缩略词语。

除了褒词贬用和贬词褒用的另类词语缩略语外，网络语言中还有一种在感情色彩方面较为中性的另类词语缩略语。

在网络言语交际中，许多本来应该用规范词语表述的事物，在特定的语境里，网友将其主要语素极不规则地缩略成极简的汉字词语。这类词语由于过于另类，较难理解。

例如，"练狙"＝"练习狙击枪技法"，"抢一"＝"论坛里抢第一个回复位置"，等等。

6.5.4　其他类型的网络缩略词语

除以上三种常见的网络缩略语以外，在网络言语交际中，还可以见到一些比较特殊的其他缩略语类型。

1. 英语数字乐谱混合而成的较复杂的网络缩略词语

例如，32（me too〈"3"读乐谱"咪 me"，"2"读英语"two"〉）、3Q3Q（thank you〈"3"读数字读音，"Q"读英语字母读音〉）等。

2. 数字英语字母混合而成的网络缩略词语

例如，3A（社会、内容、电子商务）、3C（computer 计算机，control 控制，communication 通信）、3G（第三代无线通信）等；又如 B'4（before）、2B or not 2B?（To Be or not to Be?）、B4N（Bye for now）、cu2morrow（see you tomorrow）、F2F（face to face）、3x（thanks）、3q（thank you）、3Q3Q（thank you，thank you）、U2（You too）、4u（for you）等；再如 K001（酷，是 cool 的变体，显得更酷）等；还有 P9（啤酒）等。

3. 中文英文读音相谐而成的网络缩略词语

例如，www. u_ i. cn（友爱网〈U·I 中文谐音"友爱"，英文谐音"You & I"。浪漫又含蓄，非常有创意〉、E 文（英文），等等。

4. 网络聊天缩略词语的基本特点

除了以上缩略词语以外，还很有必要说一说网络聊天缩略语的基本特点。在网络语言中，聊天缩略词语是用得比较多的。聊天缩略词语，是很有代表性的网络缩略词语，聊天缩略语言，具有网络言语交际所用语言的主要特点。

其一，聊天缩略语具有多样性特点。

聊天缩略语，从语料上看，英语（甚至日语、韩语）、汉语普通话、汉语多种方言夹杂着阿拉伯数字以及各种象形符号和标示符号，混合使用，多姿多彩。构成上，英语首字母简缩、汉语拼音（含方言拼音）首字母简缩、数字谐音简缩等等，灵活使用，多种多样。

其二，聊天缩略语具有简约性特点。

简约性，是聊天缩略语最突出的特征。所谓简约性，就是使用极少的文字，去表现较丰富的内容、完备的意思，力求做到言简意赅，力求快速、高效表达。省时、省力、省钱，十分经济，很受青睐。

其三，聊天缩略语具有失范性特点。

失范性，是指聊天缩略语大多表义不一，颠覆了现代汉语的一般语法规范，所以它一般只能用于特定语境。例如："PP"，是"票票（钞票）"、"漂漂（漂亮）"，还是"片片（照片）""屁屁（屁股）"，还是"怕怕（害怕）"、"婆婆"？没有特定语境，你就无法理解。网络缩略词语具有特别的失范性，其模式不定，变化太快。既会大量产生，也会迅速消亡。

6.6　网络语言中的符号型网络词语

符号型（表意或表情）网络词语，是指利用各种各样的键盘符号模拟而成的另类"新词"。网络言语交际不同于面对面的人际言语交流，网民们并不能通过文字直观表现自己的表情动作。于是，在网络语言的发展过程中，出现了很多用符号、字母和数字组合来构成表情和动作的字符集合体。这一类的字符集合体，虽然不属于传统的语言词汇范畴，但却具备了信息功能和交际功能，可以单独视作网络词汇的一另类。日本人将这类字符集合体称为颜文字，非常形象。

符号型网络词语，不能通过词义的变化、引申和谐音来表达含义，一般说来，似乎难登大雅之堂，但它们可以通过不同的组合，来表情达意，替代某些词语的功能。从这个意义上来说，符号型网络词语是网络语言中最为奇特的表达方式。符号型网络词语大多是表情符号，称为 Smileys（笑容符）。这些符号或是网民们约定俗成的，或是网友们即兴创造的，在网络言语交际中，大家又似乎信手拈来，惟妙惟肖，灵活运用，极富情趣。

常见的符号型词语，主要有单纯符号型、符号组合型以及其他符号型等三种类型。

6.6.1 单纯符号型网络词语

单纯符号型网络词语，是指利用不同的标点符号的象形特征，将其组合连接，构成类似词语的另类形式。由于其具备一定的信息功能和交际功能，可将其视作不同于传统的汉字符号的一种特殊词语。这类"词语"，主要是构成各种表情符号，在网络交际中，用来表示某种感情色彩、心理状态，类似与现实交际中的姿势语、副语言。

这类网络词语直观形象，非常生动，新奇特异，感染力很强，用于表示情感、情态，具有引人注目的魅力。表示"含情脉脉的微笑"或"我只是开玩笑而已"的有"：-)"（普通的基本笑脸，表示开玩笑或者微笑。把这个符号旋转90度，就是一张最普通、最基本的笑脸，通常加在句尾或文章结束的地方，表示微笑或开玩笑）。表示笑眯眯的有"^_^"（快乐的人儿。笑脸象形，还有高兴、赞赏等意义），表示神秘笑容的有"(-_-)"，表示"抛媚眼般的笑"的有"；-)"（既抛媚眼，又撇嘴角），表示"难过时候的苦笑"的有"：_〈"，表示"一夜没睡"的有"#：_)"。表示生气的有"：-("（悲伤或生气的脸。可旋转观察），表示"不屑一顾"的有"：-!"，表示吃惊，惊叹的有"：-()"（相当于"哇噻"，括号表示因吃惊而张大的嘴），表示"小傻瓜"的有"〈：I"，表示"吃惊"的有"O_O"，表示"吹牛大王"的有"(:)〉-〈(:〈)"，表示挤眉弄眼的有"@_@"，表示"满脸的青春痘"的有"：%)%"，表示"脸红的人儿"的有"=^-^="。表示不满或愤怒等情绪的有"@%& $%&"，表示"悲伤难过"的有"：-("，表示"感冒了"的有"：-')"，表示"请收下这束漂亮的玫瑰"的有"@〉〉---〉---"，表示困倦，打呼噜的有"ZZZZZ"……

这类网络词语生动有趣，构图极为简洁，用于表示姿势、动作，能给人较深印象。表示"再见"的有"一个挥动的手"，表示"喝茶"的有"一个冒气的杯子"，表示"恶心、想吐"的有"：-(＊)"，表示"无语"的有"--"，表示"面无表情，目光呆滞"的有"(0--〈"，表示"开心"的有"o(∩_∩)o"，表示"哭泣"的有"%_%"，表示"流泪"的有"T￣T"，表示"悲伤"的有"-("，表示"接吻"的有"：＊"，表示"满脸的青春痘"的有"：%)%"，表示"汗"的有"｜｜｜"（这种符号起源于日本漫画，后演变为漫画杂志中常出现的文字符号。）有的符号组合有象形意味，如"^++++^"表示"露出牙齿开怀大笑"，"o"表示"哦"（与其谐音也有关），"o(∩_∩)o...^_^"表示"高兴的心情"，"╭∩╮（︶︿︶）╭∩╮"表示"鄙视你！"有些符号有替代意味，如"＊＊"表示不雅语言……

6.6.2　符号组合型网络词语

符号组合型词语，是综合运用多种材料，相互组合，连接而成。大多采用标点符号、键盘符号、数学符号、拉丁字母、阿拉伯数字等材料，材料丰富多彩，构成千奇百怪。极为形象，蕴含幽默风趣与大胆想象，特有创意。有"符号加字母"式的，如"：－D"（非常高兴地张开嘴大笑）、"（：I"（理论家）、"：＿e"（失望的笑容）、"；＿j"（暧昧的笑容）、"丨－P"（表示情不自禁地捧腹大笑）、"：－p"（吐舌头）、"^o^"（笑脸，又是猪头的象形，具有诙谐性）、"？0?"（喔?）、"：＿O"（"哇!"，吃惊或恍然大悟）、"：＿Q"（在吸烟）、"：－Q"（向你吐舌头）、"：＿X"（吻），等等。有"符号加数字"式的，如"8-)"（有眼镜族的睁大眼睛笑）、"：－1"（平淡无味的笑）、"：－6"（吃了酸的东西的笑）、"：－7"（火冒三丈）、"：－9"（舌头舔着嘴唇笑）、"555～～～"（哭泣、伤心）、"3＿＿3"（刚睡醒～），等等。有"数字加字母"式的，如"1-D"（哈哈的大笑），等等。

6.6.3　其他符号型网络词语

其他符号型的网络词语，最具有代表性的是两个日式颜文字。

1. orz

"orz"，这是颜文字中少见的纯单词组合。"orz"看起来像是一个人跪倒在地上，低着头，一副"天啊，你为何这样对我"的模样，简单而传神。

"orz"，可以理解为"拜倒小人"。 "orz"（常写作 OTL、Oro、Or2、On＿ 、Otz、ORO、sto、Jto、○⌐ |＿ 等）是一种源自于日本的网络象形文字（或心情图示），2004年，"orz"俨然已经成为一种新兴的次文化。这个图示的意义是一个人面向左方、俯跪在地，在日文中原本的意义是"失意体前屈"，"o"代表这个人的头、"r"代表手以及身体，"z"代表的是脚。人们在网络的电子邮件、IRC 聊天室及即时通信软件中，广泛使用这个符号，来表现他们失意或沮丧的心情。这个符号在口语中是被拼出的、而非念成一个英文单字。失意体前屈，原本指的是网路上流行的表情符号"＿ |⌐| ○"。这个网络词语归入其他符号型，主要是因为该词是有英文字母组成的，这与通过标点符号组成的符号型有一定区别。但该词只表示象形意义，并不具备英语单词的音形义特征，故不属于英语缩略语。

初始，这个符号没有名字，"失意体前屈"是后来才出现的。据说是某个餐厅的座垫上绣着这五个日文汉字。后来，有人用简单的三个英文字也可以表现这个动作，于是 Orz 就开始流行了。于是，有了"Orz"的日志软体、日志网站；于是，有了"Orz"家族（网民们将其写作 Orz、oro、Or2、On＿ 、Otz、OTL、sto、Jto、○⌐ |＿ 等），其中以最常用的还是"Orz"一词。后来，还产生了混合型新词"囧 rz"，用来表示"无可奈何"之意。"囧 rz"的原始含意是"悔恨"、"悲愤"、"无力回天"等，常用于被甩（失恋）的时候。

Orz 的意义逐渐扩大，由"无可奈何""失意"，引申为正面的对人"拜服"、"钦佩"

的意思，同时也有较反面的"拜托!"、"被你打败了!"、"真受不了你!"之类的意思。台湾摇滚乐团五月天于 2005 年 8 月发表的歌曲《恋爱 ing》就有"超感谢你，让我重生，整个 Orz"一句。

    网上有更多的"Orz"的含义。全形的有"＿┌┐｜○"（右向）、"○┌┐｜＿"（左向）、"○｜＿｜"（逆天）等。半形的有"STO（小写为 sto）"（右向）、"OTZ（orz）"（左向）、"OLS（ots）"（左向逆天）、"ZJO（z＿/o）"（右向逆天）等。迷你形的有"no"（右向）、"on"（左向）、"ou"（左向逆天）、"uo"（右向逆天）。

    "Orz"的集中式为：

```
.  ＿ ＿
 \｜\＿\ ∠/｜/
｜○｜..｜○
＿┌┐○＿ ＿ ○┌┐＿
／/｜) (｜\ \
.┌┐  ┌┐
／/ \ \
```

    "Orz"的扩散式为：

```
 ＿ ＿
... (｜\ \../ /｜)
┌┐  ┌┐
 \ \ //
○┌┐＿ ＿才坐才斤＿ ＿┌┐○
 ∠/｜/ \ \｜\＿\
..｜○｜ ...｜○｜
```

    "Orz"的具体含义如下。Orz（这是小孩）、OTZ（这是大人）、OTL（这是完全失落）、or2（这是屁股特别翘的）、or2＝3（这是放了个屁的）、Or2（这是头大身体小的翘屁股）、Or?（这也是头大身体小的翘屁股）、orZ（这是下半身肥大）、OTz（这是举重选手）、○rz（这是大头）、●rz（这是黑人头先生）、Xrz（这是刚被爆头完）、6rz（这是魔人普乌）、On（这是婴儿）、crz（这是机车骑士）、囧 rz（这是念"炯"）、崮 rz（这是囧国国王）、茴 rz（这是囧国皇后）、商 rz（这是戴斗笠的囧）、st 囧（楼上的他老婆）、sto（换一边跪）、org（女娲/美人鱼）、曾 rz（假面超人）、益 r2（闭起眼睛，很痛苦且咬牙切齿的脸；另一说法为无敌铁金刚）、★rz（武藤游戏）、口 rz（豆腐先生）、＿Drz（爆脑浆）、prz（长发垂地的 orz）、@rz（呆滞垂地的 orz）、srQ（换一边并舔地的 orz）、圙 rz（这是老人家的面）、胎 rz（这个是没眼睛的）、囚 rz（没有眼和口的）、国 rz（这是歪咀的)、国 rz(这是无话可说的)、芷 rz(这是女的)、Ora(延伸用法,不过脚是跪着状态)、or7(尖屁股)、囧兴(乌龟)。

2. 囧

"囧",中文读"jiǒng"日文读:けい(kei)きょう(kyo)けい构え。原为中文汉字,本义为"光明"。如果把"囧"字看成是一张人脸,那么"八"就是两道因悲伤和沮丧而下垂的眉毛,"口"则是张口结舌的那个口。当一个人说"我很囧"的时候,可以想象他的那副表情完全和"囧"一样。而"囧"字的发音和"窘"完全一致,简直再完美不过了。"囧"字常用来表达悲伤、无奈或尴尬。从 2008 年开始在中文地区的网络社群间成为一种流行的表情符号,成为网络聊天、论坛、博客中使用最频繁的字之一,用来表达"郁闷、悲伤、无奈"之意。"囧"曾被誉为"21 世纪最风行的一个汉字"。

据说,"囧"最先在台湾的 BBS 上流行,随后在中国大陆青少年及网络族群中快速普及,后传入香港,随着网络次文化的兴起,主流媒体也尝试引入"囧"字作为新闻元素,开始在电影和广告产业产生效应。

"囧"字以其楷书外观貌似失意的表情在互联网上迅速流行。随后在香港,有网民将电视剧《乱世佳人(电视剧)》中的一个演员胡杏儿常做的委屈八字眉模样与"囧"字相比,评论其演技,进行恶搞,促使"囧"字在网络上更加流行。普通话的"囧"与"窘"同音,读起来的感觉也很容易跟窘境、窘况联想在一起,普及速度飞快。又用其字的形象来表示"尴尬"、"无奈"、"真受不了"、"被打败了"等意思。一些网民受到 Orz 的启发,用"囧"代替"O",使得"失意体前屈"的头部更加写意,写作"囧 rz",甚至写作"囧 rz=3"来夸张地表现出无奈的意思,囧很快地被"过分"地应用到了许多词汇中,以前的"窘迫"甚至也被替换成了"囧迫"。甚至有人用这个字专门做了一个网站。

"囧"字现在被赋予更多的意义,并发展成为一种奇特的网络文化。在百度的贴吧里,竟然出现了一个"囧吧",跟帖有 3 万多个;众多的人用这个字开设了博客。有个"一日一囧"的网站,一天一个短片,一个短片表达一个意思,时间长短不等,有"穿大裤衩的女人"、"费解的司机"、"采水果的小朋友"、"爱干净的女人"、"上课不许说话"等,一共有 20 多篇。每一个短片基本是漫画的形式,而这些漫画中无处不显示出"囧"字演变出来的各种心态,这些视频短片的点击量从 2 万多到 46 万之多,总点击量远远超过百万。网络上可以点开的"囧论坛"有 500 个以上,类似的"大囧村""囧字营"更是层出不穷。湖北大学西门外有一家"囧"字奶茶店,门店上方的招牌上,印着大大的"囧"字,让南来北往的人不时停下脚步。"竞争激烈,奶茶主要面向学生,肯定要时尚一点了。"奶茶店老板一开口,就知道他是典型的网络达人。其实,不同语境下,"囧"的意思是不同的。"囧",像窗口通明,光明之意,如囧囧(光明的样子)、囧彻(明亮而通彻)、囧寺(即太仆寺,古代官署名,掌舆马及马政)、囧牧(囧卿,太仆寺卿)等等。

在网络文化中,囧的内小"八"字视为眉眼,"口"视为嘴。它的内涵就是:作为头,表达沉重的思想;作为脸,表达浪漫与激情;而在失意体前屈文化中,它的作用是前者;也常常表示郁闷的表情,常用来形容一个人变态猥琐("囧"这个字的表情)。韩愈在《怀秋诗十一首》中就有一句:"虫鸣室幽幽,月吐窗囧囧。""囧囧"在这里通"炯炯",意思是窗户明亮。

"囧"在网络的使用，最初的启示来自日本，"Orz"的流行，关乎"囧"的流行。"Orz"这种看似字母的组合并非一个英文单词，而是一种象形的符号，在日文中原本的意义是"失意体前屈"，代表一个人面向左方、俯跪在地，O代表这个人的头、r代表手以及身体，z代表的是脚。日本人最初在网络上，例如在电子邮件、IRC聊天室以及即时通信软件中广泛使用这个符号，表现他们失意或沮丧的心情。

中国台湾的网民受到"Orz"的启发，用"囧"替换掉了"O"，使得日文中的"失意体前屈"的头部具有了更加写意的表情，写作"囧rz"。

有人这样形容"囧"的魅力：囧是一种态度，囧是一种哲学；囧是平凡的，但是囧然一看，却又包含着万般语言；囧是神奇的，囧中有着对世界的探索；囧，就是囧，用其他的语言无法表达囧的万分之一……

"囧rz"是由"Orz"或"OTZ"（一个人头左身右跪倒在地，十分沮丧）变来的。经过"囧"这一面部刻画，十分生动。

在QQ群中，诸如带"囧"字的网络表达层出不穷。例如，"今天股票又跌了，真囧（读音同'炯'）……""今天你'囧'了吗?""囧啊，如果你不懂'囧'就会更'囧'。因为这是个很'囧'的世界。"等等。

2012年12月12日，由徐铮编剧、执导并主演的高清电影《人再囧途之泰囧》（Lostin Thailand），在全国院线公映，又衍生出一大串"囧"词，如："泰囧之人""泰囧高清""泰囧在线""泰囧票房""泰囧人妖""人在囧途""人再囧途"等等。

"囧"的衍生词语有"囧rz"（失意体前曲的"囧"）、"囧片"（已面临着搞笑片、超烂片、无厘头片等多意复指。没有最囧，只有更囧，发挥2.1时代的民主精神，你认为囧，它就囧！只要够极致，够癫狂，够吐血!）……

"囧"之绕口令

囧中自有囧中囧，囧囧中有囧终中，
囧适囧囧囧囧囧，囧囧囧又囧囧囧，
囧是商囧又或囧，囧中亦有囧中终，
囧亦囧，不囧非不囧，窘又不是囧，
囧囧有囧，囧又看似囧，那么多个囧，
囧如加横又是囧，囧也看似囧，
囧，囧囧，囧中囧，囧中囧又囧，
囧中自有囧中囧，囧囧中有囧中囧又囧，
囧囧囧非囧囧中有囧是囧囧又囧囧囧中有囧又看似囧，
囧囧中有囧囧，囧囧非囧中自有囧中囧，
囧又囧，囧也不是囧，囧中囧又非囧中囧，
囧中囧有囧也有囧，囧囧囧中没有囧囧囧自有囧中囧，
囧中囧非囧中囧，也并非窘中窘，
心中有囧则懂囧，念完才会囧。
囧亦囧，囧中囧，囧同窘，炯炯似囧囧，看似像囧囧。

　　"囧"是……

　　囧是一种明亮而不刺眼的光辉，

　　囧是一种圆润而不逆耳的音响。

　　囧是一种不再需要对河蟹察言观色的从容，

　　囧是一种终于停止向周围申述求告的大气。

　　囧是一种不理会哄闹的微笑，

　　囧是一种洗刷了偏激的淡漠。

　　囧是一种无须伸张的厚实，

　　囧是一种并不陡峭的高度。

　　囧是一种新人类的热忱和气度，

　　囧是一种对新生命的爱惜。

　　囧是一种态度，

　　囧是一门艺术，

　　囧是一种内涵，

　　囧是一种哲学。

　　囧是平凡的，但是囧然一看，却又包含着万般语言。

　　囧是神奇的，囧中有着对世界的探索。

　　囧是伟大的，

　　囧是需要膜拜的，

　　囧，就是囧，用其他的语言无法表达囧的万分之一。

　　"囧"字衍生的网络早操

　　┌囧? #91; ┌囧┘ ┕囧┐ ┕囧? #91; ┌囧? #91;

　　┌囧? #91; ┌囧┘ ┕囧┐ ┕囧? #91; ┌囧? #91;

　　┌囧┘ ┕囧┐ ┕囧? #91; ┌囧? #91; ┌囧┘

　　┕囧┐ ┕囧? #91; ┌囧? #91; ┌囧┘ ┕囧┐

　　┕囧? #91; ┌囧? #91; ┌囧┘ ┕囧┐ ┕囧? #91;

　　"囧"字衍生的文化产业，一时也兴盛起来。

　　有"李宁囧字鞋"（网友的博文《囧人穿囧鞋，李宁真囧》："今天买了双囧鞋，鞋里有个囧字，当场惊了，李宁真囧……"），标价 319 元的男士款囧鞋和标价 299 元的女士款囧鞋曾是鞋店最受欢迎的鞋子。

　　有"囧字 T 恤"，是一个校园 T 恤的牌子，满足了年轻人的时尚追求。

　　有"晨光囧笔"，这是为"晨光"品牌所推出的一款文具。附"晨光囧笔"的简介。

　　"晨光囧笔"的简介

　　囧是一支笔，又不仅是一支笔

　　囧是一种明亮而不刺眼的光辉，

　　囧是一种圆润而不逆耳的音响。

　　囧是一种不再察言观色的从容，

囧是一种停止申述求告的大气。
囧是一种不理会哄闹的微笑，
囧是一种洗刷了偏激的淡漠。
囧是一种无须伸张的厚实，
囧是一种并不陡峭的高度。
囧是一种新人类的热忱和气度，
囧是一种对新生命的爱惜。
囧是一种态度，
囧是一种艺术，
囧是一种内涵，
囧是一种哲学。
囧是平凡的，但是囧然一看，却又包含着万般语言。
囧是神奇的，囧中有着对世界的探索。
囧是伟大的，囧需要顶礼膜拜
晨光囧笔，囧出风格，囧出气质。

"囧"字还衍生出"囧东西"网站，这是由一位出生于1993年的云浮学生fems（网名）创建的旨在供上班族娱乐消遣的个人网站，网站每天更新网络新近流行的搞笑视频、经典语录及有趣小游戏。建立于2010年6月，是引领"囧文化"走向时代高潮的网站之一！目前是全国囧人最多的站点。

"囧"字还衍生出"囧字舞"，2009年11月15日，在广州各大闹市，一群年轻白领头戴网络新词面具，涌上街头，大跳"囧字舞"。他们说此举是为了缓解都市人紧张的工作压力。

"囧"字还衍生出各类关乎"囧"字的网络游戏。如很囧的《逃命囧》、搞笑的《囧网球》，等等。

网上的"囧歌搜索"，是一款以囧为主题的搜索个性引擎。

关乎"囧"的书籍有《午门囧事》，关乎"囧"的电影有《人在囧途》，关乎"囧"的侦探查案剧有《囧探查过界》。还有卡通形象"囧囧"……

网络词语，从本质上来讲，仍然是现代汉语词语为适应网络语境，而变造、衍生、蜕变的结果。形式上虽然出现了很多新的符号变体（包括各种语言符号和非语言符号等），但从表达意思的角度来看，主要还是以表达汉语的基本意思为主。

第 7 章 网络语言的语法话语及成因

7.1 网络语言的一般特点

作为网络言语交际所用的语言，网络语言在其产生和发展的过程中，不断地得到广大网民费心地加工、改造、改良和优化，在其日渐成熟的同时，逐渐显示出它的诸多特性。下面说说网络语言的一般特性。

7.1.1 网络语言具有追求简洁的特点

网络言语交际所用语言，比日常言语交际所用语言，往往要简洁得多。网络言语交际有着特定的网络语境，这就使之力求简洁。可以说，网络言语交际所用语言，具有高度的简洁性。往往是用极少的字符去表现丰富的内容、完备的意思。因为，只有言简意赅，才能快速传输。几个数字、符号，传递完整信息。"8147" = "不要生气"，"+U" = "加油"，"3Q" = "thank you"，"3X" = "Thanks（谢谢你）"，"1414" = "意思意思"，"0" = "灵，夸奖用语（上海话）"，为节省时间，多长话短说。"Btw" = "by the way（顺便说一句）"，"0487561" = "你是白痴无药医"，"E 我" = "给我发 e-mail"……

7.1.2 网络语言具有标新立异的特点

网络言语交际所用语言，比日常言语交际所用语言，具有明显的标新立异特色。网络言语交际所用语言中，传统书面语体的"清规戒律"越来越少了，有关想象与创造的语言成分越来越多了。网虫们渐渐把网络言语交际经营成了一个相当自由的天地。看吧，"给力"成为一时"最火"的网络热词，"诸葛亮、诸葛暗和诸葛孔明"一时成为网上最流行的短语。互联网使语言文字幻化万般，叫人目不暇接。仔细分析之后，你会发现大多数网络热词都来源于现代汉语词汇的变异。词义变了，发音变了，字形也变了。如"给力"，可能源于北方方言的"给劲儿"、"带劲儿"；"鸭梨"，可能是根据发音变异而来的网络热词，或是"压力"的代称，或再度发展为"鸭梨山大"，再由"亚历山大"，而表"压力非常的大"；"油菜花"，根据发音变异而成为"有才华"等。这种自由想象，大胆改造，是网络语言的一个非常突出的特点。

网络言语交际所用语言中，汉语同音字混用、汉语词汇新造现象，屡见不鲜，甚至还普遍存在汉语语法改造的现象。助词"的、地、得"本不相同，各有其用："的"往往放在定语后，"地"一般是状语的标志，"得"后多是跟着补语。网络言语交际所用语言，由于交流速度要快，一些汉语语法规则经常被忽略。在网络言语交际时，网虫们来不及斟酌语法规则，也没必要过多地考虑语用环境，于是越来越多的网虫爱用"滴"或者"D"

来替代“的”、“地”或“得”。汉语同音字，在这里可以尽量变通妙用了。

网络信息社会化了，网民的智慧显示出来了，网上的语言幽默有趣了，网络语言更加实用了。有些汉字被极其巧妙地古为今用，或者在语用意义上来点惊人的新花样。典型的有“囧”和“槑”。“囧”，源于古汉字，形似哭丧小脸，读音同“炯”，在古汉字中是光明之意，网上，含义完全背离原意，只求与其“长相”相配，“囧”有郁闷、无奈、伤心的意味。“槑”源于古汉字，本为“梅”之意。“梅”与“呆”，从音形到义，二者可谓“毫不相干”。由于“槑”是由两个“呆”字组成，网虫就形象地将其用作很呆、很傻、很天真的意思。

网络语言，一直在快速发展变化着。创造性地造字、充满智慧地造词，发展到史无前例地造句了。2009 年，网上最风行的句子：“人生就是一张茶几，上面摆满了杯具”。剧中有自我解嘲，句中充满幽默。难怪乎深受网虫们的一再追捧，甚至掀起一股“器皿”热潮。“杯具”=“悲剧”，“洗具”=“喜剧”，“餐具”=“惨剧”……“风马牛不相及”吗？是也，非也，然而然也。看了下列句子，你会有怎样的感慨？“偶稀饭他，但他8 稀饭偶啦。”=“我喜欢他，但他不喜欢我啦。”“綪别告诉 wō 怎菕，莪洎鈀桧缫擇。”=“请别告诉我怎么做，我自己会选择。”“99，3Q 古力 I，I 会努力 D。”=“舅舅，感谢你鼓励我，我会努力的”……

“古怪”的古汉字，莫名其妙的句子。网络言语交际所用语言，极力标新立异，逐渐形成了独特的语言模样。

看这个网络聊天的例子：

A：“哪？” B：“深圳，u？”
A：“北京，见到 u 真高兴！” B：“me 2（Me too）！呵呵。”
A：“公司？” B：“No，家。”
A：“哦。” B：“我有事，走先！886！”
A：“OIC（oh，I see），BB（Bye—bye）！”

这类网络聊天语言很有代表性，其言语交际主体，在句式上，很有一些标新立异。双方的言语交际，所用句子都简省得很，9 个句子，只有“我有事，走先！886！”是个完整句，其余皆为简省句。其中，独词句，就有 3 个。不常上网者，较难理解，网虫们，眼见即明。网络言语交际所用的这类语言，离开了具体的网络语境肯定是不行的。

网虫们的不断努力，使得标新立异的“言语”层出不穷。有“菜鸟”=“级别很低的人”，“内存不够”或“硬盘太小”=“一个人不够聪明”，“新蚊连啵”=“被很多蚊子叮咬”，“撸主”=“他在楼的最上面，并且是该顶楼的所有者（即发帖人）”；有“抓急”=“出版者不以为意，读者不以为奇，作者一人空着急”，“爪机无力”=“手机输入文字不方便，不仅速度慢而且手还容易累（这也是“抓鸡无力”的一种直观体现）”，“自挽”=“楼主发完帖子后长时间没有人回复或者楼主发的内容比较冷，无聊，其他人回复时戏谑楼主的意思”。还有“被查水表”=“有人在网络上发表了不合乎法律或者破坏社会稳定等消息而被警方抓捕”之类。网络语言中，这类标新立异的网词网语，不胜枚举。

7.1.3　网络语言具有语用失范的特点

网络言语交际所用语言的语用失范性，似乎较为普遍。

有的字母数字，随意夹杂。例如："J5" = "劲舞"，"你给我 74" = "你给我去死"，"I 服了 YOU" = "我很佩服你"等。

有的追求时效，滥用别字。例如："偶是好人" = "我是好人"，"我稀饭你" = "我喜欢你"等。

网络语言的流行失范性，主要表现在以下方面。

1. 在语言运用上，规则失范

有的滥用谐音。

滥用数字类谐音，有 "886" = "拜拜了（再见）"，"837" = "别生气"，"1414" = "意思意思"，"3344" = "生生世世"等。

滥用汉字类谐音，有 "美眉" = "漂亮妹妹"、"斑竹" = "版主（电子公告版管理员）"等。

滥用音译类谐音，有 "伊妹儿" = "电子邮件（E-mail）"、"瘟都死" = "视窗操作系统（W indows）"、"酷（cool）" = "一种时尚、风格和个性"等。

滥用变形类谐音，有 "酱紫" = "这样子"、"偶" = "我"等。

滥用缩略类谐音，有 "DD" = "弟弟"、"GG" = "哥哥"、"JJ" = "姐姐"、"MM" = "妹妹"等。

有的随意活用。

词性活用，不管规则。有 "他很阳光"、"她很男人"等，活用副词 "很" 直接修饰名词，在网络聊天室，在 BBS 中随处可见。

2. 在语言表达上，内容失范

网络言语交际所用语言，在表达内容时，由于语境是虚拟的，网虫们大多数不太顾虑所谓 "文明礼貌"，格调不雅或欠雅的内容多有出现。尤其是 "论坛"、"评论"，甚至 "网聊"、"博客"，"狗屁" 出现率较高，甚至 "TMD"（他妈的）也时有所见。

网络言语交际所用语言的失范，究其原因，是由多方面因素决定的。

网络言语交际的语境不同于日常现实言语交际的语境，这为其失范提供了诸多客观条件。

信息时代，人们的工作和生活节奏加快，网民们信息交流加速，聊天时要及时应答对方的话语，快速作出合适的反应。实践证明，为适应网络语境，网民们只有灵活地运用新的 "网络语言" 才行。键盘敲错了，就将错就错吧。网速总是显得较慢，上网又要计时收费。网络言语交际，表意明白就行，怕什么？没有老师扣分，又没有长辈训斥。

网络交际的虚拟性也使得这种失范无伤大雅。网络特殊的语境，网民真正的平等，网友们只重交际，一般不太在乎对象。这样，在语言运用上多点变化，来点趣味，似乎没有什么不可。以 E-mail 的方式交往，以一键（见）钟情、一网（往）情深的方式网恋……语所欲语，言所欲言，网络交际，多么自在！全球网络，开放空间，不同国家、地区，不同人种、性别，淡化交通规则，不查护照签证。用 E-mail，可给远在外国的好友免费发一张彩照；用 QQ，能让你的亲友下班后看到你的离线留言。语言障碍似乎越来越小了，汉字、数字、英文、日文，加上符号、图画，不同文化背景，不同国家民族，不同教育程度的网虫们，就是依靠这些所谓失范的"网络语言"，在互联网上，自由自在地实现着言语交际。"生活是为了开心"，这是多数青年网民的人生观，因而，他们绝对不会为自己的语言失范而自责。网络言语交际中出现的网络语言现象，往往有利于网民简洁而快速地表达自己的思想。

网络言语交际，网民们不断地创新，很多前所未有的言语交际形式，纷纷出笼。网民们在自我欣赏的同时，彼此互相认同、模仿。抛开现实社会中遇到的一切烦恼，做一个"隐身人"（隐匿自己的身份）去体验那虚拟的人生，去说想说的话，去做想做的事……去寻求一些刺激，去体验一点快感……久而久之，在这样的放纵中，有人甚至会慢慢有了网瘾。

"爱"上了这种失范的语言，也是网虫们"自我"意识的体现：张扬一下个性，来点自我选择与自我实现，让自己掌握自己的命运。从网络言语交际的这种现象中，折射出青年网民们那叛逆的心理：追求个性、弃旧图新、忌同求异，绝不盲目从众！

我们应该用发展的眼光看待这些网络言语交际现象。在推动发展网络语言的前提下，摸索网络语言的发展规律，探讨、研究对其适当规范的办法。所谓规范，仅仅限制是绝对不行的，限制了网络语言的发展绝不是真正意义上对网络语言的规范。

3. 在言语交际上，关系失范

网络言语交际文化具有它的新特点。由于交际语境的不同，网虫们往往无意于与交际对象建立过于密切有好的关系。双方都不太在乎彼此的友好关注及相互的文明礼让，不太刻意地追求较高的交际水平及其交际的稳定状态。亲情类称呼，在网络语言交际中，极为少见。使用 QQ 交际时，一般是直接寻找特定的对象发起会话，大多省略了称呼；在运用博客交际时，由于交际主体往往不是同时在线，也常省略称呼；在论坛或群里交际，对其交际对象，多是直呼其网名。

可见，网络语言交际的双方，彼此之间是一种更加平等的交际关系。这样，更有利于彼此坦率地直抒己见。传统汉语的"敬称"，在网络言语交际中被忽略了；传统汉语的"谦称"，在网络言语交际中也很难看见。在网络这个虚拟的世界中，"等级"没有了，"领导"消失了，"版主"也只能尽心地服务于网民了。"满招损，谦受益"，都被网虫们丢到脑后了。"愚""贱""窃""鄙"，再不是"我"了，警言慎行没必要了，明哲保身太落伍了，不要去在乎他人的看法，尽量表现最真的自我。在这里，似乎人性得到更"纯粹的表现"。不过，在短信或 E-mail 言语交际时，若是与师长、与领导交谈，就如同他们打电话一样，还是多点"敬称""谦称"的好。因为，这些已等同于现实生活中的日常言语交际，是现实生活搭乘现代信息科技之车，在网络中行驶而已，并非完全虚拟，不是真正的网络语境。真正的网络言语交际，是没有级别限制的。网民在这里，可以自由地表达自己的想法，可以自由地浏览自己感兴趣的新闻，可以把自己收集或收藏的各种"宝贝"，随时上传与人共享。人人可以去"抢沙发"，个个有权利任意地去"灌水"。

7.1.4 网络语言具有直接经济的特点

网络言语交际，比面对面的日常言语交谈，更为直接，更为迅速。键盘输入、手写输入或语音输入，速度有快慢，时间有长短……大家不约而同，选择了最经济的方式：长话短说，直奔主题，力求言简意赅。看看下面这段 QQ 聊天记录，就具有这样的特点。

爆笑谷："玩什么"
妹红雷："游戏"
爆笑谷："什么游戏"
妹红雷："好玩的"
爆笑谷："什么好玩的"
妹红雷："烦"
爆笑谷："烦就跟我聊"
妹红雷："滚"
爆笑谷："地不干净"
妹红雷："靠"
爆笑谷："给你肩膀"
妹红雷："找死啊"
爆笑谷：" '死' 在字典961页"
妹红雷："晕"
爆笑谷："我有止晕药"
妹红雷："我服了"
爆笑谷："服了药就不晕了"
妹红雷："大哥"
爆笑谷："认你这个妹妹了"
妹红雷："拜托"

网络语言，一般要求用最少的文字，表达较多的信息，力求简洁经济。

聊天的时候，网虫的言语交际，相互交织成线，紧密相连。陌生的人，距离聊近了，成为知己；熟悉的人，聊以成"群"，成为"死党"。网民的个人修养，决定了其言语交际的品质。在信息时代，团体与团体，公司与公司，个人与个人，交流日益广泛、频繁。或思想交流，或情绪纾解，或生意洽谈，或生活求助……

当下，不了解网络语言，就很难成为真正的网民，就难以享受新奇的网络文化。

应该说网络是面对社会大众的，网络上的言语交际必须使用社会上通用的语言。从这个意义上说，并不存在一个与日常通用语言毫无关系的独立的"网络上使用的语言"。人们所谓的"网络语言"，是指信息社会化后网民这一特殊社会文化群体，在网络言语交际时所使用的，有别于社会通用语言形式的语言。网络语言的使用者这一社会文化群体，时常久久地逗留在网络上与人"网上"交流。所谓网络语言，确切地说，主要是指网民们在聊天室、论坛、BBS 上聊天、发表言论时所普遍使用的那种特殊语言变体。这种语言变体，还包含许多非语言因素。网络是虚拟的、开放的、即时的和动态的，这就更突出了网民们在非语言网络语境中的核心地位。关于这一点，我们将在后文进一步论述。

网络言语交际是一种直接经济的交际方式，是一种动态的适用交际过程。人们在网络这个特殊的交际平台上彼此交流和相互传递信息时，逐渐形成了有别于现实言语交际的新的语言变体。这种语言变体，是现代汉语在网络语境里表现出来的特殊的运用体系。网络言语交际的一般方式，主要有 E-mail、BBS、Chat-group、Blog 等多种。此外，随着手机信息网络的空前普及，手机短信、手机网聊等更是成为人们网络言语交际的首选。

人们的言语交际，是信息传递的一种经济高效的方式，是一种普遍的社会行为。语言是人们言语交际最主要的沟通工具，人们的社会交往离不开语言，离不开彼此的言语交际。网络言语交际如今已经成为人们传递信息和接收信息的最为经济、适用、有效的方式。

广义的交际能力，被认为是当今社会劳动者最重要的能力之一。网络言语交际能力是人们运用现代语言和信息技术进行交流的重要能力。这种能力，如今已经成了一个人的核心能力。这种能力具有跨行业、跨职业的特征，它在人一生的发展中是一种最基础、最重要的能力，所以在人的能力体系中，这种能力处于核心地位。

手机短信作为当今的言语交际手段，不仅可以显现一个人的言语交际能力，更是人们日常言语交际生活中不可或缺的交际方式，也是一种很直接很经济的交际方式。看看下面几条令人耳目一新的手机短信，也许你能从中意识到点什么。

"祝福您：国庆、家庆，普天同庆；官源、财源，左右逢源；人缘、福缘，缘缘不断；情愿、心愿，愿愿随心。"

"当你必须为一段爱情做承诺时，一切其实都已结束；当你必须为一段婚姻做承诺时，一切才刚开始。"

"心是个口袋，东西装少点叫心灵，多一点叫心眼，再多一点时叫心计，更多是叫心机。"

"昨天你女朋友向众人夸口你如何优秀，她说你是绝对的百里挑一。随后她又说：'一百个好的里就这么一个差的，被我挑中了！'"

"^o^送你一块生日蛋糕，祝你生日快乐：第一层，体贴！第二层，关怀！第三层，浪漫！第四层，温馨！中间夹层，甜蜜！祝你天天都有一份好心情！"

"/) /) /) /) (-.-) (-.-)? c-)? c-) 送两只兔仔给你，愿你每天舒展笑颜！开心快乐！"

这些短信，其内容、构成各不相同。短信中有语言字符，也有非语言符号，想象巧妙，表现有力。短信交际，无论从哪个角度来说，都是很直接，很经济的交际方式。

7.2 网络语言的语法特点

网络语言是一个语言变体系统，网络语言的各个组成要素之间是紧密联系，互相影响，共同发展的。在网络语言中，就像日常的现代汉语一样，其相关要素共同维系着基本的汉语语法……网络语言没有也不可能有完整的独立的语法体系。所不同的是：网络语言的特殊性，决定了其有时超越现代汉语语法常规的特点。一般说来，大致有以下几个方面。

7.2.1　网络语言所用语料，极为随意

请看下面这段网络对话。"哪儿银？（哪儿人？）""济南，u?（济南人，你呢？）""合肥。认识 u 好高兴！（合肥人。认识你（我）好高兴！）""I2!（-_ -）（我也很高兴！〈神秘笑容〉)""dd or mm?（弟弟还是妹妹？）""mm，@_@（妹妹，〈抛媚眼〉)""@》〉---》---（请收下这束漂亮的玫瑰）""偶走先，88!（我先走了，拜拜！）""o（∩_∩）o 886!（〈开心〉拜拜了！）"

这段网络对话，足以看出网络言语交际用语的随意性。在不影响沟通的前提下，各种语言材料都可以信手拈来，为我所用。汉英混杂，字、符夹杂，随意组合，表意新奇。在网络语言中，这样超出现代汉语语法的例子十分普遍。对此，大虾网民，习以为常。

例如："3ku!（thank you!）"、"cbl!（cool bi la! 酷毙拉！）"、"大家+u!"（大家加油!）"、"有事 call me"，等等，不胜枚举。

网络语言中，有时为了延长语音加强语气，或者为了搞笑，甚至为了好玩，还会出现更为超越汉语一般语法规范的话语。如："I 超~~~~~喜欢~~~~~~""+++++++++++++++++++++++++++++斑竹，这好不!!!""Hi，爱老虎油!!!!!!!!!!"

网络语言中，有时为了追求特殊表达效果的需要，还出现语符重复的现象，也就是相同的语符常常任意无限地出现。这种现象在传统语法中是不会允许的。例如："A：888888888888888888888888888 B：5555555555555555555555555"（A：拜拜，再见　B：呜呜呜〈你走了我哭半天〉)"、"嘿嘿嘿嘿嘿嘿嘿嘿嘿嘿"、"去去去去"，等等。

7.2.2　网络语言创新语法，超越规范

网络语言中的语汇，一方面，可能是受文言文语法的影响，创新了汉语传统的"词类活用"和特殊句式中的"变式句"；另一方面，可能是受到英语或其他外语的影响，或是出于标新立异的需要，常常超越现代汉语的基本语法规范。在网络言语交际的大量实践中，广大网民充分发挥自己的聪明才智，或改造改良，或约定俗成，创新了网络语言的一些语法特点，根据网络语言发展的需要，渐渐习以为常地超越了现代汉语语法的某些规范。

1. 创新"词类活用"，提高表达效率

词类活用，古已有之。它是文言文中常用的语法现象。网络词汇里也有不少词类活用。可以说"词类活用"在网络语言中表现出更强的生命力。

其一，名词活用作动词。

在网络语言中名词作谓语、带宾语的现象随处可见。现代汉语的名词作谓语时一般构成"主语+谓语"句式，很少有"主语+谓语（名词）+宾语"的形式。可这种结构在网络语言中却很常见。

例如："别忘了 E 偶!"（"E"即"E-mail"，是名词，在这里活用为及物动词，作谓语，带有宾语"偶〈我〉"。这可能是受英语"do not forget to E-mail me"的影响吧。之所以导致这种特殊现象，一是因为在汉语中人们直接用音译外语词充当动词，二是因为汉语缺乏严格意义上的形态变化，往往追求"意合"）"我电话呢!"（"电话"是名词，在这里活用为动词"（在）打电话"，作谓语）"我班去了。"（"班"是名词，在这里活用为

动词"上班",作谓语)"有事电我!"（"电"是名词，在这里活用为动词"（给我）打电话"，作谓语）"朋友都电话偶了。"（"电话"是名词，在这里活用为动词"打电话"，作宾语"偶〈我〉"的及物谓语动词）"你雅虎了吗?"（"雅虎"是名词，在这里活用为动词"上雅虎"或"用雅虎"的意思。原文为"Do you Yahoo?"。"雅虎"是"Yahoo"网站的中文名称，网民们效仿英语，用作动词在网上传播，经约定俗成之后，大家就习以为常地认可了）"你 QQ 吗?"（"QQ"是名词，在这里活用为动词"用 QQ"，作谓语）"百度一下。"（"百度"是名词，在这里活用为动词"（用）百度搜索"，作谓语）

网络语言中，在名词活用作动词之后，就出现了很多看上去是副词"很"、"非常"、"不"等修饰名词的情况（汉语副词"很"、"非常"、"不"一般不能用来修饰名词）。其实，此时的所谓名词已经活用为动词了。

例如："很克林顿"（名词"克林顿"活用为动词，是"〈会〉像克林顿那样处事"的意思）"很书本"（名词"书本"活用为动词，"很书本"是"书生气十足"的意思）"很绅士"（名词"绅士"活用为动词，是"有绅士派头〈举止文雅、穿着得体、自信、有文化深度、善关心他人等〉"的意思），"非常现代"（名词"现代"活用为动词，是"具有'现代'气息〈指"具有现代新生事物所应有的特征"：新颖、独特、适应时代潮流等〉"的意思）"非常压力"（名词"压力"活用为动词，是"有压力"的意思）"你太不男人了!"（名词"男人"活用作动词，是"像个男人"的意思）……这些用法，先是源于港台的"非常男女"、"非常档案"，等等。港台是大陆时尚的源头，不久，这种用法就在大陆流行起来。

其二，名词活用作形容词。

在网络语言中，现代汉语中表特殊性状的名词常被用作形容词。

例如："你也太菜了!"（"菜"是名词活用作形容词"低"或"差"的意思，句中作谓语。意为"你水平也太低了"）"说话很卓别林"（"卓别林"是名词活用作形容词"滑稽"或"风趣"的意思，句中作谓语。意为"说话很滑稽〈像卓别林那样〉"）"JJ 很女人。"（"女人"是名词活用作形容词"有女人味道"的意思，句中作谓语。意为"姐姐很有女人味道"）"偶也太文物了吧!"（"文物"是名词活用作形容词"太古老而不合时宜"的意思。句中作谓语。句意为"我也太老土了吧!"）"你满口之乎者也，很孔子!"（"孔子"是名词活用作形容词"太一本正经"的意思。句中作谓语。意为"古板"）

其三，形容词活用作副词。

例如："偶 GF 超靓!"（"超"是形容词活用作副词，充当谓语"靓"的修饰状语）"那是谁的 mm，巨美!"（"巨"是形容词活用作副词，充当谓语"美"的修饰状语）……

又如："偶狂晕了。"（"狂"是形容词活用作副词，充当谓语"晕"的状语）"A 队强胜了 B 队。"（"强"是形容词活用作副词，充当谓语"胜"的状语）"对此，领导表示严重同意。"（"严重"是形容词活用作副词，充当谓语"同意"的状语）

其四，形容词活用作动词。

汉语中形容词作谓语一般不能带宾语，更不能用于被动结构。网络语言，甚至在各大媒体上，形容词活用作谓语动词，带宾语且用于被动结构的例子屡见不鲜。

有的形容词活用作动词，用于被动结构。

网络语言中，形容词活用作动词，常用于被动结构。现代汉语中"被"动句多由

"被"+动词构成，不能像网络语言这样直接用形容词。

　　例如："澳大利亚政府被黑了。"（形容词"黑"活用为动词"黑客破坏"的意思。"黑"即"黑客"，是英文"hacker"的音译。"hacker"是由"hack"加"er"构成的。而"hack"是动词，有"砍伐、破坏"之意。形容词"黑"活用为动词，含有"黑客们的蓄意破坏"之意。"黑"活用为动词的这种情况，似乎常见于"被黑"的用法，其他情况多为名词，如"谈黑色变"的"黑"就是名词"黑客"的意思）"新浪网被黑了！"（形容词"黑"活用为动词，也是"黑客破坏"的意思）

　　有的形容词活用作动词，带有宾语。

　　例如："你不要黑我！"（"黑"是形容词活用作动词"破坏"的意思，作宾语"我"的谓语）"有事短我。"（"短"是形容词活用作名词"短信"，再活用作动词"发短信"的意思，作宾语"我"的谓语）

　　其五，动词活用作形容词。

　　例如："他 DD 帅呆了！"（"呆"在这里是动词活用作形容词，充当谓语"帅"的补语。补充说明"帅"的程度）"那位 MM 的男友酷毙了！"（"毙"是动词活用作形容词，充当谓语"酷"的补语。补充说明"酷"的程度）

　　又如："偶要累死掉了！"（"死掉"在这里是动词活用作形容词，充当谓语"累"的补语。补充说明"累"的状况）"我高兴死掉了！"（"死掉"在这里也是动词活用作形容词，充当谓语"高兴"的补语。补充说明"高兴"的程度）"……死掉了"后来成为一种固定句式，主要起加强语气作用，一般没有褒贬等感情色彩。

　　其六，数词活用为副词。

　　在数学中，n 用来代表任意整数。在网络语言中，n 被用来表示一个未知的或不确定的但相当大（有时是夸张）的数字。"今天 n 个人迟到了。"（这里的 n 是数词，表示"任意整数"，即"好几个"的意思）n 的意义被进一步延伸，并用在否定句的时候，就活用为副词了。

　　例如："就是啊！好男人 n 少啊！"（"n"在这里是数词活用作副词，充当谓语"少"的状语。形容"少"的程度）

　　其七，程度副词的活用。

　　网络语言中，程度副词的用法较为灵活。

　　在网络言语交际中，网民们似乎觉得现代汉语的程度副词表现力有限，于是革新传统，大胆活用一些昔日的形容词为网络程度副词。这些副词在表现程度时，都具备夸张的特征。

　　"超"，是常用的程度副词之一。"超"是形容词"高超"，形容"比某种状态还要高出许多"。活用作程度副词，意为"很特别"的意思。多用于表褒义的词之前。据考证，"超+形容词/动词"的用法源自日语，1980 年的中日围棋擂台赛第一次出现"超一流（棋手)"的词。后来，"超什么"被视为十足的台湾腔，被年轻网民接受过来，广泛应用。例如："偶有一位超好的老师。"（"超好"，即"特别好"的意思）"他们足球队，是超一流水平。"（"超一流"，即"比一流还要高的"意思）"我超喜欢周杰伦的歌。"（"超喜欢"，即"特别喜欢"的意思）

　　"巨"，也是常用的程度副词。"巨"是形容词"巨大"的意思，形容"特别的大"。

活用作程度副词，意为"特别""十分"的意思。一般不用于褒义的词前。例如："你GG巨恶，知道不?"（"巨恶"，即"特别恶劣"的意思）"东北那地儿巨寒。"（"巨寒"，即"特别寒冷"的意思）"偶巨害怕你们班班主任!"（"巨害怕"，即"特别害怕"的意思）

"狂"，也是常用的程度副词。"狂"是形容词"疯狂"，形容"某种疯狂的状态"。活用作程度副词，意为"特别地"的意思。表示到了疯狂的程度，似乎人力已经不能控制。例如："狂晕"、"狂吐"、"狂怒"，等等。其具体意义，视其特定语境而定。

"严重"，被称为"过量级"程度副词。形容词"严重"，用来形容"严肃庄重"的事物，用于出现了不利局面或不幸事件等场合，语气是严肃的。活用作程度副词，后面连接表态度的动词，表示所持的态度已经过了量，异于常态，是对某种言语行为的一种过分的表达方式。"严重"作为程度副词，主要起夸张语意、加强语气的作用)

例如："父亲严重表扬了他这次的学习进步。"（"严重"，即"过分地"的意思）"偶严重支持他的做法!"（"严重"，即"全力""大力"的意思）"严重鄙视五楼!"（"严重"，即"特别地"的意思）"偶对你的说法严重支持!"（"严重"，即"特别地"的意思）

2. 改进"特殊句式"，倡导高效网语

网络语言中的"特殊句式"，其中"变式"句较多。变式句与常式句相对，变式句在文言文中出现得比较多。常见的有谓语前置（也叫主谓倒装）、宾语前置、状语后置、定语后置等。在网络语言中，网民们改造发展了这些基本形式，创新了许多网络变式句。

其一，为了强调谓语而将谓语前置，造成主谓倒装的变式句。

例如："郁闷呀，我现在。"（前置了谓语"郁闷"）"怎么怎么呀，你。"（前置了谓语"怎么怎么"）……

其二，为了突出谓语而将谓语的状语后置，形成状语后置的变式句。

例如："漂在海外。"（后置了谓语"漂"的状语"在海外"）

其三，为了突出宾语而将宾语前置，形成宾语前置的变式句。

例如："你饭吃了吗?"（前置了谓语"吃"的宾语"饭"）

其四，在网络语言中，有的状语后置句还形成了约定俗成的较固定的句式。

这些较固定的特殊句式，不同于日常语言的固定句式，它们或出于网民兴趣，或因为从众心理，或来源于方言，或来源于港台电影，等等。这类句式正在发展形成之中，使用频率比较高的有以下几种。

有"……先"的状语后置固定句式。

随着网络语言的地域化，各种网络方言在不同属地普遍流行。于是，这类方言语法也就自然地进入了网络语言。"谢了先"、"我闪先"，属于广州方言语法的状语后置。

例如："那么，偶走先!"（谓语"走"的状语"先"后置）"强帖啊，签个名先!"（谓语"签"的状语"先"后置）"那么，你给个理由先。"（谓语"给"的状语"先"后置）"啊，我睡觉先。"（谓语"睡觉"的状语"先"后置）……

有"……都"的状语后置固定句式。

例如："你看，偶难受死了都!"（谓语"难受"的状语"都"后置）"眼红列都!"（谓语"眼红"的状语"都"后置）"么一会就传完了都!"（谓语"传"的状语"都"后置）

有"……的说"的后缀式固定句式。

例如："偶见到你真高兴的说。"（我见到你真高兴）"今天晚上谁去看球的说?"（"今天晚上谁去看球?"）"你变态的说。"（"你变态"）"偶不太敢看恐怖片,但心里还有些向往的说!"（我不太敢看恐怖片,但心里还有些向往）"但偶还是很喜欢那些老先生的课的说。"（但我还是很喜欢那些老先生的课）"有点意思的说～!"（有点意思）在这几个句子中,"……的说"似乎没有什么实在意义。

在网络言语交际中,还有"……够""……很"之类的状语后置。例如："你狠够!"（谓语"狠"的状语"够"后置。意为"你够狠"）"偶高兴很!"（谓语"高兴"的状语"很"后置。意为"我很高兴!"）

其五,在网络语言中,还出现了一些特殊的变式句。

这些变式句不同于曾有过的变式句类型,但在网络上也成了较固定的特殊句式。

有英语形态的变式句。

例如："Die go!"（去死!）

有汉语形态的变式句。

例如："靠,台词抢我!"（"靠",表"惊讶"的叹词。"台词抢我"即"抢我台词"）"我本词台。"（"本是我的台词!"）

7.2.3　网络语言新的句式,更为奇特

1. 英汉嫁接,多有创新

改革开放以来,我国加大了英语普及教育的力度。小学初中,英语是必考课,高中大学必考英语,硕士博士必过英语关,求职考试也考英语。甚至"双语"幼儿园,也到处皆是。英语水平提高了,网上言语交际中,夹杂些英语词,简洁、经济又不难理解。中西杂糅,另类多趣。何乐而不为呢!网上这种创新,既是网语发展的客观需要,也是英语教育在我国普及的社会因素与广大网民们追求网语 Fashion 的心理因素,三者合一的结果。出现这种情况,正是语言发展中"任意性"（约定俗成）和"经济性"的体现。

其一,"汉语词+ing"形式,灵巧活用,较有新意。

无形态标志一直是汉语语法的独特之处,也是其与印欧语言的重要区别。网语在汉语词语后增加"ing"词缀,用来表示多种词性词语的进行时态,这对现代汉语的语法形式提出了挑战。英语语法中,将"ing"一般只加在动词之后,表示动词的进行时态。将其借用到汉语里,其"功力"就大增了。

网络语言或为了交流方便,或为了新奇好玩,英、汉混用的洋泾浜语言常常出现。在汉语词末往往加上英语时态后缀。大多仍然是起时态指示作用。

一是加"-ing",表示动作正在进行或正在持续的时态。

很多网民学过英语,熟悉英语的时态,在网络言语交际中,自觉不自觉地就给汉语动词加上了英语时态的标记"-ing"。

例如："偶游泳 ing。"（我正在游泳）"你休息 ing?"（你正在休息吗）"偶吃饭 ing,一会再聊。"（我正在吃饭,一会儿后再聊）"斑竹幸福啊,羡慕 ing!"（版主〈你〉幸福啊,〈我〉一直在羡慕）

有"名词+ing"式的。例如：工作 ing、恋爱 ing、星座 ing。

有"动词+ing"式的。例如：开会 ing、上学 ing、演讲 ing。

有"形容词+ing"式的。例如：欢快 ing、忧伤 ing、兴奋 ing。

有"副词+ing"式的。例如：很 ing 啊、太 ing 了、不 ing 啦。

还有"短语+ing"式的。例如：打酱油 ing、偶去旅行 ing、偶头晕 ing，等等。

其中，还是动词最多。再就是抽象名词、动词的兼类词（动名、动形类）及形容词。最少的是副词。其中的"ing"，一般读作三个音节，即"i" "n" "g"，意为"正在……"。多为聊天用语、广告语、短文标题，正文出现极少。这种形式，总给人新颖感，能吸引大部分网虫的眼球，往往可以收到用较经济的方式表达较丰富的内容之效果。

二是加"-ed"，表示过去时态，即表示已经发生或已经结束的动作。

例如："偶在家洗澡 ed。"（我已在家洗过澡了）"那本书偶看 ed。"（那本书我已看过）

其二，"汉"中夹"英"，似怪不怪。

本是汉语言语，总夹杂一两个或几个英语词语，以达到特定的表达效果。其中，名词、代词、动词、形容词用得较多。例如："刘欢的 fans 们，投票吧！""我不认识那位 lady。""I 真的服了 u。""他会 call 我啦。""U 要 promote（提拔）他哦。""偶 hate u！""这种 jacket 会 in（流行）吗？"……显然，所用词语，一般都是与日常生活密切相关的常用词。网上言语交际时，这样使用网语似乎更节省时间、更有效率。年轻网虫，总是求新求异，使用这类网语，有利于他们标新立异、彰显个性。例如，"晕倒"称 FT，"顺便说一句"叫 BTW，"女朋友"叫 GF，"舒服、凉爽"叫 cool，难怪有人感叹应该带上金山词霸上网。

"No"的泛用，有些别样。如"No 怪偶"（不要怪我）。借用英语词"NO"，表示汉语词的动词"不要"。实际上，现代汉语口语语体中，这种用法不少。

2. 英语词语或词末字母创新叠用

网络语言中，英语词语或词末字母叠用是比较常见的形式。和符号叠用一样，它是利用了键盘的使用特点，起加强语气的作用。

一是英语词语叠用。例如："workworkwork …"（加强讨厌"work"的语气）"R uuuuuuuuu?"（加强质问的语气）

二是英语词末字母叠用。例如："misssssssssss uuuuuuu"（加强强调"miss"的语气）"call meeeeeeee"（加强强调"me"的语气）

3. 名词缩略语后加上英语的复数形式

例如："MMs"（"MM"加上"-s"表示"妹妹们"）、"DDs"（"DD"加上"-s"表示"弟弟们"）

4. "……中"句式，出现于网络语言

网络语言中，还有一种"……中"的句式，也标志动作的进行或持续的时态。似乎是对英语"-ing"的直译，也有可能源于日语。

例如："工作中，请勿打扰。"（"工作中"，即"正在工作中"）"你们快来呀，等待中~~"（"等待中"，即"还在持续等待"）"还有五张照片呢，期待中!"（"期待中"，即"正在期待着"）

5. 汉语网络语言，句尾显得古怪

网络语言流行着一种奇特的句式，基本格式是"……的说"。这种"……的说"，一般放在句子末尾，并无实在意义。例如："今天晚上谁去散步的说？"（＝"今天晚上谁去散步？"）"我还真有点儿舍不得的说。"（＝"我还真有点儿舍不得。"）

6. 英语句末奇特

网络言语交际中，常在英语句子末尾加有汉语语气助词"呢、啦、了、的、的啦"等。

例如："…joking de."（"……开玩笑的。"）"going la."（"〈我〉要走啦。"）"working ne。"（"〈我〉正在工作呢"）"…miss you le."（"……想你了。"）

7.2.4 创新语用方式，增强语意表达

其一，句末任意重叠连用。

网络语言即键盘语言，网上"我手写我心"，就是网民可以根据自己的表达需要，随心所欲地使用键盘。尤其是巧用标点符号。一般说来，巧用标点符号能起到加强语气的作用（似乎标点符号的多少数量与言语语气强弱成正比）。重叠标点符号的数量是完全没有规定的，网友可以根据自己的表达需要随意使用。

例如："说话！！！！！"、"什么意思？？？？？"、"别忘了我！！！！"，等等。

其二，用标点符号表情达意，使用极为灵活。

网络语言中，仅仅使用标点符号就可以表情达意，使用形式灵活多样。或单用，或连用，或组合起来用都行。这种用法，能使话语简洁和突出，还能起强调语气的作用。

有单用的。

例如"？"（表示询问或可疑）"！"（表示感叹或赞成）

有连用的。

例如："！！！"（表示强烈地感叹。根据将具体语境，可解读为"十分赞成""完全同意""强烈要求"等含义）"？？？？？？"（表示十分怀疑）

有组合用的。

例如："！？"（表示由是相信而后存疑）"？！！！"（表示先是疑惑而后深信）

其三，任意使用简约语句，表达语意颇为另类。

作为键盘语言的网络语言，网络言语交际是利用屏幕与键盘得以实现的，网络语言在思维的同步性上不如日常语言。打字总没说话来得快。于是，网络言语交际中，产生了大量的缺乏语法依据的省略和简约化现象。

其四，不用标点符号，句子短语化。

网络语言中语句趋向于短语化，有数字组合"语句"，短语化，有短语进一步专名化，还出现很多由图符组合构成的更加短语化的"词语"。由于网络语言使用标点符号不严格，常常用空格替代标点符号，句末大多不用标点符号，这就把句子降为短语了。

例如，"再不来电话 再不来信息 我不等了""456"（是我啦）、"1798"（一起走吧）、"5％"（我走了）、"〈@_@〉‖"（醉了）、"o_o"（盯着……）、"^o^"（扮鬼脸，或者很得意，很自豪）、"O_O"（吃惊）、"-_-"（神秘的笑容），等等。一些拟音的字母词，亦如短语，模拟声音，惟妙惟肖。如"hehe""hiahia""houhou"……

网络语言中如此稀奇古怪的语法现象，网民习以为常，见怪不怪，大家觉得这些已经"常规化"了。

例如："偶有问题……急……out Express 收发 E-mail，发断收死，……wuwuwu˜˜˜˜"（"发断收死"是指"发送邮件时断线，接收邮件时死机"，这种任意省略没有任何语法依据，但网虫能看懂）"若大会不开了，我再短你哦!"（"短"即"短信"，"短信"出现在谓语的位置又是名词活用为动词的现象。这种简约化现象，是网络交际的"经济原则"使然）

其五，颇有创意地使用特殊叹词，具有网络言语交际的特别效果。

现代汉语中，叹词一般用来表示强烈感情和招呼应答。在网络言语交际中，网友们选取一些较为形象夸张的有些粗俗的叹词，来自由地表情达意。这些特殊的叹词一般是日常语言中没有的，用法上也与现代汉语的叹词不同。比如，这些叹词能被用在主语后面，现代汉语的叹词好像没有这个用法。

"靠"，是常用的这类叹词之一。"靠"是口语中脏话"叹词"的替代品，在网络交际中"靠"已变成一种纯粹强烈的感叹语气。例如："靠，I 服了 YOU!"（"靠"，即"啊"的意思）"偶靠，都不是小孩子了，能不能不闹?"（"偶靠"，相当于"我说呀"的意思）

"切"，也是常用的这类叹词。"切"，一般表现轻视的感情，含有"对其话语或观点不屑一顾，不放在心上"的意味。"切"也是口语脏话"叹词"的替代说法。例如："切，偶才不信 ne!"（"切"，有"不屑"之意）"切，这有意思吗?"（"切"，表现轻视的意味）"切，财富了几天!"（"切"，有"鄙视"的意味）

"晕"，也是常用的这类叹词。"晕"，表现对方的观点或言语太幼稚或太夸张，对自己刺激太大，有马上晕倒的危险。与"晕"作用类似的还有"倒"。例如："晕，真的吗?怎么会这样?"（"晕"，大有"受不了"之意）"晕，有那么多?"（"晕"，有"不愿相信"之意）"他还在台上? 我倒!"（"倒"，有"受不了，要晕倒"的意思）"我狂倒!!!!!!!!!!!!!!"（"狂倒"，即"太受不了啦"的意思）

"汗"，也是网络上常见的这类叹词。对方的言行，完全出乎意料，使得自己出了一头冷汗。用来表达一种无言以对的感觉。例如："汗! 有这样的事?"（"汗"，有"叫人无法相信"的意味）"他也因贪腐被抓? 我汗!"（"我汗"，即"我无言以对了"）

"寒"，也是网络上常见的这类叹词。"寒"表现某种恐惧感。例如："寒，还买不起一套房子，白工作了二十年!"（"寒"，有点"不寒而栗"的意味）"晋升一名正教授原来这么难，寒 ing˜˜"（"寒"，想来有些"寒心"的意味）

总的说来，网络言语交际中，使用的所谓"网络语言"还是与现代汉语共用一套语法，只是在网络言语交际中，为适应网络言语交际的特点，对现代汉语语法规则，进行了一些变通，摸索出了一些新形式而已。在这个意义上来说，所谓的网络语言在语法上还有一些特征，像结构的杂糅、疑问句和感叹句的高频度出现，等等。本书中所说的网络语言的语法形式，就是指网络语言中那些不同于日常现代汉语语法的东西。

此外，网络语言中还有一些现象应当加以注意。例如：有的任意运用省略号（两个圆点、三点、多点），有的汉字旁加上"一""0""＊"等特殊符号来显示个性，有的汉字句中夹杂汉语拼音，简体汉字、繁体汉字混用，来彰显博学，有的甚至有意给汉字加上边框来表新意。还有常以"滴"、"偶"、"拉"代替"的"、"我"、"啦"，等等。

例如：90 后的这段言语就有些费解。"曾经 u1 份金诚 di 爱摆在挖 d 面前，但 4 挖迷 u 珍，斗到失 7d4 候才后悔莫 g，尘 4 间最痛苦 d4 莫过于此"（电影《大话西游》的经典台词："曾经有一份真诚的爱摆在我的面前，但是我没有珍惜，等到失去的时候才后悔莫及，尘世间最痛苦的事莫过于此"），是不是？此类文字大多由生僻汉字、异体汉字、繁体汉字以及符号组成。字典里查不到，键盘输入较难，独特、另类，被追求个性的网虫视为时尚。

网络语言的句型，多单句、短句和省略句，追求语句的直白、诙谐等，也是其较为明显的特点。

7.3　网络交际的话语方式

通常所说的话语，一般可分为口头话语（声音作媒介）和书面话语（文字作媒介）两种，其话语方式包含对话、独白等方式。网络会话主要是书面文字对话，网络言语交际的话语方式会对网络语言的使用产生较大影响。正是网络会话对其话语方式的特殊要求，网络语言才催生出大量新词新语。

网络言语交际（网络聊天等），一般说来是共时双向的。在网络言语交际的动态过程中，"接收"与"发出"话语信息，是同时的不间断的过程。网络言语交际的以书面话语为主的话语方式与传统的面对面交流的口头话语方式很不相同。

网络言语交际的双方一般都必须同时在线才能即时交际（离线交流非即时交流）。双方依靠屏幕和键盘实施交际（语音聊天除外），实际上是用文字记录双方瞬息万变的思维活动。交际时，大家力求将其话语表达得准确清晰。这样，网络言语交际就具有了书面交流的优势。网络言语交际的时效性很强，交流用语较为随意，所用话语的语法方式自由灵活。这样，网络言语交际就又具有了口语交流的长处。同时兼有书面语和口语的双重优势，正是网络言语交际的特点。难怪有人把网络聊天称为"书面口语交流"或"交互式书面会话"。

网络言语交际的话语，是自然语言在网络交际中的运用，即交际语言在网络中的实现状态。网络言语交际的话语在形式上，与其他话语也不相同。网络话语形式的突出特点就是追求新奇的超常规表达。

上两节我们分析了网络语言在词语和语法上追求新奇，标新立异的情况，我们再看看网络话语在表现形式上追求新奇的特点。网络言语交际中，网民们"八仙过海，各显其能"，穷尽一切手段，追求话语形式的新奇别致，创新了很多超常规的表达，形成了特有的话语风格。

7.3.1　追求话语风格的新奇

在网络言语交际中网民们用得最多的是随便体和亲昵体。基本上不用拘谨体和正式体（特殊电函除外），商谈体也用得极少。从开始交际到交际结束，用语极为新奇。大不同于日常言语交际时的情景。

1. 用随便体或亲昵体来开始交际

网络言语交际双方，开始交际时，相互打招呼，都很随便。用语都是随便体或亲昵体。

有的用"hi！""Hello！"；有的用"r u free（Are you free?）"；有的甚至直接用"Chat?"，等等。言语交际的另一方，只要回答一个"OK"就行了。随后，大家就能进行随便、亲密的交谈了。交际内容，前面已分析过，从国家大事到个人隐私，从天文地理到柴米油盐，甚至儿女婚姻、家庭矛盾……知无不言，言无不尽。这在现实生活中是没法做到的。

2. 用随便体或亲昵体来结束交际

网络言语交际结束，相互告别，更是随便。用语还是随便体或亲昵体。

就是彼此正聊得起劲时，你有事也能走人，用语键入一个"88！"就很礼貌了。有时，对方突然来个"886！"，你也只好离开。似乎不需要任何理由，更不用做任何解释说明。这在现实生活中恐怕是"太不近人情了"。

7.3.2　追求话语形式的新奇

1. 仿拟的手法，超常地运用

网络话语中的仿拟，不同于日常话语中的仿拟。被仿内容，超常广泛。有"耳熟口滑的语句"，有知名人士的语录，某些行业的固定话语等，但最主要的是当下流行的社会现象在语言上的折射。其仿拟的范围和频率都超过日常话语。前面介绍的各种网络语言变体，就是其仿拟的结果。这里就不重复了。

2. 反复的辞格，凸显出深意

网络话语多用"反复"。"反复"的修辞格，就是为了突出某个意思、强调某种情感，特意重复某个词语或句子的修辞手法。网络话语超常地使用反复修辞，以求突出某一重点。以便抒发强烈感情，分清叙述的层次，增强条理性和节奏感。网络言语交际中的反复，一般都能收到彰显某种语意的作用。

例如："钓鱼岛是中国的中国的中国的中国的……""石原石原，坏蛋坏蛋坏蛋坏蛋！"

这里的反复，强调了交际者强烈的爱国激情。

3. 奇妙地暗喻，寓意显深刻

"暗喻"，又叫"隐喻"是比喻的一种。暗喻的本体和喻体同时出现，二者之间在形式上是相合的关系，其喻词常由"是、就是、成了、成为、变成"等表判断的词语来充当。网络话语借助暗喻用某一事物比喻不同类的另一类事物或情境，其表达效果较好。

网民们有了新的意思需要表达，他们就会将这种新的意思映射到已有的经验范畴上。网络言语交际比日常交际总是自由开放得多，网民们新思想、新观念，往往就借助暗喻来表达。

传统的语言学将暗喻仅看做语言修辞手段。当代认知语言学认为，暗喻属于语言范畴的同时，还属于更广泛的思维和认知范畴。这就是说，隐喻更是一种认知现象，是人们赖以形成、组织和表达概念的基础与手段。

网络语言，是网民思维方式的体现，反映了其认知理据和动因。暗喻作为一种重要的认知模式，是网络新词语产生的主要手段之一，也是网络语言得以延伸扩展的重要途径。网络暗喻，作为一种认知暗喻，认知事物间的相似性是其关键所在。

所谓相似性，就是两个事物之间相似的地方，它是暗喻赖以成立的基本前提。网络暗语的相似性，包括本体与喻体间原有的（包括固有的和想象中的）相似性以及以交际主体新发现的或刻意想象出来的相似性两个方面。在网络言语交际中，网民们将网络暗喻的两个方面相似的事物并置在一起，刻意想象，新造出许许多多网词网语。所以，这些由网络暗喻催生的网络语言与社会生活的各个方面都有较为密切的联系。场合不同，对象不同，网民们就创造出不同的网词网语。人们使用和分辨网络暗喻主要依据，就是其本体与喻体之间的相似性。从其相似性来看，网络暗喻大致可分为五类：外形暗喻、属性暗喻、声音暗喻、功能暗喻和心理暗喻等。

其一，外形暗喻。

外形暗喻，是指网民们依据两种事物外在形状上具有相似性，而创新出来的网络暗喻。

例如：

"网虫"，暗喻"整天沉迷于网络不能自拔的人"。网虫是网络人群的主体，对网络有着非比寻常的爱，甚至以此为家。他们常常疲倦地蜷曲着身体，像痴心的虫子那样，眼睛盯着屏幕，双手敲打着键盘。同样的道理，用"爬虫"暗喻"初级网民"（与菜鸟一样也是新手，属于进化中的低形态）。"飞虫"暗喻"高级网民"（属于进化中的高形态）。

"网蝶"暗喻"网上的美丽女性"。网上的美女网民相当少，在男网民们眼中，美女着装漂亮，她们是网虫中的美丽的可爱的蝴蝶。

"鼠标"暗喻"电脑手握操作器"，"鼠标"其形状酷似拖着长尾巴的老鼠。

其二，属性暗喻。

属性暗喻，是指网民们依据两种事物内在属性上具有相似性，而创新出来的网络暗喻。

例如：

"灌水"暗喻"冗长空洞的或没有质量的帖子"。两种事物都具有"多、淡、无实际价值"的属性。"灌水"是网络交际常用词，指在 BBS、新闻组上发表冗长空洞的文章。它是英文"addwater"的意译，据说美国前总统里根曾悄悄使用"addwater"的昵称在一著名 BBS 上发表文章，其真相公布后，"addwater"名扬四海，并逐渐演变成为在网上发表文章与观点的统称。后来发展为"没有质量帖子"的代名词，某些网站为了宣传自由民主的气氛，也常说"欢迎大家来灌水"。由"灌水"衍生出系列网络暗喻。如"潜水"暗喻"在聊天室里只看到别人聊天而自己不发言，或者在论坛中只观看别人的帖子而不回复"，二者都有"潜藏"的属性。"潜水员"暗喻"那些只看帖不回帖的人"，二者都有"不露面"的属性。"冒泡"暗喻"潜水的人偶尔发帖的行为"，二者都有"偶尔为之"的属性。"水牛"暗喻"在论坛上极能灌水之人，灌水毅力如牛一般，或者说灌水很牛气"，二者都具备"有能耐"的属性。类似的暗喻"论坛中的灌水狂人"的还有"水鬼"、"水桶"、"水王"、"水母"、"水仙"，等等。

"楼主"暗喻"发主题帖的人"，二者都有"做主"的属性。

"臭虫"暗喻"跟电脑有关的故障"，二者都有"讨厌又无奈"的属性。

"病毒"暗喻"进入电脑自我复制损害或破坏信息储存的程序"，二者都有"易传染"的属性。

"皮肤"暗喻"界面"，二者都有"外在表面"的属性（如"QQ皮肤"和"搜狗输入法皮肤"）。

"孔雀"暗喻"城市女孩"，二者都有"被娇养"的属性（父母溺爱，没经风浪，内心单纯，崇尚向往纯真爱情，看重男人能力和责任感）。

"造砖"暗喻"在论坛上用心写文章，极为用心，字斟句酌"，二者都有"用心"的属性。

"拍砖"暗喻"在论坛上回复帖子时持批评态度，对发帖人不客气地批评"，二者都有"不客气"的属性（"拍砖"也叫"抛砖头"，或者说"来砸我吧"）。

"隔壁"暗喻"论坛中的另外一个主题"，二者都有"相邻"的属性。

"犬科"暗喻"喜欢追逐论坛女性的男性网民"，二者都有"不易甩掉"的属性（"犬科"尤其擅长死缠烂打）。

"幼齿"暗喻"年纪小而又不怎么懂事的人"，二者都有"年幼"的属性。

其三，声音暗喻。

声音暗喻，是指网民们依据两个词语在发音上具有相似性，而创新出来的网络暗喻。这种声音暗喻，就是一种"谐音"。详见前面有关"谐音"的部分。

例如：

"果酱"暗喻"过奖"，"青筋"暗喻"请进"，"米国"暗喻"美国"，"水饺"暗喻"睡觉"，等等，这些都是利用读音相同或相近的汉字造成的谐音词。网民们用创新出来的网络词语暗喻日常固有的词语。

其四，功能暗喻。

功能暗喻，是指网民们依据两种事物在应用功能上具有相似性，而创新出来的网络暗喻。

例如：

"信息高速公路"暗喻"通过光缆把家庭的多媒体与全国的企业、商店、银行、学校、医院、图书馆、电脑数据库、新闻机构、娱乐场所、电视台及政府部门中的多媒体等连接起来形成的网络"，二者都有"高速联通的"功能。网民们把"信息"暗喻成"可以进行买卖、装载、卸载的商品"。它是把现实生活中"高速公路"可以连接各个开通路线地点的功能和网络"信息高速公路"也具有的这种相似功能联系了起来。

其五，心理暗喻。

心理暗喻，是指网民们依据两种事物在人们心理感受上具有相似性，而创新出来的网络暗喻。这种心理感受上的相似，强调的是人们的主观经验。

例如：

"半糖夫妻"暗喻"男女双方有各自独立空间的、甜而不腻的夫妻生活"，二者都有一种"恰如其分地甜"的心理感受。"半糖夫妻"是网络流行语。"半糖"出自台湾。台湾流行喝珍珠奶茶，"半糖"即珍珠奶茶的甜度：介于"很甜"和"不甜"之间。"半糖夫妻"正是通过人们心理感受上的一种相似性的隐喻而来。首先用具体的"糖"来暗喻抽象的"甜"，再用"甜"这种味觉来暗喻更为抽象的婚姻中的幸福感觉。"半"，非量的大小，是程度的高低。"半"即介于平淡和强烈之间、恰如其分的"幸福"感觉。

"养眼"暗喻"人长得好看"，二者都能给人"愉悦"的心理感受。

其六，暗喻特性。

在网络交际的帖子、微博等形式中，暗喻应用较为普遍。

例如："我一直都以为我们是鱼和水，不能分离，却不知道：你这条鱼也可以游到别的水塘里……我终生的等待，换不来你刹那的凝眸。"

帖子中用"鱼和水"暗喻"我们"的情感关系，二者给人"不能分离"的心理感受。用"别的水塘"暗喻"别恋之处"，二者都有"不属于我"的心理感受。

又如："爱情是零度的冰，友情是零度的水，也许我们是最好的冰水混合物吧。走到一起后，升温，会束缚，化为友情的水；降温，会想念，生成爱情的冰。不冷不热间，就是爱情与友情的暧昧。"

网语中用"冰"暗喻"爱情"，用"水"暗喻"友情"，用"冰水混合物"暗喻"我们"的情感……这些都可以说是心理暗喻。因为，这些表达的都是一些心理感受。

从网络言语来看，暗喻在我们的网络生活中，在我们自觉或不自觉的思维活动中几乎无处不在。网络暗喻具有普遍性、系统性、概念性。

(1) 网络暗喻具有普遍性

暗喻成了网络语言的常态。网络语言的新词新语，绝大部分源于各种暗语。有的来自方位暗喻，如"楼上"、"楼下"、"上传"、"下载"、"置顶"，等等，在网络上，具体的方位概念投射于情绪、身体状况、数量、社会地位等抽象概念，便形成了"网络方位暗喻"。

有的来自实体暗喻，如"视窗"、"在线"、"恐龙"、"垃圾桶"、"彩信"，等等。网民们利用实体感知的具体事物的形状、特征、功能、状态等特点和属性，运用思维，将抽象、模糊的思想、感情、心理状态等无形之物化为有形实体，创造新的词汇来表达抽象的概念，形成"网络实体暗喻"。

有的来自结构暗喻，如："卧底"、"杯具"、"企鹅"、"越狱（苹果手机破解）"、"桌面"，等等。网络大虾中的很多人，已经善于用一种概念的结构来构造另一种概念，使两种概念相叠加，来大力发展网言网语了。网络交际时，网民们借助结构隐喻，可以自由自在地由 A 话题转移到 B 话题，或者 C 话题了。

(2) 网络暗喻具有系统性

网络语言中，暗喻常常建构出不同的网语体系。因为，我们日常生活的经验感知所得，总是成系统地存在于我们的思维体系之中，网络暗喻总是藏在种种名称的背后。

例如：有了网络暗喻"恐龙"，随之就有网络言语的"恐龙系列"；有了暗喻"灌水"，随之就有网络言语的"灌水系列"；有了暗喻"粉丝"，随之就有网络言语的"粉系列"；有了暗喻"汗"，随之就有网络言语的"汗系列"，等等。正是网络暗喻的系统性，才使得虚拟网络的实际应用成为可能。如"网系列"的"网络商场""网上医院""网上追逃"，等等。

(3) 网络暗喻具有概念性

网络暗喻，作为我们网络言语交际的一种自觉或不自觉的思维方式，不断地生产出网络思维的各类"细胞"（概念），并选择出大量相应的网词网语来表述。所以说，网络暗喻具有明显的概念性。

正是网络暗喻，催生了大量网络言语交际的思维概念，包括具体概念，如"网虫""企鹅""宅男"等，也包括抽象概念，如"粉""顶""kuso（恶搞）""88"等……

4. 夸张地表达，渲染其感受

网络语言的夸张，似乎更为言过其实。在网络言语交际中，交际主体对相关事物的特征、作用、程度、数量等似乎在随意夸大或缩小，从而突出表述对象的特征，渲染人们的主观感受。

网络世界是虚拟的，与日常言语交际相比，更便于夸张表达。网络言语交际中的追求新奇的心理，常常使得网民们的表达超乎他人的生活经验，凸显个人的独特思想感受。与现代汉语传统夸张相比，网络语言夸张更具有幽默风趣、亦雅亦俗、语意深刻、讽刺强烈的修辞效果。

传统语言夸张的构成，从程度上看，有扩大夸张和缩小夸张；从时间上看，有超前夸张和普通夸张；从方式上看，有单纯夸张和融合夸张；从意义上看，有积极夸张和消极夸张，等等。

网络语言中夸张的构成方式，较之传统语言的夸张，具有一些新的特点。

其一，科技词语，成了夸张因素。

网络言语交际中，一些表示特定含义的科技术语，构成了新颖的夸张。

例如：

"那个恐龙太耗内存，巨肥！""他们网速的闪婚，偶是打不住 le。""真爱就像 UFO，都只是听说过，但没人见过。"（"内存""网速"是电脑科技术语。"太耗内存"用来夸张人家太胖。"网速的闪婚"用来夸张结婚进程太快。"UFO"是天体术语，用来夸张"真爱"就像"不明飞行物"那样不可信。）

其二，网络新词，构成夸张主体。

网络言语交际中，网民们常用一些特定的网络新词构成夸张句式，用语简洁，诙谐活泼、充满情趣，具有新奇的夸张效果。

例如：

"雷人语录"（还有雷人广告、雷人发型、雷人服装等），用于夸张其震撼效果。（脑子里忽然轰的一声，感觉像被雷轰过一样。）"雷"这个网络新词，较具夸张性，曾在网上风传。在网络上流传的"雷人"，别名为"囧"（jiong），也是夸张其"令人吃惊的样子"。

"DD 很槑"，用于夸张其"很傻，很天真"。（"槑"，古"梅"字。仅因由两个"呆"组成，被用作"傻到家了"。）

"Caicai，我们会见光死不？""见光死"，用于夸张"网恋者在网下相约见面，因与想象的相距太远而使恋爱结束"的情景。（也用来夸张"股价预期大涨，结果不涨反跌"。）

"晕，她怎能这样？"，"晕"，用来夸张其"不可思议"。"晕"极富夸张色彩，且超简练。

其三，特定字符，构成奇特夸张。
例如：

> "十二点 le, ZZZZZZZZ……""ZZZZZZZZ"用来夸张"想睡觉了"（或夸张"打
> 呼噜"的状态）。"55555555～～～～～～"，用来夸张"悲伤大哭的情景"。"那青
> 蛙谈起来，总很 S。"用来夸张其话语"吞吞吐吐，拐弯抹角"（就像字母"S"那样
> 曲里拐弯的）。"0001000"，用来夸张其"孤独"（数字 1 立在一堆 0 当中，比喻其孤
> 独，也是夸张）。"偶说了 n 遍，还不明白？""N"表未知数目，用来夸张"不大确
> 定的大数目"。

其四，相悖事理，成了另类夸张。
网络语言中，常用两相悖理的事物，来构成新的夸张。传统的夸张一般以现实为基
础，网络语言的这类夸张与现实完全不符。
例如：

> "转回去三十年，偶赚的一定比你老庄多！"这种夸张，完全与事理相悖。"回去
> 三十年"谁也没这本事；"一定比你老庄多"更没法兑现。
> "把爱因斯坦的脑袋跟我换了，我也做不好李老师布置的这道物理题。"这是完
> 全背离事理的夸张。前者完全不可能，后者只能说明其太不自信。

其五，兼用夸张，更显修辞效果。
网络语言中，多种修辞手法兼用现象十分普遍，有夸张兼比喻，有夸张兼对比，有夸
张兼借代，有夸张兼排比等。
例如：

> "你是恐龙吧，我可不是青蛙！""恐龙（相貌难看的女性）""青蛙（相貌难看
> 的男性）"都是比喻兼夸张。"我这心碎了，碎得捧出来跟饺子馅似的。"这句很明
> 显，也是比喻兼夸张。
> "男孩穷着养，不然不晓得奋斗，女孩富着养，不然人家一块蛋糕就哄走了。"
> 这是借代兼夸张。"蛋糕"指代"便宜物品"。女孩很容易上当受骗是夸张，事实上
> 并非都是如此。
> "吃的比猪都差，起的比鸡都早，干的比驴都累，挣的比谁都少。"

网上疯传的这段调侃记者的帖子所用修辞手段，是典型的排比兼夸张。
网络语言的夸张，常常能够形成不同于传统夸张的鲜明个性。年轻网民求新心理以及
想象力的运用，是形成网络语言夸张的主要因素。在网络论坛中，网民的话语无法或很难
证实或证伪，大家可以无限夸张，尽力嘲讽。跟帖者多为以求一乐，大多不会对其说三

道四。

网络交际话语，大多是非专业话语。网友们地域、身份、职业等都不相同，交际内容又极具"随意性"，他们的话语难以专业化。网络言语交际，或同步交流，或异步交流；或单向交际，或双向交际；或文字符号聊天，或语音视频聊天……多样化的选择更满足了网民们追求新奇的心理。

网络言语交际主体在大胆追求话语新奇的同时，还要兼顾追求交际速度。这样，其合作和礼貌上的要求就随便多了。实际交际中，就是有些似乎不太礼貌的话语，对其交际效果一般也不会造成太大的影响。

7.4 网络语言形成原因

网络语言是日常自然语言的网络变体。网络语言不是，也不可能是一种独立的语言。作为一种全新的自然语言变体，网络语言形式上有很多不同于日常自然语言的地方。

7.4.1 网络语言是为适应网络语境而产生的

网络语言的形成，就是为了适应网络媒介，也就是网络特殊的语境。因为，任何语言的实现，总是依赖于特定的物质媒介。不同的语言实现方式，决定于不同的传播媒介形式。

网络言语交际，决定于网络媒介的特点。

技术上，网络言语交际是以键盘（音频、视频方式除外）输入汉字的方式，来实施交际的；经济上，网络言语交际是要花钱买流量或上网时间的；交际环境上，网络言语交际不是面对面的，是空前自由的等。

网络言语交际，既可充分利用网络媒介的一些有利交际条件，又被网络媒介的一些不利交际条件所限制。这就是网络语言形式形成的一个重要条件。

从网络语言产生和发展的真实过程来看，我们有理由认为：网络语言产生的根本原因，应该归结于网民们网络言语交际应用的急切的实际的需要。

7.4.2 社会政治、经济、文化等因素共同催生了网络语言

宏观上，网络语言的特点，受到社会政治、经济、文化等因素的影响。网络语言创新的根源，就是社会文化环境的改变。中国的改革开放，市场经济的发展，社会思想的变化，价值观的多元，外来文化的进入等。就是这些因素，共同催生了网络语言的发展。

微观上，网络语言的发展，正是社会政治、经济、文化、生活等领域内的一些热点现象影响的结果。社会新闻、民生热点、名人言行、娱乐动态等，受到网友们的密切关注，总是有些新词新语，被网友们发帖、跟帖、疯传、转载……于是，派生出一个又一个系列的同族网词网语。这就是网络语言形成的重要原因。赵本山一句"小样儿，穿上马甲我就不认识你了？"（见赵本山、宋丹丹的《钟点工》），网友疯传，家喻户晓。于是，主 ID 以外的 ID，就成了"马甲"了。

7.4.3　交际主体的心理期待是网络语言形式产生的重要原因

网络语言的形式，决定于网络言语交际主体的特征。网络言语交际的主体大多是年轻人，他们是网络语言最主要的创造者。交际主体的心理期待是网络语言形式产生的重要原因。

1. 或是出于"求异心理"

年轻网民思想开放，反叛传统，标新立异，富于创新。日常现实的言语交际对这种"求异"心理多有限制，网络言语交际却较好地满足了这种心理。年轻网民希望与众不同、凸显个性。网络语言形式的变化，映射出年轻网民价值观的变化。

2. 或是出于"游戏心理"

网络言语交际，在多种交际目的之中，其娱乐性目的似乎更为突出。实际的网络言语交际，总是有着游戏色彩。年轻的网民们，总是企望在这种网络"游戏"中获得快乐，来缓解现实生活中的多种压力。就是这种游戏心理，使得网络言语交际，减少了"正经"，不见了"古板"，甚至扭曲"传统"破坏"正统"。"游戏心理"，使得网络词语充满戏谑味道。

3. 或是出于"趋同心理"

网络语言的形成，是网民们普遍认同的结果。大家之所以认同，是网络言语交际的需要，也是"趋同心理"使然。网络语言形式的流行，可以说是网民们趋同心理造成的。

具体来说，网民们的求异心理，是网络语言产生的动因；网民们的趋同心理，是网络语言流行的条件；网民们的游戏心理，则是网络语言产生的前提。

其实，并不仅仅是以上三个方面，网络语言产生的原因是多方面的。网络语言实际上是多种因素综合作用的结果。不过，网民们网络言语交际的需要，才是网络语言产生的根本原因。

第8章　网络言语交际中的非语言符号

8.1　网络非语言符号的类型及特征

8.1.1　关于网络非语言符号

所谓非语言符号，是以视觉、听觉等符号为信息载体的符号系统。语言符号，则是以人工创制的自然语言为其符号系统。二者有着较明显的区别。很多抽象的信息，非语言符号难以表达，非得用语言符号不可。非语言符号和语言符号两者之间有时可以互相取代，有时各自发挥自己的作用，有时又互相补充和延伸。

一般说来，所谓语言，必须具有三个要素，即语音、语汇、语法。语音是语言的物质载体，语汇是语言的建筑材料，语法是语言组合的规律规则，三者缺一，就不能称之为语言。

网络语言中，有不少非常规语言的符号或图形。这些另类符号，一般似乎没有语音，其语汇意义往往因人的想象力和方言而异，大多没有什么既定的语法规则。

瑞士语言学家费尔迪南·德·索绪尔认为："语言符号"是语音与意义的统一体，二者之间的结合是任意的，二者之间的联系是约定俗成的。而"表情符号"是对现实人物表情的模仿，只能"意会"（意义），没有言谈（语音）。

我们网络交际中的那些新生的各种"表情符号"，主要作用有两点：一是对交际内容作有限的无声的补充说明，二是使网络言语交际语境更为具体化。它们之间不像语言符号那样，存在任意结合、约定俗成及互相依存的特性。这些所谓的"表情符号"，只具备一般符号的替代性，即用一种可替代物替代另一种可替代物。从这个意义上来说，网络语言中的这些"表情符号"只是一种"非语言符号"。

网络语言中的用以"表情"的那些符号或图形，都可以称之为"非语言符号"。但考虑到它们也是网络语言的一个不可或缺的组成部分，也有着网络语言的特定表达作用，也有人称之为"副语言符号"。

日常人们的言语交际中，也客观地存在着这种非语言符号。

非语言符号，就是除语言符号之外的一切传递信息的交际方式。从理论上说，非语言符号必须直接或间接地依附于语言符号。语言符号是人类最重要的信息沟通符号系统，而非语言符号是对语言符号的重要补充和延伸。非语言符号在日常传播活动中也扮演着不可或缺的角色。

美国学者 L. 伯德惠斯特尔估计，在两个人传播的场合中，有65%的社会含义是通过非语言符号传递的。

专门研究非语言符号的艾伯顿·梅热比也提出了一个公式，说明非语言符号的重要作用：

沟通双方互相理解＝语调（38%）＋表情（55%）＋语言（7%）。

公式中的"语调"和"表情"均为非语言符号，这个公式表明了人际传播中非语言符号所能传递的信息远远大于语言所能传递的信息。不过，语言可以传递任何信息，而非语言符号传播意义的范围较有限。因为越是抽象的传播主题，越需要用语言符号来表达。只有在这一点上，非语言符号不及语言符号。

非语言符号，也可以说是指信息传播中不以有声语言和书面语言为载体，而借助直接打动（刺激）人的感觉器官的各种各样的符号集合。非语言符号，包括人的表情，手势，神态，穿着，打扮以及建筑、环境、摆设和美术作品，等等。人类自然交际手段中就包括了非语言符号。其中有交际主体的姿势、表情、眼神、形体动作、身体接触，服装的选择、整容手段、香水气味以及时间与空间的使用形式等。这些交际手段，都具有符号意义，都可以通过人的视觉、听觉、触觉、嗅觉等感知渠道来表情达意。这些非语言符号，既有加强、扩大语言手段的作用，又有弱化、抵消语言手段的作用。日常交际中的动作性符号、音响符号、图像符号、目视符号（地图、曲线、绘画等符号）等，都是非语言符号。非语言符号的多样化，为信息的不同表征提供了多种途径。

非语言符号，是超越自然语言的范围通过人的感官而感知的副语言符号系统。非语言符号表达的信息常常带有某种暗示的性质，常用以表露感情或补充自然语言表达的不足。

非语言交际，是人们日常言语交际的重要方式之一。人们的口头交际在动嘴的同时，还伴有体态动作以及咳嗽、鼻哼、声调等非言语的声音。交际主体的面部最富有表情，其身体的姿势、手势也能传递信息。人们的衣、食、住、行等生活习惯都能传递信息。人们利用有声语言和书面文字进行交际，叫做语言交际。那么，除此之外的交际主要就是非语言交际。非语言交际符号在这类交际中发挥着非常重要的作用。

8.1.2　网络言语交际中非语言信号的缺失

网络言语交际与日常言语交际相比，最明显的不足就是非语言信号的缺失。网络言语交际，一般说来，主要是靠文字来进行人际的即时交流。网络言语交际的及时交流，其交际主体大多难以真实地面对面交流（视频交流除外），彼此看不到对方的表情、姿态、动作等非语言的信息。

网络言语交际时，非语言信息的缺失，严重限制了网民们思想情感的表达。无论是即时的网络聊天，还是诸多在线网络论坛，仅靠单一的语言符号来表达交流信息，那是很不尽如人意的。

8.1.3　网络言语交际中的"符号类"非语言符号

网络言语交际的这种非语言信息的缺失，一开始就摆在广大网民面前，大家都自觉或不自觉地在寻找相关的补偿机制。于是，网络言语交际中的符号类非语言符号产生了。

1982 年 9 月 19 日，美国学者斯科特·法尔曼教授在电子公告板上，第一次输入了这样的字符："：-)"，网络交际历史上第一张电脑笑脸就此诞生。也许斯科特只是突发奇想，将冒号、短横线和右括号排在一起，偏过来看，就像个笑脸"：-)"。若换成左括号，成了“：-（”，就像一个皱眉的人，斯科特用其表示“严肃的人”。随之，乐于创新，富有智慧的网民们，积极创新网络非语言交际符号，千方百计地将大家日常言语交际中所熟悉的非语言符号，尽力地书面化、符号化。从此，网络表情符号在互联网世界风行……用来描摹人们日常交际的体态语等网络非语言符号产生了，用来表情达意的各种网络非语言图标出现了……今日的网络语言，再不是过于单一的纯文字语言符号的交流了，在语言符号交流的同时，常常伴有多种非语言交际符号的应用。有表情符号、字符图形，有图形表情、动画表情，有特殊符号、字体及色彩，还有图景式聊天背景、头像、QQ秀等……终于，使得网络言语交际主体的各方，也能如闻其声，如见其人了。

网络言语交际中的非语言符号，也有一个从无到有，从少到多，从简单到复杂的发展过程。网络非语言符号，总体看来似乎都以古人“六书”中的“象形”为目的。例如，“：-)”（笑脸）是个符号类的网络非语言符号，其中的“：”像“两只眼睛”之形，“-”像“鼻子”之形，“)”像“嘴角向上翘地笑着的嘴”之形。如果将其翻转90度，正是一个“笑脸”的象形。至于“图画类”网络非语言符号，那就更像其“实物”了。

网络非语言符号发展的起始阶段，都是比较简单的交际符号，产生了所谓网络非语言符号的“符号类”。由于受输入条件的限制，这一阶段的符号和标示只能是电脑键盘上有的，能够键盘输入的各种标点符号、数字、字母的组合等。这些符号既形象又抽象，在特定的语境里，对其加以相关的想象，才能还原出交流主体所要表达的形象。最典型的就是笑的表情，种类很多，至今已有两百余种。例如，从最普通的笑脸“：-)”，到邪恶戏谑的笑“：-〉:〉”。我们只要将其右转90度，加以想象，就可以理解其意。“^_^ ||”较容易看出是“高兴”之意。“|(-ˇ_^-)|”用来表示“没听到”，就比较形象，看，“耳朵遮住了”。随后由简单慢慢变得复杂了一些。例如，“(^o^)哈~~(^0^)哈˜˜(^○^)哈˜˜”表示“大笑三声”，用“? ★,:*:? \(￣▽￣)/?:*?°★*”表示“用力洒花恭喜”，等等。

这些表情符号进一步发展，就产生了更为复杂的字符图形。将各种符号加以较复杂的组合，成为各种复杂的图形，甚至是图景。例如，用“╭∩╮（￣▽￣）╭∩╮”表示“哼，去你的（鄙视你）!”，用“:.@_@|||||..”表示“头昏眼花”，等等。

符号类的非语言符号，现在在一些所谓“火星文字典”软件里，收集较齐全。几乎可以按需查阅。

8.1.4 网络言语交际中的“图画类”非语言符号

随着网络的飞速发展，“符号类”非语言符号，越来越难以满足广大网民网络言语交际的需求。许多网民开始制作并且使用“图画类”表情符号。

在网络言语交际中，很多网民直接用聊天工具自带的图片表情符号进行信息交流。例如，在聊天室提供的金黄色“小太阳”上，网民们自己动手作简单的勾勒，夸张地给她嵌上五官，这就没必要再去键入复杂的符号来表达情意了。面部表情符号大变脸之后，又出现了静态图片配上相应文字的形式。从此，网友们就可以通过自己对网上已有的图画类非语言符号，再制作，精加工，以便能较为自由地表达自己特有的情意了。于是，网络非语言符号的“图画类”，开始蓬勃地发展起来了。从QQ到MSN，从BBS到Twitter，从Blog到新浪微博等网络交际工具，以及各大知名网站，一般都附有表情图形或图画之类，提供给网民自由选择。

从此，"图画类"网络非语言符号产生了。网络言语交际网民所用的非语言符号中，丰富多彩的图形图画越来越多地替代了键盘符号。"图画类"网络非语言符号中，常见的表现形式有图形表情、动画表情、特殊字体以及聊天背景等。

"图画类"网络非语言符号中，最主要的是图形表情符号。

首先是静态网络图形表情符号。网络言语交际中，一开始只有聊天软件中设置有固定的少量静态图形表情，自从 QQ 软件支持自定义表情之后，网民们表情图形的创造积极性大为提高，各种表情图形呈几何级数飞速增加。各种所谓"表情全集"之类，如雨后春笋，多种版本，一再升级。如"QQ 表情全集"最新版，收集的图形表情，数以万计。网民们自创的这类图形表情，更是与日俱增，不计其数。网民们有了"图画类"网络非语言符号，其网络言语交际空前地生动形象，大大地提高了网络言语交际的质量。

其次是动态网络图形表情符号。随着网络技术的进步与普及，越来越多的 GIF 格式多帧表情图片和 Flash 制作的表情动画，成为千百万网民的网络言语交际"法宝"。例如，一只小猴端着一杯水作递送状，配的文字是"你真想喝吗?"另一只小猴在池边钓鱼，作不要发声状，配的文字是"静!"两幅表情图画，生动活泼，形象逼真，幽默有趣。有的网民截取影视动漫里的片断用来表达情意，使得其网络言语交际更为时尚，充满趣味。"图画类"网络非语言符号，如今已发展到具有动态化、复杂化的特点，并大有与语言符号有机结合的趋势。数以万计的图形表情中，绝大多数是动态化的，有描绘动作流程的，有组合连续动作的，有描述具体情节的，还有借一组图画、卡通表述具体情节的，甚至某些静态实物，也变成了屏幕上的"动物"。通过大家共同的努力，图形表情加语言文字的网络表达形式，已被越来越多的网民们所掌握。

网络交际中的非语言手段还远不及日常交际的非语言手段完备。网络非语言符号虽然发展很快，但它是个新的事物，其发展的历史太短，许多日常非语言手段较难变换成网络非语言手段。网络非语言符号系统要真正适应网络传播媒体下的网络言语交际，还有很长的路要走。

8.1.5 网络非语言符号的主要类型

网络非语言符号，现在已经粗具规模。除声音、空间、近体语等不具备形象的因素外，其他方面已经形成了多个系统。当前网民们已经用于网络言语交际的网络非语言符号，大致分为五大类型。

1. 网络体态语类

网络体态语，是网络交际中最重要的，也是运用最广泛的非语言符号系统。

网络体态语类非语言符号，主要有网络表情符号系列和网络表情图形系列。网络表情符号系列，是用抽象的键盘符号来描绘人的面部表情、眼神、头示语言、手势语言和体势语言等；网络表情图形系列，是用形象的图形形式，描绘人的面部表情、眼神、头示语言、手势语言和体势语言等。

从本质上来讲，网络体态语类非语言符号，实际上是日常体态语的书面化和网络化，其应用功能也大体相似。

网络表情符号系列，绝大多数属于网络体态语，其中大多数又是用来描绘面部表情。

有高兴、生气、愤怒，有惊讶、悲伤、感叹，有疑惑、惊奇、恐惧，等等。

　　网络表情图形系列，绝大多数也属于网络体态语。或描摹简单的面部表情，或描绘较复杂的动态的肢体语言。如：

符号	含义	符号	含义
:-D	开心	:-(	不悦
:-P	吐舌头	:-*	亲吻
:-)	眨眼	:-x	闭嘴
<※	花束	:-0	惊讶
$_$	见钱眼开	@_@	困惑
>_<	抓狂	T_T	哭泣
= =b	冒冷汗	>3<	亲亲
≧◇≦	感动	= =#	生气
(x_x)	晕倒	|(-_-)|	没听到
(^·^)	不满	(=^_^=)	喵喵
(￣ー￣)	流口水	(T_I)	哭泣
、(￣▽￣)	两手一摊	┌(´_`┐)	路过
(*+_+*)~@	受不了	*\(^_^)/*	为你加油
∋ ̄ 3 ̄∈	飞吻	b(￣▽￣)d	竖起大拇指
┌(工)┐	大狗熊	^(oo)^	猪头
☐	无可奈何的脸	Orz	我服了你
^@_^@	可爱呦	*^o^*//	可爱ㄛ~
~*.*~	害羞又迷人的小女生	#^_^#	脸红了
∩_∩y	耶	(*@^*)	乖~
X_X	糟糕	(" ?^)~@	晕倒了
[[(0_0)]]	发抖	ﾉ_~	粉无奈
\(^ ̄-^)/	无聊	(ノ´^ヽ)	一脸苦相
-___-`	别提了	._.	受到打击，表情呈现呆滞样~
(*@^@*)	悲，晕	-(-	好伤心
//(T●T)//	流泪中…	::>_<::	哭
￣_￣	呜^-^我在哭	%>_<	我要哭了哦…

2. 网络辅助语类

　　网络辅助语类，是网络交际中主要起辅助作用的非语言符号系统。

　　在网络言语交际中，交际主体主要是以文字符号实施交际，日常言语交际的辅助语类在网络交际中发挥不了作用。（日常言语交际，辅助语类普遍存在。有的用以表示音量、语调、音质、音高、发音清晰度等。有的用以表示在言语中附加的停顿、语速以及哭声、笑声、咳嗽声、打哈欠声等。）

网络非语言符号，还应包括网络上的标点符号的另类使用。

网络交际时的标点符号的另类使用，主要是指在网络言语交际中，网民们为表情达意的特殊需要，频繁地大量地有些随意地使用标点符号现象。网络语言在形式上是书面语，实为口语，有些介乎二者之间的意味。但无论是作为书面语还是作为口语，网络上的这种标点符号用法都很不正式，很不规范。实际上，这只是一种网络非语言符号的使用方式。有时为了突显语气，网络交流使用大量标点符号进行强调，如"快参加进来!!!"等。这里连用三个感叹号，表达交际主体急切的心情。有时，滥用省略号表示迟疑，不确定或故意出现口吃，表现出惊恐的语气，如"还有……他……和她……"等。点对点交流时，如果 A 发出会话，B 只打了一串省略号，则表示 B 的沉默或 B 无话可说。有时连用问号，借以强调疑问，如"你???"此外，滥用括号，变换字体，改变颜色等，在网络言语交际时，都可以起到强调的作用。书面语里的标点符号，在网络语言中有着另类的作用，这也是网络语言的特点之一。

在网络言语交际实践中，网民们大胆想象，利用一些特殊符号、字母、数字来标示日常言语交际中的辅助语类内容。有的利用波浪线来描绘声音的延续，如"哦˜˜˜"；有的利用连接几个句号来标示断续的联想，如"是他们。。。。是她们。。。。"；有的利用连续的数字谐音来表现声音的断续，如"55555˜˜˜˜˜"；有的利用特定字母形象化打呼噜的声音，如"Zzzzz˜˜˜˜˜"，等等。

3. 网络环境语类

网络环境语类，是网络交际中主要起标示交际具体环境作用的非语言符号系统。

网络环境语类，是指标示交际具体文化环境相关的颜色、灯光、雕塑、绘画等环境因素的非语言符号系统。网络交际中，用于标示不同字体、不同色彩、不同网聊背景等网络化的环境符号，都属于网络环境语类非语言符号。网络环境语类非语言符号进入网络言语交际之中，既能辅助情感表达、信息传递，又能用于语境铺垫、氛围调节。

4. 网络形象语类

网络形象语类，是网络交际中主要起标示交际主体形象作用的非语言符号系统。

网络形象语类，是指用来标示交际主体的体型、身高、肤色、衣饰、发型等的非语言符号系统。利用这些网络非语言符号，可以方便地传递性别、年龄、职业、面部特征、性格等等信息。这类表情符号如今已较为丰富。有可自由选择的用于描绘个人形象的符号，有自主设定的网聊主体头像，还有颇受欢迎的具有大众色彩的"QQ 秀"，等等。如：

5. 网络实物语类

网络实物语类，是网络交际中主要用以标示具体实物的非语言符号系统。

网络实物语类，也是用字符图形、表情图形等形式来描摹实物具体形象的非语言符号类型。这类非语言符号是用来描摹事物具体形象的。在网络言语交际中，这类非语言符号常常能替代文字符号交流信息。

网络实物语类非语言符号，相对说来，数量要少一些。有字符图形，如："3：=9"（牛），"〈·=]〉〉〈"（鱼），"˜o˜"（了解），"—_ —b"（流汗），"E-：-|"（火腿族的标志），"〈|==|）"（四轮的有车阶级），"：-X"（打着领结）等。有表情图形，如："*@_ @*"（崇拜的眼神，眼睛为之一亮），"（⊙o⊙）"（目瞪口呆），"`（*^__^*)'"（超级羞羞），"(^-^)∠※"（送你一束花），等等。

网络实物语类的非语言符号类型。可以更直观地代替语言符号表情达意，且较之语言文字更具谐趣意味。有些文字难以实施的言语交际，网络实物语类的非语言符号就大派用场了。

网络实物语类非语言符号的一个突出的可贵的特点。

从本质上看，网络实物语类的图标或图像，肯定不属于语言符号，但似乎也不是一般所说的符号，它只是以实物图标或图像形式来替代语言符号（文字信息）的特殊网络非语言符号。

8.1.6 网络非语言符号的共同特征

网络非语言符号，有着一些共同的特征。

1. 网络非语言符号的辅助性特征

网络非语言符号具有辅助性特征。

网络非语言符号是辅助语言符号来表情达意的。网络非语言符号不算是文字信息，在人们的网络交际中，它们一般不能单独起主要沟通作用，大多是对网络交际作必要的补充（如语境信息等）和简单的说明（如快乐心情等）。网络言语交际不可能完全由非语言符号来完成，脱离了语言符号，单纯的非语言符号的意义难以表达明确。网络非语言符号，往往不是网络交际所必需的，但它在网络这种无声的、通过键盘"打字"进行交际的过程中，起着非常重要的"优化"作用。网络非语言符号，较之抽象概括的语言交际符号更生动、形象，所传递的信息可以使语言交际的信息更清楚、更明确，用得恰当，对语言符号的交际信息起到补充强化的作用。挑选自定义表情中的图画、动画，也能较好地配合语言符号更形象地表达情感。这些组合起来的图画类非语言符号，实际上是共同来对特定语言符号进行描摹、补充或说明。

2. 网络非语言符号的即时性特征

网络非语言符号具有即时性特征。

有了网络非语言符号参与言语交际，特别是表情符号之类的参与，总是给予言语交际主体那种特有的"即时"感受。恰当的网络表情符号辅助语言符号（文字信息）共同营造着网络言语交际的"共时"语境。需要说明的是：这种即时性，也导致了网络非语言符号表意的模糊性。如，"：－（"可以表示伤心也可以表示生气，而"（：－&"可以表示生气也可以表示结巴。一个表情符号的意义要根据具体语境来决定，这种意义的不确定性容易造成网络言语交际上的误会。

3. 网络非语言符号的形象性特征

网络非语言符号具有形象性特征。

网络非语言符号，无论是符号类的还是图画类的表情符号，都是在模拟人们日常言语交际的表情之类，并尽可能地模仿得准确些，鲜明些，形象些，生动些。网络言语交际时，在同一句话后面加上不同的非语言符号就可以表达不同的情感，产生不同的交际效果。例如，"你爱我＊^÷^＊！"（十分得意露出上下唇地笑了）"你爱我#^_^#……"（害羞得脸都红了）"你爱我（°？°）˜@。"（难以相信而晕倒）"你爱我^_^。"（对之发出尴尬的笑），等等。

4. 网络非语言符号的替代性特征

网络非语言符号，具有明显的替代性特征。

许多网络交际软件（QQ、sina、msn 等）设置了表情自定义快捷键，敲入几个键，就会跳出相应的替代图片符号来。在网络言语交际中，用来替代的有些非语言符号，能产生幽默、生动的特殊交际效果，很受年轻网民的欢迎。有些非语言符号，可以方便地替代语言符号难以表达的情意。有些非语言符号，可以用来替代网络言语交际时想要回避的话题。例如，碰上一个难以回答的问题，你大可以用一个"：-)"一笑了之。年轻网民们更使网络交际充满活力，他们常常苦心构思出许多可爱的表情符号，在网络言语交际中，营造出轻松、幽默的交际氛围，使网络言语交际更加诙谐，更有趣味。

5. 网络非语言符号的丰富性特征

网络非语言符号，具有丰富性特征。

网络非语言符号，是日常非语言符号的网络虚拟化。日常非语言符号的丰富性加上广大网民的创造性决定了网络非语言符号的丰富性。网民们可以把点头、摇头、手语等各种非语言符号，恰到好处地附加在不同的网络载体之上。有各种动物、花草，有卡通角色、漫画人物等。网络载体的不限定性，使得网络非语言符号越来越丰富。不过，也存在着矛盾，那就是网络非语言符号总量的无限丰富与某一具体语境需要的网络非语言符号的不够丰富之间的矛盾。一方面，网友们可以根据自己的需要，不断创造新的网络非语言符号，使得其总量，日新月异，无限增长。另一方面，网络言语交际的历史，毕竟不太长，网络非语言符号的发展，才经历三十多年时间，加上网络媒体的一些客观限制，就某一具体语境来说，能用来自在表达的网络非语言符号，总使人感到不够丰富。这样，网络非语言符号，在网络言语交际中，在给网民们不断带来视觉新鲜感的同时，也给他们的实际使用造成诸多不便。

6. 网络非语言符号的随意性特征

网络非语言符号，往往具有明显的随意性特征。

网络非语言符号具有主观随意性。网络非语言符号用于网络言语交际，是交际者在预知行为效果的前提下进行的主观随意选择，是一种主观能动的行为。网络交际的虚拟性往往影响到网络非语言符号运用的主观随意性。日常非语言交际符号的运用，有些是有意识主观随意表达的，但更多数的体态语是无意识或者半意识地显示出来的。作为网络表情符号，一般只是简陋地勾画了人类的面部表情，难以客观地反映出人类各种真实表情。作为网络非语言符号，只能主观随意地以漫画的形式夸大人们的情感，在活跃了交流氛围，增加了幽默因素的同时，也导致了其网络言语交际的主观失真。

7. 网络非语言符号的从众性特征

网络非语言符号，大多具有从众性特征。

网络非语言符号的从众性特征，主要表现在其被使用时的"千篇一律化"。一种网络非语言符号出现了，一旦被大多数网民接受和认可，很快就会成为某网络社区网友的共同语言，与此同时，也就失去了它的独特性。所有交际主体都有相同的"笑容"，相同的"沮丧"，相同的"喜""怒"，相同的"哀""乐"……难以分辨不同交际主体的年龄、性别、肤色、社会地位等。网络大虾们一般习惯忠实于自己的个性。除了有意识地隐藏身份的情况以外，一般情况下，"网下""网上"的情状是比较一致的。性格开朗者，总是频率较高地使用笑脸的符号；比较敏感的网民，使用"害羞"的符号较为经常，不爱用"夸张"的表情去与人交际。从性别上来看，陌生的女性网民使用网络表情的频率要高一些，而陌生的男性网民，习惯于选择几个基本表情符号作为网络言语交际的常用非语言符号，很少随便改变。

8.2　网络非语言符号的一般作用

自然语言中的非语言符号，使得人们的言语交际更加富有情感色彩和娱乐意味，以便交际主体不仅得到有用的交际信息，而且得到了心理和美学上的动态和静态结合的艺术享受。

网络非语言符号，是网民们让自然语言中的非语言符号为适应网络交际环境而创新"蜕变"的结果。在网络言语交际环境中，网络非语言符号同样起着使网络言语交际更加富有情感色彩和娱乐性的作用。

在人们日常口语交际中，非语言交际方式参与着言语意义的建构，是意义的来源之一。在网络言语交际中，非语言符号同样参与言语意义的建构，像网络语言符号（文字）

一样，起着表情达意的作用。

　　日常言语交际有着三个方面的作用，即表达特定意义、表达主体情感和享受交际娱乐的作用。网络言语交际虽然被视为日常言语交际的一种"领域变体"，但在网络言语交际中，同样具有以上三大交际作用。网络言语交际，若单靠其语言形式，较难达到理想的交际目的，只有让网络非语言符号参与交际，才能较好地完成网络言语交际任务。

8.2.1　网络非语言符号起着表达特定意义的作用

　　网络非语言符号，参与网民的网络言语交际，一般起着表达特定语境中的特定意义的作用。这也是网络非语言符号指代功能的体现，即网民们运用非语言符号替代了语言手段所要传递的信息（所要表达的意义）。这样的言语交际现象，是由网络言语交际主体双方的主观意图的实现而形成的。其非语言符号，往往是交际主体自觉地用某种图像或符号代表某个事物和某个意思，指明某个地方和提示某个意思，并且得到网民们认可而约定俗成的。

　　在网络言语交际中，这里的表达特定意义，是相对于表达交际主体情感来说的。其含义较宽泛，它包括了表达交际主体陈述的意思，表达交际主体祈使的意愿，以及表达交际主体心中的疑问等。

　　例如：

　　　　"钓鱼岛是中国固有的领土！！！"
　　　　"明年，他一定能考上理想的大学！！！"
　　　　"何时黄岩岛成了菲律宾的？？？"

　　在网络言语交际的特殊语境中，一些非语言符号是可以代替语言符号来传播信息的。一般说来，其中信息的内容部分往往通过言语来表达，而非语言符号则可以为其提供解释内容的框架，来表达信息的相关部分。这些非语言符号既可以是动态的（卡通或动画等），也可以是静态的（书面符号或符号组合等）。"察言观色"，"画龙点睛"是常见的招数。

　　例如：

　　　　"捂上嘴"的动画，表示"说话没把握或撒谎"。
　　　　"擦鼻子"的卡通，表示"反对别人所说的话"。
　　　　"手指头指着别人"的图画，表示"谴责、惩戒"之意。
　　　　"脸上充满笑意"的动画，表示"完全同意，十分高兴"的意思。
　　　　"横眉冷对"的符号，表示"极为仇视"的意思。

　　相对于静态的目光符号而言，动态的身体动画是更容易辨别对方心情、态度的线索。网民们不加掩饰的肯定与否定，积极与消极，接纳与拒绝等意思，都可以通过非语言符号，较直白地在网络言语交际中表达清楚。

8.2.2　网络非语言符号起着表达主体情感的作用

网络非语言符号，参与网民的网络言语交际，主要起着表达交际主体情感的作用。网络言语交际中，表达交际主体情感是个重要内容。网络言语交际的非面对面性，使之成为网民们宣泄情感的理想平台。

网络言语交际中情感的表达，要比日常言语交际中情感的表达，更为大胆，更为真实；其内容，更为实在，更为丰富。因为，在网络言语交际中，交际主体情感的宣泄不必顾及他人，既不必担心会伤害他人，又不必担心会伤害自己。其情感的表露，当然会大胆些，真实些。网络言语交际的虚拟性、隐匿性，为交际主体屏蔽了日常言语交际时的种种社会顾虑，一些真实的情感就不必隐藏了，所以其表达的情感内容会更实在，更丰富。

网络言语交际的语言形式，难以取代网络言语交际的非语言形式。因为，后者较之前者，在情感的表达上，更直接，更方便，更有实效。

例如：

"揉眼睛或捏耳朵"的动画，可以表达"心中充满疑惑"的情感。
"紧握双手"的卡通，可以表达"深为焦虑"的心情。
"握紧拳头"的图画，可以表达"意志坚决或愤怒"的情绪。
明星对盲女歌者说："你眼不见，心不烦吧???"
盲女歌者对明星说："只有心盲的人才会眼不见心不烦!!!"

用"???"的非语言符号结尾，表达自己心中对此仍有疑惑。用"!!!"的非语言符号结尾，表达自己心中对此深信不疑。

8.2.3　网络非语言符号起着享受交际娱乐的作用

网络非语言符号，参与网民的网络言语交际，似乎更多地起着享受交际娱乐的作用。网络言语交际中，很多网民的目的就是"找乐子"。所以很多网友把"上网"叫做"上网玩玩"。网络言语交际目的的调查结果显示，其中，娱乐目的占有重要地位。网络非语言符号也渐渐适应了网络交际的娱乐目的。

网络非语言符号形式的创造，本身就极具娱乐性，使用网络非语言符号进行网络言语交际，总是伴随着一定的娱乐目的。生动形象的网络非语言符号的夸大，抽象，搞笑地使用等，带给网民们许许多多的娱乐享受。

网络非语言符号用于网络言语交际的表达，似乎更为幽默，更能体现交际主体的心绪，也就更具有娱乐的意味。随着网络非言语交际符号系统的飞速发展，昔日网络言语交际的那种索然无味的单纯的文字交流形式越来越少了。取而代之的，是以网络语言符号为主，伴以日益鲜活的有动有静的网络非语言符号的，多种多样、生动幽默的网络言语交际形式。

网络言语交际中，交际内容及交际形式要能够吸引得住对方，否则，其交际难以顺利进行，难以达到既定目的，难以获得相应成功。网络非语言符号的有机参与，使得网络言语交际充满娱乐的味道，给网民们平添一种轻松、愉悦的氛围。尤其是加入了动态的

"图画类"网络非语言符号以后（如时尚的动漫表情符号），更增强了其娱乐性。

网络非语言符号，给网民们带来越来越多的娱乐享受。

在网络言语交际中，只要是实在的言语交际，无论是表情达意还是分享娱乐，其动态的言语交际过程，都是由语言形式和非语言符号共同完成的。

8.2.4　网络非语言符号灵活多样的作用方式

从非语言符号在网络言语交际中所起的一般作用来看，其作用方式是灵活的、多样的。

1. 有的非语言符号单独运用，独立表达意义或情感

在网络言语交际中，交际主体有时可以单独运用网络非语言符号表达心意或情感。例如：

> 可乐对丢丢说："女生喜欢么样的男生？"
> 丢丢对可乐说："（有气质男生的动态图像）（纯情男生的静态图像）（伤感男生的动态图像），-)"
> （这里的"，-)"表示："嘘！这是我们之间的秘密，千万不要跟别人说。"）
> 可乐对丢丢说："　：-0"
> （这里的"：-0"意为"哇！"，表示吃惊或恍然大悟。）

网络非语言符号，也像人们日常言语交际中的非语言符号一样，具有一定的暗示功能，特别是网民们创造的大量面部表情类非语言符号，在不同的语境中，可以表达平静、焦急、烦躁、恐惧、快乐、惊讶、气愤、悲痛等情绪，伴随着相应的网络语言，真实地传递着人们的感情信息。上述例子中的非语言符号，多为单独运用，独立表达其意义或情感。

2. 有的非语言符号伴随语言形式，发挥其强化作用

在网络言语交际中，交际主体有时可以让网络非语言符号伴随网络交际语言共同来表情达意。这样，网络非语言符号就能发挥强化语意或加强语气的作用，从而增强网络言语交际在特定语境中的表达效果。例如：

> 冬日飘雪对天生赖皮说：095（-_-）（你找我）（神秘笑容）
> 天生赖皮对冬日飘雪说：5460　：-D（我思念你）（非常高兴地张嘴大笑）
> 冬日飘雪对天生赖皮说：5646（无聊死了）
> 天生赖皮对冬日飘雪说：04535　：-｛）（你是否想我）（留着胡子的笑脸）
> 冬日飘雪对天生赖皮说：84（不是）
> 天生赖皮对冬日飘雪说：594230　6_6（我就是爱想你）"极度兴奋"
> 冬日飘雪对天生赖皮说：848（不是吧）
> 天生赖皮对冬日飘雪说：0456（你是我的）
> 冬日飘雪对天生赖皮说：03456　（：-&（你相思无用）（暗示本人正在生气）

　　天生赖皮对冬日飘雪说：82475（被爱就是幸福）

　　冬日飘雪对天生赖皮说：8006（不理你了）

　　天生赖皮对冬日飘雪说：8147，5203344587 ：-｛（不要生气，我爱你生生世世不变心）（抿着嘴，一副如泣如诉的神情）

　　冬日飘雪对天生赖皮说：7456（气死我了）

　　天生赖皮对冬日飘雪说：847，584520（别生气，我发誓我爱你）

　　冬日飘雪对天生赖皮说：748（去死吧）

　　天生赖皮对冬日飘雪说：3344520，53770 ：-（（生生世世爱你，我想亲亲你）（悲伤或生气的脸）

　　冬日飘雪对天生赖皮说：537，5196 〉O〈（我生气，我要走了）（愤怒）

　　天生赖皮对冬日飘雪说：74839，1392010，2010000（其实不想走，一生就爱你一人，爱你一万年）

　　冬日飘雪对天生赖皮说：0748 ：-（（你去死吧）（生气的脸）

　　天生赖皮对冬日飘雪说：8807701314520 ＊o＊（抱抱你亲亲你一生一世我爱你）（自我陶醉）

　　冬日飘雪对天生赖皮说：51396，3166（我要睡觉了，日语：撒由那拉，再见）

　　天生赖皮对冬日飘雪说：1573，20863（一往情深，爱你到来生）

　　冬日飘雪对天生赖皮说：02746，88 ：-（＊）（你恶心死了，拜拜）（恶心，想吐）

　　天生赖皮对冬日飘雪说：08376，051392，886 ：-e（你别生气了，你是我一生最爱，拜拜了）（失望的笑容）

　　这是网友"天生赖皮"与"冬日飘雪"运用数字谐音的网络语言，进行的一段网络言语交际的实录。其中，"天生赖皮"尽情地享受着网络调情的快乐，"冬日飘雪"针锋相对，也因之打发了一段无聊时光。这段网聊中，两个言语交际主体，都运用了一些网络非语言符号，伴随数字谐音语言形式，极力强化彼此要表达的意思。"天生赖皮"用了"：-D""：-｛）""6_6""：-｛"等，力求强调自己的诚心诚意。"冬日飘雪"用了"（-_-）""（：-&""：-（""：-（＊）"等，尽量表示自己的不情愿。这些非语言符号，大多恰到好处地强化了彼此要表达的意思。

　　3. 有的非语言符号与语言形式互补，起到使之相得益彰的作用

　　在网络言语交际中，交际主体有时让非语言符号和网络语言形式一起出现，使得彼此形成一种表达互补，从而更好地起到表达情意的作用。

　　例如：

　　"886（拜拜了），不过告诉你也没关系，我们中午去吃〉〈（（（＊）（比萨饼）呐！当然了，是 AA 制（每人自己付账）。"

　　"她的（-_-）（神秘的笑）使我）：-〉（愤怒）……送她@〉〉---〉-
-- （一束玫瑰花），她才让偶｛｛｝｝（拥抱）"

以上两个例子里，非语言符号"〉〈（（（＊）""（–_–）""）：–〉""＠〉〉———〉－
－－"和"｜｛｜｝｜"运用得好，与其相应的语言形式彼此互补，从而相得益彰。两段话，
似乎都收到了网络语言特有的形象生动，且新颖别致的表达效果。尤其是那束玫瑰花，正
好印证了人们常说的道理：一件意义非同寻常的纪念品可以使敌对的双方化干戈为玉帛，
一束玫瑰花可以让情人重归于好。

4. 有的非语言符号与语言形式构成矛盾关系，起到使其表意前后相反的作用

在网络言语交际中，交际主体有时让非语言符号和语言形式构成矛盾关系，让前者与
后者表意相反，甚至使得非语言符号取消了语言形式所表达的意思。

例如：

高三（6）班班长对多多之友说：这次期末考试考得太好了：｜（悲伤极了）
多多之友对高三（6）班班长说：别担心，你爸不会知道^o^（扮鬼脸）

"高三（6）班班长"自我揶揄地告诉好朋友"多多之友"：自己考得"太好了"。这
与句末的非语言符号"：｜"构成了矛盾关系，表明考得很不好。作为好朋友的"多多之
友"，应该为朋友分担难以面对父母的忧愁。其句末的非语言符号"^o^"，似乎又与前面
的话语构成了矛盾关系，但并非幸灾乐祸，而是年轻人很自然的一种心理表达。

又如：

JM 的云对江@3#说：你才是很帅的男儿 :%)%（满脸的青春痘）
江@3#对 JM 的云说：你才是美眉 :–（＊）（恶心，想吐）

很显然，以上男女二人彼此都在反话正说，相互嘲讽对方。"JM 的云"的话将"很
帅的男儿"与非语言符号"：%)%"构成了矛盾关系，说明"江@3#"满脸青春痘算不
得"很帅的男儿"。"江@3#"反唇相讥，将"美眉"与非语言符号"：–（＊）"构成
了矛盾关系，意在说明"JM 的云"长得叫人"恶心"，难看死了。这里，非语言符号总
是传达出与前面话语相反的意义，实际上就是利用网络非语言符号来取消前面所说话语的
字面意思。

网络非语言符号的以上作用，都是网民对日常言语交际中非语言形式作用的变换，使
之适应网络言语交际的特殊形式。二者的仅有区别就在于：日常言语交际中，非语言形式
是无意识"自动加工"的；网络言语交际中，非语言符号是有意识"控制加工"的。

网络非语言系统表情符号出现在网络言语交际之中，使得网络聊天语言变得更加丰富
多彩。

网络非语言符号的简洁性，满足了网络语境言语交际节省时间的需要。一个表情符号
表达一个意思。开心、悲伤、害羞、再见等观念的表达只需要输入一个系统自带的表情符
号即可，方便快捷。

网络非语言符号的生动性，满足了网络语境言语交际情感体验的需要。网络表情符号
与文字性语言符号的最大不同就在于它是意象符号，是一种特别的视觉语言，图像及其解
读可直接调动人们的感性经验。网络言语交际的双方不是面对面的人际交流，看不到，难

体验彼此的表情、心情。有了网络表情符号，就可以弥补网络言语交际彼此情感体验的不足。

网络非语言符号的互动性，满足了网络语境言语交际表情交际的需要。网络表情符号自身的生动性带来了其互动性。网络言语交际时，尤其是进行网络聊天时，客观上存在一种表情交际现象。像日常言语交际中彼此十分关注对方表情一样，网络言语交际的双方，也较为关注对方的表情。由于相互无法看见对方实际的表情，且又难以用合适的文字加以叙述，这就迫使网民们去追求通过网络表情符号的互发，来解决在网络言语交际的同时伴以网络表情交际的难题。

如今，网民们一般都学会了利用自定义动画来优化网络非语言符号，使之更好地为网络言语交际服务。很多网民不再只局限于系统定义好的一些非语言符号，大多数网民更喜欢根据自己的喜好制作或上网搜寻下载合适的自定义动画，来用于自己的网络言语交际。自定义动画种类繁多，内容丰富，形象生动。人物、动作的卡通化，更有利于网络言语交际主体当时的情感和想法，十分诙谐幽默，直接有效地活跃了网络言语交际的气氛。

网络虚拟环境中的言语交际，双方交际真实的主体难以感受到对方实时的表情、情绪、体验等感觉内容，导致了部分信息内容与其交际语境难以吻合。网络言语交际的这种缺陷，网民们是难以忍受的，网络言语交际必须具有传统言语交际的真实感、互动性。在现阶段，大家只好借助网络图像符号、动画符号、影音符号等非语言符号系统来为双方的交际提供一定的表意辅助和情景互动了。

8.3 网络非语言符号产生的原因

网络非语言符号产生的根本原因，同样是社会现实的需要。

语言本身是对社会现实的反映，是为人们社会现实生活服务的。这既是任何语言现象的产生的客观原因，也是其产生的根本原因。网络非语言符号，是网络时代一种特殊的语言现象，它有着特殊的语言载体和特殊的语言输入手段。作为网络语言不可或缺的组成部分的网络非语言符号，是广大网民网络生活的必需品之一。

在网络日益普及的虚拟空间里，人们表达思想、交流情感的方式与现实生活中的表达习惯是有所不同的，网民们在创造出令人新奇也令人愤怒和不懂的网络语言的同时，也创造了大量网络非语言符号。大部分网络非语言符号是网民们为了加快网络交际速度，利用键盘现有的条件，输入相关字母、数字、符号组合而成。进而发展到对文字、图片、符号等随意链接和镶嵌来表情达意。在网络言语交际中，伴有网络非语言符号的网络语言，已经成为深受网虫们喜爱的正宗语言了。

网民们在 E-mail、BBS 论坛、聊天室、聊天软件等网络言语交际中，近乎无意识地广泛使用网络非语言符号。网络非语言符号已经成为网络言语交际中不可或缺的手段。网民们充分利用网络非语言符号自在地表达自己的喜怒哀乐，互聊社会生活的是是非非，尽情地享受网络言语交际的特有乐趣。互联网的飞速发展，使得网络非语言符号的样式越来越多、越来越新、越来越丰富，加上新奇有趣、简单易行的使用方式，前所未有地增强了网络言语交际的魅力，彻底改变了昔日靠单一语言文字进行网络言语交际的模式。

网民们的网络言语交际，少不得网络非语言符号的参与。网络语言需要网络非语言符号，网民们的网络生活需要网络非语言符号。网络非语言符号的产生和不停歇地发展，就是为了满足网络时代人们现实社会生活的迫切需要。具体说来，网络非语言符号的产生，主要是基于以下原因。

（1）网络非语言符号的产生，是为了解决由于网络非语言形式的缺失而导致的网络言语交际困难

语音聊天和视频聊天软件出现以前，受网络言语交际条件的制约，网络言语交际主体，不能进行有声聊天，更无法利用体态语、面部表情等非语言手段表情达意。为了最大限度地模拟现实、再现实际生活中的面对面聊天，富有聪明才智，敢于且乐于创造的网民们，自发地采用各种方式、多种手段，创制各式各样生动形象、风趣幽默的符号图形，来表示人的表情动作，物体、动物形象等，从而较自在地表达自己的喜怒哀乐，辅助网络语言文字，逐步解决网络言语交际中出现的困难。在电脑屏幕页面上，出现了一张张卡通式的脸庞，一个个形象的动作或物体，就是这些全新的网络非语言符号，不仅生动传神，使网络聊天具有一种可视的近距离交际效果，而且新鲜活泼，给虚拟的网络交流和互动更为真切、实在。网络非语言符号（含图画），使得网民们传达给对方的信息，大大超过了靠单纯的网络文字交际的信息。

美国传播学者阿尔伯特·梅拉宾（Alber Mebrnbian）的"梅拉宾法则"认为：对一个人的印象取决于语言、语气、态度三个方面。这种印象来自于信息交流的全部效果。可用公式表示如下：

信息交流的全部效果＝7％语言（即内容）＋38％语气（语音语调）+55％态度（包括表情、态度、肢体语言等）。其中，最重要的是态度，占到55％。

这个公式刚好解释了非语言形式的作用。该公式清楚地表明，在言语交际的过程中，非语言的"语气"和"态度"在意义传达过程中的重要作用。当然，其中占7％的"语言"形式十分重要。在言语交际中，所有非语言因素都难以离开语言形式。非语言因素离开了语言因素，就没法在言语交际中发挥应有的作用。从言语交际的整体来看，非语言形式只是起着重要的辅助作用。

在网络言语交际中，也是这样。网络非语言符号也只能发挥重要的辅助作用。这一点，是由网络非语言符号本身的性质决定的。

网络语言是一种特别的网络语体。既不同于口语语体，又不同于书面语体。网络语体在主要载体上与书面语体相同，都要运用语言文字进行交际（网络视频、音频交际除外）；网络语体在即时性、互动性、表达方式上都更接近口语语体。可以说，网络语体兼有书面语体和口语语体的相关特点，又有别于书面语体和口语语体。网络非语言符号作为重要的网络语言辅助成分，同样也属于网络语体范畴。

非语言因素常常出现在日常言语交际之中（电话交谈除外），交际主体除了运用语言方式进行交际外，还要用表情，动作，姿势……可视、可听、可感的事物等非语言因素，来辅助其语言交际。这些非语言的因素，对理解其言语的意义发挥着较大的作用。

在网络言语交际时，其言语交际主体处于特殊的网络环境，一般看不到其他交际主题的动作表情（视频交际除外），也利用不到日常生活中的那些非语言因素。网络言语交际时的"非面对面"特征，使得人们习惯的日常言语交际中经常出现的非语言因素大量缺失。

网络非语言因素的作用,是其他因素无法取代的。对于广大网民说,要实现成功的、高效的网络言语交际,网络非语言因素大量缺失的现状,必须尽快得到根本的改变;网络非语言形式的缺失,必须尽快进行有效的弥补。

于是,网民们创造了网络非语言符号,来替代日常言语交际中的非语言形式。为了适应网络这个特殊的交际环境,网络非语言符号更简易、更多样、更有创意。

这就是说,是网络言语交际中的非语言形式缺失,催生了网络非语言符号系统。换言之,网络言语交际中的非语言形式缺失是网络非语言符号产生的原因之一。

(2) 网络非语言符号的产生,是基于网络言语交际的特殊性,是网民们融入网络交际生活的需要

网民们在互联网上进行网络交际时,可以把自己内心的各种真实感受或情绪自由自在地抒发出来,与此同时,总是希望能够得到其他交际主体的回应和理解,总想与其他交际主体交流相关心得,讨论共同感兴趣的主题。这就有了网民希望融入网络言语交际的迫切需要。想要融入网络言语交际,就得具备适应网络言语交际的基本条件。

作为网络语体的这种特殊的社会语言变体,急切地需要网络非语言符号的辅助。熟悉并能灵活使用网络语体,正是网络言语交际生活必须具备的基本条件。

网络世界的虚拟性,使得网民们都可以掩饰自己真实身份、年龄、性别和语言习惯等,所以大家都积极主动地创造和传播各种各样的网络非语言符号。就是一些菜鸟们,也不愿意落后于他人。可以说,所有的网民,包括一些所谓的网络高手,都在网络言语交际的实践中,创造或学习着不断更新的网络语言。同时,大家都在你追我赶,争分夺秒地创造或学习着不断推陈出新的网络非语言符号。

熟悉了一些网络非语言符号之后,还有一个学会恰当使用的问题。知晓并能熟练使用包含网络非语言符号在内的网络语言,进行有效的语言交际,才算得上网络言语交际的高手,其网络言语交际的层级才会更高。

网络是个个性极端膨胀的言语环境,单纯地依靠语言文字的键入进行言语交际,总是难以满足网民表情达意的特殊需要,尤其是,难以尽情宣泄年轻网民的种种特别的激情。这就迫使网络非语言符号紧紧跟着网络语体,很有目的地、快速地大量产生。

网络非语言符号,是对现代汉语文字、标点、符号以及图标、动画、卡通的创造性运用,因而既是抽象的,又是形象的;既是牵强附会的,又是妙不可言的……

网络非语言形式的缺失,只是提供了非语言符号产生的内在需求;网络言语交际的特殊性则提供了网络非语言符号产生的物质技术条件。网络言语交际媒介,既不像以往的印刷媒体的纯平面化,也不同于广播、电视等电子媒体的音频视频化。网络言语交际媒介集多种媒体的特点于一身,真正实现了多媒体化。就是网络言语交际媒介的特殊性决定了网络非语言符号的产生状况和其特点、样式。

应该说,网络言语交际媒介的出现及其发展,大而言之,对人们观察和理解社会的方式有着太大的影响;小而言之,对网民们创造和传播网络非语言符号同样有着极大的影响。

网络言语交际是所谓数字化的言语交际,是依靠键盘和屏幕输入、输出来进行的言语交际。网络上的各方交际主体在空间上是分离状态的,相关各方的输入和输出是要受到电脑设备和电脑软件限制的。网络言语交际单靠语言文字的交流,是很不理想的,网络言语

交际更是不能缺少非语言形式。

　　网络言语交际依靠键盘来输入信息。键盘上的字符（数字、字母、标点符号以及一些特殊字符），都为网络非语言符号的创造提供了条件。同时也有不利因素，键盘本身的字符非常有限，依靠键盘难以创造出尽可能多的能满足网络言语交际需要的网络非语言符号。此外，键盘上的盘符类符号过于简单，很难用它创造出更为生动形象的网络非语言符号。

　　我们要感谢那些热心的善于创新的网民和网络运营商们，是他们为我们广大网民新开辟了一条发展网络非语言符号系统的新路。

　　就是他们依据网络言语交际的特点，创造性地描画图形、绘制卡通、剪辑视频、引入动画……不断创造出大量形象更为生动、使用更加便捷的网络非语言符号。

　　这就是说，是网络言语交际的特殊性，以及网民们融入网络交际生活的需要，进一步催生了大量网络非语言符号成系统地产生。换言之，网络言语交际的特殊性，以及网民们融入网络交际生活的需要也是网络非语言符号产生的原因之一。

　　（3）网络非语言符号的产生，是网民们在网络言语交际中尽情展示自我个性的成果

　　自我表现，是人的天性。在网络言语交际中，交际主体总忘不了抓住机会，展示自我个性。

　　曾几何时，网络言语交际的主力军，就是那一拨拨无所畏惧、敢为人先、勇于创新、不易服输的年轻网民。这些年轻人充满特有的时代激情，满怀追求最新时尚之心。在网络言语交际之中，他们总是在寻找，寻找一种与众不同的网络言语交际时的表达方式。年轻网民们，受不了仅靠语言文字进行网络言语交际的局限。是他们最先尝试充分利用电脑键盘上的有限条件，尽其一切之可能，创造出一种全新的充满网络非语言符号的网络语体。

　　在当今的社会生活中，就是这些年轻人，对于社会生活的压力感受最为真切实在。学习、工作、生活中，人与人之间由于种种原因，人们总是缺乏交流沟通。尤其是年轻人，作为各类学生，考试、论文等总是压得人透不过气来；作为工作中的同事、朋友，为岗位、业绩等的相互竞争，大有越来越加剧之势；作为家庭的一员，父母、爱人、孩子等似乎都是压力，随着生活节奏的加快，生活的压力越来越大……

　　网络这一虚拟的世界，给身处多方压力的年轻网民们，提供了一个摆脱以上困扰展示自我个性的理想园地。在网络言语交际之中，自由自在地运用与日常言语交际有着诸多不同的语言形式，大有对现有生活、现实社会的一种潜意识反抗的意味。在放学、考完、下班、休假的年轻网民眼里，网络非语言符号是那么的可爱而又搞笑……

　　网络非语言符号的创造和使用，十分有利于网民们展示自我个性。网络非语言符号组成的有些古怪的网络语言，给网民们一种耳目一新的冲击感，似乎能让他们远离现实中单调刻板、平庸无聊的学习、工作和生活。网络非语言符号的产生，体现了广大网民及网络运营商们的才能和智慧。

　　网络言语交际的发展，给网民们提供了自由地充分地展现自我个性的渠道。通过网民们的不断创新，越来越多样，越来越幽默，越来越有效的网络言语交际方式，使得许多网民情不自禁地乐在其中，甚至偶尔出现网民上瘾的非正常现象。

　　网络非语言符号的创新性和随意性，也正是网民们最大限度地发挥自己的创造力和想象力以显示自我个性的体现。这就是说，是网民们在网络言语交际中尽情展示自我个性的

需要，使得网络非语言符号越来越多地产生。换言之，网民们在网络言语交际中尽情展示自我个性的需要，也是网络非语言符号产生的重要原因。

（4）网络非语言符号的产生，是网民们在网络言语交际中对其娱乐性不断追求的结晶

网络非语言符号，本身就具有明显的娱乐特性。网络的虚拟空间，为人们的网络言语交际提供了一个尽情创造快乐的交际平台。网民们追求新奇，追求创造，追求刺激，利用所有创新手段，创造出各种各样，稀奇古怪，甚至另类的各类网络非语言符号，往往迅速将其运用到网络言语交际之中。这种网络言语交际的新时尚，带给网民们特有的新奇的娱乐享受。

网民的基本属性，决定了其网络言语交际的目的性。

CNNIC第30次中国互联网发展统计调查报告，就中国网民的相关属性作了一个统计。"截至2012年6月底，中国网民中男性占比为55.0%，比女性的45.0%高出10个百分点。说明近年来中国网民性别比例保持基本稳定。"从网民的年龄属性来看，"随着中国网民增长空间逐步向中年和老年人群转移，中国网民中40岁以上人群比重逐渐上升，截至2012年6月底，该群体比重为17.7%，比2011年底上升1.5个百分点。其他年龄段人群占比则相对稳定或略有下降。"具体说来，网民中10～19岁的网民占25.4%，20～29岁的网民占30.2%，30～39岁的网民占25.5%，40～49岁的网民占12.0%。10岁以下及50岁以上的网民共占6.9%。可见，10～29岁的网民所占比例最高，共占网民总数的55.6%，其次就是30～39岁的网民，其余年龄段的网民相对占比较少。较之2011年及以前，"随着中国网民增长空间逐步向中年和老年人群转移，中国网民中40岁以上人群比重逐渐上升"（自《CNNIC第30次中国互联网发展统计调查报告》）。但总体说来，网民的年龄结构仍然偏重于青少年网民。网络言语交际的娱乐性，永远是青少年网民追寻的目标。网络世界，正是青少年网民占主导的世界，也是他们创新网络娱乐方式，享受网络言语交际娱乐性的世界。而这些，总是少不了网络非语言符号的功劳。

青少年网民网络言语交际的目的，总是少不了娱乐和时尚。"网民向低学历人群扩散的趋势在2012年上半年继续保持，小学及以下、初中学历人群占比均有上升，其中初中学历人群升幅较为明显，显示出互联网在该人群中渗透速度较快。大专及以上学历人群中网民占比基本饱和，上升空间有限。（自《CNNIC第30次中国互联网发展统计调查报告》）"

"网民职业中，学生占比为28.6%，远远高于其他群体。比较历年数据，与网民年龄结构变化相对应，学生群体占比基本呈现出连年下降的趋势。（自《CNNIC第30次中国互联网发展统计调查报告》）"

CNNIC历次关于中国互联网发展统计调查报告都表明，中国网民中10～29岁的青少年人数最多，总是高于其他年龄段的网民而占据绝对优势。可以说，青少年群体，特别是学生（小学、中学、大学等）群体，仍然是目前中国的基准网民。

网络言语交际中，娱乐和时尚的存在是以群体为条件的。

"物以类聚，人以群分"，表面看来，网民分散于不同民族，不同地域，不同国别，一旦进入网络世界，就会因为不同的兴趣、爱好、志向等因素，聚集成一个个不同的特殊网络言语交际群体。就是在这些群体中，大批大批地生产着网络语言及其网络非语言符

号。这些符号在群体言语交际中产生，并且有选择地得到大家的认同，得以在群体内部流行，进而在整个互联网中流传。

网络语言及其网络非语言符号的新生、认同、传播的过程，也是一个满足网络言语交际受众兴趣和需要的过程。从网络言语交际的整个动态过程来看，其实，这更是网络言语交际各个主体充分参与和创造的过程。对于网民们来说，亲自参与并与大家共享网络语言及其网络非语言符号的过程，也是创造快乐，分享快乐的过程。这个过程，自始至终，充满着网络言语交际特有的娱乐性。

这就是说，是网民们在网络言语交际中对其娱乐性不断地追求，很自然地导致了许许多多网络非语言符号的产生。换言之，网民们在网络言语交际中对其娱乐性不断地追求也是网络非语言符号产生的又一重要原因。

总而言之，网络非语言符号的产生主要就是基于以上四大原因。其实，网络非语言符号产生的原因，基本上与网络语言产生的原因相同。因为一般情况下，网络非语言符号只有伴随网络语言文字才能真正发挥它应有的作用。凡是网络非语言符号产生的因素，一般也是网络语言产生的因素。例如，青少年网民思想活跃，富有创造精神，喜欢接受新事物等，这既是网络非语言符号产生的人的因素，也是网络语言产生的人的因素。

8.4　网络非语言符号的发展趋势

任何一种语言，只要人们还在使用，就一定会不断地发展。不断创新是所有事物生命力的所在，只有不断创新，才能推动网络非语言符号的健康而快速地发展。

网络言语交际样式，是人们日常言语交际样式在互联网条件下蜕变的结果。网络交际语言，是日常交际语言在网络环境中的特殊变体。网络非语言符号，是日常交际中的非语言符号为适应网络交际而演变的新的符号形式。网络非语言符号本身的特点，以及使用网络非语言符号主体的特殊性，决定了网络非语言符号不同于其他的网络语言的发展。

网络非语言符号，是网络语言不可或缺的有机组成部分，是网络言语交际中尤其少不得的辅助部分。在网络言语交际中，网络非语言符号发挥着极为重要的类言语的表达作用。

网络非语言符号的产生，具有以上分析的诸多因素和条件。只要这些因素和条件存在，网络非语言符号系统就必然存在并不断发展。网络非语言符号，将紧随着网络言语交际的需要及网络技术条件的改变，伴随着网络语言的进一步演化而发生较大的变化。

从中国互联网的短暂历史来看，网络非语言符号有着网络语言大致相同的基本发展趋势。

（1）网络非语言符号的发展，将遵循"优胜劣汰"的语言发展规律

在网络言语交际中，大量图画类非语言符号以及不断增多的 Flash 类非语言符号，大有逐步取代键盘字符类非语言符号之势。过去人们常用的键盘字符类非语言符号，有些已经被网民们淘汰，有些正处于被淘汰的过程之中，有些则进一步优化后，继续担当重任。

网络语言的流行，将导致新的网络词语以及非语言符号越来越多。网络语言出现许多新的变化，将突出地体现在网络非语言符号的变化上面。网络非语言符号，在其发展中，力求简略化，关注符号化，重视图画化，并追求时尚化。尤其是其图画化和符号化，将导

致大量脸谱类符号的产生和运用。

随着更具表现力的图画化、卡通化、动画化网络非语言优质符号的出现，过去那些过于简单，难以表达较复杂心绪的相对拙劣些的网络非语言符号，渐渐淡出网络言语交际领域。这些，将导致网络语言的输入方法、内容形式都要发生较大的变化。

网络非语言符号，也在遵循"优胜劣汰"的语言发展规律。每日每时都有新的网络非语言符号在产生，每时每刻都有网络非语言符号在死去。网络营销商、服务商以及广大网友们，不断为网络言语交际提供更多种类，更为形象，娱乐性更强，使用也更为方便的网络非语言符号。好用的、受网友欢迎的新的网络非语言符号，正在取代那些已经过时的、完成了历史使命的旧的网络非语言符号。其中，也有一些键盘字符类网络非语言符号，其生命力较为强盛，或在网络言语交际中，继续担当重任，或走出电脑网络语言交际平台，进入手机网络言语交际之中（音频、视频除外），再次重展昔日雄风。

网络非语言符号的出现，是网民及其他"有心者"发挥想象力和创造力的结果，是网络语言发展过程中必然出现的现象。网络语言"体现了新的时代精神，体现了新世纪的最先锋的生活和语言活力。当代汉语的形态发生着急剧的变异，顺之者昌。"（自《"网络语言"代表 21 世纪语言发展的方向》）

网络语言作为网络时代必然产生的一种语言变体，的确在 21 世纪语言发展中具有一定的代表性。人类的语言，从来都没有停止过合乎客观规律的发展变化，汉语一直遵循"优胜劣汰""吐故纳新"的语言发展规律：一边接纳优质新因素，一边淘汰过于陈旧拙劣的成分。网络语言的发展，更不会例外；网络非语言符号的发展，也不会例外。

CNNIC 第 30 次中国互联网发展统计调查报告显示："截至 2012 年 6 月底，我国手机网民规模达到 3.88 亿，较 2011 年底增加了约 3270 万人，网民中用手机接入互联网的用户占比由上年底的 69.3% 提升至 72.2%。手机网民上一波的快速增长周期在 2010 年上半年结束，从 2011 年下半年开始，手机网民的增速重新出现回升势头，终端的普及和上网应用的创新是新一轮增长的重要刺激因素。当前，智能手机功能越来越强大，移动上网应用出现创新热潮，同时手机价格不断走低，"千元智能机"的出现大幅降低了移动智能终端的使用门槛，从而促成了普通手机用户向手机上网用户的转化。""手机上网快速发展的同时，台式电脑这一传统上网终端的使用率一直在下降，2012 年上半年使用台式电脑上网的网民比例为 70.7%，相比 2011 年下半年下降了 2.7 个百分点。"

这就是中国互联网的实际情况。更多的中国网民，或继续在电脑网络言语交际之中，或逐步过渡到手机网络言语交际行列里。只要是网络言语交际，网络非语言符号就有用武之地了。

（2）网络非语言符号的发展，不会因为视频交际工具的出现而中断、淡出或受到太大的负面影响

网络言语交际条件，是网络语言及其网络非语言符号生存的基础。网络语言及其网络非语言符号，在形成和使用的过程中自然地具有了娱乐意味，网友们网络言语交际的动态过程，本身就是一种较为特殊的娱乐享受。这种享受，对于网民来说，似乎有着永久的生命力，网民们会乐此不疲。为此，大家总是乐于进一步创新和发展网络语言及其网络非语言符号。

互联网的虚拟性，保证了网络言语交际主体的隐秘性。网络言语交际主体的真实形象

以及现实身份等的隐匿，给人们带来无尽的猜测和想象，这就是网络言语交际的特色，这也是网络言语交际的魅力所在。

现在的网络言语交际，虽然已经发展到音频、视频言语交际阶段，但网民们仍旧坚守初衷，喜爱没有音频、视频的网络言语交际。这是因为：音频、视频网络言语交际，实际上已经回归到了往日的日常言语交际环境；这样的网络言语交际，不仅破坏了其特有的交际快感，而且消解了其网络言语交际时真正自由的感受。

由于广大网民的挚意坚守，网络语言及其网络非语言符号，将进一步为适应网络言语交际的新变化而加快速度发展。

（3）网络非语言符号的发展，将会进一步加强其对日常交际语言的影响

网络非语言符号，主要依靠抽象的视觉符号，在网络言语交际中辅助语言文字传递信息，其传播方式还比较单一，一般只限于文本类网络言语交际。如 BBS、QQ、博客、UC、酷狗、MSN、电邮、网上聊天以及手机短信等。

如今，有些网络非语言符号，已经影响到日常言语交际。在这些网络非语言符号中，有的已经伴随网络语言文字，走出网络，进入生活。年轻网民将网络语言带入生活，已成为普遍现象，到处都可以发现网络语言的痕迹。在部分人群中，或用于简短纸质信件的传递，或用于交流重要的较为秘密信息的便条之中，如此，等等。有些网络非语言符号已经进入日常交际，大多用于交际主体个人间的言语交际之时。网络言语交际的影响在进一步扩大，有少数网络非语言符号，甚至开始渗入一些广告、宣传之类的公众媒体。

网络非语言符号，伴随着网络语言文字，在网络言语交际中充当着具有一定社会影响的角色。网络非语言符号，从诞生的第一天开始，就对整个社会产生着前所未有的巨大影响。君不见，曾几何时，报章杂志、社会舆论，对刚刚出生的几个其貌不扬的网络非语言符号，说三道四，群起而攻之，口诛笔伐之，欲置之死地而后快。后来，具有顽强生命力的网络非语言符号，不断没有屈服，而且更为大胆地侵入更多的"非面对面"的交际领域。或钻入私密的个人日记里，或存在于传统的留言册中，或出现于各种各样的私人信件，甚至渗透到中小学生作文之中……韩国青春派作家可爱淘的小说《局外人》，就采用了许多网络非语言符号。为了让一般读者看得懂，还特别在书后附有专门的对应解释集注。作为一本以青少年为读者群的青春文学作品，作者大胆地运用了青少年喜闻乐见的网络语言表达方式。至今，各式各样使用过网络语言的文学读物，已经越来越多了……网络非语言符号的基本特点，决定了它难以进入日常的口语交际之中，但它对个人及公众书面交际领域，却在进一步地扩大和加深着自己的影响。

其实，纵观语言发展史，就会发现：任何一种有生命力的语言符号，都不会固守某个特定的领域，就像万物是彼此相互联系的一样，它们也是彼此相联系，并能互相渗透，彼此融合的。网络非语言符号虽然不是一种单独的语言，但它具备太多语言的属性。事实上，网络非语言符号，在网络言语交际中的运用，已经影响到诸多方面……过去曾是这样，招来种种指责；现在正是这样，似乎大家习以为常；将来还是这样，继续彰显自己的存在。

可以预言，随着网络语言及其网络非语言符号的进一步发展，随着空间的变换、时间的推移，在不久的将来，一定会有越来越多的网络语言及其网络非语言符号出现在更多的领域，并对相关领域产生越来越大的影响。

（4）网络非语言符号无论怎么发展，其辅助地位不会发生根本改变

网络非语言符号，从产生到发展，从开始仅有的几个到现在的许许多多，其变化可谓大矣。然而，仔细审视后就会发现，无论怎么发生改变，网络非语言符号的那种特殊的"辅助地位"，从来就没有发生过较大的变化。

网络非语言符号的伴生性，正是其不同于语言符号的特别属性。在实际的网络言语交际中，网络非语言符号只能起到语意表达的辅助作用。在网络言语交际的一般场合，网络非语言符号似乎总是没有办法来个"喧宾夺主"而挺身当家一回。虽然，没有了网络非语言符号的参与，单靠语言文字，网络言语交际效果总是不会怎么理想。但是，离开了网络语言文字，网络非语言符号在网络言语交际中，则将毫无作为。

网络言语交际条件的局限，决定了网络非语言符号的两个特性：一是，网络非语言符号不可能和日常言语交际中的非语言形式相提并论；二是，一般情况下，网络非语言符号没办法，也不可能取代网络语言文字形式。

无论将来网络非语言符号会发生什么样的变化，其作为网络言语交际时的辅助形式的地位，一般不会有什么根本的改变。

（5）网络非语言符号的发展，将会在其漫长的过程中，逐步被规范

网络非语言符号的发展，终究会被规范化。随着互联网络的不断发展，网络语言及其网络非语言符号将会进一步向前发展。习惯并善于网络言语交际的网民，也会一年比一年增加许多。到了一定的时候，像任何语言现象一样，其规范化的工作将摆在大家面前。先是网民们自觉或不自觉地参与规范化工作，时机成熟的时候，也许会出现由文化或社会部门，乃至政府其他相关部门出面，对网络语言及其网络非语言符号进行官方的正式的立法规范。

网络语言及其网络非语言符号，的确有颠覆传统语言习惯之嫌。它们既没有先天文化底蕴，又较为缺乏文化内涵，对于具有较好正规文化修养的人士，确实会觉得它们有些不伦不类，更不愿意让它们登上大雅之堂。甚至很多有识之士也会担心：让青少年学生在作文中滥用网络语言，将会给其尚未成熟的身心带来不好的影响。

网络语言及其网络非语言符号，之所以得到网民们的追捧和推崇，使其前所未有地快捷传播，就是因为它们具有特别的生命力。

我们的社会已经信息化，我们的信息已经社会化，大家的现实生活境遇，都同互联网络息息相关了。今日的人们，尤其是年轻人，越来越离不开所谓的网络生活。很多网民，让其一天不进行网络言语交际，他就会觉得很不自在，甚至受不了。然而，网络言语交际及其媒介的运用，仍在网民的摸索之中。网络语言中也的确存在一些消极现象，那有待我们择机进行必要的规范。

没有哪种语言规范，是一朝一夕就能完成的。网络语言的规范，更需要有一个复杂而系统的规范过程，决不能急功近利，甚至苛求。

网络语言的规范化，首先还是要依靠广大网民。作为较为负责任的网民，应该积极倡导既适应网络言语交际条件，又健康美好的网络语言表达习惯。在鱼龙混杂、良莠杂糅的网络言语交际实践中，让我们大家共同努力，都为适时剔除那些网络糟粕，使我们的网络言语交际变得更为理想而有所作为吧！

第 9 章　网络言语交际中的语境问题

9.1　网络言语交际中情景语境的特点

9.1.1　网络言语交际中的情景语境

网络言语交际的情景语境，就是网络言语交际的诸多具体的言语环境。语境，本有狭义语境与广义语境之分，狭义语境是口语的前后语或书面语的上下文；广义语境是语言表达的具体环境，如具体的场合、身份、社会环境等。

网络言语交际中的情景语境，像日常言语交际中的情景语境一样，既包括网络语言交际时的语言因素，又包括网络语言交际时的非语言因素。诸于网络言语交际时的上下文、时间、空间、情景、对象、话语前提等，这些都属于网络言语交际中的情景语境因素。

一般认为，网络言语交际也存在两类语境：一是"语言性语境"，也就是"情景语境"；一是"非语言性语境"，也就是"文化语境"。语言性语境，指的是交际过程中，某话语结构表达特定意义时，所依赖的各种表现为言辞的上下文等。语言性语境，既包括书面语中的上下文，也包括口语中的前言后语。非语言性语境，指的是交流过程中，某话语结构表达特定意义时，所依赖的各种主客观因素，包括时间、地点、场合、话题、交际者的身份、地位、心理背景、文化背景、交际目的、交际方式、交际内容所涉及的对象以及各种与话语结构同时出现的非语言符号（如姿势、手势）等。

人们的任何言语交际，都必须，也只能存在于一定的语境之中，不可能存在，离开特定语境的言语交际。网络言语交际，实际上是人们日常的言语交际在网络语境下的特殊形态，同样离不开其言语交际的相应语境。

9.1.2　网络言语交际中情景语境的基本范畴

网络言语交际，是在虚拟而隐匿的网络环境中进行的。跟人们其他言语交际的语境相比，网络言语交际的语境，在一些方面有着明显的不同。

情景语境，是指交际主体从事言语活动当时的具体情景。交际主体总是在具体的时间、具体的空间，就具体的话题，以具体的方式和具体的交际对象开展言语交际活动的。

1. 具体的时间语境

具体的时间，即交际活动进行的具体时间。一般情况下，把情景语境中的时间理解为时机似乎更恰当些。交际主体能不能把握好恰当的时机开展交际活动，是其交际成功与否的关键之一。

2. 具体的空间语境

具体的空间，也就是具体的地点，即交际活动进行的具体地点。地理位置会影响交际过程，但社会位置或社会环境对其交际的影响更大。因为就交际来说，社会环境比自然环境更重要。

3. 具体的主题语境

具体的主题，即言语交际中的具体主题。这是交际活动的出发点和谈论中心，也就是交际主体的话语所涉及的内容范围。

4. 具体的方式语境

具体的方式，即言语交际采用的是口语语体方式还是书面语体方式。采用不同的语体方式进行交际，对于交际主体的言语行为有很大的制约作用。

5. 具体的交际对象语境

具体的交际对象，即言语交际主体中的接受者。换个角度，言语交际中的表达者也是具体的交际对象。交际对象自身的性别、年龄、籍贯、性格、职业、业务、教育、修养等社会角色都会对言语交际产生一定影响。

情景语境是从实际交际情景中抽象出来的、能对其言语交际活动产生影响的因素，包括交际主体、交际时间、交际地点、交际言语（正式与否）、交际媒体、交际主题等。此外，还应该包括言语的氛围、事件的性质、主体之间的关系、交际意图等。

9.1.3　网络言语交际中情景语境的重要作用

情景语境在人们的言语交际中起着非常重要的作用：人们的任何言语交际行为都会随着其交际情景的不同而千变万化。对于每一特定的情景语境来说，几乎都有其特殊的词语句子或语法结构来表达，以使其不同于其他的情景语境。

同一个人，表达相同的意思，可能因情景语境的不同而使用不同的语言形式。

在网络言语交际中，一般说来，其交际主体的各方是互不见面的。所有交际主体面对的是键盘和屏幕，这样，其交流时的面部表情、语调、姿势、语气都被省略掉了。网络言语交际的这种特殊性，使得网络言语交际主体深感非语言因素的缺失：一方面，他们难以真切感受交际双方所处话语情景的气息；另一方面，他们也难以借助具体的情景语境、背景语境等相关信息，来补充、完善所传递的信息量的不足。为了鲜明地表达自己心中的喜怒哀乐，广大网民们就充分发挥自己的想象力，将标点符号、特殊符号、数字和字母等组合在一起，模拟现实交际中的面部形态、言语神态，等等，不断创造出一些生动活泼、充满怪异情趣的非语言符号，以期望获得接近现实言语交际的丰富生动的效果。有"：-D"（表示大笑）、"\(^o^)/"（举手欢呼）、有"〈〈〈〈（：-)"（戴高帽子）、"@＿@"（高度近视）、"〉^-^〈"（像猫样地），等等。

在互联网这个虚拟的世界里，网民加入某个社区，一般不需要什么真实的身份。网络言语交际的主体之间，相互的所谓熟悉，实际上仍是模糊的、甚至是缺失的。交际双方的性别、年龄、长相、身份、籍贯、性格等都可以是虚拟的，所以网民们大胆地互吐心声，交流思想，不会担心"隐私"被侵犯。就是相互熟悉的交际主体，在网络言语交际中，也只是一个陌生人。

网络语境特有的平等，使得网民们得以完全地释放自己，现实世界中具体的身份、地位化为乌有，借助网络言语交际平台，大家可以随意地尽情地宣泄自己的各种感情。有些网友抱着放松心情和打发时间的目的，上网进行言语交际，这就带着娱乐的态度进入网络交际圈的。

在网络言语交际中，交际主体对待交际对象的态度大多是很随意的。没兴趣的话题，乏味的聊天，谁都能够"无语"以对。任何交际主体可以随意地"踢出"别人，也可以被别人随意"踢出"。网络言语交际，具有互动性：双方交换意见并相互影响；也具有即时性：谈话快速进行，话语"键出"就不能修改。凡此种种，都决定着网络言语交际中情景语境的一般特点。

网络言语交际中这些特殊的情景语境，催生着网络交际语言的不断发展，尤其是其非语言符号系统的快速发展。所以在网络聊天室、BBS 论坛、QQ 聊天以及 MSN 里，几乎到处都可以看到网民们充分发挥自己的想象力创造出来的那些生动有趣的面部表情符号，从而使得网络言语交际的情景语境更加真实，更加富有人情味。

网络言语交际中的情景语境相关因素，正在不断发展变化之中，与日常言语交际的情景语境因素比起来，有几个方面值得注意。尤其是在时间语境和空间语境方面，似乎要复杂一些，下面我们着重分析一下。

网络言语交际的各方主体，在实施网络言语交际时，所处空间语境基本上是不同的，所处时间语境也是不一定相同的。相比较而言，网络言语交际的时空语境的特点，可能要算是最大的不同点。

时间和空间，是言语交际存在的具体环境，任何言语交际都发生在时空环境之中，是时空环境制约着人们言语交际的状态。网络言语交际是超乎口语语体交际和书面语体交际的另类特殊语体交际，从交际的时间语境和空间语境来看，网络言语交际既不可能与口语语体交际相似，也不可能与书面语体交际相同。人们日常的言语交际，在交际的时间语境和空间语境上，无非是两种主要状态。一是口语语体交际，如人们日常的一般交谈，似乎总是处于相同的时间语境和空间语境状态。二是书面语体交际，如书信来往，似乎总是处于不同的时间语境和空间语境状态。网络言语交际，所处时间语境和空间语境的状态，要比日常言语交际所处的两种状态要复杂得多。

9.1.4　网络言语交际情景语境中的空间语境特点

网络言语交际的空间语境一般看来是分离的，其各方言语交际主体，一般不会同处于某一个特定的言语交际的物理空间之中。

网络言语交际，是依赖网络媒介的非面对面的交际。在网络言语交际时（网络视频言语交际除外），各方言语交际主体，一般分别属于不同的物理空间。这样，他们就不可能像日常口语语体交际那样彼此可以观察到对方的神情、姿态、动作等非语言成分，也不可能借助交际空间及周边的相关事物表情达意……就是为了解决网络言语交际的这一突出矛盾，随着互联网络的快速发展，各种适应网络言语交际的非语言符号相继出台。

虽然，网络言语交际是非面对面的言语交际，但是，每位言语交际主体所处具体的不同物理空间这一语境因素，对他们的网络言语交际还是会造成一定影响的。

网络言语交际主体，独自一人，身处具有光纤入户包年计费的高速宽带的家里，似乎更便于我行我素毫无顾忌地进行网络言语交际。这种没有任何干扰且不担心上网资费的高速宽带网络言语交际，对于网虫来说，是一种无与伦比的网络生活享受。

身处办公室的网络言语交际主体，虽然大可不必顾忌上网费用，无论上网多长时间，反正不用自己付费；但是，一边上班一边聊天总觉得不自在，更担心被上司或同事发现，其言语交际内容不能被人看见……客观上的各种干扰因素，有时叫人心烦意乱。

忙里偷闲，进网吧上网的网络言语交际主体，除了网吧上网者的种种一般顾虑外，如果经济上不算宽裕者，面对蜗牛般的网速，相对高昂的有偿使用费，总有一种说不出的味道。

由此可见，网络言语交际时的空间语境因素与日常人们言语交际时的空间语境因素相比，二者有着很大的不同。这是从网络言语交际的空间语境为分离状态的分析。

从网络空间的虚拟性来看，似乎可以得到不同的结论。即网络言语交际的空间语境应该是非分离状态的。

空间语境的非分离状态是指言语交际的各个主体处在同一个空间之中的状态。日常口语语体交际是面对面的言语交际，其言语交际主体必须同处于一个空间语境之中；网络言语交际是非面对面的言语交际，其言语交际主体难以处在同一个空间语境之内。

网络环境的虚拟特性，改变了人们对言语交际的空间语境的理解。网络言语交际所处的网络虚拟空间，是一种另类的空间语境。

这样一来，网络言语交际就不同于书面语体交际了。网络言语交际的各方主体，在进行言语交际时，同样存在于一个共同的空间语境之中。这就是说，尽管网络言语交际的主体处在不同的物理空间语境之中，但是，网民们的言语交际是在网络交际语境中实施的，离开了网络语境，其言语交际就不能进行下去。网络言语交际主体的在线，是进行网络言语交际的前提条件。

网络作为言语交际的空间语境，也有别于人们熟悉的一般空间语境概念。网络空间语境，最少具备以下特点。

1. 网络空间语境是"一维"的语境

在网络言语交际中，网民对网络空间语境因素的利用只能是线性的。网络空间语境中，现在可以搜索到各种各样的相关资料为我们的言语交际所利用。例如，多种多样的符号类网络非语言符号的，不断出新的图画类网络非语言符号（图形、卡通、动画、影像、音响等）等。然而，不管这些非语言因素是几维的，都只能将其视作"一维"的，用于辅助网络语言文字的交际表达。

2. 网络空间语境是开放性的语境

日常口语语体交际中，其空间语境是非开放的。其言语交际主体，往往被局限于某一个具体可感知的有限空间语境之内。网络言语交际的空间语境表面看来似乎较为单一，但是，网络媒体资源特别丰富，网络言语交际主体可以近乎无限地扩展网络空间语境，尽可能充分地利用网络空间语境中所有的非语言因素来为自己的网络言语交际服务。在这种空间语境中，网民们不需要往日那样太多的认知，更不需要日常口语语体交际中那样大量的记忆储备。网络言语交际的主体，随时随地可以从网络空间语境中，搜索、提取相关的非语言因素用于急需的网络言语交际之中。

3. 网络空间语境是虚拟性的语境

网络言语交际的空间语境是虚拟的，这跟日常言语交际的空间语境是不同的。日常言语交际的空间语境是现实的空间语境，这种现实的空间语境，一般很难让言语交际主体自主地选择。网络言语交际的空间语境是虚拟的，这种虚拟的空间语境，一般来说是可以让言语交际主体在网络上自主选择，甚至自由设定的。（网络经营商、服务商提供了许许多多，任由网友自主选择或设定的。）

9.1.5　网络言语交际情景语境中的时间语境

网络言语交际时，时间语境或是处于同一时间段，或是处于不同的时间段。例如，在线网聊时，网络言语交际主体的各方要实现即时的聊天，必须是处于同一时间段，否则不成；BBS、QQ留言，就大可不必如此了，还有离线聊天（实际上也是留言），网络言语交际主体也可以分别处于不同的时间段。

1. 网络时间语境处于同一时间段的特点

网络言语交际从时间语境来看，有两种基本类型：一是时间语境处于同一时间段的类型，可以叫做即时的言语交际类型；二是时间语境处于不同时间段的类型，可以叫做非即时的言语交际类型。网络言语交际的时间语境处于同一时间，是指网络言语交际的主体在同一时间段进行或参与网络言语交际时的状态。时间语境处于同一时间段的网络言语交际，除了不能像日常口语语体交际那样，直接利用那些非语言因素辅助其表情达意以外，它的言语交际形式，看起来，好像与日常口语语体言语交际形式没有什么不同。稍加分析，就会发现：网络时间语境处于同一时间段的这种统一性，其实也显示出由此导致的网络言语交际与日常言语交际的一些不同之处。

其一，其网络交际语言接近日常口语语体。

网络言语交际时间语境处于同一时间段时，这种即时言语交际的时间语境与日常口语语体交际时的时间语境十分相近。甚至可以说，这时的网络言语交际状态最接近日常口语语体交际状态。

其二，其网络言语交际信息反馈十分及时。

网络言语交际时间语境处于同一时间段时，这种具有即时性的网络言语交际，往往能够保证网络言语交际过程中各方交流信息反馈的及时性。网络言语交际信息反馈的及时有效，进而确保了网络言语交际具有的快速且高效的特性。

其三，网络言语交际，务必更加快速。

网络言语交际时间语境处于同一时间段时，要求网络言语交际的各方主体务必讲究速度。即时网络言语交际，对其交际速度有着特殊的要求。网络言语交际是非面对面的言语交际，其言语交际速度的快慢，直接决定其言语交际的成功与否。某一方速度过于迟缓，将使得另一方交际主体中断交际，离线而去。

网络言语交际时，其言语交际主体信息输出的低速度，总是与网上即时互动要求高速相矛盾。网络时间语境是促使网络语言简化变异的重要动因。网络言语交际，可以看做是对“面对面”口语语体交际的一种特殊模拟。其言语交际中，各方交际主体在心理上都期待对方能像日常交谈一样快速应对。而输入速度的限制，总是不能满足交际双方的心理需求。

为缓解网络言语交际中低速输出与即时需求的突出矛盾，网络言语交际主体总是在时间语境上打主意。或改进输入法，或提高打字速度，或简化语言符号，等等。新的输入法总是比旧的来得快捷，网民们的打字速度也在不断提高，而今，简化网络语言，创新网络符号，又成了网民们尽力发挥能动性的主攻阵地。所以，近些年来，新奇古怪的网络语言日新月异，成批出现；巧妙形象的非语言符号争相出现，层出不穷。

打字将错就错，是为了输入更快捷；用词随意省略，是为了提高输出速度……一切似乎都在为缓解输出特点和心理要求之间的矛盾。网络言语交际中，广大网民都十分在乎这一时间语境矛盾。

2. 网络时间语境处于不同时间段的特点

时间语境处于不同时间段的网络言语交际，则与日常口语语体交际决然不同。

这类网络言语交际状态似乎更接近日常书面语体言语交际的状态。准确地说，更像其中的书信交际，电子邮件就是书信形式的网络翻版。

但是，网络言语交际中的 BBS、QQ 留言，包括离线网聊等方式，与日常的书信方式还是有着明显的区别。

其一，从言语交际的速度来看，网络言语交际的速度远远快于日常书信来往的速度。网络通信，是一种即时的通信，这是由网络传输性质决定的。任何日常书信来往的信息交流，都比不上网络言语交际的神速高效。

其二，从其言语交际的语体来看，书信来往使用的是书面语体，还要求有固定的书信格式：一种有着特定要求的书写格式；网络言语交际具有较浓厚的口语色彩，几乎可以不太顾及相应的格式等要求，并且，网络言语交际的输入方式，要比传统的书信来往自由灵活得多。

其三，从其言语交际的性质来看，日常书信来往是比较正式的社会交际活动，而网络言语交际，主要是网民间彼此的信息交流，一般说来是非正式的网络言语交际活动，大多具有一定的随意性。

其四，从其言语交际的及时性来看，网络言语交际的反馈要比书面语体交际的反馈及时得多。网络言语交际时的时间语境处于相同或不同时间段，决定着其言语交际的各方能否及时反馈相关信息，这直接影响到言语交际处理信息的及时性。一般来说，网络言语交际的反馈要比书面语体交际及时得多，同时，又比口语语体交际要缓慢一些。

9.1.6 网络言语交际中时间语境和空间语境间的组合关系

网络言语交际中，如果把网络空间语境当做一个独立的特别的空间语境的话，其时间语境和空间语境之间，最少存在着两种不同的组合关系。

1. 网络言语交际主体，处于同一时间语境和空间语境

这就是所说的即时性的网络言语交际所具有的时间语境和空间语境状态。一般说来，这与日常言语交际中的口语语体交际时的情景十分相似。二者的区别，好像不太明显。

2. 网络言语交际主体，处于不同的时间语境和相同的空间语境

这就是所说的非即时的网络言语交际所具有的时间语境和空间语境状态。这与日常言语交际中的情景相比较，可以说是完全不同的。在人们的日常言语交际中，几乎找不到这种类型的组合情况。

网络言语交际中，时间语境和空间语境所处的特殊状态，直接影响着网络言语交际的基本方式和主要特点。进而影响到网络言语交际的话语方式和话语风格。

9.2　网络言语交际背景语境的特点

9.2.1　网络言语交际背景语境

语境是语言使用的环境，对于语用来说，语境是非常重要的因素。网络言语交际语境，一般说来，主要包括上下文语境、现场语境、交际语境和背景语境等方面，其中，网络言语交际的背景语境，是最复杂、最具有解释力的语境。

所谓背景语境，是指言语交际存在的社会政治、经济、文化等状况。包括言语交际发生时的社会背景，即国家（或民族）、时代、施行的社会政治和经济制度、遵行的社会规范和习俗以及言语交际主体的价值观等。网络言语交际的背景语境也可以称之为网络言语交际的社会文化语境。言语交际总离不开其背景语境。这是因为，在交际主体的知识结构之中，总是备有构成言语交际背景语境的相关知识。生活在现实社会的任何交际主体，都会受到现实社会环境的制约或影响。

9.2.2　网络言语交际背景语境的特点

网络言语交际，所处的是虚拟的交际空间，但是，网络言语交际主体还是生活在现实的社会环境里。因而，网络言语交际还是离不开其背景语境。网络言语交际的特殊性，使得网络言语交际中背景语境的影响，不同于日常言语交际中背景语境的影响。网络言语交际的背景语境，具有一些基本特点。

1. 网络言语交际的背景语境具有网络超脱性特点

网络言语交际的背景语境，是可以实现网络超脱的。网络言语交际的虚拟性、交际主体的隐匿性，使得网络言语交际主体超脱社会世俗的制约成为可能。在网络这个虚拟空间，网民们尽可以暂时地忘掉现实生活的种种，尽可以对社会世俗将给自己带来的不利不管不问，甚至还敢于违背社会世俗的一些规定和约束……从而，超脱现实社会生活，更为自由地表达心中所要表达的任何事理。这就是网络言语交际的背景语境的网络超脱性特点。

网络言语交际背景语境可以超脱现实社会生活，就导致网络言语交际的诸多改变。从网络言语交际目的到网络言语交际的话题选择，从网络言语交际的话语形式到网络言语交际主体的言语表达等。日常言语交际中的许多禁忌或约束，有可能成为网络言语交际直接自由谈论的话题。或袒露个人隐私，或谈论性的话题，甚至置现实社会环境规范于不顾，提出一些所谓敏感话题。

谈到网络语言，人们一般都说网络提供了一个自由的交际空间，这种自由的交际空间主要体现在背景语境的超越上面。

2. 网络言语交际的背景语境具有网络制约性特点

网络言语交际的背景语境，仍然存在不太同于日常言语交际的网络制约。可以实现网络超脱的。网络言语交际的主体毕竟是现实生活中的网民们。网络交际是虚拟的，网民却还是真实的、现实的。现实生活环境的某些影响，在网络言语交际中，就成了制约网民的社会背景语境。这种背景语境对网络言语交际的制约，一般不会随着互联网的发展而消亡，只会随着现实社会的变化而有所改变。世上根本不会有所谓的绝对自由，网络言语交际同样不会有什么绝对自由，一些有形的或无形的网络制约，将会长时期地存在着。

其一，社会规范类背景语境的制约。

网络言语交际主体，仍然摆脱不了社会规范类背景语境的制约。网络言语交际主体，以虚拟的身份进入网络言语交际，可以忘掉自己的现实社会身份，暂时地摆脱现实社会背景语境的制约。事实上，这种情况是短暂的，有时甚至是极为短暂的。在网络言语交际中，总会让人不自觉地回到现实社会生活中来，从意识上受到现实社会背景语境的制约。这就是人们长期的社会教育或社会阅历或相关知识积累的结果。这些复杂的背景语境（尤其是社会规范等），总会在网络言语交际主体的潜意识中发挥作用。对于大多数网民来说，有些背景语境已经内化为自己言谈举止等习惯性模式，无论是在日常现实言语交际中，还是在网络虚拟的言语交际中，都会受到相关背景语境的制约。

其二，网络规范类背景语境的制约。

网络言语交际主体，应该遵守网络言语交际的各种规范，接受这些网络规范类背景语境的制约。网络言语交际主体，在虚拟的网络言语交际中，既要受到现实社会种种规范的制约，又要受到网民自身道德规范的制约，还要受到网络生活相关规范的制约。或是"网民守则"，或是"会员章程"，或是"新手须知"等，不胜枚举。

有些网络规范类背景语境，具有现实的强制性要求。例如，许多聊天室或BBS，明确禁止谈论某些敏感话题（政治的、关于性的，等等），网民一旦违反，就会立即禁止发声或踢出聊天室；有些交友网站，网民违规交际，立即取消会员资格；有些论坛，不让用汉字输入某些不雅词语等。这些都是网络规范类背景语境制约网络交际的表现。

其三，法律规范类背景语境的制约。

网络言语交际的主体，必须接受法律规范类背景语境的制约。没有规矩，不成方圆。健全的法制社会，才能保证每个公民享受应有的利益等。网络言语交际，必须受到相关法律规范的约束。到充分保障每个网民的正当权益，大家都应遵守相关法律规范。

互联网的发展，让人们步入了史无前例的网络时代。从宏观的政治到微观的经济，从各级政府的网络行政到老百姓的网络生活，还有更现实的经常要打交道的网上银行、网上商场、网上医院等。尤其是近年来常见发生的网上经济犯罪，更是侵犯了公民的切身利益。凡此种种，都涉及网络交际的背景语境问题。所有网络交际的主体，都必须接受法律规范类背景语境的制约。

日常言语交际作为背景语境的相关法规，在网络言语交际中尤其应当作为背景语境。这对减少网络犯罪，保障网民正当权益，提高社会政治经济的发展水平，维护互联网健康发展是非常必要的。

3. 网络言语交际背景语境也包含着"百科知识"和"基本信念"

网络言语交际的背景语境，同日常言语交际的背景语境一样，都包含有"百科知识"和"基本信念"两大方面。

"百科知识"，即储存在人们记忆中的生活经验、社会知识等文化因素。古今中外，天南地北，包容百科，无所不有。在网民们的言语交际中，如果没有这些背景语境，其言语交际情景、水平、质量都无从说起。"基本信念"，即社会中被人们普遍接受的价值观念及其对万事万物的基本看法。现实社会的点点滴滴，在网民的脑海里都会打上个人基本信念的印记。这些网络言语交际的背景语境，都会对网民们进行网络言语交际产生其影响。

网络言语交际行为的背景语境，实际上就是人们记忆中的关于整个世界的百科知识，以及一定文化背景下被人们普遍接受的价值观念和信念体系等。一般情况下，网络言语交际行为的这种背景语境，与常规的言语交流的背景语境，区别不是太大。值得关注的是，网络言语交际行为的主体，由于网络言语交际的隐秘性，在网上实施言语交际行为时，有时会为着某种特定的网络言语交际目的，而有意淡化、模糊、抽换甚至恶搞相关百科知识、价值观念、信念体系等。网络上的某些匪夷所思的议论，过于荒诞怪异的难以看懂的表达，违背情理的有些不着边际的交际话语等，其产生的根源大多与此有关。

语境是使用语言的情景场合，语言往往由于使用环境的不同而产生不同的语境意义，网络言语交际的背景语境也是这样。

网络言语交际中的背景语境跟日常言语交际中的背景语境相比较，其作用是不太相同的，这也是网络言语交际的特点之一。围绕网络言语交际行为，充分发挥其背景语境的作用，这对于提高网络言语交际的实际效果，并顺利地达到较理想的网络言语交际目的是很有意义的。

9.3　网络言语交际的上下文语境的特点

9.3.1　网络言语交际的上下文语境

任何言语交际总是在一定的环境中进行的，言语交际的环境就是语境。网络言语交际的语境也是多方面的，在实际的网络言语交际中，尤其是网络聊天，博客以及网络新闻等，其中的上下文语境，往往起着重要的作用。

上下文语境，就是指人们交际言语流中一句或一段话以外的语句（或话题或相关文本）所处的环境。一般说来，网络言语交际中的语句，绝大多数是处于一个前后连贯的言谈语流之中。这些语流有的前后相互衔接，彼此互相影响；有的突然另起话题，前后并不连续。这两种情况，都应看做是某些网络言语交际话语的上下文语境。

在某种意义上来说，所谓上下文语境，是指语言单位在组合结构中受制于前后成分的情境或地位，包括上下文句以及说话时的前言后语等。阅读经验告诉我们：脱离了特定的上下文语境，就很难判断某个词、某句话的真实用意或优劣得失。网络言语交际的上下文语境，可以帮助我们正确地理解网络言语交际话语的意思，弄明其相关语句的交际含义。

网络言语交际话语的上下文，同样具有制约与解释相关话语等的基本功能。上下文，一般认为属于语言内语境，上下文主要决定着话语之间的相互关系，包括口语交际中的前言后语和书面交际中的上下文语句；上下文语境，具有制约与解释等基本功能。

汉语语义遵循着自己的规则，主要是由已知推得未知。语言上的表现规律，或"前管后"，或"上管下"。即前面的文字管辖后面文字的组配选择，上句话语启示下句话语的语义范围和陈述走向。这一规律指导我们：要正确理解词语、文句和篇章的内涵，就必须根据特定的上下文提供的语境，钩前联后，从整体上把握文意，领悟词句在上下文语境中的含义。由于网络言语交际所用语言是基于现代汉语的，所以网络言语交际话语的上下文，同样具有这些特点。

实际上，网络言语交际的上下文语境，像日常言语交际的上下文语境那样，其范围也有大有小。大到一次长篇网聊、一本网络文学图书；小到某个网络言语交际话语或段落的前后文。网络言语交际中太大的上下文语境，有时和某个语句不一定表现为连续的关系，这就是所谓的语句和语境在话语系列中的不连续；网络言语交际中较小的上下文语境，大多数是连续的，不然也会给人"文不对题"甚至"离题万里"的感觉。

网络言语交际的上下文语境，也表现为不连续和连续两种基本关系，但是，其呈现的方式与日常言语交际的有所不同。

9.3.2 网络言语交际的上下文语境不连续的情况

网络言语交际中的上下文语境的不连续，是指在网络言语交际中，出现的某个语句与其上下文语境不相连接的状况。这种上下文语境的不连续却仍为其语境，但必须符合一定条件：要么网络言语交际中不连续的上下文语境，能够以某种方式被其交际主体所记忆；要么不被其言语交际主体所记忆，但能快速地被其交际主体搜索得到。二者必居其一。否则，它们就难以成为本次网络言语交际的上下文语境。

所说的"以某种方式被其交际主体所记忆"，是指，或储存在交际主体大脑的短时记忆结构之中，从而成为网络言语交际中的上下文语境；或储存在交际主体大脑的长时记忆结构中，从而成为网络言语交际中的上下文语境。（若将其看做交际主体大脑中知识系统的一部分，则为背景语境）。

所说的"快速地被其交际主体搜索"，是说在网络言语交际中，有些上下文不能被其交际主体所记忆，而将其作为网络言语交际的上下文语境时，交际主体还得即时搜索到才成。可搜索相关页面信息，可搜索本次交际的其他信息，还可以搜索既往信息等待。

网络言语交际中上下文语境的不连续现象，主要是就其表达的相关内容作为上下文语境来说的。要真正地理解具体的某句话的含义，可能需要知道前面所叙述过的大致内容即可，而不必去寻找某些相关的具体语句。这是网络言语交际中的不连续的上下文语境的突出特点之一。

网络言语交际中的上下文语境的不连续，包括其结构性的不连续和非结构性的不连续。

1. 网络言语交际中上下文语境结构性的不连续

所谓结构性的不连续，是指网络言语交际的话语结构自身造成的不可避免的不连续。网络言语交际时，在时间上不连续的话语，彼此成为一种不连续的上下文语境。

2. 网络言语交际中上下文语境非结构性不连续

所谓非结构性的不连续，是指本来应该相互连接的话语，却被未曾预料的因素弄得不连续，而造成的不连续的上下文语境。或是强行推出新的话题而造成交际话语系列不连续，或是话不投机半句多而造成交际话语系列不连续，或在多人网聊中，某些交际主体有意"顾左右而言他"而造成交际话语系列不连续等。显然，这些造成交际话语系列不连续的因素，往往不是原来话语结构的必有成分。

在实际的网络言语交际中，其上下文语境不连续的情况，因交际语体的不同，而存在一定的差别。大致上，网络书面语体交际（博客、电邮、短信等）中，结构性不连续要多一些；网络类口语语体交际（发短帖、聊天等）中，结构性不连续现象就少多了。网络言语交际的特性，决定了其上下文语境不连续现象较多的状况。

网络言语交际的上下文语境结构性不连续现象，要比其他言语交际的上下文语境突出得多。

其一，网络言语交际中，其类书面语体交际上下文语境结构性不连续现象，大多发生在叙述性话语中；对话之中，却很少见。网络言语交际上下文语境的结构性不连续现象恰恰相反，更多地表现于对话之中；叙述话语，却不多见。两人网聊是这样，BBS 上的发帖、回帖也是这样。

其二，网络言语交际中，其言语交际的上下文语境结构性不连续现象，大多是开放性的。有的超文本链接可以搜索到尽可能多的上下文语境。其类书面语体网络言语交际的上下文语境，范围却很小。在这有限的范围内，搜索到的相关上下文语境非常有限。

其三，网络言语交际中，其言语交际的上下文语境的非结构性不连续，跟日常口语语体言语交际的状况相比，似乎其频率要高一些。之所以会出现这种现象，主要是存在网络言语交际的速度以及其"非面对面性"这两大特殊因素。

网络言语交际上下文语境的结构性不连续和非结构性不连续，不是泾渭分明的。这要从其类书面语体或类口语语体方面去综合分析才弄得清楚。网络言语交际的上下文语境，既具有口语语体交际特征，又具有书面语体交际特征，使得其上下文语境变得较为复杂。网络言语交际的上下文语境的不连续特性，就是其复杂性的体现。

网络言语交际的主体们，互不见面，身份隐匿，在交际过程中，常常无所顾忌。有些网民的心理行为和表现，就有可能与日常生活中的大不相同。言语交际信息的不真实性，也是网络言语交际的一大特色。于是，网络言语交际中，或无效应答，或模棱两可，或搪塞推诿。凡此种种，都有可能制造出大量网络言语交际的"不连续上下文语境"。

9.3.3　网络言语交际的上下文语境连续的情况

网络言语交际的上下文语境连续性情况，远远比不上其他言语交际的上下文语境连续性情况。

网络言语交际的上下文语境连续现象，是说网络言语交际中的某个语句的上下文语境和该语句在时间上是连续的，即其交际的话语系统是连续的，未间断的。从网络言语交际的上下文语境的连续性，最容易看出其上下文语境对交际话语系统的制约性。在这个意义上来说，网络言语交际的上下文语境的连续性，既是其网络言语交际得以顺利成功的前提，也是其网络言语交际主体达到既定交际目的的保证。

网络言语交际的上下文语境的连续性，之所以不如其他言语交际的上下文语境的连续性，主要是因为前者上下文语境的连续性不强，后者上下文语境的连续性要比前者强得多。日常言语交际对其交际上下文语境的依赖性较强，而网络言语交际对其上下文语境的依赖性相对弱得多。网络言语交际追求娱乐性、追求速度，很少具有严谨逻辑性的要求，其交际的动态过程，总是有些随便；其交际的话语，总是较为松散。

网络言语交际的上下文语境的连续性，基本上不用或少用关联性词语，更少见上下文语境的相关提示性标记。

9.4　网络言语交际中语境的主要作用

语言是社会交际和传递信息的工具，但是语言的交际功能只有在特定的语言环境中才能实现。无论怎样的言语交际，离开了一定的语境，就无所谓言语交际了。在人们的网络言语交际中，网络语境起着极为重要的作用。

网络语境与网络语言的关系，犹如植物与土壤的关系；犹如鱼与水的关系；犹如动物与空气的关系：所有的网络语言的运用都离不开特定的网络语境。所有关于网络语言的交际、应用，都是限定在一定的网络语境范围之内进行的。网络语境，不仅影响和制约着网络语言词句的意义、结构形式，而且影响和制约着网络语言风格等方面的特点。

9.4.1　网络语境总是决定着网络言语交际的内容

网络言语交际中，网络语境总是决定着网络言语交际的内容。"上什么山，唱什么歌""对什么人，说什么话"，特定的情特定的境，决定着特定的谈话内容，具体的网络语境，总是制约着网络言语交际各方话语的含义。换言之，每句话在不同的网络语境中所传达的信息，也是有所区别，各不相同的。

要真正理解网络言语交际中某句话的含义，就得着眼于该句话的上下文语境和背景语境。否则，就很难理解它们。从本质上看，任何用来交际的语言，都是一个不能"自足"的系统。因为，语言的字面意义并不能体现语言所要表达的全部东西，具体语句的真正含义单从语言结构本身是没有办法真正理解的。在具体的网络言语交际语境中，各交际主体进行的言语交际活动，常常具有"只需意会、不必言传"或"只可意会、不可言传"的特点。这就是所谓的"言外之意，弦外之音"，尤其是在特定的网络交际"群"中，这种情况更为突出。

语境的制约功能，还包括"排除任何语言中的歧义现象"。在现代汉语中，有两个经典的例子，很能说明这一问题。其一，是"咬死猎人的狗"。这个例子，若没有一定语境，那就必生歧义，谁都没有办法准确理解它。要么是缺主语的动宾结构："（主语）""咬死了""猎人的狗"；要么是偏正结构："咬死了猎人的""那条狗"。只有在特定的语境的制约下，人们才能弄清其真实的含义，且二者必居其一。其二，是"鸡不吃了"。显然，"鸡不吃了"也是歧义句，属于同形同构异义："鸡"既可以作"吃"的施事者，又可作"吃"的受事者。只有在具体的语境中，其含义才会明了：或"鸡已吃饱了，不再吃食了"，或"鸡不吃了，酒也不喝了"，且二者必居其一。网络言语交际也是这个道理。在实际的网络言语交际中，如果没有具体的网络语境，其言语交际就没法进行下去。

网络言语交际，虽然不必斟酌字句，但还是要考虑合适的言语交际语境。古人非常讲究选词练字，其目的就是为了能切合具体语境。孤立的一个词，不存在用得好与坏，将其放进一定的上下文语境里，孰好孰坏，才见分晓。或因语境而改换词语，或因语境而变通词语，或因语境创造新词，这些都是为了追求"情境交融"的表达效果。

网络言语交际的语境，在其言语交际中发挥着十分重要的作用。网络言语交际的语境，是其言语交际过程必不可少的要素；离开网络言语交际的语境，就不会有什么网络言语交际过程发生。这正跟其他言语交际一样，网络言语交际的语境，也是其言语交际过程不可或缺的构成要素。

9.4.2　网络言语交际语境的主要作用

网络言语交际语境的特殊性，使得其语境的作用也和其他言语交际语境的作用有所不同。

1. 网络语境的信息反馈作用

网络言语交际的主体，往往处在不同的现实空间语境之中，这种空间语境状态对网络言语交际的影响是明显的，也是不同于其他日常言语交际方式的。

一方面，网友们创造了大量非语言符号，用来模拟现实言语交际中的非语言因素。这些非语言符号，越来越多地"制造"出特定的形象生动的情景语境，用来辅助其语言文字内容更好地表情达意，尤其是用其恰当地作出相应的信息反馈。

网络言语交际"非面对面"的特性，促使网络非语言符号大量产生。网络言语交际的非面对面特性，正是网络言语交际的空间语境的特殊性所决定的。网络言语交际主体，表面看来，是存在于虚拟的网络空间语境里；实际上，又是客观地存在于不同的现实空间语境中。网络言语交际的非面对面特性，使得所有言语交际主体，没有办法利用各自的动作、表情等非语言手段形成的情景语境进行言语交际，也没有办法利用空间中存在的事物及语言类情景语境，来辅助其网络言语交际，这样，就很难作出必要的交际信息反馈了。

以上这种空间语境特征，决定了网络非语言符号等情景语境的纷纷出现，也决定了网络非语言符号那些特定的语境形式，包括用来作出信息反馈的语境形式。

另一方面，网络言语交际，具有与其他言语交际很不相同的交际信息反馈方式。

网络言语交际主体的空间分离语境，对其网络言语交际的各方交流信息的反馈方式，有着决定性的作用。在言语交际中，言语反馈有两大类，即语言的反馈和非语言的反馈。在日常的口语语体交际中，交际主体交流信息反馈的方式，既有语言的反馈，也有非语言的动作、表情等情景语境的反馈。在网络言语交际中，交际主体交流信息反馈的方式，主要是语言的反馈；其非语言的反馈，主要是利用网络非语言符号构成的情景语境的反馈，但这种交际反馈方式运用得不多。

网络言语交际交流信息的特殊反馈方式，先是影响着网络言语交际的调控，进而影响着实际的网络言语交际的动态进程。

2. 网络语境对其交际的影响作用

网络言语交际的特殊语境，使得网络言语交际处于一个虚拟的网络空间语境之中，由此，对其言语交际产生了许多不同于日常言语交际的影响。

网络言语交际主体，客观上处于小的现实的分离的空间语境之中，但是，在同一时间语境中，他们又共同存在于大的虚拟的一体的网络语境之中。值得注意的是，这里的前者并不会对后者产生什么影响。也就是说，他们在客观上处于小的现实的分离的空间语境，并不影响其同时处于大的虚拟的一体的网络语境。

网络语境对网络言语交际有着巨大的根本性的影响。

其一，网络语境，影响着交际主体隐秘地参与其言语交际。

　　虚拟的网络语境，给网络言语交际主体提供的言语交际空间语境全是虚拟的。在网络语境这个虚拟的交际空间里，任何言语交际主体都可以隐秘地参与各种场合的网络言语交际。他们的真实身份，可以自我藏匿，且他人不必知晓。他们可以虚拟出许许多多的交际语境，其各种情景语境可能都是不实的，交际中的上下文语境一般也难以可靠，甚至其背景语境也可以是莫须有的，但在网络言语交际中，他们却可以用比自己更为合适的身份，比现实更为真实的情感，参与比平常更为认真的网络言语交际。

　　其二，网络语境，影响着网络言语交际虚拟性的条件。

　　网络语境，是网络言语交际虚拟的一个基本语境，是网络言语交际双方互相不见面的语境。互联网络的特性，成就了网络语境的虚拟性，虚拟性是网络语境的一个基本条件。网络匿名的使用，更加提高了网络交际语境和其交际主体的虚拟性。网民上网交际，目前通行的仍是使用网络匿名。上网的"现实人"在某网站申请了一个网络虚拟身份 ID，就变成了网络世界里的一个"虚拟人"。虚拟身份"不显示"或"不完全显示"都是可以的。这样，其现实世界的真实身份特征，全都可以隐藏。这样的匿名制，既将特定的"虚拟人"与特定的"现实人"进行了某种程度的隔离，又将其虚拟世界与其现实世界进行了隔离，还将其言语交际的自由权利与相应的社会责任进行了隔离。这些因素，对网络虚拟语境的形成有着极为重要的影响，而受其影响的网络虚拟语境，又客观上成为网络言语交际的虚拟性条件。

3. 网络匿名语境，使其网络言语交际具有一些新的特点

　　其一，网络匿名语境，掩盖了交际主体的真实身份特征。

　　在网络语境网络言语交际主体的虚拟 ID，在身份特征设定上具有空前的自由度。网名、网络昵称、性别、年龄、职业等，都可以依据自己的喜好，自由地自主设置。于是，ID 的身份等诸因素，在虚拟的网络语境中的重要性也就相应地降低了许多。网络言语交际中，网民间的初次交际，最多注意一下交际对象的 ID 性别、年龄，其他细节因素似乎都可以忽略不计了。这跟现实日常言语交际中的语境相比，网络言语交际主体的身份特征就大大地简化了。

　　其二，网络匿名语境，简化了交际主体有关各方的相互关系。

　　网络言语交际，是在网络匿名语境中进行言语交际。其交际主体之间，也就是此 ID 与彼 ID 之间，现实社会里的各种上下尊卑关系似乎都不存在了。其言语交际主体各方的交际地位，是真正地平等了。虚拟的网络言语交际主体各方之间，从根本上说，彼此都是平等的关系。网络社区的管理员、版主跟任何网民之间仅存的虚拟的等级关系，也似乎不存在真正的约束力。现实社会的那种上下级关系、各种权势关系，在网络匿名语境里，似乎都消失了。随之，日常言语交际时需要遵循的社会礼仪规范，在网络匿名语境中也自然成了多余的东西了。在网络言语交际中，管理员、版主对普通 ID 有一定的管理权限，但这并不影响这种虚拟的上下级之间的自由言语交际，从本质上讲，他们的交际地位仍然是平等的。普通 ID 之间，更是绝对地平等了。

　　其三，网络匿名语境，使得网络言语交际主体对其行为可以不负相应责任。

　　网络言语交际是在网络匿名语境中的言语交际，这与人们日常言语交际很不相同。日常言语交际行为，与其言语交际责任是密不可分的。其言语交际主体，必须对自己的言语行为负责任。像网络言语交际那样，不必遵循礼貌原则，不必遵守社会规范，这在日常言

语交际中是绝对行不通的。日常言语交际主体，往往要直接承担由于言语不当而产生的各种现实后果，一般会给其带来现实的利益损失：或得罪对方，招致报复；或违规违法，受到惩处等。在网络匿名语境中进行言语交际，其言语行为若有不妥，一般不承担任何现实责任（涉及违法犯罪的除外）。有时，在网络匿名语境中也负非常有限的责任（没有遵守网站须知等），但不会给言语交际主体带来现实的利益损失。

虚拟的言语交际空间语境，自主设定的角色语境，随意或着意虚拟的其他种种语境，这些网络语境，决定着网络言语交际主体的格外自由自在。只要你参与网络言语交际，你就会体会到：网络言语交际要比其他言语交际自由自在得多。网络言语交际的话题，似乎没有多少真正的禁忌。一切都那么自由！

4. 网络语境的其他作用

其一，网络语境，为广大网民准备了丰富的与背景语境相关的信息。

一个人的记忆是有限的，言语交际需要的背景语境可以说是无限的。互联网飞速发展到现在，各种资料应有尽有，无所不有。对于网民来说，互联网几乎为大家准备了所需的各种背景语境资料，并且网上提供了各种检索工具。内容丰富，检索方便的网络资料，极大地方便了参与网络言语交际的网民们。这为网络言语交际提供了极大的便利。

在网络言语交际中，随着网络空间语境的进一步开放，各种专门性的资料链接网页或网站定会越来越多，网民们的相关言语交际，将更为方便，快捷，其网络言语交际的质量，将会越来越高；其网络言语交际的实际效果，将会越来越好。

其二，网络语境，为网民创造网络言语交际新形式提供了一定的条件。

网络语言的各种创新、变异，都与网络语境有着密切的关系。网络语境的特殊性是网络言语交际形式产生的重要原因。

在网络言语交际中，由于某些原因，有时也需要通过特定的网络语境，来帮助言语交际主体理解其言外之意。各种网络情景语境，有些网络上下文语境等，有时具备这一功能。

网络语境中进行言语交际，也存在一个语境对语体的选择问题。网络语言交际，是网民们在特定的场合，就特定的范围，向特定的对象，为了特定的目的而进行的言语交际。其特定的网络语境对其交际语体提出了特定的要求。网络言语交际语体的不断发展变化，正好说明了这一点。伴随着互联网的发展，网络语言中的各种新型变体，层出不穷。从"知音体"到"梨花体"，从"蜜糖体"到"下班回家体"，从"陆川体"到"末日生卒年月体"。网民们为着特定的言语交际目的，充分利用网络语境所提供的便利条件，总是选择最佳的语体或语言变体形式，充分发挥网络言语交际功能，进行着各种各样的网络言语交际。

大多数网民的网络生活，就是习惯性地进行各自的网络言语交际。网络语境就像空气一样，时时刻刻伴随人们进行网络言语交际。在网络言语交际中，网民们可能感觉不到自己在利用网络语境，但是，大家都能根据网络语境组织自己的网络言语，表达自己的意思。这是在自觉或不自觉地适应网络语境。网络言语交际范围很广，你可以论今谈古，你可以沟通中外，你一次又一次的网络言语交际的成功，在证明你适应网络语境的不断进步。

在日常语言交际中，语境对语言表达的制约作用，人们并不太在意，一旦言语交际中某些语境因素发生了巨大变化，其对语言表达的制约作用，就非常地明显了。

网络语境与日常语境有显著差别，以上所述这些因素都会对网络言语交际产生不同程度的影响。网络语境，是网络语言产生或变异的根本原因，网络言语交际，可以看做是网络语言和网络语境相互作用的结果。

第 10 章　网络语言与日常言语交际

10.1　网络词语参与日常言语交际

任何活的语言都可以看做是一个生命体，它不是静止不动的，而是动态生长的；它不是停滞不前的，而是永不停歇地动态发展的。一种语言，一旦停止推陈出新，那就说明它不再具有生命力了，它就该寿终正寝了。网络语言作为一种特殊的语言变体，其发展更新，是符合语言发展的基本规律的，是很正常的事。那么，为适应网络交际语境而发展更新的网络语言，其中有些进入了日常言语交际，也应该是很自然的事了。

不同语言间，会相互渗透。汉语中有日语外来词，日语中有英语外来词，英语中有法语外来词，凡此种种都说明了一个道理：不同语种的语言，在各自本身的发展更新中，尤其是在漫长的彼此间言语交际过程中，都会发生不同语言间不同程度地相互交融，相互吸收，相互渗透的现象。同一种语言的各个不同语体（含变体）间，同样的道理，也会发生不同程度地相互交融，相互吸收，相互渗透的现象。某种语体向另一种语体的渗透，最明显也是最常见的现象，就是其中的一些语体惯用词语进入另一种语体的言语交际之中。

网络言语交际中，网民创造出越来越多的适合网络交际语境的词语形式，在其发展和使用的动态过程中，随着时间的推移，其中的有些网络语体惯用词语，不管人们的种种责难（甚至声讨），正逐步地进入到人们的日常言语交际之中。如今，大到报章杂志，小到学生作业，甚至电影电视里，到处都会出现网络语言的幽灵。就是一年一度的春节联欢晚会，网络语言也屡见不鲜。有"妈喊我回家偷菜"、"真的好想再活 500 年"，有"别羡慕哥，哥只是个传说"、"我不是雷锋，我是雷锋的传人，简称雷人。"，还有"哥抽的不是烟，是寂寞"、"我们才是真正的'快女'，因为飞得最快，不像她们还走调"，等等。

据报载，由国家语言资源监测与研究中心、商务印书馆主办的"年度汉语新词语"评选中，"试客"、"职客"、"淘客"等 Web2.0 新新人类"客"系列的网络语言正式入选其中，成为继"黑客"、"博客"之后被视为能够反映社会生活变化，且主流媒体新闻曝光频次较高的汉语创新词汇。

网络语言进入人们的日常言语交际，似乎有越来越风行的趋势。大致说来，具有一些基本特点。

10.1.1　网络专有词语抢先进入日常言语交际

网络专有词语，是指网络言语交际中使用的有关计算机、网络技术等方面的专门的词语。随着计算机这个新事物的出现，就产生了人们谈论这些新生事物需要的专有词语形式。网络专有词语进入日常语言交际，很快就得到人们的认可和广泛应用。

1. 有的作为网络专有词语进入日常言语交际

在日常言语交际中，人们的交谈涉及网络特定对象时，就得有网络专有词语进入。人们谈及浏览网页时，就会出现相关的网络专有词语："主页"、"上传"、"下载"、"链接"、"超链接"，等等。谈到上网聊天时，就会出现相关的网络专有词语："聊天网站"、"聊天室"、"网友"、"黑客"，等等。

在语言的词汇系统中，各个行业都有自己的专有词汇。无论是什么人，只要谈论到某一特定行业及其相关事物，就不得不正确使用其相关行业专有词汇。

从语体的角度来看，这些网络专有词语，它们的语体特征仍然是行业专门语体的，并不具有鲜明的网络语体特征。

这类网络专有词语进入人们的日常言语交际，仅仅是为了谈论网络相关问题，从根本上说，网络专有词语的这种"进入"，并不能真的影响其言语交际。

2. 有的作为非网络专有词语进入日常言语交际

网络专有词语进入日常言语交际，很多时候，并不是以网络专有词语的身份进入的。也就是说，在日常言语交际中，有时会用到网络专有词语，但是，并不是在谈论网络相关问题，而是用以表现不关网络问题的人或事物。这可以看做，网络语言当做一般语言那样进入日常言语交际。

实际上，任何行业的专用词语都可能进入本行业以外的交际领域，日常言语交际更不例外。网络专有词语进入日常言语交际，也是这个道理，即用网络专有词语表达网络以外的人或者事物。

"上传"，本指利用互联网络的传输功能将信息从本地计算机传递到远程计算机系统，让网络上相关的网民都能看到的过程。或者说，将制作好的网页、文字、图片等文件发布到互联网上去，以便让其他人浏览、欣赏的过程就叫做上传。在日常言语交际中，"上传"常常用作"往上传递"之意。例如："你爸是领导，你就把大家的意见上传给他吧。"

"上传"的反义词是"下载"。"下载"，本指利用互联网络的传输功能，把互联网或其他计算机上的信息保存到本地电脑上的一种网络活动。只要是通过互联网获得本地电脑上所没有的信息之类的活动，都可以称之为"下载"。在日常言语交际中，"下载"常常用作"抄袭别人的东西或分享某种信息"之意。例如："这篇获奖作文是他写的？作文选上下载的吧？"

日常言语交际中，"软件"和"硬件"也常常这样活用。

"内存"本指计算机的内存储器或内存储器的容量。日常言语交际中常用来喻指人的知识储备的情况或记忆能力之类。例如："没有相当的内存，是很难考上北大研究生的。"

日常言语交际中，这样活用的还有"死机"、"存盘"等。

网络专有词语这样用于日常言语交际，从修辞学和认知语言学的角度来说，其实质是一种隐喻。人们在言语交际中，通过隐喻把握事物的特征。在日常言语交际中运用网络专有词语，能够凸显所要表达事物的特征，从而增强其交际言语的表现力。

网络专有词语用于日常言语交际，是一种扩展的活用，一般是临时性的，久而久之，也有固化而成为该词语一个固定义项的。

10.1.2 网络词语随着自身的发展纷纷进入日常言语交际

网络词语，是网民们在网络言语交际中雨后春笋般创造出来的新词新语。网络词语形式，最具网络语言变体的特征。网络词语在自身的发展过程中，纷纷进入人们的日常言语交际，使得人们日常的言语交际，更富有情趣和色彩；也使得人们的日常交际语言更富有表现力。

1. *网络词语的进入，使得日常言语交际更富有情趣和色彩*

网络词语，是网民们智慧的结晶，是网民们创新的结果。大多数网络词语，都具有娱乐意味。网络词语进入日常言语交际，就将这种娱乐意味传染给了日常言语交际。这样的日常言语交际，就比以往的日常言语交际，更加富有表达情趣，甚至可以改变日常言语交际所用语言的感情色彩。对于一个准网民来说，在日常言语交际中，把"这样子"叫做"酱紫"，把"鄙视"叫做"B4"，把"什么"叫做"神马"，总是会感到时尚新潮。就是一个没有上过网或很少上网的非网民，在日常言语交际中，也学会了把"歌迷"叫"粉丝"，把"看不懂"叫"晕"，把"厉害"叫"牛B"，把"东西"叫"东东"，把"年轻人"叫"小P孩"，把"有没有"写为"有木有"，等等。这里有褒有贬，有叠音有谐音，音韵美妙、诙谐幽默，感情色彩鲜明，用词更富童趣。

2. *网络词语"旧词别解"地进入，使得日常言语交际的用语更具表现力*

网络词语，有些本来就是现代汉语常用词语活用变化的结果。前面已经分析过，有些网络词语，是网友们运用传统的"旧词别解"或创新的"借词活用"等方法"生产"的。或改变涵义，赋予新的义项，或变换色彩，加上新的情感因素，等等。

含有全新意义的网络词语，进入了人们日常的言语交际，就使得其交际用语比往日的交际用语更具表现力。现在，在人们的日常言语交际中，常常用到一些"旧词别解"或"借词活用"的网络词语。人们经常谈论的"马甲"，再也不是"背心"类衣服，而是网络论坛术语，指"网络用户，注册和使用的多种新ID"。人们说起的"灌水"，往往是说"有人在网上大量发帖或回帖"之类。人们交谈中的"打铁"，很有可能是说"某人发的有些分量的帖子"。人们谈论的"拍砖"，其实是"提意见"。某某说自己是"打酱油"的，意思是"不关我事"……这类网络词语越来越多地进入人们的日常言语交际之中。例如："青蛙"与"恐龙"，"潜水"与"水母"，"楼主"与"盖楼"，"椅子"与"板凳"等。这些人们从小就学会并熟知其义的常用词语，如今竟全然失去了它们本来的意义。由于网络语言的影响，人们已经开始习以为常地将其全新的意义，用于日常言语交际之中。

此类网络词语进入到日常言语交际中来，更加广泛地传播了这些原有词语全新的含义。总的来看，可以说，这类网络词语史无前例地扩大了自己的表达意义范围，实实在在地加强了这些词语的全新表现力。

3. *网络词语的进入，使得日常言语交际用语的表达更加简洁、轻松、形象、幽默*

这类词汇，意义大多发生了改变。或引申，或转移，或拓展。"驴友"是理据与谐音相结合而成的网络词语（"驴"谐音"旅"，"友"引申为"一类爱好什么的人"）。由于表意简洁、轻松、幽默，"驴友"已经成了日常言语交际的常用词语。"给力"本是北方方言词语，表示"给劲"的意思。网络流行词语中，拓展为"有帮助、有作用、给面子"

的意思。在人们的日常言语交际中，现在到处出现"给力"一词。"包子"本指用面粉加馅料蒸制成的食物。在网络词语中则被转移为"形容某人笨，或者是长相欠佳（外表圆而笨重不好看）"的意思。日常言语交际中，也有人用"包子"，借喻某人"相貌不好，生性笨拙"之意，隐晦而又形象。

"郁闷"原本用来指一种不舒畅的心境，在网络语言里，"郁闷"被泛化后，常用来指生活中不可缺少的、可以笑对的些微烦恼。"郁闷"常以网络语言的新义，进入人们的日常言语交际。书面语体交际比比皆是，口语语体交际更是多见，尤其是在青年人中，"郁闷"早就成了特高频词。"郁闷"以网络词语的意义进入日常言语交际，其词义程度降低了，词意也不那么严肃了，特别具有蓄意调侃、自我解嘲的意味，既显得轻松，又有点幽默。"晕"本指"头脑发昏"之意。网络词语"晕"用来表示某种感叹的情绪状态。"晕"常以网络词语意义进入人们的日常言语交际。"毕业论文本周要交，晕，我才刚刚开了个头。"这里"晕"的意义似乎虚化成了一个叹词。用一个独字词，表达那么复杂的情绪，是不是特别简洁？

旧词别解，毕竟也是一种解释。它将一种全新的意义赋予旧有的词语形式之中，只是有些不太符合人们的用语习惯。这类被"曲解"的网络语言词语进入到日常言语交际之中，往往能够增加交际用语的表达活力和情趣。

10.1.3　网络词语中的新造词语，也在越来越多地进入日常言语交际

网络词语在发展过程中，诞生了许许多多全新的网络词语。其中有些词语从形式到意义都是前所未有的。这些网络词语中的新造词语进入人们的日常言语中，快速地扩大了日常言语交际中的词汇量，也就是扩大了现代汉语的整体词汇量。

1. 从形式到意义全新的网络词语，大量进入人们日常的言语交际活动

这类词语里既有网络音译词，又有网友的新造词。有些词语出现得比较早，在人们的日常言语交际中，屡见不鲜。音译词有"伊妹儿（E-mail，电子邮件，网络邮箱）"、"瘟都死（windows，操作系统名）"以及"猫（modem，调制解调器）"、"粉丝（fans，崇拜者，支持者）"，等等。新造词有"菜鸟（网络新手）"、"美眉（漂亮女生）"、"造砖（在 BBS 上认真写东西）"，等等。

2. 网络新词语的相关系列词语，也进入了人们日常言语交际活动之中

这类词语系列，伴随着网络语言及其流行语，似乎给人以成批涌现的感觉。其中的许多词语成系列地进入到人们的日常言语交际之中，有的已经成为日常言语交际词语的一部分。

网络新词语系列，大多是"仿词"的结果。这类词语的突出特征，就是它们一般都有一个明显的词缀，该词缀来源于最初诞生的那个网络词语。这类词语在人们的日常言语交际中，似乎显得更有分量。常见的具有相同后缀的系列网络词语，有"二代"系列的"富二代"、"官二代"、"民二代"等，有"控"系列的"萝莉控"、"手表控"、"名酒控"等，有"客"系列的"黑客"、"红客"、"闪客"，等等。

日常言语交际中，经常出现的系列网络词语，有后缀相同的系列，也有前缀相同的系列。有"网"系列的"网友"、"网虫"、"网迷"等，有"楼"系列的"楼主"、"楼上"、"楼下"等，有"5（吾，我）"系列的"520（我爱你）"、"527（我爱吃，多用于

餐饮招牌)"、"521（我愿意）"，等等。

网络词语进入人们的日常言语交际，十分有利于现代汉语语汇的发展。为了方便人们在日常言语交际中，更好地运用新出现的词语，中国社会科学院语言研究所词典室编写，商务印书馆出版的，中国最权威、应用最广泛的《现代汉语词典》，在第六版中已经收录反映社会变迁的 3000 个新词。其中就有不少进入日常言语交际的网络新词。例如，"云计算"、"给力"、"雷人"，等等。新版词典中的新词新义新用法，充分反映了中国新时期（特别是近几年来）涌现的新事物、新概念、社会生活的新变化和人们的新观念。

中国社会科学院语言研究所词典室还编纂了一部《新词词典》，收录了更多网络词语，"菜鸟"、"大虾"、"灌水"之类能够反映新事物，又能被大家所接受的使用频率较高的词，都被收录其中。

10.1.4　网络词语进入日常言语交际，大可不必为之担忧

网络词语进入日常言语交际，是现代汉语发展的必然，人们大可不必为之担忧。从现代英语发展的情况来看，美、英等国一些权威词典，也收录了部分网络语言。英国牛津词典最新版就收录了 3000 新词，其中不乏网络新词。权威的《牛津·外研社英汉汉英词典》，是史上最大最全面的英汉汉英词典，也将中国网民的流行词汇收入其中。

网络语言进入人们的日常言语交际，并非坏事，人们大可不必过分担忧。"优胜劣汰，适者生存"，同样适用于网络语言的发展，尤其是网络词语的发展。伴着网络言语交际的进一步发展，随着时间的推移，就像当年的"大哥大"变成了"手机"一样，很多网络新词语会因种种原因而渐渐消失，有的将会被更好的新词新语所替换。只有最佳的网络词语，才会真正融入人们的日常言语交际。

几年前，人们对有些网络词语是那么的陌生。如今，绝大多数人在日常言语交际中不但理解而且会应用不少的网络词语。什么"鸭梨山大"、"浮云"、"杯具"，什么"小盆友"、"童鞋"、"伤不起"，等等。这些"洪水猛兽"，大多蜕变成了普通民众也能接受的"新生事物"。

几年前，郑州市回民中学《根据情境写一个简短的自我介绍》的那篇学生作文，读读看，今天的你还会陌生吗？

"童鞋们：大家好！偶是新来的！先冒个泡，混个脸熟。鄙人宅男一枚，宅时会看看电视新闻，关注一下我们生存的这个大篮球正在发生的故事，免得被大虾们鄙视是火星来的。也常上网，给自己织个围脖，天气渐冷嘛，整个场面得 hold 住！作为资深网络草根，常常吐槽，也让世界听听偶的声音！生活中，虽然很爱宅，但也是运动一族！偶可是个篮球控！休息的时候，常常约上三五个盆友，到球场上秀一下球技！都说理想很丰满，现实很骨感，但也努力为现实插上丰满的羽毛！这就是偶，爱宅爱篮球爱梦想的偶！"

学生作文中的这些网络语言，今天的我们是不是变得熟悉些了？

网络语言使用的最新调查结果表明：从小学到初中，从高中到大学，绝大多数学生认为，网络语言是一种新兴的语言样式，会在日常言语交际生活中经常性地使用。

网络语言是学生十分喜欢的一种语言样式，它新颖、幽默、有特点，满足了新一代年轻人（包括青少年儿童）对于个性的追求。

网络语言，使用于人们的日常言语交际之中，人们应该学会的不是"堵"而是

"疏"。郑州市回民中学语文教师党蓉蓉的观点是值得肯定的。党蓉蓉老师认为：在适当的情景下，要鼓励学生使用这种能够贴近学生生活，准确反映学生内心需求的语言，尊重并肯定学生的这种创新思维和创造力。要将一些现已被规范的、被官方大量用于传播媒体的、已进入狭义新词新语范围的网络语言及其使用方法，教给学生。有"高铁"、"给力"、"经适房"等，还有"作秀"、"超女"、"微博"等。

在信息高度社会化、社会高度信息化的今天，我们应该积极热情地去适应不断发展变化的网络语境，接纳源源不断的具有新生活力的网络新词新语，并使之成为中华语言文化的新元素，我们有理由相信：有了网络语言这个新元素的加入，古老的中华语言文化一定会变得更为年轻，更有活力，更为充实，更加完善！

10.2 日常言语交际中出现的网络语法形式

互联网络快速普及，对于网络语言，人们再也不感到陌生了。往日"洪水猛兽"般的网络语句，渐渐被人们认可并接受。网络语言变体特有的语法现象，也逐渐成了网民们的家常便饭。习惯了网络语言特有语法的人们，在日常言语交际中，也渐渐引入了新的语法形式。

网络语言是一种个性鲜明的语言变体，前面已经分析过，网络语言的语法形式也具有其鲜明的特征：词语意义的改变，表达方式的怪异，语法形态的变化，等等。

人们的日常言语交际，出现了越来越多的网络语言的特定语法形式。这不仅仅是一种语言特殊现象的凸显，也是相关社会现象的动态反映。网络语言的一些语法方式，尽管基于现代汉语语法，但其新的形式在普通话中一般是不存在的，按照一般语法规则，也是难以解释清楚的。这些新的网络语言的语法方式，进入人们的日常言语交际，客观上，推动了现代汉语语法的变革，也促进了人们日常言语交际的变化。

10.2.1 日常言语交际中出现了类似网络上的词类活用现象

网络言语交际中，网民们常常扩大固有词类的语法功能，造成新奇的词类活用的表达方式。（详见第六章第二节的有关分析。）受其影响，现在的日常言语交际中，常常出现与之相类似的词类活用现象。

1. 日常言语交际中，出现名词活用为动词的语句

人们的日常言语交际中，类似网络语言那样的名词活用作动词的语句，常常出现。

例如：

"别忘了，会议结束后电我！"
"不懂？百度一下它不就明白了。"

例句中名词"电（电话）"活用为动词"打电话（给）"的意思，句末还带有谓语"电"的宾语"我"。名词"百度（网络搜索引擎）"活用为动词"（用）百度搜索"的意思，谓语"百度"后带有补语"一下"以及宾语"它"。这样的用语，不但简洁、新潮，而且现在的人们，一般都能听得懂其中的意思。

现代汉语日常言语交际中，很少出现"主语+谓语（名词）（+补语）+宾语"这样典型的网络语言语法形式。日常言语交际中出现这样的句子，显然是受网络语言的影响。

2. 日常言语交际中，出现新的名词活用为形容词的语句

人们的日常言语交际中，类似网络语言那样的名词活用作形容词的语句，也时有出现。这种用法，类似于网络语言中表特殊性状的名词活用为形容词的情况。

例如：

> "你们得冠军，是因为对手太菜！"
> "赵工程师有点真本事，就是太妈妈了。"

例句中，名词"菜"活用为形容词"（水平）低"或"差"的意思，句中作谓语。"太菜"意为"水平太低"。名词"妈妈"活用为形容词"（像妈妈那样）爱唠叨"，句中作谓语。"太妈妈"意为"太爱唠叨"。

3. 日常言语交际中，出现新的形容词活用作副词的语句

人们的日常言语交际中，类似网络语言那样的形容词活用作副词的语句，也常见出现。

例如：

> "到了大四，钱紫薇的英语成绩变得超好。"
> "总监的话，使我狂晕。"

形容词"超"活用作副词，表示"特别"之意，充当谓语"好"的修饰状语。形容词"狂"活用作副词，表示"疯狂般"之意，充当谓语"晕"的状语。

此外，网络语言中的副词"很""非常""不"等修饰名词的情况，也常出现在日常言语交际之中。例如："到了高三，他已经很老师了。""你已经变得非常女人了，还要怎么样？""我不苦瓜，还真不行！""他们太金银了。"日常言语交际中，此类用法不胜枚举。

4. 日常言语交际中，出现新的形容词活用作动词的语句

人们的日常言语交际中，类似网络语言那样的形容词活用作动词的语句，并且也带宾语且用于被动结构。这与传统的形容词用法很不相同。

例如：

> "菲律宾被黑了心，伙同日本与中国作对。"
> "朴槿惠高了文在寅，当选为韩国第一位女总统。"

例句中，形容词"黑"活用为谓语动词，表示"变黑"的意思。用于被动句式，且带有宾语"心"。形容词"高"活用为谓语动词，表示"（得选票高）赢"的意思，且带有宾语"文在寅"。

日常言语交际中出现的这种形容词活用为动词的句式，是网络语言中才有的句式。现

代汉语"被"动句，多由"被"+动词构成，一般情况下，不能直接用形容词，也不能带宾语。

5. 日常言语交际中，也出现了新的动词活用作形容词的语句

人们的日常言语交际中，类似网络语言那样的动词活用作形容词的语句，出现得相对较少。主要限于"毙"、"死"、"呆"等动词。

例如：

> "妹妹的新男友酷毙了！"
> "看到歼15在航母上着舰成功，我们高兴死掉了。"

例句中，动词"毙"活用为形容词，充当谓语"酷"的补语。补充说明"酷"的程度。动词"死掉"活用为形容词，充当谓语"高兴"的补语。补充说明"高兴"极了。

10.2.2 日常言语交际中出现了类似网络上的特殊句式

前面讨论过网络言语交际中的特殊句式，网民们在日常言语交际中，常常出现与之相类似的特殊句式。

1. 日常言语交际中，常出现类似于网络语言的变式句

变式句，是网络语言中特殊句式中运用较多的句式。日常言语交际中，出现的类似于网络语言的变式句主要有谓语前置（也叫主谓倒装）、状语后置、宾语前置等类型。

其一，日常言语交际中，人们为了强调谓语而将谓语前置，造成类似于网络语言的主谓倒装的变式句。

例如：

> "是中国的，钓鱼岛！"
> "把日本带向何方，安倍晋三？"

例句中，第一句，前置了谓语部分"是中国的"，是在强调主语"钓鱼岛"不可争辩的历史属性。第二句，前置了谓语部分"把日本带向何方"，是在质问主语"安倍晋三"。

其二，日常言语交际中，人们为了突出谓语而将谓语的状语后置，造成类似于网络语言的状语后置的变式句。

例如：

> "朝鲜发射了卫星，向太空。"
> "莫言去领诺贝尔文学奖了，到瑞典斯德哥尔摩！"

例句中，第一句，后置了谓语"发射了"的状语"向太空"。是在突出谓语"发射了"的既成事实。第二句，后置了谓语"去领"的状语"到瑞典斯德哥尔摩"，是在突出谓语"去领"诺贝尔文学奖的事实。

其三，在日常言语交际中，人们为了强调宾语而将宾语前置，造成类似于网络语言的

宾语前置的变式句。

例如：

　　"进门时，你卡刷了吗？"
　　"我们几个，都论文提前交了。"

　　例句中，第一句，前置了谓语"刷"的宾语"卡"。是在强调上班要按时"刷（报到）卡"。第二句，前置了谓语"交"的宾语"论文"，是在突出宾语"论文"，"提前交了"的信息。

　　除此之外，日常言语交际中，偶尔也有其他类似于网络语言的变式句出现，但出现率较之于上述类型要少一些，这里就不一一分析了。

　　2. 日常言语交际中，常出现类似于网络语言的约定俗成的较固定的状语后置变式句

　　在日常言语交际中，类似于网络语言的约定俗成的较固定的状语后置变式句，常见的类型不是很多。

　　其一，日常言语交际中，出现了类似于网络语言的约定俗成的较固定的"……先"的状语后置固定变式句。

　　例如：

　　"Iphone 5 开始发售了，我们抢购先！"
　　"浙江经济发展落后于广东，你得给个叫人信服的理由先！"

　　例句中，第一句，后置了谓语"抢购"的状语"先"。第二句，后置了谓语"给"的状语"先"。在传统的日常言语交际里，要将其说成"先抢购"和"先给"之类的句式。

　　其二，日常言语交际中，也有类似于网络语言的约定俗成的较固定的"……都"的状语后置固定变式句。

　　例如：

　　"中国南海的一些岛屿，那几个国家时刻想据为己有都！"
　　"中国最美乡村医生的事迹，让我的朋友们深为感动都。"

　　例句中，第一句，后置了谓语"想"的状语"都"。第二句，后置了谓语"深为感动"的状语"都"。在传统的日常言语交际里，要将其说成"都想"和"都深为感动"之类的句式。

　　按照现代汉语普通话的规范，一般情况下，状语要放在它所修饰的动词前面。也许是受汉语方言的影响，网络言语交际中，常出现一些状语置于动词之后的现象。如今，日常言语交际中，此类现象也时有出现。

　　此外，在日常言语交际中，也有类似于网络语言的"……够"、"……很"之类的状语后置。

3. 日常言语交际中，也出现过类似于网络语言句法的特殊句式

在日常言语交际中，也出现过类似于网络语言句法的"……中"以及其英文"……ing"的特殊句式。

例如：

"美国财政悬崖，全世界关注中……"
"美国康州枪击案，全美民众哀悼 ing。"

例句中，第一句，谓语"关注"后跟有一词"中"，表示正在进行，"关注中"即"正在关注"的意思，有表示时态的意味。第二句，谓语"哀悼"后跟有后缀"ing"，也是表示正在进行，"哀悼 ing"即"正在哀悼"的意思，也有表示时态的意味。

汉语本来没有表示时态的形态变化形式，"……中"的句式，有可能来自日语，或者对译了英语的"ing"，由于网络言语交际中这两种用法频率较高，就自然地进入到日常言语交际中来了。

10.2.3 日常言语交际中，出现了类似网络上的特殊的表达风格

日常言语交际中，出现的一些新的表达方式，很明显是网络语言对其影响的结果。

娱乐是网络言语交际的主要目的之一。网络言语交际主体的随机性极强，变化很大，在网络语境里，要达到娱乐的目的，其言语交际方式就不能太正式，也不能太呆板。否则，不但达不到娱乐的目的，而且会失去很多言语交际机会。在网络言语交际实践中，网民们创造了活泼、明快、幽默、新奇的言语表达方式，形成了网络言语交际特有的话语风格。

网民队伍越来越大，熟悉或习惯了网络言语交际风格的人越来越多，于是，人们就将网络言语交际的话语风格带进了日常言语交际中。于是，日常言语交际中，出现了类似网络上的特殊的表达风格。

1. 日常言语交际中，出现了类似于网络话语风格的简洁的表达方式

例如：

"好！""你好！""那儿的？""湘人。你呢？""川民。""刚到？""对！你呢？""哦，刚赶上午餐。"

这是某大学餐厅，午餐时两位刚报到新生的交谈实录。两位初来乍到，其言语交际简练且自然。典型的网络话语风格。几乎全是短句，有时只用一两个词，却清楚地表达出了自己的意思。显然，这两位新生，本是网络言语交际的大虾，他们是不自觉地将网络话语风格带到了日常言语交际之中。

2. 日常言语交际中，出现了类似于网络话语风格的直接的表达方式

例如：

"那个星期天；妈妈带我去逛 200。我的 GG 带着他的恐龙 GF 也在 200 玩，GG

的 GF 一个劲地对我 PMP，那酱紫就像我们认识很久了。后来，我和同学到网吧打铁去了……7456！大虾、菜鸟一块儿到我的烘焙机上乱灌水？"

这是网上的一段初一学生作文，也是一段类似于网络话语风格直接表达的典型实例。日常语言交际中（作文也是一种书面言语交际），很难见到如此般的直接表达。只有网络言语交际，才这样既没必要遵守"礼貌原则"，也没必要顾忌得罪人而曲折隐晦。现实生活中需要禁忌的说法，在这段作文中，全然不管。"我手写我心"，想到些什么，就直接把它写出来。既有网络语言的简洁，又有网络语言的直白。

又例如：

"钱财你在乎吗？""特别在乎！""地位你在乎吗？""很在乎。""人品你在乎吗？""也在乎。"……

这是怎样的相亲表白？太赤裸裸了！这就是网络言语交际式的表白。无所顾忌地简明而直接地表述。由此可见，网络话语风格已经深深地影响了人们的日常言语交际。

10.3　网络语言日常化的成因

语言的发展，通常表现为其相关交际领域的扩展。而新扩展的交际领域，总是要求相关语言不断地适应其交际的需求。语言在不同的交际领域形成的特点，自然地会扩散到其他的交际领域中去，最后，必然地会推动其语言整体的进步。网络语言的日常化就是其语言发展的必然体现。任何语言的发展都有着其发展所需要的主客观条件，网络语言的日常化也正是这样。

10.3.1　网民队伍的持续扩大，是网络语言日常化的前提条件

网络语言的产生和发展，自始至终都是依赖于互联网络的不断发展，网络语言的日常化也与互联网络的发展密切相关。互联网的发展，绝不只是网络相关技术的突飞猛进，更重要的是人的因素。网民的持续增加，网民队伍的不断扩大，这是网络语言日常化的前提条件。只有应用互联网的人们真正地多起来，网络语言才会变成大众化的语言。习惯性的网络言语交际，才会真正加大其对日常言语交际的实际影响。网络语言不断地渗透、进入而直接参与日常言语交际，最终将会导致网络语言日常化。伴随着互联网络的迅速发展，我国互联网用户出人意料地快速增加，我国网民队伍空前地扩大。

《CNNIC 第 30 次中国互联网发展统计调查报告》公布了截至 2012 年 6 月底，中国互联网发展统计结果。中国网民数量达到 5.38 亿人，互联网普及率约四成。自 1997 年第一次发布此类报告以来，十五年间，中国网民规模增长了 860 多倍，中国已稳居全球第一互联网大国。详见以下数据。

"中国网民数量达到 5.38 亿人，互联网普及率为 39.9%。2012 年上半年网民增量为 2450 万，普及率提升 1.6 个百分点。"

"我国手机网民规模达到 3.88 亿，较 2011 年底增加了约 3270 万人。"

"农村网民规模为 1.46 亿人，比 2011 年底增加 1464 万人。"

"2012 年上半年使用台式电脑上网的网民比例为 70.7%，相比 2011 年下半年下降了 2.7 个百分点，手机上网比例则增长至 72.2%，超过台式电脑。"

十五年前的 1997 年，我国上网用户数仅为 62 万人，现在我国上网用户数达到了 5.38 亿，是十五年前的 867 倍，年复合增长率高达 157%，即使在增速放缓的当前，2012 年上半年，我国用户数增长了 2450 万个，平均每天增加 13.5 万个网民，5 天的新增网民数就已经超过 15 年前的中国网民总数。

从国际对比来看，四年前的 2008 年 6 月底，我国上网用户数已超过美国，跃居世界第一位。如今，全球每 100 个网民中，就有 24 个是中国人。

我国网民规模发生巨变，的确是个奇迹。一个以农村人口为主底子薄的国家，一个处在转型时期且老龄化进程逐步加快的国家，仅仅是十五年，就在互联网发展上超过了世界上任何一个国家。农村人口、年纪大的人，上网肯定有难度，属于上网困难户。根据第六次全国人口普查显示，虽然 10 年来我国城镇化进程加快，但目前农村人口仍占全国总人口的 50.32%；且 60 岁及以上人口占全国总人口的 13.26%，比 2000 年人口普查上升 2.93 个百分点，见图 10-1 所示。

回想十五年前，对于大多数中国网民来说，上网冲浪、电子邮箱还是当时的热门词汇，能够利用互联网查找信息是很时尚、很了不起的事。如今，每个中国网民，都会根据日常工作、学习、生活的实际需要，自觉或不自觉地在互联网中去满足自己的种种需求。互联网上那海量的信息内容、那丰富的网络平台的应用，几乎成了网民们的每日必修课。广大网民已经严重依赖互联网了，依赖得几乎不觉得它的存在。互联网是这样史无前例地影响着中国社会生活，影响着数以亿计的中国网民，同时也在影响着人们的日常言语交际。

互联网络的持续发展，网民规模的不断扩展，为网络语言走进日常言语交际提供了渗透、进入和直接参与的前提条件。

10.3.2 网络言语交际主体的共同心愿，是网络语言日常化的基础条件

网络言语交际主体青少年总是占大多数，他们对网络语言特点的形成起着主要作用，他们对网络语言进入日常言语交际也将起着推动作用，年轻人永远是语言创造和传播的主力军。

《CNNIC 第 30 次中国互联网发展统计调查报告》公布了截至 2012 年 6 月底，中国网民的"年龄结构"。"随着中国网民增长空间逐步向中年和老年人群转移，中国网民中 40 岁以上人群比重逐渐上升，截至 2012 年 6 月底，该群体比重为 17.7%，比 2011 年底上升 1.5 个百分点。其他年龄段人群占比则相对稳定或略有下降。"但是，10 岁至 39 岁年龄段的网民，仍然占有 82.2% 的比重。其中 10 岁至 29 岁的青少年占有 56.5% 的多数比重。这个年龄段的网民，他们思维最活跃，个性最鲜明，他们常常不满足用规范的语言文字交际，总是企望在网络言语交际中，收获无尽的乐趣。他们把网络言语交际视作能够张扬自身个性的理想平台，他们深信自己对网络语言的些微贡献，会获得其他网友的认可并接受。这些可能就是青少年网民致力于改造汉语、创新网络表达方式的主要动力。

互联网络是青少年的虚拟乐园，作为网络言语交际主体，青少年有着共同的心愿，很

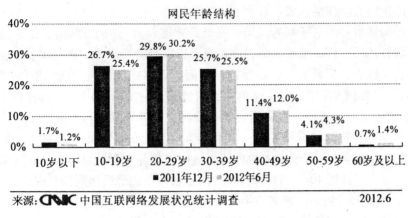

图 10-1　2011. 12—2012. 6 网民年龄结构（图示）

容易形成心里的趋同。在网络言语交际园地，他们忘我地追求快乐，无所顾忌地进行网络言语交际，尽情地向未曾谋面的网友倾吐"心里话"……这是年轻网民的心理共同点。青年网民们共同创造和传播的网络语言，既轻松、新颖，有奇特、幽默，这些特点正好体现了青少年网民的心理追求。伴随着互联网的发展，网络语言逐渐成为青少年网络交际习惯性语言，在不久的将来，其中具有生命力的部分网络语言，有可能进而升为青少年在现实言语交际中的共同语言。事实上，现在的青少年日常言语交际中，已在使用这样的共同语言。

　　青少年网民这类网络言语交际主体的共同心愿，是网络语言日常化的基础条件。网民们心理状态的趋同使其具有类似的认知背景，可以成为网络语言进入日常言语交际的心理基础。年复一年，少年变成了青年，青年变成了壮年，壮年变成了老年，而曾经共同有过的认知背景，却会深深刻在网民们的心中，沉淀到他们知识结构的底层，使之最容易理解和接受网络语言，这就是网络语言日常化的基础条件。

10.3.3　多种网络文学样式的出版传播，是网络语言日常化的客观推手

　　文学作品，尤其是热销或畅销的大众文学作品，总是直接而有力地影响着其语言的传播。网络文学作品，包括各种样式的网络文学作品，其出版和传播，成了现实社会的网络语言日常化的客观推手。

　　网络文学是打有网络语言印记的语言艺术，语言成就了文学，文学传播了语言。网络语言的传播与打有其印记的网络文学关系十分密切。

　　互联网络的特点，决定了网络文学创作的特殊性。网络文学写作，既是网民的自由举止，又是较为轻松的行为，自己创作，自己出版。没有任何麻烦的相关环节，且能瞬间传遍全球。久而久之，人们并不满足与这种虚拟的网络出版，网络文学渐渐由虚拟出版渗透到现实出版了。从 2003 年末开始，传统出版社也关注起网络文学来了，甚至一些知名的出版社也在网罗优秀网络作者争夺其网络文学作品了。网络文学正式开始从网上走到网下，以传统的文本形式出现在现实社会的书店里，出现在普通人家的书架上，出现在百姓

读者的手中了。

　　一批批的网络文学作品，成了各大书店的畅销书。

　　有曾闻名网络世界的痞子蔡的《第一次的亲密接触》，开创了网络小说的先河：醒目地被相关出版社印成了传统纸质书籍，由正规书店售给普通读者。还有痞子蔡后的第一波网络作家，获奖成名，突然火了，出版社、书商、媒体蜂拥而至。在内地号称"五匹黑马"。他们是邢育森(《活得像个人》《网上自有颜如玉》《柔人》)、宁财神(《武林外传》《防火墙5788》《大笑江湖》)、俞白眉(《网络论剑之大梦先觉篇》《寻常男女》)、李寻欢(《迷失在网络与现实之间的爱情》《一线情缘》)以及安妮宝贝(《告别薇安》《七年》《七月和安生》)，等等。孙睿反映大学校园生活网络作品《草样年华》，出版成书后，在德国法兰克福书展上被近40个国家和地区的出版公司争先恐后地购买版权。

　　2000年，被誉为"内地网络文学第一书"的《悟空传》在金庸客栈横空出世，其作者今何在因之为广大网友熟知。第二波网络作品随之出版。有王小山的《这个杀手不太冷》、沙子的《我不是一粒沙子》、心有些乱的《绝色》、南琛的《太监》，等等，统统被纳入"光明书架"的"网络人文丛书"。

　　慕容雪村2003年获中国新锐版年度网络风云人物称号，他的《成都，今夜请将我遗忘》的火爆，标志着第三波网络文学的出版高潮。于是，上官谷二的《深圳今夜激情澎湃》、何员外的《毕业那天我们一起失恋》、菊开那夜的《空城》相继出版，这些网络作品，均有出色的表现。

　　各出版社竞相跟进，一批又一批网络文学作品相继出版。有春风文艺出版社的《大四了，我可以牵你的手吗》《天使的眼泪》，华夏出版社的《我的大学没恋爱》《点一支烟燃烧孤独》，有新世界出版社出版的《明若晓溪三部曲》，还有现代出版社出版的《我不是聪明女生》，等等。

　　今何在的《悟空传》，网民们特别喜爱。受网民们欢迎的还有可爱淘系列小说《那小子真帅》《狼的诱惑》《西北理工大学风流往事》《毕业那天一起失恋》《粉红四年》《寄生》《清醒纪》《我把爱情煲成汤》等，还有异军突起的郭敬明创作的系列网络小说《梦里花落知多少》《幻城》《岛》，等等。这些所谓的网络"论坛文学"出版后，网民读者乐意为之掏空口袋，几乎参与的所有出版商都因之获利颇丰。

　　"博客文学"也是很走红的网络文学，网络作者把"博客"视作网络文学创作的特殊空间。博客文学以其另类、清新的文字、劲爆感人的内容，吸引住了越来越多的网民读者，马上受到出版商的关注。2004年下半年，"北京女病人"的博客集《病忘书》出版，销量十分可观，被称为"中国内地最受关注的女博"；"梅子"的下厨心得集《恋人食谱》也成为生活类的畅销书。还有"董事长"是博客日记及其杂文，上海在校大学生"乔乔"的幽默网络文学《乔乔相亲记》等，也被2万多个站点持续转发。"博客文学"是几乎全民参与的网络文学，网友的评论，往往参与其中，使之成为近乎集体的创作。妙趣横生、率性直陈的话语方式是这类作品的重要语言特征。其天马行空、无所顾忌、自然却充满魅力的语言风格，赢得了越来越多的读者。

　　据当代文学研究会会长、评论家白烨提供的统计数据，2011年小说出版总量达到了4300多部，除去少数中短篇小说集之外，长篇小说应在4000部以上。其中传统的严肃文学类小说约在1000多部，近3000部的长篇小说应为类型化的网络小说。现在的长篇小说领域，传统的严肃小说与网络的类型小说并行发展，各行其道的情形，已是一个基本的定势。

网上有人提出：要解决传统文学所面临的困境和所直面的挑战，我们必须要"向网络文学看齐"。为此，网络评论家庄庸提出："第一，研究传统文学生产机制。第二，洞悉网络文学新生产机制。第三，找出其中可以互相补充、同融共生的路径。现在问题的关键是，我们并没有掌握网络文学的核心生产机制。所以，如何能够知道它与传统文学生产机制的区别，并了解两者之间的差异，互相补充，同融共融成为 2012 年网络文学发展核心的关键。"

对网络文学的重视，将促使人们认真面对网络文学，进一步研究发展网络文学。

自由是网络文学的灵魂，无拘无束，自由宣泄，愿意与所有人共享，出版商难以干预、读者群也难施压。丰富的想象，自然的形式、多样的内容，特别是其原创性，这都是网络文学吸引人的亮点。

变成现实文本的网络文学，并没有抹去"网络"印记。网络文学出版物，总是保留着浓厚的网络语言韵味，总是少不了网络词汇。网络文学的正式出版，客观上进一步扩大了网络语言的影响力，不仅深受熟谙网络语言网友们的喜爱，而且也让少数"非网民"得以进行网络语言的"扫盲"，网络文学的纸质读本，客观上成了一些网络语言的普及教材。

据不完全统计，中国的文学网民人数达 2.27 亿，约占网民总人数的 47%；以不同形式在网络上发表过作品的人数高达 2000 万人，注册网络写手 200 万人，通过网络写作（在线收费、下线出版和影视、游戏改编等）获得经济收入的人数已达 10 万人，职业或半职业写作人群超过 3 万人。在网络作家队伍中，男女作者比例基本持平，18～40 岁的作者占 75%，在读学生约占 10%。网络文学的发展，文学网民的增加，势必加强网络语言对日常言语交际的影响。

不管怎么说，以上多种网络文学样式的出版传播，文学网民队伍的扩大，这些因素都是网络语言日常化的客观推手。

10.3.4　网络语言的进一步发展，是网络语言日常化的内在因素

语言作为一种社会现象，总会伴随着社会生活变化的步伐而发生相应改变。语言和社会往往是"共变"的。社会发展变化无疑是语言发展的主要外在条件，但是，语言的相应发展变化更取决于语言自身的内在条件。网络语言进入日常言语交际的发展变化，也同样取决于网络语言自身的进一步发展变化。

不同的网络专有词语，其进入日常言语交际的可能性就不同。一些特指的网络专有词语进入日常言语交际的可能性，较之非特指的网络专有词语就要小一些。一些非特指的网络专有词语进入日常言语交际的可能性，往往就大得多。日常言语交际之中，"美眉"、"东东"、"浮云"、"大虾"、"神马"等词语就比较常见。此外，网络专有词语是一种行业语，除了作为行业语会向非行业领域渗透以外，尤其是当日常言语交际中谈及这类行业时，更是自然要用到相关网络专有词语。

不同语体的网络词语，其进入日常言语交际的可能性也不同。任何词语都诞生且适用于某种特定的语体，或适用于不同的语体，或仅适用于特定语体。网络语言可以视为一种

语言变体，这种网络语言变体，能适用于不同语体的词语，其进入日常言语交际的可能性，就要比仅适用于网络言语交际的特定语言变体的大得多。有些数字类、符号类网络词语，难以适用于不同语言变体，有些字母组合类的网络词语，也难以进入日常口语语体交际之中。

能否替代的网络词语，其进入日常言语交际的可能性也是不同的。

网络词语的产生，主要是为了适应或满足网络言语交际表达的需要。网络词语中要表现的内容，有些很难在日常言语交际中找到可以用来替代的词语。这类日常言语交际中没有或很难找到替代词语的网络词语，其进入日常言语交际的可能性就会大一些。"帅"、"超"之类，已经进入日常言语交际之中，"晕"、"巨"之类也正在进入。网络词语，一旦成为网络流行词语，就自然地进入到日常言语交际之中。

网络言语交际的发展变化，促使网络词语不断进入人们的日常言语交际之中。网络词语，已经成了现代汉语词汇不断丰富的重要来源之一。新版《现代汉语词典》第六版，新增的3000条新词中，网络词语就占有一定比例。如"软体"、"硬体"、"粉丝"、"博客"、"网路"，等等，还有字母组合词"VS"、"AC"、"IT"、"MP3"、"QQ"，等等。这些词语中，有很多已经成了高频用词。

有个网民说得好："网络上又流行起了'雷'、'霹雳'、'囧'、'槑'等词汇。在有些人看来，'网民的智慧是没有止境的，这种表达方式很创新、很时尚、很"火星"。'网络是一个宽广的平台，台上的人很风光，台下的人很热情，而台上台下又有着许多共同的意趣。不过，自诞生之日起，网络语言就饱受争议和质疑。近些年来，'网语'更是跳出了网络，频频在电视、广播、报纸杂志等媒体亮相，并经常出现在'新新人类'的日记和作文当中。如何面对网络语言对传统语言的冲击，这个问题似乎让人有点儿'囧'。"

其实，网络语言日常化，是网络语言发展的必然。同一拨人们，一会儿是准网民，一会儿是社会人；一会儿进行网络言语交际，一会儿进行日常言语交际。硬是要他们将网络语言只用在网络言语交际，完全不准用在日常言语交际，那他真的就有点儿"囧"了。

10.4 网络语言进入日常言语交际带来的问题

网络语言进入日常言语交际，总体说来是一件好事。尤其受到广大网民的欢迎。同时，对于现代汉语来说，不仅扩大了词汇量，而且丰富了人们日常的言语表达，是现代汉语不断完善的体现。网络语言绝对不是"洪水猛兽"。

网络语言，尤其是一些网络新词，的确有一个需要适当规范的过程，但毕竟不能把网络语言说得一无是处。什么"bbs是大小便的公共厕所""网络个人专栏，是贩子市场，催动着人们内心的浮躁和孤独""网络语言肢解和破坏着现代汉语"……这些说法是不是有些太过了？

任何语言，都存在着这么一个动态过程，即在其不断发展完善的同时，又在不断地规范自己。人们的认可，约定俗成，都是一种规范。"良药苦口利于病"、"晒太阳"、"看医生"、"推自行车"之类的说法，算不算是规范的现代汉语？"炒鱿鱼"、"AA制"、"打手机"、"卡拉OK"合乎现代汉语规范吗？网络词语是否规范，不能过早地下结论，只有经历过时光的洗礼，才知道其是否能融入网络语言的新规范。任何新事物的发展，似乎都存在着这么一条自然的规律。

网络语言常常把既有的汉语词语改换成网络新词表达，这叫很多人受不了。其实，多样性和丰富性正是现代汉语的独特魅力。现代汉语里，难道有了"母亲"，就可以不要"妈妈"吗？把"东西"叫做"东东"，究竟有何不好？"TMD"与"他妈的"，哪个更隐讳？

10.4.1　关乎网络语言利弊的一场国际大学群英辩论会

下面是"2011 国际大学群英辩论会 A 组""半决赛第一场"的摘录。台湾大学是正方，辩题是"网络用语丰富我们的语言"；浙江大学是反方，辩题是"网络用语污染我们的语言"。双方关于网络语言的精彩辩词，会给你什么样的启发呢？

主持人："……各位亲爱的观众朋友们，马上将进入我们的辩论赛阶段。相信很多电视机前的观众都很想了解，今天我们究竟是什么样的辩题呢？是这样的，在电脑网络日益发达的今天，人们已经熟悉了许许多多的网络用语出现在聊天工具上、BBS 上，可是我们又发现慢慢地，这些网络用语进入到了我们日常生活当中，进入了我们的语言体系和文字书写体系。比如前两天，我发现我妈妈学会了一个词，她经常说'坑爹'。哎呀，这个很坑爹，那个也很坑爹。导致在我和我母亲聊天之后，我的父亲会经常过来问，'哎，刚才是不是聊到我了？'我觉得这是非常有趣的一件事情。那么究竟这个网络用语进入到我们的日常生活中，是好还是坏呢？仁者见仁，智者见智。有人说，网络用语进入到日常生活当中，是对我们日常生活中语言体系的一种打击；也有人说，这是一种与时俱进的方式，自然而然水到渠成，没有什么可非议的。这也就引出了我们今天的辩题。我们今天的辩题就是：究竟网络语言是丰富了我们的语言，还是污染了我们的语言。正方台湾大学他们的观点是：网络语言丰富了我们的语言；而反方浙江大学他们的观点是：网络语言污染了我们的语言。"

【介绍辩手：正方一辩（台湾大学财务金融专业大学四年级）黄登能，正方二辩（台湾大学政治系，大学四年级）林妍伶，正方三辩（台湾大学法律系大学四年级）刘少翔；反方一辩（浙江大学人力资源管理专业大学四年级）皮鑫，反方二辩（浙江大学材料科学与工程专业大学三年级）范恒桢，反方三辩（浙江大学光电工程信息专业四年级）迟浩原。】

第一环节"开门见山"，摘录如下。

正方一辩黄登能："各位好，网络语言指的是它以汉语为基础，夹杂英文、图像还有符号所形成的语言混用语。还有两个特色跟传统语言不一样。第一个是网络语言通过非语言线索，它能够让我们传统的对话更显得生动活泼，这是传统语言达不到的。第二个是网络语言，它补充了所谓的社会临场感，也就是社会语言上所谓的 Social presence。这两个特色呢，它可以让语言的对话产生更多面对面的效果，丰富了我们传统语言的对话，让我们语言更加丰富，谢谢。"

反方一辩皮鑫："正如未经处理的大量有害物质，决定了污水污染水源的本性，未经筛选的大量脏话乱话，也决定了网络用语污染语言的本质。大量使用包装后的粗鄙词汇玷污了语言环境。特定人群才能掌控的随意创造扭曲原因的网络用语，则妨碍了沟通交流。而当它扩散到了语言能力差、基础知识差的青少年时，则妨碍了规范的传承。谢谢。"

正方二辩林妍伶："网络语言是什么？请看，这个'囧'字原本是光明的意思，但在网络上却用来表跟一个无奈、呐喊的表情，简单一个字清楚、明了。接下来看'Orz'，不具任何智慧的意思，但却传神地表白一个人跪地的样子，仅仅一个图胜过千言万语。这就是网络语言的创意，这就是网络语言在传达当中带来的高效率。"

反方二辩范恒桢："我们来看现实实例。首先，这样经过巧妙伪装的粗话、脏话大行其道，试问谁能给语言一个纯洁的天空。第二，网络用语大量使用，许多人都是丈二和尚摸不着头脑。我说'我勒个去'，你说'你也去呀'，这岂不是让人啼笑皆非。第三，重庆市某小学写出了这样一篇高水平的作文。试问这样的孩子能读出朱自清先生散文的美吗？上海高考规定，使用网络用语将按照错别字进行扣分。对方辩友您认为这是为什么呢？"

正方三辩刘少翔："网络语言透过网络的文字，使我们表达更加多元，丰富了我们的语言。同样，就像是游衣一样，游衣使我们在水里减少阻力，所以丰富了我们的衣着。同样的道理，对方同学说这个网络语言如果用在作文里面，就好像是穿泳装参加联欢晚会一样。人们会说，你穿错了衣服，也因此不会说这个游衣污染了我们的衣着。所以对方辩友，你只有论证人用错了语言，还没有论证网络语言污染我们的语言。同时，对方辩友又说语言不精确，难道传统语言没有一字多意或一词多意的现象吗？"

反方三辩迟浩原："使用的问题根源何在呢？首先是一个伪装。网络给人一种隐蔽的错觉，所以好像换一个字说说，说粗话就没有关系了，于是肆无忌惮。第二是一个混乱。从创造到使用，都是恣意而为，甚至有时就是为了标新立异而改换写法。所以新词源源不断，而规范遥遥无期。第三是失范。因为年轻的孩子们，他们对语言的把握远远没有成熟。所以，他们无法正确地区分网络语言的失范和传统语言的规范之间究竟应该是什么关系。谢谢。"

第二环节"角色争锋"，摘录如下。

正方一辩黄登能扮胡适教授角色："各位好，我是当年推动白话文运动的胡适胡教授。其实当年白话文运动也面临了非常非常多批评，我举一个当年我同事批评我的例子。当年我同事黄凯他就说啊，他说如果今天你老婆死了，我打电报通知你回家，我用文言文，只要打'妻丧、速归'四个字。你用白话文呢？你需要打'你老婆死了，快回家'八个字。他说毫无美感，又没有新意。他说这种白话文呢不值得追从。可是我们想想看，刚才对方辩友对我们批评，好像当年白话文也受到这样的批评，可是呢到现在，白话文都变成你跟我都在使用的语言的时候，我们还会觉得白话文污染我们的语言吗？不会的，谢谢。"

反方三辩迟浩原："首先请问胡教授，您当年在推动白话文运动的时候，有这样一个主张，叫做国语的文学。然后在这句话之后，您紧跟了一句叫做文学的国语。意思是即使是白话文，即使我们要改变，至少也要有一个雅正的地方，至少要有一个规范，是这样吗？"

正方一辩黄登能扮胡适教授角色："但是要有规范的，我们想想看。当年我们引用了非常多的外来语，我们都是用什么？取其音吗？你看'得率风'就是我们所谓的 telephone，你看所谓的'沙发'就是所谓的'搜发'。其实你看今天的网络语言，它有的取其音，有的取其形。所以我们看到，其实规范依然在，所以我们觉得，白话文、文言与网络语言都是一样在中文体系下。谢谢。"

反方三辩迟浩原："您说的很有趣。您说这个规范还是存在的，只要我们认得出来，规范还是存在的。比如说这样一个词，我是不大想把它读出来了啊（尼玛）。您觉得这样一个词，它究竟体现了什么样的规范，又究竟是从您所谓的非语言因素还是所谓社会临场感上丰富了语言呢？"

正方一辩黄登能扮胡适教授角色："它当然是一个非语言线索。您想想看，您说的那两个字其实有一点带有语气的感觉。这就是一种你在网络对话之中没办法使用的。当然我现在暂时没有办法跟你讨论说，你在网络上聊天怎么样。可是当年我们引用了外来语，其实也都是使用一样的逻辑，一样的效果。它就是谐音嘛，我们认得出来不就好了吗？"

反方三辩迟浩原："那您觉得这两个字，跟它代表的两个字有什么区别呢？"

反方一辩皮鑫扮年轻的小学语文老师："我就是这个小学的语文老师，几年前我自己也刚刚从大学毕业，在大学里面的时候，上网泡论坛是家常便饭。那个时候我自己也是开口'MM'，闭口'GG'，我觉得新奇、好玩，不说就 OUT 了。可是工作之后，我真的说不出口了。小孩子正是一笔一画学语言的时候，他们基础还都没有打好，可是没有人也没有办法约束泛滥成灾的网络用语对他们的渗透。孩子们的作文都已经写成这个样子了，各位，能听之任之，放任不管吗？这样长大的孩子，将来满口莫名其妙的网络用语，做评论员满篇'尼玛'、'伤不起'，做主持人开口'坑爹'、'有木有'。作为语文老师，这样的责任我负不起。谢谢。"

正方一辩黄登能："您刚才说的是一个案例。但我们想知道的是，到底有没有真正的调查或者研究告诉我们说，小学同学因为这样乱用了所谓的网络语言，或者是小学同学的能力因此下降了呢？"

反方一辩皮鑫扮年轻的小学语文老师："这位同学您好，的确有这样的调查。我们在中国各大主流媒体上都看到过这样的文章，无数的中学老师、小学老师，甚至是大学教授，都在表达对于目前中小学生语言文字失范的担忧。曾经有一位大学教授表示，在 2007 年以后入学的大学生，他们的文笔中，错别字的概率明显地提高。连大学生都尚且如此，一个基础知识都没有打牢的小学生，你又怎么能指望他懂得什么是正确呢？"

正方三辩刘少翔："对方辩友，我这里也有一份英国的研究。它里面说没有使用网络语言和使用网络语言的小孩子，在语文能力上面的鉴定，拼错字的比例是差不多的。那这样你方又如何解释这份研究和你方研究冲突的地方呢？"

反方一辩皮鑫扮年轻的小学语文老师："您调查的是以英文字母为主母语的小学生。可是我们知道汉语的特点是字音字形字。如果我们把音搞错了，这个字就会完全地不一样。所以您不能用不同的语言体系来进行讨论。"

正方一辩黄登能："如果您说音不一样，那为什么有的谐音我们就会视而不见呢？"

反方一辩皮鑫扮年轻的小学语文老师："谐音字的创造也是讲规则的吧。如果把'尼玛'这种词教给小学生的话，对他的影响是好是坏呢？"

正方二辩林妍伶扮女大学生："在网络上聊天的时候，你看到这样一个牌子，'你再这样我要生气了'。他到底在说什么？他说话的时候语气还有情绪，他到底在做什么？但是如果他加上了网络语言，这我就知道，他说的是'你·再·这·样·我·就·要·生·气·了＝＝#'。是生气，是爆青筋的。又或者他说的是，'哎哟，你再这样我要生气了〉////〈啦'，是害羞的表情。又或者他可能是说，'你再这样我要生气了 T-T'，是哭泣的。这样表达方式，其实就是老师所教的社会临场感。通过这些非语言的表情、肢体动作、线索帮助我们的沟通，增加我们沟通的效率。"

反方一辩皮鑫："这位同学您好。今天如果我们这样一些已经有了辨别能力的成年人使用它，当然无可厚非。可是我就在我的孩子们的作文中，看到他们在作文中，也使用了这样的表情符号。可是这个东西是不允许的呀，请问您怎么解决呢？"

正方二辩林妍伶扮女大学生："我想跟你分享一下我小时候的情形。我小时候在台湾，我要学中文要学英文，还要学跟爷爷奶奶沟通的闽南语。我常常会有一种错用的状况，不止写错地方的时候，闹了很多的笑话，被老师骂、被父母笑。但是其实渐渐长大了以后，我开始分辨不同的地方讲不同的话，看我的需求是什么。甚至现在到了大学，我也要开始学着在论文里面，期刊里面，我甚至不能用我平常讲的话来表达我在文章中的谦虚。这就只是需求不同，不同的语言。那用错地方，就好好把它学会。这正是你老师要教好他的地方，不是吗？"

反方一辩皮鑫："可是如果当网络语言，以一个大量的、不可控的状态，一下子涌入您的生活的时候，就已经不同于您的父母跟您说方言，平常是细声慢语的交流的时候，我们作为老师怎么能控制得住呢？"

正方二辩林妍伶扮女大学生："首先对您所说的'大量涌入'这么一个比较抽象跟感觉的词，我不太知道是什么样的一个状况。但是对我来说，网络就是生活的一个部分。更多的时候，跟学校的生活是一样的。"

反方二辩范恒桢扮一名大学生的父亲："大家好，作为一名父亲，其实站在这里和很多的年轻人在一起，讨论这个网上说话的事情，可能我并不是很擅长。但是我最不能接受的一点，好像现在网上骂人的话都变得合理了。我其实对我的孩子家教是非常严的，孩子在我面前是一个脏字都不敢吐的。可是现在回到家后，'我擦'，'尼玛'这样的话几乎每天都在说。我说他呢，他还说我太什么，太'凹凸'了。我作为一个父亲，孩子这么大了，我又不能打他。但我实在非常担心我孩子现在的现状。可以说希望他也能够理解我作为一个父亲的心情，我特别想知道这样的现象究竟是怎么样造成的。谢谢大家。"

正方二辩林妍伶："作为父亲，你很不喜欢你的孩子骂脏话。但我也知道，你活到这把年纪，人总有不如意的时候，难免会有生气、愤怒的时候，难免会有骂出脏话的时候，难免会骂人家'你这个王八蛋'的时候。那请问，你认为这样'王八蛋'骂人的话，在我们的语言当中，是污染我们的语言还是丰富了我们的语言。"

　　反方二辩范恒桢扮一名大学生的父亲："首先说啊，我不知道您的父母是怎么教育您的。反正我作为父母，从小是告诉我的孩子，你再生气也绝不允许骂人，不管因为什么样的情况。所以，我的孩子从小不会骂人。当然，这是第一点。第二点，我们看现在网上出现了很多，还有什么 TMD，TNND 啊，现在我的孩子觉得这不是骂人了。他并不觉得这样是一种羞耻，是一种道德的败坏。他告诉我，这根本不是骂人，这是一种潮流，还让我跟着学。"

　　正方一辩黄登能："对不起。这位中年父亲认为，今天一个最干净最干净的语言，就是在我们生气的时候不能骂人，在我们愤怒的时候不能骂人。所以你觉得这样的语言很丰富，您觉得这样的语言很纯净是吗？"

　　反方二辩范恒桢扮一名大学生的父亲："其实也不是这样的。我当然也不希望我的孩子憋出毛病来。但是，就算你控制不住，你去骂人的话。其实我跟他说了，最不能接受，最不能理解的是，骂人你就爽爽快快地骂，为什么要在网上做那么一层包装呢？其实我觉得这样，它的本质还是骂人，是不好的。最起码这一点，我是不能教育孩子的。不管您怎么想，我是绝对不能教我的孩子骂人的。谢谢。"

　　反方三辩迟浩原扮关注网络语言的语言学学者："刚才那边有位老师提到，说中小学生因为这个事情导致了语言的混乱很严重，而对面那个同学说不会。其实中间差别在哪里？差别就在于，中小学生他接触网络语言，是在他整个第一语言系的过程之中混进去的。所以，不是孩子不听话，而是他真的分不清。至于刚才那位父亲说的那个问题，我觉得网络的语境要负一点责任。首先网络是一个文字沟通的语境，所以就会让人有一种感觉，好像我换个写法说的就不是原来那个粗话了。其次，网络虽然是文字，但也是一种交流语境，这样就比较容易迁移到日常交流之中。再往后，网络上发言有的时候在抒发情绪，所以这个习惯更难改。谢谢。"

【主持人：……下面 1 分 20 秒钟，交给双方的辩手，首先从正方开始。】

　　正方三辩刘少翔："你说小孩子使用网络语言，是用在作文里面，不能怪他们，是他们分不太清楚。所以请教你的，你觉得小孩子使用网络语言，在作文里面叫做污染我们的语言，对不对？"

　　反方三辩迟浩原："这是污染我们语言的一个体现的方面。"

　　正方三辩刘少翔："那除了这个之外，有没有其他污染语言的标准呢？"

　　反方三辩迟浩原："当然有。比如说我引用生态语言学的观点来说。首先，造成我们语言语词体系混乱的，就可以叫做对语言的污染。其次，造成沟通障碍的也可以叫做对语言的污染。这个标准其实是有的。"

　　正方三辩刘少翔："体系不一样，就会造成沟通混乱，这两个是同一件事情。所以确定一下，您觉得，语言不精确造成混乱就是污染。您方也觉得，小孩子使用不对的语言到作文里面也叫做污染，没有错吧？"

　　反方三辩迟浩原："不。前面那种是污染，后面是一种表现。"

　　正方三辩刘少翔："后面是一种表现，所以跟语言没有关系，语言不会因为小孩子错用是污染，是因为小孩子的问题。所以只有一个不精确叫做污染，对吧？"

反方三辩迟浩原："不不不，您说反了。恰恰是因为语言被污染了，才会有那样的体现，不是没有关系的。"

正方二辩林妍伶："对方辩友，如果你今天觉得不精确就是污染的话，'挥一挥衣袖不带走一片云彩'，这'云彩'是回忆是遗憾还是什么东西，你可以回答我吗？"

反方三辩迟浩原："对不起，我时间不够。"

正方三辩刘少翔扮演一位卖茶饮的老板："大家好，今天我不是语言专家，但我想这个语言呢跟这个卖茶的道理是一样的。说到这个茶，有人会说这个茶里面加了糖，哎，丰富了茶叶的味道。那茶里面加了奶呢，也丰富了茶的味道。这时候如果茶里面加了盐呢，有人就说污染了茶的味道。可是这时候不要怪大哥我老王卖瓜，说你们少见多怪了。其实在台湾的客家茶，蒙古的咸奶茶都是加了盐的，甚至在西藏的酥油茶，甚至还加了油呢。所谓的污染，其实是大家不习惯而已，多加尝试，丰富我们的茶道文化嘛。谢谢。"

反方二辩范恒桢："您好，老板您好。"

正方三辩刘少翔扮演一位卖茶饮的老板："您好。"

反方二辩范恒桢："我刚刚只说我是一个父亲啊，我没有说我是干什么的。我是一个搞污水处理系统的。其实我觉得呢，今天我们讨论这个语言和我这个工作也有点关系。我们觉得网络用语啊，好像我们处理污水一样。它里面有没有好东西呢？有！它有钾离子呀，钠离子呀。它有没有好东西呢？有，它有水。它有没有坏东西呢？也有，有重金属离子。可是当我面前摆了一桶污水的时候，你要问我它是坏的还是好的，我想作为我们这个行业的人，没有第二个选择。"

正方三辩刘少翔扮演一位卖茶饮的老板："污水有好的有坏的。就像茶，可是茶这个东西有好的茶跟坏的茶。可是这个好的茶跟坏的茶，就只是大家味道习惯不一样而已，这也不能够说今天咸的味道的茶，辣的味道的茶就是坏的茶。其实在云南西北地方的少数民族里，他们喝的龙虎斗茶里面就加了一点辣，喝起来可以浑身通体舒畅，驱寒驱湿，这不能够说它是坏的茶。所以其实你也不用太介意这个茶的味道到底是怎么样。只要多多地尝试你就会发现茶道中的美啊。"

反方二辩范恒桢："有沙子的话还是丰富的吗？"

正方三辩刘少翔扮演一位卖茶饮的老板："沙子……"

从上面的辩论赛，可以看出随着网络语言的日益普及，尤其是网络语言越来越多地渗透、进入并参与人们的日常言语交际，随之带来的一系列有待解决的问题，同时他的利弊也引起了大多数人们的关注与讨论。

10.4.2　网络语言进入日常言语交际带来的语言规范问题

网络语言刚一出现，就有人担心其对现代汉语发展，可能造成不良影响。网络语言进入日常言语交际，将会带来汉语的语言规范问题。为此，一些现代汉语的忠诚卫士，就将网络语言视为洪水猛兽，大声疾呼要求全面禁止网络语言，从而保护现代汉语的健康发展。

1. 现代汉语的规范，本来就是一个动态发展变化的过程

现代汉语的规范，其实本来就是一个动态发展变化的过程。我们的书面语言、传统媒体的语言都属于现代汉语的语言变体，它们对现代汉语的影响远远超过网络语言变体，从没有人为了现代汉语的健康发展，提出要禁止书面语言和传统媒体这两种语言变体。对现代汉语真正的威胁，其实不是网络语言变体，而是人们对现代汉语的发展变化关注不到位，其重视分量也很是不够。社会现实的重大变化，都会促使一批新词新语出现，推动现代汉语向前发展，增强了汉语的生命力。现实社会进入了网络时代，这是一个更为开放、更具包容精神的时代。这也是一个现代汉语加速发展的时代，网络语言的兴起归根结底只会有利于现代汉语的发展。从发展历史来看，现代汉语有着广博的包容性。无论网络语言对现代汉语带来多大的冲击，都不可能伤及现代汉语的根本，反而会为其注入新的活力，更加丰富现代汉语的语汇，并大大增强现代汉语的表现力。

汉语在历史发展的过程中，不断地适应着时代和社会生活的变化……直至今天，现代汉语仍然适时地表现出社会的进展、变化，现代汉语是一种充满生命力的语言。网络语言作为现代汉语的网络变体，正是一种为适应现代生活，适应网络语境，在人们的言语交际中不断蜕变的新兴语言变体。网络语言的快速发展变化，正是现代汉语顽强生命力的体现。

基于以上认识，我们就能心平气和地，正确面对各种网络语言及其变体了，甚至能淡定到：心中有数，见怪不怪。

请看一位小学生《我的理想》的作文开头："偶 8 是美女，木油虾米太远大的理想，只稀饭睡觉、粗饭，想偶酱紫的菜鸟……"你若是非网民，理解其内容，还真不是容易的事。这里是说："我不是美女，没有什么太远大的理想，只喜欢睡觉、吃饭，像我这样子的新手……"

网上曾流行过下面这样的一封情书。

有人认为，网络语言如此肆意泛滥、汉字书写求奇求怪、繁简混用等种种怪现象叫人难以容忍。从不规范的遣词造句，到不知所云的"Q 言 Q 语"和"火星文"充斥于网上，是对祖宗和传统的糟蹋。

也有人认为，年长的人可能一时不能适应这种语言形式，但对青少年来说，这种语言才新鲜有趣。网络语言貌似艰涩，实际上不过是以通假、谐音、变异、重组等方式将原有的语言重新表述，大体上依然遵循汉语语法规则，不会从根本上破坏汉语的纯洁性。网络语言，主要是就表现形式和表现力，对传统"规范"语言进行了颠覆和"革命"。

了解汉语发展史的人都知道，汉语在自身的发展中，很早就有吸收外来民族词语的传统。魏晋南北朝时期佛教的传入、戊戌变法时期的西学东渐、五四新文化运动，都是汉语吸收外来词语的高潮时期。如今，全世界各民族之间，有了更多的交流，善于接受外来新事物、吸收外来新词语，既是我们民族兴旺发达的体现，更是我们现代汉语富有生机的表现。

有生命力的语言，都是一个复杂、开放的动态系统。任何新词语都是新事物、新概念的反映，伴随着时代的前进，新词语就必然产生；新词语的出现，是对传统语言的不断丰富和发展。网络语言何尝不是这样？季羡林先生说的好："一部想跟上时代要求的词典，必须随时把约定俗成、为人民普遍接受的新词补充到词典里去，每一次再版，必须有所改

一封 💕

老婆 ↓

最最亲爱的 大人，LONG time 没有给你回，不过想死你了。

亲1 。虽然 this 信不是 me 亲手 ，BUT ，YOU know?

一笑 日子好难熬啊，在我的 ，你永远是 俺 Beautifully 。

就算 N 把 架在我脖子上，我还是要问 大声 I love U 呢？

虽然我长得很 ，没有 ，也没有 ，只有一间 ，但是也无法

阻止 ，我要把这三个字深深烙在我 。

虽然到现在我没有 ， 到 时我会 买辆崭新 。

好痛苦的月，在一起真的不 EASY 啊，因为 缘 让我们。

在一起，所以我们要 在一起。

孤独的夜要你陪我才不寂寞 下雨的天要你陪我才不凄凉
繁华的街要你陪我才不疲惫 独自的我要你陪我才是完美。

变，决不能以不变应万变。"语言的生命就在于创新，言语僵化、词汇贫乏，是可怕的，也是可悲的。这也是网络语言存在并发展的理由。

2. 网络语言不可避免地会影响到人们的日常言语交际

网络语言增添了人们生活的乐趣和色彩的同时，确实有对传统语言的规范性和正式性的颠覆之嫌。在当今的网络时代，当人们在现实日常生活和网络虚拟世界之中徘徊往复之后，自然会把网络语言应用到现实生活中来，尤其是那些流行的、有颠覆性色彩的语言。这样，往日规范的约定俗成的交际语言，不可避免地会受到一定程度的影响。网上有了史上第一极品女的"小月月"，就有了"神马都是浮云"。于是，就有了"神马金钱啊、美女啊，都是浮云，浮云！"等。咆哮体传播的"有木有"、"伤不起"，"贾君鹏，你妈妈喊你回家吃饭"引发的"××，你妈妈喊你×××"等。其影响力由网络虚拟环境到现实生活之中，网民们纷纷套用这样的句式，媒体也跟着推波助澜。其中，有些网络语言似乎已出现了被规范化的迹象。

　　网络语言是在网络交际领域使用的特定语言变体，这种基于现代汉语的语言变体，是为适应网络言语交际而产生、变化、发展、形成的语言变体。网络语言是为适应网络语境才产生发展而成的语言变体，这种语言变体的一些特点，很难合乎日常语言规范。所以网络语言进入日常言语交际，对其原有的语言规范会产生一些冲击。但绝没有必要对之惊慌失措，因为网络语言不是仅供少数人内部使用的隐语，网络语言不会也不可能造成现代汉语的混乱，网络语言绝不是极少数人所说的"洪水猛兽"！

　　3. 网络语言绝对不是什么"隐语"

　　网络语言，绝对不是仅供少数人内部使用的隐语。

　　隐语的含义是"遁词以隐意，谲譬以指事"（《文心雕龙》）。隐语是"隐去本事而假以他辞"来暗示的语言。隐语的性质，可分为密言，测智和谲谏三类。其特征有三：表达方式口语为主，因为密语是口头言语，测智要口头出题，谲谏要随机应变，只能是口语；因人设隐，因为密语、测智和谲谏都要以特定的人为对象，离开了特定的人，就没法设立隐语；时过境迁，隐语就消失，因为以物喻义，以情说理，专人专事，内容都得有针对性和时间性。网络语言绝不是黑话，因为黑话是隐语中的一种类型，是特定组织成员间的话语方式。隐语具有隐蔽特性，这种隐蔽特性是言语交际者有意改变日常语言形式的人为结果。网络语言本质上就不存在类似的隐蔽特性。对于非网民来说，参与真实的网络言语交际，开始的确会出现一些困难，像对于一些网络语言不太理解之类，但这并不能说明网络语言具有隐蔽特性。网络语言对日常语言规范有所偏离、改造，是出于娱乐或交际速度等因素的考虑，绝不是什么隐蔽特性使然。网络语言作为日常自然语言在网络言语交际中的语言变体，是一种人人都可以很快就能熟悉并使用的新型语言变体。网民队伍的快速扩大，加速了网络语言的普及进程。在这个意义上来说，网络语言和日常语言的主要差别只不过是语体的不同罢了。

　　4. 网络语言，不会也不可能造成现代汉语的混乱

　　网络语言作为日常语言的网络变体，除了本书前面分析过的一些差别外，其语言的结构状态，并没有发生太大的根本性的改变。网络语言是在现代汉语基础上的变异，其词语的构成，语言表达方式，万变不离其宗，都没有真正脱离现代汉语的基本范畴。网络语言只是现代汉语在网络语境里的一种表现形态，只是现代汉语为适应网络语境的言语交际蜕变而成的一种新的语言变体。明确了这一点，你就大可不必为"网络语言造成现代汉语的混乱"而担惊受怕了。

　　网络语言不是也不可能是一种独立的语言。无论从其基本语音、语汇、语法来看，还是从其话语形式、言语交际方式、语体表达效果来看，网络语言都不具备一种独立语言的基本特征。尽管网络语言中吸收了一些英语、日语等外来语言因素，这是任何一种语言都有可能出现的现象，并不会影响网络语言作为现代汉语网络变体的根本性质。

　　5. 网络语言，绝对不是少数人所说的"洪水猛兽"

　　曾几何时，或为稳妥起见，害怕网络语言中一些过于新奇的词汇或符号冲击我们规范的现代汉语；或因保守的动机，害怕网络语言这新奇的语言变体迫使自己头脑中根深蒂固的语言体系发生大的改变……在网络语言刚刚问世的时候，出于种种原因，有人大声疾呼，极力夸大网络语言的所谓危害，一时似乎造成"天要塌下来"之势，在极少数人的心目中，可能网络语言真的成了洪水猛兽。

网络语言的出现和发展，人们经历了一个由惊悚到平静的心理过程，相关专家也经历了一个由"不屑一顾"到"研讨研究"的心理过程。从语言发展的角度来说，这种现象其实很正常。因为语言世界是汪洋大海，汪洋大海并不纯洁，有泥有沙，有龙有鱼，经过大浪淘沙之后，才会瑕瑜互见。

汉语语汇系统如果只允许基本词汇存在，不准添加新的元素，则永远稳稳当当，毫无生命力可言。对语言的规范，必须允许歧义的存在，积极大胆地吸收那些脱离当时的规范而能促进语言丰富和发展的新元素，是语言发展的必由之路。也许网络语言中那些新鲜活泼的充满生命力的元素，人们暂时还没有意识到，它们就是汉语言未来的规范。

敌视网络语言既不应该，也不理智，急于对网络语言进行这样那样的规范，既没必要，也不科学。宽容，只有用宽容的态度代之，才是理智科学的正确态度。随着时间的推移，符合语言规范的词语自然会留下来，成为经典语言，何须急于规范？而那些不符合规范的，则会在"约定俗成"中自然而然地淘汰掉，不必操之过急！

6. 网络语言，不会影响到现代汉语的所谓纯洁性

有人反感网络语言，认为它有碍现代汉语的纯洁。其实，语言纯洁是理想化的，社会的多元化决定了其语言不可能纯而又纯。提倡规范不等于要求纯洁，规范就是引导，语言规范是引导人们把语言的负面影响限定在一定范围之内，而不是阻止语言的发展演变，也不是摒弃所有新异的语言现象。真正的网络语言规范，不应该是，也不可能是，保证人人都弄懂全部的网络新词新语。

网络语言的传播，不会与我们的推广普通话、规范汉语汉字活动发生太大的冲突。对网络语言进行宽容地引导，是人人都应该且可以参与的正确做法。语言现象是一种社会现象，社会现象一经产生便有其深刻的历史地理根源和现实因素，任何片面否定和强力压制都是极其错误的。因势利导，适时规范。一个网络新词诞生后，一呼百应，网民纷纷共鸣和反响，你有什么理由将其永远拒之于日常词语之外？词语的消亡与否，都是依循其发展状况来决定的。艰涩老气的用词，不应该是青少年的语言应用面貌。

网络语言的建设和发展，也属于现代汉语普通话建设和发展的范畴。推广普通话的主要目的和标准都是有利于人们的言语交际，也应该包含网民们的网络言语交际。及时发现和介绍新的好的语言现象，有助于沟通不同年龄段人们，使得不同年龄段的人与人之间的代沟减少。网络语言，在青少年群体和知识界更为流行。家长、老师绝对不能对其一无所知。大家都对网络语言有所了解，才能履行各自肩负的对网络语言宽容地引导和规范的义务和职责。

网络语言是在特定的网络语境里使用的语言变体。网络语言年龄太小，还是一种非正式的语言变体。正处于不稳定的发展变化状态，网络新兴的词语层出不穷，五彩缤纷的奇异词汇、近乎颠覆规范的新奇语法，不仅流行于网民们日常生活的网络，而且已经走进人们的现实生活。面对网络语言对传统语言的挑战，人们不能回避，更不能立法禁止其快速传播。

时至今日，现实终于让人们明白：网络语言，只不过是现代汉语在网络时代为适应网络言语交际，而派生的一种语言现象罢了。世界上任何一种语言，都是在不断发展变化着，只有濒临死亡的个别语言，才会停止发展变化。社会生活的变化，必然地会带动相关语言的发展变化。处于社会转型，改革开放的大变革时代，同时又是全新的网络时代，现

代汉语为适应网络语境，必定要发生变化。在网络语言变体的发展过程中，几乎每天都会有新的语言因素产生，在此同时，也同样会有过时的不被网友认可的旧的语言因素在消失。吐故纳新，新陈代谢，是语言发展变化的规律之一。网络语言这个发展变化的动态过程，就是一个语言规范的实际过程。大浪淘沙之后，网络语言将会变得更加稳定健康，更能适应网络言语交际的需求，更容易与日常言语合理地交融，更便于成为规范的网络语言变体。

10.4.3　网络语言进入日常言语交际带来的语文教育问题

网络语言与中小学语文教育的问题，是我们面临的一个较为复杂的问题。

从网络语言诞生的时候起，家长、老师、社会工作者、各级各类主管教育的人们，都在为此深感忧虑。

1. 网络语言的快速传播，使得家长和老师特别为之担忧

网络语言的快速传播，使得家长和老师特别为之担忧，大家非常害怕中小学生的语文教育会受到网络语言的不良影响。网络语言对中小学学生究竟会产生怎样的影响？一再成为家长、学校老师以及全社会关注的话题。

网络语言对汉语文字词语的规范性有着深刻的影响。妙用错字别字，曲解词语意义，都会对语文教育产生较为负面的影响。青少年学生对新鲜事物十分敏感，喜欢追赶时尚潮流，乐于接受新鲜事物，但是，由于语文知识面相对狭窄，驾驭语言的能力较差，辨别优劣的能力不够，判断是非的标准模糊，其可塑性太强，很容易受到网络语言中的不良因素的侵害。青少年学生正处于最佳语文学习的时代，在其语文知识和技能培养和提高的过程中，大量地接触网络语言，吸收不规范的表达和词汇，很容易养成用字和表达不规范的习惯。

网络语言，已经越来越多地渗透、进入并参与到日常言语交际领域中来了。现实生活中的语文教育领域，自然少不了网络语言。网络教学，已经成为我国中小学教学装备的标准配置。网络教学，为教师的教学和学生的学习，提供了丰富的资源和全新的方式。学生积极主动地从网络上获取学习的相关资料，在老师的正确指导下，弄懂相关问题，寻求解答习题的最佳方法。但是，在此同时，求知欲旺盛的学生们，有机会面对开放的互联网络，有可能难辨是非，把不太合适的信息以及某些欠佳的网络语言，吸收进来，进而运用到日常言语交际之中。网上晒出的另类学生作文，可能就是学生吸收网络语言，并学以致用的结果。

长此以往，网络语言有可能影响学生语言能力的提高。学生时代，青少年本应当学习大量语言规范、文字优美的优秀文章，不断地积累汉语言文字材料，夯实扎实的语文功底，提高语文表达能力。如果"泡网"过久，脑中摄入"网贴"过多，对其错字病句习以为常，则会受其不良影响，其正确地运用语言的能力，有可能不仅没提高，反受其负面影响。下面选文就是典型的例子。

　　"周末，读大学的 GG 回来，给偶带来很多好东东，都系偶非常稀饭的。就酱紫，偶就答应 GG 陪他去逛街吃 KPM……"（"稀饭"＝"喜欢"，"KPM"＝肯德基+比萨饼+麦当劳。）（自一中学生作文。）题目"偶滴巴巴"，开头"偶 TB 系玩的巴巴 8

系一个青蛙，恶系一位蟀哥。偶稀饭偶巴巴。泥西到吗？偶巴巴老10芭蕉，BT系玩电脑他酒素286。"自四年级学生《我最尊敬的人》作文。）（题目"我的爸爸"，开头"我的爸爸不是一个丑男，而是一位帅哥。我喜欢我的爸爸。你知道吗？我爸爸老实巴交，特别是玩电脑他就是特别笨。"）

如此作文，家长不懂，老师头疼。无论怎么说，都算不上优秀之作。

网络语言中的低俗化内容，对网民，尤其是青少年学生网民的身心健康也会有一定的影响。匿名交际，地位平等，无人监督，没有束缚，过于宽松自由的语境，大家心情无限放松，言语交际，无所顾忌……还有偏激的、自我发泄的、哗众取宠的，甚至黄色下流的、暴力的……耳濡目染，势必受其不良影响。

现在的中小学生网民人数越来越多，手机上网风行以后，有的几乎时刻都有机会接触网络语言。网络语言发展变化很快，已经从网上走到网下，从虚拟走向现实。网络语言逐步渗入我们的日常生活，尤其是渗透到青少年学生的生活之中，甚至成为青少年生活中不可或缺的时尚语言形式，拥有了网络语言，他们的生活就增多些许色彩，他们的交往就添加许多乐趣。现实提醒人们要关注青少年的网络生活，尽可能地让他们避免成为不规范网络语言的受害者。

因此，我们要进一步正确认识网络语言的特点，辩证地看待网络语言对社会所具有的影响，尤其是对青少年学生网民的欠佳影响，大家齐心协力，发挥方方面面的积极因素，研究正确的方法，采取有效的措施，积极引导他们在网络世界知得失，明是非，在网络言语交际和日常言语交际中学会正确运用健康的语言。这样，网络语言这一新兴独特的社会语言就会在人们生活和社会发展中发挥更加积极的作用。

2. 网络语言进入日常言语交际带来的语文教育问题，引起了社会人士极大的关注

网络语言进入日常言语交际带来的语文教育问题，的确是个社会极为关注的问题。报纸杂志，网络评论，数以百万计。从报道的题目来看，过往的文章，大多认为网络语言进入学生作文实属十恶不赦；中期的文章，反对的多，有条件赞成的也不少；近期的文章，有条件赞成的较多，坚决反对者在减少。由此可见，人们对网络语言的认识在不断地提高，实践也证明了网络语言并没有那么可怕，人们渐渐能对网络语言加大了宽容的程度，开始理智地科学地面对网络语言的发展变化。家长和老师的意见，渐渐趋于统一，都认为中小学是孩子学习语言的关键阶段，特别担心网络语言的错别字、网民生造词等东西，会影响到孩子的语言正确运用。

了解了网络语言的相关知识以后，人们就会意识到：对于网络语言进入日常言语交际带来的语文教育问题的担心，实在有些多余。网络语言不是一种独立的语言，只是基于现代汉语的一种语言变体。可以说，如若没有掌握现代汉语的一般语言结构和表达规范，那就很难运用网络语言这种基于现代汉语的语言变体。一个能熟练运用网络语言进行网络言语交际的学生，他的语文教育成绩一定属于上等的，他对现代汉语的语用技能的把握，肯定达到了较好水平，在网络言语交际和日常言语交际的实践中，其言语质量只会越来越高，其交际水平只会越来越好，而他的语文相关综合能力只会不断地提升。

无须讳言，现行教育体制是有缺陷的。过重的课业负担，过大的应试压力，夺走了学生的自由，泯灭了学生的创造能力。网络虚拟的自由空间，给了学生宣泄内心真实想法的

机会，他们得以无拘无束地表达渐渐失去的自我，终于找回了那么一些些创造力。这是好事，不是坏事。网络语言生动有趣，学生上网轻松过瘾。只要有人正确引导，一定有利于学生的心理健康。

网络语言对汉语的负面影响，也不必为之恐慌。那些所谓内容浅薄、粗俗的网络语言，那些所谓的网络脏话，也没有那么可怕。这些，大多都是现实生活中粗话脏话的翻版，人们在现实生活中，并没有因之存在而过多地产生不文明现象，在虚拟的网络世界，更不会因之存在制造出什么恐怖的不文明场景。事实上，"WBD"、"NQS"、"NMD"等并不比"王八蛋"、"你去死"、"你妈的"等更糟糕。网络语言的使用，一般不会给书面语体交流带来混乱。因为网络言语交际和日常言语交际的实践，本身就是一个语言规范的过程，优胜劣汰规律告诉我们：不利于言语交际的一切都将会随着时间的推移，渐渐淘汰；有利于言语交际的种种都将在交际的实践中规范定型。包括网络语言的相关书写习惯，也会随之日益趋于规范化。

10.4.4　网络语言进入日常言语交际带来的语言隔阂问题

在相关文章中，有些人十分担心：网络语言进入日常言语交际，会带来种种语言隔阂问题。语言隔阂，是指由于人们使用语言习惯的不同而造成交流、沟通、理解上的困难。使用网络语言，似乎在言语交际时会产生诸多方面的隔阂，尤其是对于中小学生来说，网络语言造成的语言隔阂更为明显。

1. 习惯于网络语言的中小学生，容易与父母之间造成语言隔阂

口头交谈，家长可能不懂"可爱（可怜没人爱）"、"偶像（叫人呕吐的对象）"、"奸情（坚定不移的友情）"、"不错（长的那么丑不是她的错）"、"天才（天上掉下来的蠢才）"、"讨厌（讨人喜欢，百看不厌）"、"贤惠（闲在家什么都不会）"等自己日常十分熟悉的词语。父母与子女说的、理解的不是一回事，容易导致误会、冲突，使得言语交际没法继续下去。

书面交流，家长也可能没法看懂孩子留的便条或书信。看不懂"1314（一生一世）"、"HP（生命值）"、"520（我爱你）"、"PTT（怕老婆或太太）"、"+U（加油）"、"msg（消息，信息）"、"DC（数码相机）"、"DL（下载）"、"88（再见）"等词语，没法懂得孩子所表达的意思。孩子的日记本，成了密码本。（未经允许，不看更好。）这样造成的语言隔阂，实际上是另一种代沟，一种"网络代沟"。

长此以往，也许真有一天，父母听不懂孩子说的什么，看不懂孩子写的什么。不懂得孩子们的语言，就没法走进孩子们的世界。彼此久不沟通，孩子与父母之间的隔阂就会越来越大。因年龄和阅历差异产生的隔阂，时间久了一般能够消解；因为语言习惯的不同而造成的隔阂，就不那么容易消除了。怎么办？有些聪明的家长，在与孩子的言语交际中，已经学到不少网络语言。他们父母与子女之间，甚至已不存在什么隔阂了。

2. 习惯于网络语言的中小学生，可能与教师之间也造成语言隔阂

网络语言的一些特点，尤其是其网络词语的新异，五花八门，少见多怪，不熟悉的非网民，解读起来的确不容易。正是因为其新异，在学生中特别流行。

网络语言，打破了教师与学生的传统言语交际关系。这就造成了教师和学生之间在交流中的语言隔阂。教师和学生本来是一种教与学的关系，是一种传统上不对等的高级的言

语交际关系。历来是教师教，学生学，教师讲，学生听。

在网络语言方面，至今，仍有一些老师所知并不比他班上的学生多多少。在中小学校里，有些与时俱进的教师，对网络语言尚能略知一二。但也有的教师所知甚少，知道"恐龙""青蛙""灌水"，却不知道"泥才"，"密马"，"米啦"；懂得"泥血洗玩了米？（你学习完了吗？）"，却不知道"神童"是"有神经病的儿童"。也有的教师，面对学生作文中大量的缩写、错别字词语，很是不屑，自然没法理解，导之不能，疏之不会，只有一个堵字了得。这些教师对网络语言仍持否定态度，认为它不伦不类，不能登大雅之堂。认为如此滥用网络语言，是对现代汉语的污染。

对网络语言，学生大多认为幽默诙谐、风趣生动，争先恐后，疯传捧杀，使之迅速流行于校园。语言的使用，本来就不拘一格，生动有趣的网络语言，也是语言魅力的体现。很多平常并不热心于语言学习的学生，突然一夜之间变得聪明起来，同学之间，或教学相长，或无师自通，熟悉、掌握、运用，三大步上篮，可谓快哉！

面对网络语言，学生和教师开始两极分化了。其语言隔阂也会相应增大。师生之间是需要经常性言语交际的，这是教学规律使然。语言隔阂的扩大化，使得师生言语交际变得困难，教师批改作文、作业、试卷，就会变得十分费神，烦躁不安，甚至有个别教师，会面对学生的网络语言的创新之作，恼羞成怒，暴跳如雷。

看来，由于中小学生网络语言的使用习惯，可能造成的与教师之间的语言隔阂，既不利于教师的教，也不利于学生的学，对于老师的教与学生的学都是一大障碍。这隔阂客观存在，这隔阂亟待消除。方法很简单，主要靠教师。宽容些，甚至包容些，多学，多疏，多导即可。

3. 习惯于网络语言的中小学生，容易与现实社会造成语言隔阂

习惯于网络语言的中小学生，在现实社会生活中，也会造成一定的语言隔阂。问路、看病、购物等社会日常言语交际生活中，这种语言隔阂会造成中小学生实际的言语交流障碍。甚至造成不必要的误会。

网络语言与现实社会，从一开始就存在语言隔阂，网民熟知的语义，与社会认可的语义具有很大的不同。在日常言语交际中，不可避免地会产生相应困难。网上有个笑话很说明问题。一位中学生到商店买东西，问店员"这系虾米东东？"对方听不懂，该学生嘀咕"奔死！"（笨死！），店员听懂"奔死"两字，恼羞成怒，追打这学生……

学生习惯于网络语言，往往会尽可能地在现实社会中使用网络语言。网络语言正不断渗透到日常言语交际之中，在不久的将来在人们的日常言语交际时，有可能使用常见的网络语言，也能彼此相互沟通。

要解决这种语言隔阂问题，暂时就得引导中小学生学会在日常言语交际中，正确地使用较为规范的语言与人沟通。

10.4.5 正确对待网络语言进入日常言语交际带来的问题

正视网络语言在发展过程中存在的一些问题，语文教育应该积极地寻求解决问题的办法。现代汉语是在不断发展变化的，创造性地运用现代汉语，包含其网络语言变体，实现人们在言语交际中清晰高效地表达自己的意思，这是我们语文教育的根本目的所在。墨守成规，抱残守缺，肯定是在违背语文教育的宗旨。在全新的网络时代，面临不断变化的新

的生活方式，我们的语文教育也应该跟时代同步，随之改革、发展变化。现代汉语及其语言变体网络语言，二者之间暂时有些矛盾，是很正常的事，经历了优胜劣汰的发展过程之后，二者最终应该是辩证统一的关系。在当今这个知识经济的时代，信息正在以前所未有的速度膨胀和爆炸。我们只有更快地适应这个高科技的网络社会，学会从互联网世界迅速、及时获取相关科学信息，提高我们的科学综合素质，才不至于被时代所淘汰。

尤其是青少年学生，更要具备在网络世界这个资源"富矿"中，尽量多地获得有益与自己健康成长的知识。做学生，要能够以较快的速度，上网查找学习资料，及时灵活地消化课内知识，同时适时地学会更多课外知识，加速思维发展，培养创造能力。使自己的学习变得更为轻松、有趣，较大幅度地提高自己的学习效率。我国教育信息化进行，在各级政府和教育部门的共同努力下，发展速度十分迅猛。全国的中小学生，基本上都能在因特网教室上课，随着人们计算机因特网知识的快速普及，学生课余家庭上网已经十分普遍，还有远程教育，网上学习辅导，等等。提高了中小学生的学习兴趣，增强了他们的信息时代意识，很多学生已经具备了获取、分析、处理信息的基本能力。而这一切，都离不开网络语言。

互联网络是神奇的"第四媒体"，网络语言是人人都应重视的新兴而有用的一种语言变体。

参 考 文 献

[1] 鲍宗豪：《数字化与人文精神》，上海三联书店，2003.
[2] 陈文江，黄少华：《互联网与社会学》，兰州大学出版社，2001.
[3] 哈特曼·斯托克：《语言与语言学词典》，黄长著，林书武，等，译．上海辞书出版社，1981.
[4] 福祥、白仁春主编：《话语语言学论文集》，外语教学与研究出版社，1999.8.
[5] 何洪峰：《从符号系统角度看"网络语言"》，江汉大学学报（人文科学版）.2003，（1）.
[6] 何兆熊：《新编语用学概要》，上海外语教育出版社，2000.3.
[7] 黄国文：《语篇分析概要》，湖南教育出版社，1988.
[8] 匡文波：《网民分析》，北京大学出版社，2003.12.
[9] 列夫·舍斯托夫：《在约伯的天平上》，董友，等，译，上海三联书店，1992.
[10] 吕明臣：《话语意义的建构》，东北师范大学出版社，2005.
[11] P. B. 邓斯，E. N. 平森：《言语链——说和听的科学》，曹剑芬，任宏漠，译，中国社会科学出版社，1983.
[12] 曲彦斌：《计算机网络言语交流中的身势情态语符号探析》，语言教学与研究，2000，（4）.
[13] 孙维张，吕明臣：《社会交际语言学》，吉林大学出版社，1996.
[14] 王均：《网络时代的语言生活和语言教学》，语文建设，2000，（10）.
[15] 吴传飞：《中国网络语言研究概观》，湖南师范大学社会科学学报，2003，（11）.
[16] 谢新洲：《网络传播理论与实践》，北京大学出版社，2004.
[17] 杨新敏：《网络文学刍议》，文学评论，2000，（5）.
[18] 于根元：《网络语言概说》，中国经济出版社，2001.10.
[19] 于根元：《中国网络语言词典》，中国经济出版社，2001.6.
[20] 郑远汉：《关于"网络语言"》，华中科技大学学报（人文社会科学版），2002，（3）.
[21] 刘海燕：《网络语言》，中国广播电视出版社，2002.
[22] 闪雄：《网络语言破坏汉语的纯洁》，语文建设，2000（10）：15-16.
[23] 沈艺虹：《网络语言规范化问题研究》，漳州师范学院学报（哲学社会科学版），2004（4）.
[24] 王献福：《论网络语言的构成、特点及规范》，前沿，2008（7）.
[25] 曾丹，吉晖：《网络语言研究现状与展望》，大连海事大学学报，2009（5）.
[26] 柏拉德：《社会语言学》，论文集，1972.

[27] 曹旺儒：《社会语言学视野中的网络语言》，内蒙古农业大学学报，2010（4）．

[28] 蒂费纳·萨莫瓦约：《互文性研究》，邵炜译，天津人民出版社，2003．

[29] 罗兰·巴特：《罗兰·巴特随笔选》，怀宇，译，超星图书电子版，1995．

[30] 亚理士多德：　《修辞学》，罗念生，译，上海世纪出版集团，上海人民出版社，2006．

[31] 麦克卢汉：《理解媒介——论人的延伸》，何道宽，译，商务印书馆，2000．

[32] 爱德华·萨丕尔：《语言论》，陆卓元，译，商务印书馆，1997．

[33] 拉波夫·拉波夫：《语言学自选集》，北京语言文化大学出版社，2001．

[34] 克里斯托娃：《多元逻辑》，河北教育出版社，2001．

[35] 费尔迪南·德·索绪尔：《普通语言学教程》，高名凯，译，商务印书馆，1996．

[36] 罗宾斯：《简明语言学史》，许德宝，等，译，中国社会科学出版社，1997．

[37] 戴维·克里斯特尔：《语言与因特网》，郭贵春、刘全明，译，上海科技教育出版社，2006．

[38] 杰弗里·N. 利奇：《语义学》，上海外语教育出版社，1987．

[39] 路德维希·维特根斯坦：《哲学研究》，陈嘉映，译，上海人民出版社，2005．

[40] 诺曼·费尔克拉夫（NormanFairelough）：《话语与社会变迁》，殷晓蓉，译，华夏出版社，2003．

[41] "中国语言生活状况报告"课题组：《中国语言生活状况报告（2005）（上、下编)》，商务印书馆，2006．

[42] 白春仁等：《俄语语体研究》，外语教学与研究出版社，1998．

[43] 包兆会：《超文本文学：一种新的文学形式的研究》，文艺理论研究，2007（5）．

[44] 保罗·利文森：《软边缘：信息革命的历史与未来》，熊澄宇，等，译，清华大学出版社，2002．

[45] 毕耕：《网络传播学新论》，武汉大学出版社，2007．

[46] 波林·玛丽·罗斯诺：《后现代主义与社会科学》，张国清，译，上海译文出版社，1998．

[47] 蔡鹏飞：《论手机短信写作》，长春理工大学学报（社会科学版），2004（02）．

[48] 蔡有恒：《功能理论与语篇语体特征分析》，福建省外国语文学会2005年年会暨学术研讨会论文集，2005．

[49] 曹石珠：《形貌修辞学》，湖南师范大学出版社，1996．

[50] 岑运强：《言语的语言学导论》，北京大学出版社，2006．

[51] 柴磊：《网络交际中的语言变异及其理据分析》，山东外语教学，2005（2）．

[52] 陈娟：　《任务型电子邮件语篇中的人际意义》，对外经济贸易大学硕士学位论文，2006．

[53] 陈榴：《网络语言：虚拟世界的信息符号》，新华文摘，2002（6）．

[54] 陈原：《社会语言学》，上海，学林出版社，1997．

[55] 陈光磊：《修辞论稿》，北京语言文化大学出版社，2001．

[56] 陈金凤：《试论手机短信修辞手法的运用》，语文教学与研究，2005（4）．

[57] 陈开顺：《话语感知与理解》，外语教学与研究出版社，2001．

[58] 陈松岑：《语言变异研究》，广东教育出版社，1999.

[59] 陈望道：《陈望道修辞论集》，安徽教育出版社，1985.

[60] 陈望道：《修辞学发凡》，上海教育出版社，1997.

[61] 陈先义、刘国正、冯紫英：《红短信·红段子·红幽默》，黄河出版社，2005.

[62] 陈新仁：《衔接的语用认知解读》，外语学刊，2003（4）.

[63] 陈旭东：《从网络文学和传统文学的关系看网络文学的基本特征》，山东大学硕士论文，2007.

[64] 陈永国：《互文性》，外国文学，2003（1）.

[65] 程民：《杂交语体简论》，浙江社会科学，2000（6）.

[66] 程祥徽，黎运汉：《语言风格论集》，南京大学出版社，1994.

[67] 程祥徽，林佐翰：《语体与文体》，澳门语言学会、澳门写作学会出版，2000.

[68] 程祥徽：《传统与现代联姻—文体与语体之辨》，烟台大学学报（哲学社会科学版），1999（2）.

[69] 程雨民：《英语语体学》，上海外语教育出版社，2004.

[70] 从莱庭，徐鲁亚：《西方修辞学》，上海外语教育出版社，2007.

[71] 戴婉莹：《简论交叉性语体》，华南师范大学学报（社会科学版），1987（1）.

[72] 戴维·克里斯特尔：《现代语言学词典》，北京商务印书馆，2000.

[73] 邓骏捷：《语体分类新论》，修辞学习，2000（3）.

[74] 丁金国：《言语行为和语用类型》，语文研究，2004（4）.

[75] 丁金国：《语体构成成分研究》，修辞学习，2007（6）.

[76] 董剑桥：《超文本结构与意义连贯性》，南京师大学报（社会科学版），2003（1）.

[77] 董剑桥：《超文本与语篇连贯性》，中国电化教育，2002（12）.

[78] 段曹林：《网络时代的修辞变革》，汕头大学学报（人文社会科学版），2004（5）.

[79] 范开泰：《语义分析说略》，语法研究和探索，北京大学出版社，1988（4）.

[80] 范开泰：《语用分析说略》，中国语文，1985（6）.

[81] 方梅：《语体动因对句法的塑造》，修辞学习，2007（6）.

[82] 方琰：《汉语语篇主位进程结构分析》，外语研究，1995（2）.

[83] 方琰：《语篇语类研究》，清华大学学报（哲学社会科学版），2002（S1）.

[84] 冯广艺：《汉语修辞论》，华中师范大学出版社，2000.

[85] 冯广艺：《语境适应论》，湖北教育出版社，1999.

[86] 冯晓虎：《隐喻—思维的基础，篇章的框架》，北京对外经济贸易大学出版社，2004.

[87] 冯志伟：《现代语言学流派》，陕西人民出版社，1999.

[88] 高群：《众语喧哗与语体亲合—网络小说语言初探》，修辞学习，2002（4）.

[89] 高胜林：《幽默修辞论》，山东文艺出版社，2006.

[90] 高辛勇：《修辞学与文学阅读》，北京大学出版社，1997.

[91] 葛诗利：《邮件投递组中电子邮件语体的量化分析》，大连海事大学，2003.

[92] 郭贵春：《隐喻、修辞与科学解释》，北京科学出版社，2007.

[93] 韩荔华：《语言应用研究论集》，北京旅游教育出版社，2007.

[94] 何兆雄：《语用学概要》，上海外语教育出版社，1989.

[95] 何自然：《语用学概论》，湖南教育出版社，1988.

[96] 胡春阳：《话语分析：传播研究的新路径》，上海人民出版社，2007.

[97] 胡范铸：《汉语修辞学与语用学整合的需要、困难与途径》，福建师范大学学报，2004（6）.

[98] 胡明扬：《语体和语法》，汉语学习，1993（2）.

[99] 胡曙中：《现代英语修辞学》，上海外语教育出版社，2004.

[100] 胡曙中：《英汉修辞比较研究》，上海外语教育出版社，1993.

[101] 胡裕树、李熙宗：《40年来的修辞学研究》，语文建设，1990（1）.

[102] 胡壮麟、刘世生主编：《西方文体学辞典》，清华大学出版社，2004.

[103] 胡壮麟、朱永生、张德禄、李战子：《系统功能语言学概论》，北京大学出版社，2005.

[104] 胡壮麟：《认知隐喻学》，北京大学出版社，2004.

[105] 胡壮麟：《语篇的衔接和连贯》，上海外语教育出版社，1994.

[106] 胡壮麟：《理论文体学》，北京外语教学与研究出版社，2000.

[107] 华东修辞学会编：《语体论》，安徽教育出版社，1987.

[108] 黄鸣奋：《超文本诗学》，厦门大学出版社，2002.

[109] 霍四通：《面向自然语言处理的语体学研究》福州海风出版社，2005.

[110] 霍四通：《语体演变的概貌和基本特征》，见吴兆路等主编：《中国学研究（第六辑）》，济南出版社，2003.

[111] 贾彦德编著：《汉语语义学》，北京大学出版社，1999.

[112] 姜英：《论网络文学的文体学创新》，中南大学学报（社会科学版），2003（5）.

[113] 杰弗里·利奇：《语义学》，上海外语教育出版社，1987.

[114] 金立鑫：《语言研究方法导论》，上海外语教育出版社，2007.

[115] 科任娜：《俄语功能修辞学》，白春仁译，北京外语教学与研究出版社，1982.

[116] 孔庆东：《博客，当代文学的新文体》，文艺争鸣，2007（04）.

[117] 邝霞：《网络语言——种新的社会方言》，语文建设，2000（8）.

[118] 黎运汉，盛永生：《汉语修辞学》，广东教育出版社，2006.

[119] 黎运汉：《汉语风格学》，广东教育出版社，2000.

[120] 李军：《浅谈网络语言对现代汉语的影响》，社会科学战线，2002（06）.

[121] 李军：《语用修辞探索》，广东教育出版社，2005.

[122] 李福印：《当代国外认知语言学研究的热点》，外语研究，2004（3）.

[123] 李福印：《语义学概论》，北京大学出版社，2006（3）.

[124] 李黄凤：《用于日常交流活动的电子邮件文体特征研究》，首都师范大学外国语言学及应用语言学硕士论文，2005.

[125] 巴赫金：《巴赫金全集（第二卷）》，李辉凡，等，译，河北教育出版社，1998.

[126] 李嘉耀，李熙宗：《实用语法修辞教程》，复旦大学出版社，1996.

[127] 李林蔚：《在张力理论视角下网络语言的隐喻浅析》，长春工业大学学报（社会科学版），2005（03）.

［128］李美霞：《话语类型研究》，北科学出版社，2007.

［129］李名方：《试论语体分类的思维基础》，江苏大学学报（高教研究版），1987（01）.

［130］李熙宗，霍四通：《语体范畴化的层次和基本层次》，修辞学习，2001（03）.

［131］李熙宗，刘明今，袁震宇，霍四通：《中国修辞学通史．明清卷》吉林教育出版社，1998.

［132］李熙宗：《关于语体的定义问题》，烟台大学学报（哲学社会科学版），2004（04）.

［133］刘世生，朱瑞青编著：《文体学概论》，北京大学出版社，2006（12）.

［134］刘宇红：《认知语言学：理论与应用》，中国社会科学出版社，2006.

［135］刘正光：《隐喻的认知研究—理论与实践》，湖南人民出版社，2007.

［136］柳丽慧：《从语言学角度看网络语言》，重庆社会科学，2006（9）.

［137］楼志新：《公文语言与网络语言语体风格之比较》，浙江海洋学院学报（人文科学版），2006（3）.

［138］陆丹：《商务电子邮件的体裁分析》，湖南大学硕士学位论文，2006.

［139］罗婷：《论克里斯多娃的互文性理论》，国外文学（季刊），2001（4）.

［140］马大康：《诗性语言研究》，中国社会科学出版社，2005.

［141］迈克尔·海姆：《从界面到网络空间—虚拟实在的形而上学》，全吾伦、刘钢译，上海科技教育出版社，2000.

［142］毛力群：《"拇指文化"演绎语言新时尚—手机短信的语体分析》，浙江师范大学学报（社会科学版），2004（05）.

［143］梅正强：《手机酷语》，汉语大词典出版社，2005.

［144］孟建安：《手机短信话语文本的语体学分析》，修辞学习，2004（04）.

［145］倪样和：《论篇章结构的修辞》，见中国修辞学会华东分会编：《修辞学研究第一辑》，华东师范大学出版社，1982.

［146］聂庆璞：《网络叙事学》，中国文联出版社，2004.

［147］宁亦文编：《多元语境中的精神图景—九十年代文学评论集》，人民文学出版社，2001.

［148］欧阳友权：《数字化语境中的文艺学》，中国社会科学出版社，2005.

［149］欧阳友权：《网络文学本体沦》，中国文联出版社，2004.

［150］潘幼萍：《浅谈网络语言中的隐喻构词》，浙江教育学院学报，2006（04）.

［151］淮侃：《辞格比较》，安徽教育出版社，1983.

［152］淮侃等：《语言运用新论》，华东师范大学出版社，1993.

［153］戚晓杰：《谈网络语言的谐音表义》，修辞学习，2002（3）.

［154］戚雨村：《现代语言学的特点和发展趋势》，上海外语教育出版社，1997.

［155］祁伟：《试论社会流行语和网络语言》，语言与翻译，2002（03）.

［156］齐沪扬，邵洪亮：《校园新词语的构成、来源及结构方式》，语言文字学，2006（12）.

［157］齐沪扬：《传播语言学》，河南人民出版社，2000.

［158］ 钱锋、陈光磊：《关于发展汉语计算风格学的献议》，（见：《〈修辞学发凡〉与中国修辞学》，复旦大学出版社，1983.

［159］ 李熙宗：《文体与语体分类的关系》，语言风格论集，1994.

［160］ 李熙宗：《语域及其分类与语体的分类》，语言研究集刊（三），上海辞书出版社，2006.

［161］ 李秀明：《元话语标记与语体特征分析》，修辞学习，2007（2）.

［162］ 李宇明主编：《理论语言学教程》，华中师范大学出版社，2000.

［163］ 李战子：《话语的人际意义研究》，上海外语教育出版社，2002.

［164］ 廖艳君：《新闻报道语言学研究》，湖南大学出版社，2006.

［165］ 林穗芳：《标点符号学习与应用》，人民出版社，2000.

［166］ 刘佳：《中国名人博客发展概论》，西北大学新闻学硕士论文，2007.

［167］ 刘洁：《网络英语新闻的文体特点及在英语教学中的应用》，武汉船舶职业技术学院学报，2006（5）.

［168］ 刘大为：《比喻、近喻与自喻—辞格的认知性研究》，上海教育出版社，2001.

［169］ 刘大为：《语体是言语行为的类型》，修辞学习，1994（3）.

［170］ 刘凤玲：《论语体交叉的方式及其语用价值》，北方论丛，2005（02）.

［171］ 刘海燕编著：《网络语言》，中国广播电视出版社，2002（6）.

［172］ 刘焕辉：《言语交际学》，江西教育出版社，1986.

［173］ 刘金明：《互文性的语篇语言学研究》，上海外国语大学，2006.

［174］ 刘钦明：《"网络语汇"的组合理据分析》，语言教学与研究，2002，（06）.

［175］ 刘森林：《语用策略》，社会科学文献出版社，2007.

［176］ 钱锋、陈光磊：《关于建立语体分类数学模型的构想》见：《语体论》，安徽教育出版社，1987.

［177］ 巴赫金：《巴赫金全集（第二、四卷)》钱中文等译，超星电子版，1998.

［178］ 秦秀白：《网语和网话》，外语电化教学，2003（06）.

［179］ 屈承熹：《汉语篇章语法》，潘文国等译，北京语言大学出版社，2006.

［180］ 冉永平，张新红：《语用学纵横》，高等教育出版社，2007.

［181］ 任国伟：《语篇结构中多语类混合现象初探》，中国海洋大学外国语言学及应用语言学硕士论文，2006.

［182］ 阮绩智：《商务电子邮件的网络交际文体特征》，浙江工业大学学报（社会科学版），2005（2）.

［183］ 尚春光：《网络聊天语风格初探》（见：《修辞学习》2001〈05〉）.

［184］ 邵敬敏：《汉语广视角研究》，东北师范大学出版社，2006.

［185］ 申丹：《西方现代文体学百年发展历程》，外语教学与研究，2000，（01）.

［186］ 申丹：《叙述学与小说文体学研究》，北京大学出版社，1998.

［187］ 沈谦：《语言修辞艺术》，中国友谊出版社，1998.

［188］ 盛若菁：《比喻语义研究》，西南交通大学出版社，2006.

［189］ 石安石：《语义研究》，语文出版社，1994.

［190］ 石云孙：《谈"互文"》（见中国修辞学会、华中师范学院编：《修辞学论文集》

1981）．

[191] 束定芳：《隐喻学研究》，上海外语教育出版社，2001．

[192] 束定芳：《语言的认知研究：认知语言学论文精选》，上海外语教育出版社，2004．

[193] 司显柱：《功能语言学与翻译研究—翻译质量评估模式建构》，北京大学出版社，2007．

[194] 苏培成：《标点符号实用手册》，语文出版社，1999．

[195] 宿哲骞：《隐喻视角下的网络语言》（见：《教学探索》2006〈02〉）．

[196] 孙鲁痕：《网络语言—谈话语体的网上功能变体》，贵州社会科学，2007（8）．

[197] 谭学纯、朱玲：《广义修辞学》，安徽教育出版社，2001．

[198] 谭永祥：《汉语修辞美学》，北京语言学院出版社，1992．

[199] 唐纳德·韩礼德：《韩礼德语言学文集》，周小康、李战子编译，湖南教育出版社，2005．

[200] 唐松波：《语体·修辞·风格》，吉林教育出版社，1988．

[201] 陶红印：《试论语体分类的语法学意义》（见：《当代语言学》1999〈03〉）．

[202] 童庆炳：《文体与文体的创造》，云南人民出版社，1994．

[203] 王冰：《自媒体的"歧路花园"—博客现象的深层解读》（见：《学术论坛》2005，〈01〉）．

[204] 王德春，陈瑞端著：《语体学》，广西教育出版社，2000．

[205] 王德春主编：《大学修辞学》，福建人民出版社，2004．

[206] 王凤英：《篇章修辞学》，黑龙江人民出版社，2007．

[207] 王华梅：《网络语言的语体归属》，西南大学英语语言文学专业硕士论文，2006．

[208] 王建华：《信息时代报刊语言跟踪研究》，浙江大学出版社，2006．

[209] 王铭玉、于鑫：《功能语言学》，上海外语教育出版社，2007．

[210] 王铭玉：《语言符号学》，高等教育出版社，2004．

[211] 王全智：《也谈衔接、连贯与关联》（见：《外语学刊》，2002〈2〉）．

[212] 王世凯：《网络语体风格的软规范与硬规范》，渤海大学学报（哲学社会科学版），2006（6）．

[213] 王守元、郭鸿、苗兴伟主编：《文体学研究在中国的进展》，上海外语教育出版社，2004．

[214] 王希杰：《修辞学导论》，浙江教育出版社，2000．

[215] 王一川：《我看九十年代长篇小说文体新趋势》，当代作家评论，2001（05）．

[216] 王佐良、丁往道：《英语文体学引论》，外语教学与研究出版社，1987．

[217] 韦恩·布斯：《修辞形态当代西方修辞学：批评模式与方法》，常昌富、顾宝桐译，中国社会科学出版社，1998．

[218] 吴士文：《修辞格论析》，上海教育出版社，1986．

[219] 伍铁平：《模糊语言学》，上海外语教育出版社，1999．

[220] 武建国：《当代汉语公共话语中的篇际互文性研究》，广东外语外贸大学，2006．

[221] 西棋光正编：《语境研究论文集》，北京语言学院出版社，1992．

[222] 谢红华：《现代汉语交融语体初论》，求索，1987（06）．

[223] 谢有顺：《文体的边界》，当代作家评论，2001（05）.

[224] 辛斌：《体裁互文性与主体位置的语用分析》，外语教学与研究.

[225] 邢福义：《现代汉语语法修辞专题》，高等教育出版社，2002.

[226] 熊学亮：《认知语用学概论》，上海外语教育出版社，1999.

[227] 徐炳昌：《篇章的修辞》，福建教育出版社，1986.

[228] 徐大明主编：《语言变异与变化》，上海教育出版社，2006.

[229] 徐通锵：《历史语言学》，商务印书馆，1996.

[230] 许力生：《文体风格的现代透视》，浙江大学出版社，2006.

[231] 雅克布森：《雅克布森文集》，湖南教育出版社，2001.

[232] 亚理士多德：《修辞学》，三联书店，1991.

[233] 姚亚平：《当代中国修辞学》，广东教育出版社，1996.

[234] 耶夫·维索尔伦：《语用学诠释》，钱冠连、霍永寿译，清华大学出版社，2003.

[235] 叶起昌：《走向话语的意识形态阐释—以超链接文本为分析对象》，北京交通大学出版社，2006.

[236] 游汝杰、邹嘉彦：《社会语言学教程》，复旦大学出版社，2004.

[237] 于洋、汤爱丽、李俊：《文学网景：网络文学的自由境界》，中央编译出版社，2004.

[238] 于根元主编：《网络语言概说》，中国经济出版社，2001.

[239] 于根元主编：《中国网络语言词典》，中国经济出版社，2001.

[240] 于根元主编：《应用语言学概论》，商务印书馆，2004.

[241] 袁晖、李熙宗主编：《汉语语体概论》，商务印书馆，2005.

[242] 袁晖：《语体的通用成分、专用成分和跨体成分》，烟台大学学报（哲学社会科学版），2005（01）.

[243] 袁毓林：《语言的认知研究和计算分析·词类范畴的家族相似性》，北京大学出版社，1998.

[244] 约翰·甘柏兹：《会话策略》，徐大明、高海洋译，中国社会科学出版社，2001.

[245] 邹小阳：《网络语言变异的语法现象及原因分析》，现代语文（语言研究版），2007（07）.

[246] 赵宪章：《形式的诱惑》，山东友谊出版社，2007.

[247] 赵艳芳：《认知语言学概论》，上海外语教育出版社，2000.

[248] 郑庆君：《"互文"型手机短信及其语篇特征探析》，语言教学与研究，2007（05）.

[249] 郑庆君：《语体跨类组合语篇及其语篇特征探析》，修辞学习，2006（02）.

[250] 郑文贞编著：《篇章修辞学》，厦门大学出版社，1991.

[251] 郑颐寿：《论语体平面及其运用》，渤海大学学报（哲学社会科学版），2004（9）.

[252] 郑颐寿：《文艺修辞学》，福建教育出版社，1993.

[253] 郑远汉：《言语风格学（修订版）》，湖北教育出版社，1998.

[254] 中国社会科学院语言研究所"汉语运用的语用原则"课题组：《语用研究论集》，超星电子版，1994.

[255] 周芸：《跨体式语言的语体心理空间模式》，云南师范大学学报（哲学社会科学版），2006（02）.

[256] 朱永生、严世清：《系统功能语言学多维思考》，上海外语教育出版社，2001.

[257] 朱永生主编：《语言·语篇·语境：第二届全国系统功能语法研讨会论文集》，清华大学出版社，1993.

[258] 祝克懿：《新闻语体的性质特征》，语言研究集刊（二），上海辞书出版社，2005.

[259] 祝碗瑾：《社会语言学概论》，湖南教育出版社，1992.

[260] 祝碗瑾编：《社会语言学译文集》，北京大学出版社，1985.

[261] 张弓：《现代汉语修辞学》，河北教育出版社，1993.

[262] 张颂：《语言传播文论（续集）》，北京广播学院出版社，2002.

[263] 张乔：《模糊语义学》，中国社会科学出版社，2004.

[264] 张雪：《对话体语篇分析》，华东师范大学出版社，2006.

[265] 张伯江：《语体差异和语法规律》，修辞学习，2007.

[266] 张德禄：《衔接与文体—指称与词汇衔接的文体效应》，外语与外语教学，2002（10）.

[267] 张德禄：《语言的功能与文体》，高等教育出版社，2005.

[268] 张德明：《语言风格学》，东北师范大学出版社，1990.

[269] 张会森：《从语体到言语体裁》，修辞学习，2007.05.

[270] 张炼强：《修辞理据探索》，首都师范大学出版社，1994.

[271] 张世禄：《语言学论文集》，学林出版社，1984.

[272] 张新华：《汉语语篇句的指示结构研究》，学林出版社，2007.

[273] 张玉玲：《E时代语体交叉渗透的认知分析》，社会科学战线，2005年增刊.

[274] 章远荣：《语篇的文体分析、语域分析和体裁分析》，山东外语教学，1997（3）.

[275] 赵雪：《网络语言冲击波带来的思考》，长江学术（第四辑），长江文艺出版社，2003.

[276] 赵毅：《结构主义和中国修辞学》，语言教学与研究，2003（05）.

[277] 曾毅平：《语体仿拟》，修辞学习，1999（06）.

[278] 张斌：《汉语语法学》，上海世纪出版集团、上海教育出版社，2003.2001（05）.

[279] 徐云峰：《网络伦理》，武汉大学出版社，2007.

[280] 徐云峰、郭正彪：《物理安全》，武汉大学出版社，2010.

[281] Xu yunfeng, Lu yansheng. A Novel Forensic Computing Model［J］. 武汉大学报自然科学英文版，2006年第6期.

[282] Xu yunfeng, Luyansheng, Guo zhengbiao. The Availability of Fast-Flux Service Networks［J］. iCOST' 2011 conference, 2011.

[283] Xu yunfeng. AHP Based Information System Security Evaluation Method［J］. Notification of Acceptance of the ICCTD 2011 Round III, 2011.

[284] yunfeng xu , ping fan, ling yuan. A Simple and Efficient Artificial Bee Colony Algorithm [J] . Hindawi' s Independent Journals, 2013.

[285] Miller G A . The Magical Number Seven, Plus or Minus Two: Some Limits on Our Capacity of Processing Information. The Psychological Review, 1956, 64 (2) .